Python Django Web
从入门到项目实战

刘瑜 安义 著

电子工业出版社
Publishing House of Electronics Industry
北京·BEIJING

内 容 简 介

Python 的 Django 框架是目前流行的一款重量级网站开发框架,具备简单易学、搭建快速、功能强大等特点。本书从简单的 HTML、CSS、JavaScript 开始介绍,再到 Django 的基础知识,融入了大量的代码案例、重点提示、图片展示,做到了手把手教授。本书基于 Django 3.0.7 版本、Python 3.8.5 版本、Rest Framework 3.11.1 版本、Vue.js 4.5.4 版本、数据库 MySQL 8.0 版本进行讲解。本书还提供了一个商业级别的项目案例,采用目前主流的前后端分离开发技术,以便读者可以体验正式项目的开发过程。熟练掌握本书内容后,读者将达到中级 Web 项目开发工程师的技术水平。

本书适合高校学生、高校老师、IT 工程师阅读,也适合培训机构使用。

未经许可,不得以任何方式复制或抄袭本书之部分或全部内容。
版权所有,侵权必究。

图书在版编目(CIP)数据

Python Django Web 从入门到项目实战:视频版 / 刘瑜,安义著. —北京:电子工业出版社,2021.9
ISBN 978-7-121-41643-9

Ⅰ. ①P… Ⅱ. ①刘… ②安… Ⅲ. ①软件工具—程序设计 Ⅳ. ①TP311.561

中国版本图书馆 CIP 数据核字(2021)第 147405 号

责任编辑:刘恩惠
印　　刷:三河市良远印务有限公司
装　　订:三河市良远印务有限公司
出版发行:电子工业出版社
　　　　　北京市海淀区万寿路 173 信箱　邮编 100036
开　　本:787×980　1/16　印张:35.25　字数:783.96 千字
版　　次:2021 年 9 月第 1 版
印　　次:2021 年 9 月第 1 次印刷
定　　价:128.00 元

凡所购买电子工业出版社图书有缺损问题,请向购买书店调换。若书店售缺,请与本社发行部联系,联系及邮购电话:(010)88254888,88258888。
质量投诉请发邮件至 zlts@phei.com.cn,盗版侵权举报请发邮件至 dbqq@phei.com.cn。
本书咨询联系方式:(010)51260888-819,faq@phei.com.cn。

前 言

手把手教读者从零基础开发网站到最后做出一个商业化的项目，是本书的主导设计思路。这样的设计思路，横跨基础知识的掌握和项目实战经验的积累，在写作上是有难度的，但是对读者而言将是非常有价值的。本书的两位作者都具有丰富的实战经验和写作经验，经过认真策划，本书达成了最初的目标。熟练掌握本书的内容，读者将具备中级 Web 项目开发工程师的水平。

一、本书设计原则

本书在内容安排和设计上遵循以下原则。

1. 由浅入深、层层深入原则

这符合绝大多数读者掌握知识的一般规律和要求，为此，本书的第一部分定位于技术知识的普及和浅度应用，第二部分则给出了商业实战项目"三酷猫"网上教育服务系统的实现过程。每章，甚至每小节，都按照先易后难的顺序安排内容，方便读者学习。在编写过程中尽量采用图片、表格、代码注释等方式，提高读者的接受程度。

2. 理论和实践结合原则

基础部分同步安排了 100 多个配套代码案例，方便读者边学习边上机实践。另外，每章章末都提供了配套的习题和实验，方便读者进一步巩固所学知识。

3. 商业实战原则

编程的理想结果是能够进行商业实战，本书的作者安义老师帮助大家实现了这个目标，为本书提供了一套完整的商业代码。而且，本书的第二部分从商业开发的角度，从整体到局部展现了精彩的内容。通过这个商业项目，读者也能掌握商业开发所需的知识：前端工程师需要掌握 HTML、CSS、JavaScript（JS）、Java、美工、界面建模、前端技术框架（如 Vue.js）等；后端工程师需要掌握 Python、Django、Rest Framework、数据库等。

4. 易阅读原则

在代码编排上，本书考虑了读者的视觉接受程度，并在每行主要代码后面都提供了代码注释，方便读者阅读。需要注意，注释内容与正文内容同等重要。对于开发中容易碰到的技术难点或利于理解的知识延伸内容，通过"注意""说明"等形式进行友善提醒，也有部分通过脚注加以说明。

二、读者对象

本书适合以下人群或机构阅读、学习。

1. 高校学生：对于具有 Python 语言基础的高校学生而言，选择本书可以一步跨过项目实战的门槛，领略商业实战项目的"五彩缤纷"，明确实战要求，积累实战经验，为毕业后就业提供更高的起点。

2. 需要转换方向的 IT 工程师：本书提供了最近两年流行的前后端分离开发方案，通过学习本书内容，读者可以掌握新技术，并将其直接用于项目实战。

3. 高校老师：本书从基础知识到项目实战，为老师们的教学提供了最新、最成熟的案例；同时，配套提供的 PPT、案例代码、习题及实验手册可以更好地帮助教学，在线 QQ 学习群可以为老师们提供各种技术支持（详细支持范围届时可咨询群主）。

4. 科研人员：对于从事大数据、人工智能研究的科研人员，利用 Python 体系下的 Web 开发技术，可以更方便地实现研究内容的工程化。

5. 培训机构：本书可以为培训机构的学员提供现成的项目实战案例。

三、学习帮助

学习本书中的内容，你将在以下方面获得帮助。

1. 本书提供了在线 QQ 学习群，请加"读者服务"中的客服获取 QQ 群号。

2. 本书提供了许多下载链接、资源链接，各位读者可以加入在线 QQ 学习群下载链接清单，获取书中涉及的网页链接地址。

3. 本书提供配套学习代码，下载方式如下。

（1）加入在线 QQ 学习群，在共享文件夹中获取。

（2）通过 GitHub 获取。[①]

4. 本书免费提供配套视频资源，请加入在线 QQ 学习群获取。

5. 对于老师，可提供额外的在线帮助，请加老师群，群号为 651064565。

四、作者介绍

刘瑜，软件工程硕士，拥有 20 多年的 C、ASP、BASIC、FoxBASE、Delphi、Java、C#、Python 等编程经验，高级信息系统项目管理师、CIO、硕士企业导师。负责开发过商业项目 20 余项，承担省部级千万级别项目 5 个，发表国内外论文 10 余篇。出版专著《战神——软件项目管理深度实战》《NoSQL 数据库入门与实战》《Python 编程从零基础到项目实战（微课视频版）》《Python 编程从数据分析到机器学习实践》《算法之美——Python 语言实现》。

安义，拥有 20 多年软件开发经验，主导过多个行业（医疗、教育、互联网、地产、游戏、汽车、餐饮等）的软件系统开发工作。熟悉多种开发语言和开发框架，拥有丰富的软件实战经验。曾在腾讯负责袋鼠跳跳应用的研发工作，目前就职于某软件公司，担任 CEO、软件架构师。

五、习题及实验使用说明

本书每章章末均提供了配套习题及实验，具体的使用说明如下。

1. 所有习题答案免费提供，请通过在线 QQ 学习群获取。

2. 将针对实验题给出标准答案或重点提示，为老师额外提供技术支持。

六、关于"三酷猫"

无论是学生还是程序员，天天敲代码，显然有些单调。刘瑜老师想给学习过程加点儿"调味剂"，在学习内容中增加点儿快乐元素——"三酷猫"就是其中之一。"三酷猫"的灵感来自电影《八条命》的主题曲 *Three Cool Cats*。在编程中融入俏皮的音乐、可爱的电影主角能使学习更加快乐，让学习者有更大的收获！让编程具有艺术感，也许会更好。

[①] 参见链接清单中的"链接 1"。本书提及的"链接 1""链接 2"等均须在链接清单中查看。

七、图书配套资源声明

关于本书所有的配套资源，声明如下。

1. 本书所有配套资源（链接、案例代码、视频、PPT、习题答案、实验题代码）免费提供，但作者拥有所有权和解释权，未经作者允许，不得用于商业用途。

2. 本书提供的"三酷猫"网上教育服务系统，仅用于教学，作者拥有该商业项目的所有权，读者不能直接将其用于商业行为。作者免费许可读者改造、利用该项目框架进行商业开发，但产生的一切法律纠纷与作者无关。

八、致谢

本书编写过程中得到了哈尔滨工业大学（威海校区）的戴愚志博士、天津大学的张宁博士、湖南师范大学的施游老师等诸多专家及国内 IT 界的朋友们的关注和支持，在此一并致谢。

九、读者服务

微信扫码回复：41643

- 获取本书配套视频、代码、习题答案等资源
- 加入本书读者交流群，与作者互动
- 获取【百场业界大咖直播合集】（持续更新），仅需 1 元

目 录
Contents

第一部分 Web 编程基础

第 1 章 Web 入门知识 2
1.1 Web 简介 2
1.2 Web 访问原理 7
1.3 网页技术 8
    1.3.1 网页构成 8
    1.3.2 网页分类 9
1.4 Web 项目实施 11
    1.4.1 开发流程 12
    1.4.2 任务分工 12
1.5 习题 13
1.6 实验 14

第 2 章 客户端技术基础 15
2.1 HTML 15
    2.1.1 HTML 简介 15
    2.1.2 HTML 编辑工具 16
    2.1.3 HTML 标签 17
    2.1.4 案例：第一个网站 21
2.2 CSS 23
    2.2.1 CSS 简介 23

2.2.2 CSS 语法基础 24
2.2.3 CSS 样式 27
2.2.4 案例：通过 CSS 建立网站 31
2.3 JavaScript 33
2.3.1 JavaScript 简介 33
2.3.2 JS 语法基础 34
2.3.3 JS 高级功能 40
2.3.4 案例：内嵌 JS、CSS 的网站 46
2.4 习题 50
2.5 实验 50

第 3 章 开发工具入门 52

3.1 Python 52
3.2 PyCharm 代码开发工具 55
3.2.1 PyCharm 简介及安装 55
3.2.2 基本使用功能 59
3.3 MySQL 数据库 63
3.3.1 MySQL 数据库简介及安装 63
3.3.2 驱动安装 69
3.4 Django 72
3.4.1 初识 Django 72
3.4.2 安装 Django 73
3.4.3 Django 设计概述 74
3.5 建立第一个项目 76
3.5.1 创建项目 76
3.5.2 显示自定义内容 79
3.6 初识 Admin 81
3.7 配置文件 84
3.8 习题 89
3.9 实验 90

第 4 章 模型 91

4.1 初识模型 91
4.1.1 模型实现原理 91
4.1.2 创建模型 92

4.2 字段操作 98
4.2.1 常用字段 98
4.2.2 关联关系型字段 101
4.2.3 字段参数 108
4.2.4 返回字段值 111

4.3 模型扩展功能 111
4.3.1 元数据 112
4.3.2 模型类继承 115
4.3.3 包管理模型 117

4.4 数据库基本操作 118
4.4.1 新增记录 118
4.4.2 查询记录 120
4.4.3 修改记录 126
4.4.4 删除记录 127

4.5 数据库高级操作 128
4.5.1 一对一关联表操作 128
4.5.2 一对多关联表操作 129
4.5.3 多对多关联表操作 131
4.5.4 SQL 语句执行 133

4.6 习题 135
4.7 实验 135

第 5 章 视图 137

5.1 URL 路由 137
5.1.1 Django 处理一个请求 137
5.1.2 URL 转发 139
5.1.3 路由变量的设置 141

- 5.1.4 通过正则表达式进行路由设置 ... 142
- 5.1.5 路由命名和命名空间 ... 143
- 5.1.6 路由反向解析 ... 147
- 5.2 视图函数 ... 149
  - 5.2.1 视图函数定义 ... 149
  - 5.2.2 render 函数返回响应 ... 151
  - 5.2.3 视图重定向 ... 152
  - 5.2.4 错误提示视图 ... 153
  - 5.2.5 HttpRequest 对象 ... 157
  - 5.2.6 HttpResponse 对象 ... 161
  - 5.2.7 文件上传 ... 164
  - 5.2.8 文件下载 ... 167
- 5.3 视图类 ... 170
  - 5.3.1 内置显示视图 ... 170
  - 5.3.2 内置编辑视图 ... 181
  - 5.3.3 内置日期视图 ... 192
- 5.4 视图与数据库事务 ... 198
- 5.5 习题 ... 202
- 5.6 实验 ... 203

第6章 模板 ... 204

- 6.1 初识模板 ... 204
  - 6.1.1 模板配置 ... 204
  - 6.1.2 调用模板 ... 206
- 6.2 Django 默认模板引擎 ... 207
  - 6.2.1 模板上下文 ... 208
  - 6.2.2 模板标签 ... 210
  - 6.2.3 自定义标签 ... 213
  - 6.2.4 过滤器 ... 215
  - 6.2.5 自动 HTML 转义 ... 218
  - 6.2.6 模板继承 ... 220

6.3　Jinja2 模板引擎 222
  6.3.1　初识 Jinja2 模板引擎 222
  6.3.2　模板语法 226
6.4　习题 230
6.5　实验 231

第 7 章　表单 232

7.1　初识表单 232
7.2　Form 表单 234
  7.2.1　创建 Form 表单 234
  7.2.2　表单字段 237
  7.2.3　小控件 240
  7.2.4　表单模板 243
7.3　模型表单 246
  7.3.1　创建模型表单 246
  7.3.2　将模型字段转换为表单字段 249
7.4　习题 251
7.5　实验 252

第 8 章　Admin 253

8.1　深入理解 Admin 253
  8.1.1　使用中文界面 253
  8.1.2　应用后端管理 254
8.2　ModelAdmin 261
  8.2.1　ModelAdmin 属性 261
  8.2.2　ModelAdmin 方法 264
  8.2.3　ModelAdmin 资产 269
8.3　AdminSite 模板 271
  8.3.1　使用 Admin 模板原理 271
  8.3.2　定制 Admin 模板 274
8.4　习题 276
8.5　实验 276

第 9 章 用户认证系统 ... 278

9.1 初识用户认证 ... 278
9.1.1 内置功能 ... 278
9.1.2 运行基础 ... 281

9.2 用户对象 ... 282
9.2.1 内置 User 模型使用基础 ... 282
9.2.2 内置功能应用案例 ... 284
9.2.3 扩展 User ... 290

9.3 权限与认证 ... 294

9.4 在视图中认证用户 ... 297
9.4.1 LoginView ... 297
9.4.2 LogoutView ... 300

9.5 习题 ... 302

9.6 实验 ... 303

第 10 章 其他常用 Web 功能 ... 304

10.1 Ajax ... 304
10.1.1 Ajax 使用基础 ... 304
10.1.2 Ajax 使用案例 ... 306

10.2 会话 ... 309
10.2.1 会话配置与使用 ... 309
10.2.2 会话使用案例 ... 313

10.3 日志 ... 315
10.3.1 日志对象与配置 ... 315
10.3.2 日志使用案例 ... 317

10.4 缓存 ... 320
10.4.1 配置缓存 ... 321
10.4.2 缓存使用案例 ... 323

10.5 分页 ... 325
10.5.1 分页器类 ... 325
10.5.2 分页案例 ... 326

10.6　习题 329

10.7　实验 330

第 11 章　Django Rest Framework 331

11.1　前后端分离 331

　　11.1.1　前后端分离原理 331

　　11.1.2　RESTful 332

11.2　安装及配置 334

11.3　序列化器 337

　　11.3.1　序列化器对象 338

　　11.3.2　序列化类 Serializer 339

　　11.3.3　模型序列化类 ModelSerializer 343

　　11.3.4　处理嵌套对象 346

　　11.3.5　反序列化 348

11.4　验证和保存 349

11.5　习题 352

11.6　实验 353

第二部分　"三酷猫"网上教育服务系统实战项目

第 12 章　项目整体设计及示例 356

12.1　任务分工 356

12.2　需求获取及分析 357

　　12.2.1　整体需求 358

　　12.2.2　服务功能需求 359

12.3　系统设计 360

12.4　实战结果 363

　　12.4.1　项目启动环境搭建 363

　　12.4.2　前后端项目实现效果 364

12.5　前后端分离示例 366

　　12.5.1　前后端项目建立 366

12.5.2 让界面更加漂亮......372
12.6 习题......376
12.7 实验......376

第 13 章 后端功能实现......378

13.1 后端框架搭建......378
13.1.1 创建项目......378
13.1.2 基础配置......379
13.1.3 模型定义......382
13.1.4 路由设计......383
13.1.5 自定义组件开发......385
13.2 后端模块设计框架......387
13.2.1 模块设计思路......387
13.2.2 模型实现......389
13.2.3 模型序列化......391
13.2.4 视图实现......391
13.2.5 Admin 注册模型......392
13.2.6 后端内容实现......393
13.3 后端模块实现......393
13.3.1 热点新闻模块......393
13.3.2 操作日志模块......397
13.3.3 课程管理模块......399
13.3.4 教师管理模块......403
13.3.5 商品管理模块......407
13.3.6 网站统计模块......409
13.3.7 报名咨询模块......413
13.4 习题......416
13.5 实验......416

第 14 章 前端功能实现......418

14.1 前端框架搭建......418
14.1.1 创建项目......418

| 14.1.2 配置文件 421
| 14.1.3 路由文件 421
14.2 前端功能模块设计 424
| 14.2.1 模块设计思路 424
| 14.2.2 首页框架设计 425
14.3 前端功能模块实现 438
| 14.3.1 校区栏目 438
| 14.3.2 热点新闻栏目 443
| 14.3.3 教师栏目 446
| 14.3.4 课程栏目 449
| 14.3.5 商品栏目 452
| 14.3.6 前端访问记录 455
| 14.3.7 报名咨询栏目 456
14.4 习题 461
14.5 实验 461

第 15 章 安全功能及措施 463

15.1 网站防攻击设计 463
| 15.1.1 防 XSS 攻击 463
| 15.1.2 防 SQL 攻击 464
| 15.1.3 防 CSRF 攻击 465
| 15.1.4 防点击劫持攻击 467
| 15.1.5 防 Host 头攻击 468
15.2 数据加密 468
| 15.2.1 为什么需要对数据加密 468
| 15.2.2 前后端分离数据加密案例 470
15.3 文件上传安全处理 474
15.4 其他安全措施 475
15.5 习题 475
15.6 实验 476

第 16 章　测试及部署 477

16.1　项目测试 477
16.1.1　测试基础 477
16.1.2　测试用例 479
16.2　项目部署前置准备工作 481
16.2.1　前端代码打包 481
16.2.2　安装部署项检查 482
16.2.3　后端建立静态资源目录 485
16.3　在 Windows 下部署 485
16.3.1　安装 IIS 486
16.3.2　配置 Web 站点 488
16.4　在 Linux 下部署 492
16.4.1　安装 Python 493
16.4.2　安装应用系统 495
16.4.3　安装及配置 Nginx 497
16.5　对域名等的支持 498
16.6　习题 498
16.7　实验 499

附录 A　Vue.js 使用介绍 500

附录 B　Jinja2 过滤器 525

附录 C　ModelAdmin 属性清单 530

附录 D　ModelAdmin 方法清单 534

附录 E　赠送代码使用清单 538

附录 F　前后端项目常用命令汇总 542

后记 545

part one 第一部分

从第 1 章到第 11 章为第一部分。这里假设使用本书的读者具有 Python 语言编程基础，想基于 Python 技术体系从事 Web 开发相关工作，但是几乎不了解 Web 知识。

这一部分主要为 Web 开发零基础的读者提供基础知识，其中引入了基本的 Web 概念性知识，以及 HTML、CSS、JavaScript 等基础网页端技术内容，介绍了 Python、PyCharm、MySQL、Django 等基本开发工具的使用，讲解了 Django 模型、视图、模板、表单、Admin、用户认证等基础知识，以及 Rest Framework 的使用。

掌握上述内容并熟悉附录 A 的内容，可以为阅读第二部分商业项目实战相关内容做好准备。

Web 编程基础

第 1 章
Web 入门知识

本章能为 Web 开发零基础的读者提供知识普及，了解相关知识的读者可以直接跳到下一章学习客户端内容，或者跳到第 3 章直接学习 Django 知识。

1.1 Web 简介

Web（World Wide Web，WWW）翻译为中文就是全球广域网或万维网，俗称网站（WebSite），它是一种基于超文本（Hyper Text）、超媒体（Hypermedia）、超文本传输协议（HTTP），建立在 Internet 上的分布式信息服务系统。普通用户可通过在浏览器中输入网址（Website Address）访问对应网站。

1. 网站

如图 1.1 所示，新浪网是大家非常熟悉的一个网站，该网站为访问者提供了各种各样的信息发布栏目及个人微博共享平台，也提供了大量的广告信息。人们通过自家电脑的浏览器（Brower）就可以轻松访问该网站。

作为本书的读者，大家不仅要做到简单地访问一个网站，还要深入了解网站实现的技术原理，掌握技术内容，自己构建网站。

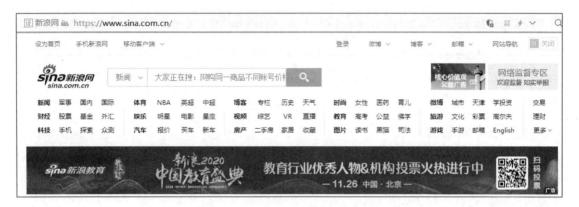

图 1.1　新浪网

下面介绍 3 个与网站相关的基本概念。

（1）超文本

超文本（Hyper Text）主要是指带有超链接或特定文本组织格式的电子文档。如网页在显示相应格式内容的同时，可以内嵌其他网页的链接，单击一下就可以进入其他网页。

网页的主要超文本格式采用 HTML、HTML5 等。在新浪网站中随意打开一个网页，单击鼠标右键，选择弹出菜单中的“查看网页源代码”选项，就可以看到相应的超文本格式代码，如图 1.2 所示。关于 HTML 代码编写的相关内容，我们将在 2.1 节介绍。

```
<!DOCTYPE html>
<!-- [ published at 2020-05-24 14:12:00 ] -->
<html>
<head>
    <meta http-equiv="Content-type" content="text/html; charset=utf-8" />
    <meta http-equiv="X-UA-Compatible" content="IE=edge" />
    <title>新浪首页</title>
    <meta name="keywords" content="新浪,新浪网,SINA,sina,sina.com.cn,新浪首页,门户,资讯" />
    <meta name="description" content="新浪网为全球用户24小时提供全面及时的中文资讯，内容覆盖国内外突发新
    <meta content="always" name="referrer">
    <link rel="mask-icon" sizes="any" href="//www.sina.com.cn/favicon.svg" color="red">
    <meta name="stencil" content="PGLS000022" />
    <meta name="publishid" content="30,131,1" />
    <meta name="verify-v1" content="6HtwmypggdgP1NLw7NOuQBI2TW8+CfkYCoyeB8IDbn8=" />
    <meta name="application-name" content="新浪首页"/>
    <meta name ="msapplication-TileImage" content="//i1.sinaimg.cn/dy/deco/2013/0312/logo.png"/>
    <meta name="msapplication-TileColor" content="#ffbf27"/>
<link rel="apple-touch-icon" href="//i3.sinaimg.cn/home/2013/0331/U586P30DT20130331093840.png" />

    <script type="text/javascript">
```

图 1.2　超文本格式代码（部分）

（2）超媒体

超媒体（Hypermedia）是超文本和多媒体在浏览器环境下的结合，为浏览的网页提供了图片、动画、声音、视频等效果。实现过程是，将上述媒体文件以超文本指定格式链接到网页上，并展示出来。

（3）超文本传输协议

超文本传输协议（Hyper Text Transfer Protocol，HTTP）是浏览器访问网站时的简单请求、响应协议。通过该协议，浏览器端可以发送访问信息到网站，网站再将相应的网页信息发送回浏览器端，完成信息传输过程。

在浏览器中通过网址访问网站的过程，实质上是发送 HTTP 请求的过程，HTTP 请求方式有 9 种，如表 1.1 所示。

表 1.1　9 种 HTTP 请求方式

序号	请求方式	功能说明
1	GET	请求指定地址的网页信息，返回实体主体
2	HEAD	与 GET 请求类似，返回的响应中没有具体内容，用于获取报头
3	POST	向指定资源位置提交数据来处理请求（如提交表单、上传文件）
4	PUT	向指定资源位置上传数据（从浏览器端向服务器端传送数据，取代指定文档）
5	DELETE	请求服务器删除指定的资源
6	CONNECT	HTTP/1.1 中预留给能够将连接改为管道方式的代理服务器
7	OPTIONS	返回服务器端针对特定资源所支持的 HTML 请求方式
8	TRACE	回复并显示服务器端收到的请求，用于测试和诊断
9	PATCH	对 PUT 方式的补充，用来对已知资源进行局部更新

表 1.1 中最常用的请求方式为 GET、POST，是开发者需要重点关注的对象。

例如，在新浪网首页上单击一个网页链接，可以看作一次 GET 请求的发生，它根据 HTTP 在网站处获取指定的数据（如另外一个带数据的网页），并将数据返回浏览器，通过网页跳转在新界面上将其显示出来。

又如，在新浪网的用户登录界面输入用户名、密码并提交数据给网站，这个过程涉及的请求方式是 POST，提交成功后返回成功状态数据，转入登录成功界面。

2. 网站的构成

网站由一个个网页（Web Page）构成。因此，程序员需要设计各种各样的网页，然后通过网站框架将它们组织起来，供不同的用户使用。

从程序员或网站管理员的角度，网站有前端和后端之分。

前端就是通过浏览器可以访问的网页功能和内容，主要面向网站访问者；后端是信息发布管理系统，功能包括登录网站用户信息的管理、使用功能权限的管理、栏目信息的编辑与发布、发布内容的统计、网站访问量统计等。

3. Internet

Internet 的中文翻译为因特网，也称国际互联网，是将全球各大洲的主要网络连接在一起提供信息共享与服务的世界最大的信息资源网络。

Internet 主要由通信链路、大量的服务器（如 DNS 服务器、Web 服务器）、路由设备、信息软件（网站、浏览器、通信社交软件等）、个人终端组成，如图 1.3 所示。

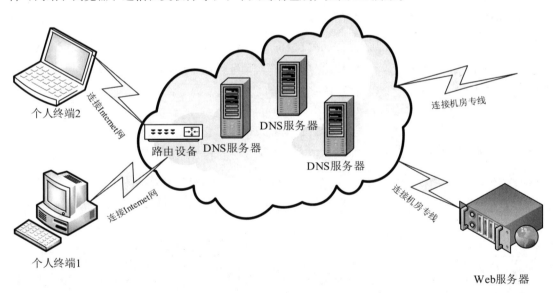

图 1.3　Internet 的组成

（1）通信链路包括有线链路、无线链路。有线链路如国际跨洋海底光缆、国家骨干光纤通道、城市光纤通道、小区楼宇通信线路等；无线链路包括卫星通信链路、无线通信发送站、家庭无线网络等。这些都是保证数据顺利传输的渠道。

（2）服务器是用于安装网站等互联网软件系统的专职计算机，也是程序员对开发好的网站进行部署并运行的实际位置。服务器可以存储海量的信息数据，包括各种文件、数据库等。另外，DNS（Domain Name Server，域名服务器）会提供域名并统一管理 IP 地址转换。

域名（Domain Name）又叫网域，用点分隔，表示 Internet 上某一台服务器或服务器组的名称，用于在数据传输时对服务器进行定位标识，其格式为 www.<用户名>.<二级域名>.<一级域名>。

例如，新浪网的域名为 www.sina.com.cn，"www"代表万维网，"sina"为用户名，"com"为二级域名，"cn"为一级域名，它们之间用点分隔。"com"用于工商金融企业，"cn"代表中国，是 China 的缩写。由此，部署完成的网站要正式运行，必须先向域名服务商申请域名。

（3）路由设备是普通用户通过浏览器访问不同网站的服务器，可提供网址搜寻、转发数据的功能。

（4）信息软件在本书中就是指网站。

（5）个人终端主要包括台式电脑及浏览器、手机终端及浏览器、平板电脑及浏览器等。

4．URL

URL（Uniform Resource Locator，资源定位符）是指读者在网站中单击的具体链接资源的完整网址，如图 1.4 所示。URL 代表一个网站上资源的详细地址，一个资源对应一个唯一的地址。例如，要想访问网站中的一张图片，该图片具有一个唯一的 URL。

图 1.4　完整的 URL

完整的 URL 由协议、主机名（或主机 IP 地址加端口号）、资源相对路径组成，其格式定义如下。

（1）协议：这里是指超文本传输安全协议 HTTPS。

（2）主机名：这里指"baike.baidu.com/"，在 Web 项目开发过程中，一般指向具体的 IP 地址加端口号。

(3)资源相对路径:这里指"item/网址/1486574?fr=aladdin",指向具体的网页,其中可以包含参数,如"?fr=aladdin""?id=1""?id=2"等,用于增加 URL 指向资源的灵活性。为了方便后续介绍 Django、Vue.js 资源设置及使用,本书提到的"URL"都指"资源相对路径"。

1.2 Web 访问原理

随着 Web 技术的兴起,浏览器/服务器结构(Browser/Server,B/S)成了一种主流的网站设计结构。B/S 结构的工作原理是,用户的电脑端统一提供了浏览器,可通过浏览器访问 Web 服务器软件,Web 服务器软件根据浏览器的请求(Request)信息来调用对应的 Web 应用程序(网站),若调用成功,则通过 Web 服务器软件将带数据的网页响应(Response)信息返回指定的用户浏览器端,如图 1.5 所示。

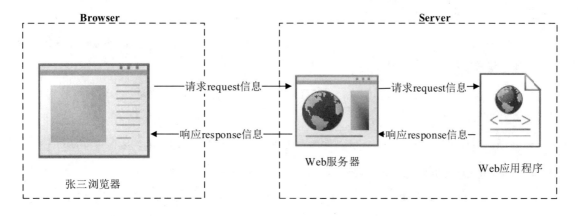

图 1.5 B/S 结构的工作原理

由此,一个完整的网站使用架构环境涉及浏览器、Web 服务器软件、Web 应用程序这三部分。

目前,手机端、计算机端的浏览器一般随机安装,无须用户大费周折。

Web 服务器软件为网站提供数据通信、网站访问、响应交互等服务,是程序员开发网站时必须考虑的运行环境支持软件。目前,比较有名的为 Linux 下的 Apache 服务器软件、Windows 下的 IIS 服务器软件,或兼顾不同操作系统的 Nginx 服务器软件等。上面提到的服务器软件都可以从网上免费下载,是非常实用的产品级主流 Web 服务器软件。本书将在第 16 章实际环境下的部署中介绍如何使用它们。

Web应用程序就是网站，是本书重点介绍的内容，这里主要采用Django框架来实现（前后端分离时，前端采用Vue.js技术）。顺带指出，Django框架安装完成后将自带开发所用的Web服务器软件环境，所以，在开发时无须考虑Web服务器软件的安装问题。

1.3 网页技术

在大型网站制作过程中，一般有专门的网站前端设计师通过网页技术进行网站设计，展示丰富多彩的内容，实现各类操作功能。

1.3.1 网页构成

网页是构成网站的基本单元，若干网页集成在一起就形成了一个网站，网站部署于服务器之上，通过浏览器以网页形式展示给访问者。

网页的内容包括文字、图片、动画、音乐、地图、链接等，同时辅助以不同的颜色、字体、字号、间距、位置定位（居中、靠左、靠右）等。

- 文字：要想显示文字，如新闻稿，需要在后端提供集中输入、编辑功能，然后通过后端提交，在网页的栏目中显示出来。
- 图片：图片要么嵌入文字，作为新闻图片等出现，要么以背景图片的形式体现在网页上。
- 动画：常见的动画包括GIF动画、Flash动画。GIF动画是一种带压缩格式的由多幅图像构成的简单动画，可以用Photoshop、Honeycam、Ulead GIF Animator等工具制作。Flash动画是一种交互式动画，它可以将音乐、声效、动画及富有新意的界面融合在一起，呈现出高品质的网页动态效果，首选的制作工具为美国Macromedia公司发布的Flash软件。
- 音乐：主要是指网页的背景音乐，其文件格式可以是mid、wav等。
- 地图：类似百度地图的效果，嵌入网页栏目之中。
- 链接：网页内提供的可以跳转到其他网页的超链接。

要想使网页提供的内容整齐、美观，客户端功能灵活，需要对其外观格式进行统一处理，这就涉及第2章的HTML、CSS、JavaScript等网页开发技术了。

1.3.2 网页分类

根据使用技术的不同和数据交互与否,网页可以分为静态网页和动态网页,下面我们分别介绍。

1. 静态网页

静态网页(Static Web Page)主要是指采用纯 HTML 格式制作的网页,每个静态网页将生成一个静态扩展名为.htm 或.html 的代码文件。该网页中可以包含文字、图片、音乐、动画等。我们先动手制作一个静态网页,感受一下它的特点。

【案例 1.1】 动手制作一个静态网页(1_1StaticWP.html)

编写如下代码,制作一个静态网页。

```
<html>
<body>
<h1>三酷猫</h1>
<p>这是我们第一个网页/p>
<p>是静态的,非常棒! </p>
</body>
</html>
```

将上述代码输入到记事本里,保存为 first.html 文件。然后,在目录里通过鼠标左键双击该文件,启动浏览器,显示结果如图 1.6 所示。

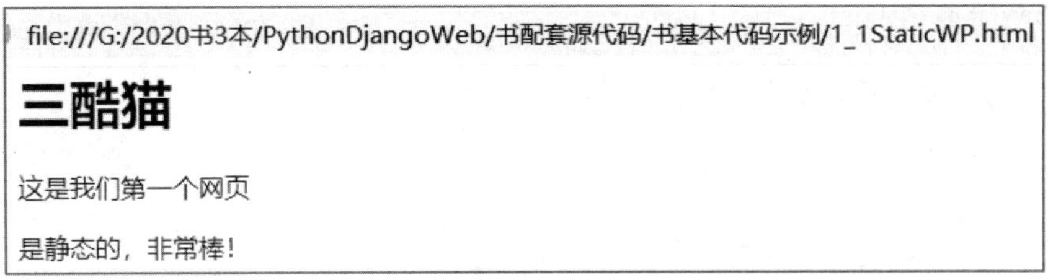

```
file:///G:/2020书3本/PythonDjangoWeb/书配套源代码/书基本代码示例/1_1StaticWP.html

三酷猫

这是我们第一个网页

是静态的,非常棒!
```

图 1.6 静态网页显示结果

◀» 注意

【案例 1.1】中有两点注意事项。
- 用记事本保存代码时,一定要手动输入扩展名.html。
- 暂时无须知道某一行代码是做什么的,我们将在 2.1 节详细介绍。

静态网页具有一定的特点,其优点如下。

- 内容固定,不用与数据库交互,安全性高。

- 对运行环境要求低，不需要 Web 服务器软件等支撑环境就可以被浏览器直接访问。
- 不需要编译，访问响应速度快。
- 网址格式友好，搜索引擎容易识别。

静态网页的缺点如下。

- 由于内容固定，改变内容要重新修改静态网页本身，难度变大。
- 当静态网页数量变多时，网站可维护性将变得非常差。
- 无法更好地适应浏览器的额外要求，如网页响应功能与服务器端的互动操作。

2. 动态网页

动态网页（Active Web Page）指内容随着时间、终端使用环境或数据库数据读取的改变而发生改变的网页。准确来说，凡是通过将 HTML 以外的高级程序设计语言和数据库技术结合在一起形成的网页编程技术生成的网页都是动态网页。这些高级语言可以是 Python、Java、PHP、VC、ASP 等。【案例 1.2】展示了一个动态网页的实现代码。

注意

> 这里的"动态"，是指显示在同一网页上的内容、网页大小自适应发生变化，而非动画、广告条等具有动起来的效果。

【案例 1.2】 动态网页实现（1_2Active Page.py）

编写如下代码，制作一个动态网页。

```python
import sqlite3
print("Content-Type: text/html")
print("<html><head><title>三酷猫</title></head>")
print("<body>")
print("<h1>三酷猫</h1>")           # 调用数据库代码
print("<ul>")
conn = sqlite3.connect('test.db')
print("打开本地数据库成功！")
c = conn.cursor()
c.execute('DROP TABLE COMPANY')
c.execute('''CREATE TABLE COMPANY
       (ID INT PRIMARY KEY     NOT NULL,
       NAME           TEXT    NOT NULL,
       AGE            INT     NOT NULL,
       ADDRESS        CHAR(50),
       SALARY         REAL);''')
```

```
print("表建立成功！")
c.execute("INSERT INTO COMPANY (ID,NAME,AGE,ADDRESS,SALARY) \
      VALUES (10, 'Tom', 25, '天津', 2000.12 )")
conn.commit()
cursor = c.execute("SELECT id, name, address, salary from COMPANY")
for row in cursor.fetchall():
    print("<li>%s</li>" % row[0])
print("</ul>")
print("</body></html>")
conn.close()
```

用Python高级语言处理数据

用 3.1 节将介绍的 Python IDLE 工具或 3.2 节将介绍的 PyCharm 工具保存上述代码并执行，结果如下。

```
Content-Type: text/html
<html><head><title>三酷猫</title></head>
<body>
<h1>三酷猫</h1>
<ul>
打开本地数据库成功！
表建立成功！
<li>10</li>               ★
</ul>
</body></html>
```

从上述代码中可以发现，HTML 代码里混杂着 Python 代码，也从本地 sqlite3 数据库里读取数据并嵌入了 HTML 网页。从执行结果的★处可以发现，HTML 网页从数据库里读取的数值是 10，若从数据库读取不同的数值，则会在网页上显示不同的内容。这就是经典的动态网页效果。

但是上述代码体现的是几十年前最陈旧的动态网页技术，数据库调用代码直接嵌入 HTML 代码存在安全隐患，若要修改数据库代码，则需要重新编辑该代码文件，在网站网页数量变得庞大时，这是无法容忍的。我们希望网页展示代码和数据库操作代码能被合理分开，分别存放到不同的代码文件中，合理调配，不同部分的代码甚至可以被其他网页重复调用。于是，Web 技术框架被引入设计过程。Python 技术体系下的 Web 框架有很多，如 Flask、Tornado、Django 等。本书重点介绍 Django 技术框架，它是 Python 技术体系下的重量级框架，也是最优秀的框架。

1.4 Web 项目实施

一个小型网站也许靠一名程序员就能很好地维护，但是对于商业网站来说，它往往是由一个团队来维护的，并且具有严格的项目开发流程约定。

1.4.1 开发流程

从项目开发流程的角度来看，一个完整的流程包括以下 5 个环节。

1. 需求调研及分析环节

这是网站项目实施过程中的第一个开发环节，是由项目经理带领技术团队，面对网站使用用户而进行的资料获取、用户业务需求讨论与梳理、用户需求报告（建设方案）定型的过程。

2. 设计环节

对于网站主要功能模块的展示，一般先由美工或前端工程师完成效果图的设计，然后取得用户的认可。

3. 程序开发环节

主要功能模块及网站风格确定后，就可以进入程序开发环节了。网站开发一般分前端开发、后端开发两部分。前端开发重点考虑网页的展示效果，后端开发主要实现数据库相关技术、后端管理系统功能等。

4. 测试及部署环节

在一个网站的开发过程中，要安排代码测试、部署环境测试、业务数据测试等工作，主要用于保证所开发的网站可以稳定地在实际工作环境中运行。

5. 维护环节

维护环节主要为用户提供全方位的技术维护支持，如安全漏洞技术升级、功能模块适应业务调整、数据备份、系统性能优化、使用功能技术咨询等。

1.4.2 任务分工

一个典型的网站开发团队，其成员间必须进行分工合作，这样才能有序推进项目建设。这里涉及许多角色，其任务分工也不同。

- 项目经理：为项目实施提供进度安排，安排每名成员执行开发任务，带领团队做需求调研、需求分析，编写实施方案，协调与用户之间的关系，以及做项目汇报工作等。
- 技术经理：负责整体技术框架的搭建，带领技术人员实现网站功能，安排网站测试，编写使用手册。在中小型项目中，项目经理的角色往往和技术经理的角色合二为一，由一个人承担。

- 美工或前端工程师：负责网页静态效果的设计，包括网页背景图片、颜色、字体、动画、栏目分布等。
- 后端开发人员：主要实现数据库设计、后端管理系统用户信息维护、访问功能模块权限授权、信息发布统计、信息发布等功能的开发，还要实现网页与后端数据交互的功能。
- 测试人员：主要根据用户需求，对程序员所开发的功能模块、网站整体集成功能、部署适应性、实际业务数据的适应性进行针对性测试，发现问题，提交问题给程序员解决。
- 运维人员：实现网站在实际环境下的部署，确定网络通信、网络安全、域名等配套环境的落实和正常工作，为用户提供培训服务和技术支持。

上述角色随着项目的大小、用户的要求，会有所兼顾或调整，但是所承担的任务是确定的。

1.5 习题

1. 填空题

（1）万维网的英文是（　　），也可以用英文缩写（　　）来表示，俗称（　　）。

（2）（　　）主要指带有超链接的、特定文本组织格式的电子文档。

（3）（　　）和（　　）是 HTTP 请求访问网站的两种主要数据请求方式。

（4）从开发人员的角度来看，网站分为（　　）和（　　）。

（5）协议、主机名、资源相对路径组成了一个完整的（　　）。

2. 判断题

（1）互联网就是全球广域网。（　　）

（2）网页代码的实现格式遵循超文本规范要求。（　　）

（3）通过 GET、POST 请求访问网站，都能返回响应数据给浏览器。（　　）

（4）从浏览器访问网站的信息编辑、发布界面，访问的是网站的前端页面。（　　）

（5）域名是网址，URL 也是网址，所以两者是一回事。（　　）

1.6 实验

用 HTML 编写一个简单的静态网页,要求显示自己的以下信息。

- 姓名
- 班级
- 所属院系名称

执行网页代码,形成实验报告(至少含编写者姓名、实验日期、实验地点、代码、显示内容截图)。

第 2 章 客户端技术基础

浏览器端展示出来的网页，从程序员角度可以称为客户端或前端页面。客户端除了要展示给访问者标准格式的信息内容，还得提供不同的网页外观，包括网页的灵活变化效果、动画效果等。因此，客户端至少要用到 HTML、CSS、JavaScript 这 3 种基本技术才能满足上述要求。

2.1 HTML

超文本标记语言（Hyper Text Markup Language）简称 HTML，是客户端开发必备的基础技术之一。

2.1.1 HTML 简介

HTML 是由 Web 的发明者蒂姆·伯纳斯·李（Tim Berners-Lee）和他的同事丹尼尔·W·康诺利（Daniel W. Connolly）于 1990 年开发的一种标记语言，它是标准通用标记语言（Standard Generalized Markup Language，SGML）的应用。用 HTML 编写的超文本文档称为 HTML 文档，它能独立于各种操作系统平台（如 UNIX、Windows 等）使用。使用 HTML 语言，将所需要表达的信息按某种规则写成 HTML 文件，通过专用的浏览器来识别，并将这些 HTML 文件"翻译"成可被识别的信息，即形成现在所见到的网页。[①]

HTML 之所以被称为超文本标记语言，是因为文本中包含了所谓的"超级链接"点，通过单击鼠标，可以转到不同的网页上进行阅读。HTML 网页内包含 HTML 指令代码，这些代码仅是一种显

[①] 张季谦，仲志平，王再见编著.《网页设计与制作（第 2 版）》：中国科学技术大学出版社，2017.01.

示网页信息的标记结构语言。通过它，可以将文字、图片、动画等定位到需要显示的位置，并提供不同颜色等外观美化处理。

HTML 技术的发展过程如下。

- 1993 年，互联网工作小组发布 HTML 1.0 版本。
- 1995 年，HTML 2.0 版本发布。
- 1997 年 1 月，W3C[①]发布 HTML 3.2 版本。
- 1997 年 12 月，W3C 发布 HTML 4.0 版本。
- 2000 年，W3C 发布 XML 与 HTML 4.0 结合的 XHTML 1.0 版本。
- 2008 年，W3C 在原有的 HTML 4.01 技术基础上做了升级，发布了 HTML 5.0 版本。
- 2012 年以后，HTML5 技术逐步成熟。

读者如果耐心看了 1.3.2 节的内容，应该已经见过了 HTML 代码的样子，在这一部分，我们需要简单熟悉 HTML 指令代码，达到会配合 Django 框架开发简单应用的程度。

📖 说明

> 有关 HTML 的内容可以写一本书，但这并非本书的介绍重点，仅起到抛砖引玉的作用。若读者感兴趣，可以查阅相关的图书。

2.1.2　HTML 编辑工具

只要是文字编辑器，就可以编写 HTML 脚本代码，然后将其保存为扩展名为.html、.htm 的文件，最后使其可以被浏览器访问。1.3.2 节中的第一段 HTML 代码，就是用简陋的记事本编写的，要求非常低。用 Python 的 IDLE 也可以编辑 HTML 代码，如图 2.1 所示，在脚本文件中输入 HTML 代码，命名为 test1.html 并保存，就可以生成一个网页文件。

在商业代码开发过程中，我们希望 HTML 脚本代码更加容易编辑，以提高开发效率。这里推荐几款专业的 HTML 编辑器。

[①] W3C：万维网联盟（World Wide Web Consortium），维护 Web 的标准化工作，在其官方网站可以找到 HTML 发布文档。

图 2.1 用 Python 的 IDLE 编辑 HTML 代码

1. Adobe Dreamweaver

Adobe Dreamweaver 的中文翻译为"梦想编织者",简称"DW",是集网页制作和网站管理于一身的、所见即所得的网页代码编辑器。其支持 HTML、CSS、JavaScript 的代码编辑,具备快速设计网页、修改网页、管理网页的能力。该工具只能通过付费获取。

2. Microsoft Expression Web 和 VS Code

Microsoft Expression Web 和 VS Code 都是微软公司提供的网页编辑器。前者有 60 天的免费试用期,其后收费使用;后者是免费的、轻量级的代码编辑器,各位读者可以在官方网站下载并安装使用。

3. Sublime Text

Sublime Text 是一款可以无限期免费试用的、功能强大的代码编辑器,除了支持编写 HTML 代码,还支持编写 Python 等其他编程语言代码,感兴趣的读者可以在官方网站下载并安装使用。

本书第一部分主要关注 Django 技术框架,所以在前端代码处理方面对工具无要求,使用最简单的记事本也可以。

2.1.3 HTML 标签

HTML 作为网页格式的一种标记语言(Markup Language),核心是大量标记标签(Markup Tag)功能的使用。HTML 标签的形式是,用尖括号包围关键字,标签成对出现,如<html> </html>,其中第一个为开始标签,后一个带"/"的为结束标签。

一个完整的 HTML 标签应至少包括表 2.1 所示的若干命令。读者可以利用笔记本建立一个扩展名为.html 的文件，根据表 2.1 里的顺序将标签命令依次输入，然后在浏览器中查看实现效果。任何一个 HTML 网页都至少需要包含如下所示的标签内容。

```
<html>              <!--html 标签仅表示 HTML 文档格式的开始和结束 -->
<body> </body>      <!--网页主要功能都在 body 里实现 -->
</html>
```

表 2.1　HTML 标签命令

序号	标签名称	标签命令
1	文档	通过<html>标签实现，如<html>…</html>
2	文档主体	通过<body>标签实现，如<body>…</body>
3	标题	通过<h1>到<h6>标签实现，如<h1>第一个标题</h1>
4	段落	通过<p>标签实现，如<p>第一个段落</p>
5	图像	通过<img>标签实现，如<img src="/im/logo.jpg" width="258" height="39" />
6	水平线	通过<hr>标签实现，如<hr>一条水平线</hr>
7	注释	通过<!-- -->标签实现，如<!--三酷猫网站说明 -->
8	样式	通过标签 style 属性实现背景颜色设置，如<p style="background-color:green">
		通过标签 style 属性实现字体设置，如<p style="font-family:宋体">微笑</p>
		通过标签 style 属性实现文字颜色设置，如<p style="color:red">爱</p>
		通过标签 style 属性实现字号设置，如<p style="font-size:20px;">Leaf</p>
		通过标签 style 属性实现文本对齐设置，如<h1 style="text-align:center">第一个三酷猫网站 </h1>
9	文本格式化	通过<b>标签实现文字粗体设置，如<b>蜂蜜般的甜！！！</b>
		通过<big>标签实现字号大号设置，如<big>风吹</big>
		通过<em>标签实现文字着重设置，如<em>沙沙</em>
		通过<i>标签实现文字斜体设置，如<i>响</i>
		通过<small>标签实现字号小号设置，如<small>进了</small>
		通过<strong>标签实现加重语气设置，如<strong>我的心。</strong>
		通过<sub>标签实现下标字设置，如_{站高}
		通过<sup>标签实现上标字设置，如^{望远}
		通过<ins>标签实现文字下画线设置，如<ins>眺</ins>
		通过<del>标签实现文字删除设置，如<del>伊人。</del>

续表

序号	标签名称	标签命令
10	引用和定义元素	通过<q>标签实现引号设置，即短引用，如<q>…</q>
		通过<blockquote>标签实现长引用设置，如<blockquote>…，…<blockquote>
		通过<abbr>标签实现缩写或首字母缩略语设置，如<abbr title="诗">ABC</abbr>
		通过<dfn>标签实现项目或编写的定义，如<dfn title="诗">远方</dfn>
		通过<address>标签实现文档或文章的联系信息引用设置，如<address>作者：刘瑜；地点：天津；时间：2020</address>
		通过<cite>标签实现著作标题设置，如<cite>《Python Django Web 从入门到项目实战》</cite>
		通过<bdo>标签实现文本反向显示，如<bdo>2020 年</bdo>
11	链接	通过<a>标签实现链接设置，如页外链接<a href=https://www.***.com.cn/ target="_blank">欢迎访问××网站</a>；又如页内链接<a href="#tip">相思</a>，<a name="tip">红豆生南国</a>
12	表格	通过<table>标签实现表格设置，如下。 <table border="1"> <tr><td>第一行第一格</td><td>第一行第二格</td></tr> <tr><td>第二行第一格</td><td>第二行第二格</td></tr> </table>
13	列表	无序列表通过<ul>、<li>组合标签实现，如<ul><li>苹果<li><li>梨<li></ul>
		有序列表通过<ol>、<li>组合标签实现，如<ol><li>桃花<li><li>梨花<li></ol>
		自定义列表通过<dl>、<dt>、<dd>组合标签实现，如下。 <dl> 　<dt>梨</dt> <dd>温带水果</dd> </dl>
14	块	通过<div>标签实现分区活节设置，如下。 <div style="color:green"> 　<h2>块</h2> 　<p>苹果、梨都是水果</p> </div>
		通过<span>标签实现行内标签的组合设置，如<span>微笑着起床</span>

续表

序号	标签名称	标签命令代码

15	表单	通过<form>、<input type="text">组合标签实现表单的文本输入，如下。
		<form>
		  水果:
		
		<input type="text" name="fruits">
		
		  产地:
		
		<input type="text" name="Origin">
		</form>

		通过<form>、<input type=" radio">组合标签实现表单单选功能，如下。 <form> <input type="radio"　　name="Select" value="1" checked>现摘 <input type="radio"　　name="Select" value="2" checked>邮寄 </form>
		通过<form>、<input type=" submit">组合标签实现表单按钮提交功能，如下。 <form action="action_page.py">　　（这是服务器端 Web 框架要处理的程序文件，我们将在后续的 Django 技术部分介绍。） 水果: <input type="text" name="fruits"> 产地: <input type="text" name="Origin"> <input type="submit" value="提交">

最新的 HTML 标签命令清单可以参考官方网站的说明。[①]

标签开始部分到结束部分的所有代码称为元素（Element），一个元素一般包含标签、数据两部分内容，当然也有空数据元素或无数据的元素。

◁» 注意

> 关于上述 HTML 标签相关内容，需要注意以下两点。
> 1. HTML 标签命令对大小写不敏感，如<html>也可以用<HTML>表示。
> 2. 成对的标签可以嵌套，但是不能交叉，如<html><body></html></body>是不被允许的。

---

① HTML 标签命令清单查看链接 2。

2.1.4 案例：第一个网站

在本节中，我们将尝试实现第一个网站。【案例 2.1】中的 HTML 标签脚本代码采用记事本编写，实现了对表 2.1 中标签命令功能的测试。

【案例 2.1】 测试 HTML 标签命令功能（2_1testHTML.html）

编写以下代码，我们来测试一下上面介绍的 HTML 标签命令的功能。

```html
<html>
<body>
<h1 style="text-align:center"> <a href="#tip">相思</a></h1>
<p style="font-family:宋体;color:red;font-size:20px;">
    <a name="tip"><b>红</b>豆<big>生</big>南国，</a>
    <em>春</em>来<i>发</i>几枝。
    <small>愿</small>君<strong>多</strong>采撷，
    <sub>此</sub>物<sup>最</sup>相思。
</p>
<img src="logo.jpg" width="500" height="75" />
<p>注意，<ins>浏</ins>览<del>器</del>忽<q>略</q>了源代码中的排版。</p>
<p><blockquote>风轻轻地拂动着叶子，
    <abbr title="诗">发</abbr>出了温柔的沙沙声，
    拨动了我的心弦，
    久久萦绕...</blockquote></p>
<p><abbr title="World Health Organization">WHO</abbr> 成立于1948年。</p>
<address>作者：刘瑜；地点：天津；时间：2020</address>
<p><cite>《Python Django Web 编程手把手项目实战》</cite> 写于2020年</p>
<a href="https://www.sina.com.cn/" target="_blank">欢迎访问新浪网站</a>
<table border="1">
    <tr><td>第一行第一格</td><td>第一行第二格</td></tr>
    <tr><td>第二行第一格</td><td>第二行第二格</td></tr>
</table>
<dl>
    <dt>梨</dt>
    <dd>温带水果</dd>
</dl>
<div style="color:green">
    <h2>块</h2>
    <p>苹果、梨都是水果</p>
</div>
<p>清醒的早晨，<span>微笑着起床</span></p>
<form>
    水果:<br>
    <input type="text" name="fruits">
    <br>
    产地:<br>
    <input type="text" name="Origin">
```

> 为了避免眼花缭乱，建议对照表 2.1 的顺序依次查看代码。

```
    </form>
    <form>
        <input type="radio" name="Select" value="1" checked>现摘
        <input type="radio" name="Select" value="2" checked>邮寄
    </form>
    <form action="action_page.py">
        水果：_____产地：<br>
        <input type="text" name="fruits">
        <input type="text" name="Origin">
        <br>
        <input type="submit" value="提交">
    </form>
</body>
</html>
```

用鼠标左键双击上述代码文件，第一个网站在浏览器上的执行结果如图 2.2 所示。

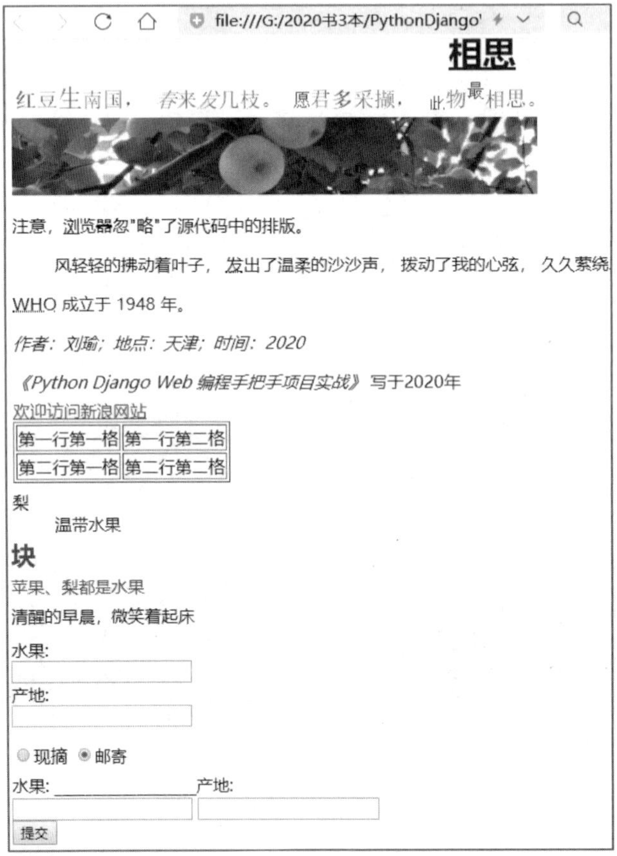

图 2.2 第一个网站

这个网站虽然是一个简单的，甚至有点杂乱无章的网站（只有一个网页），但是我们已经体验了基本的网站开发技术，对后续技术的理解是有帮助的。

2.2 CSS

层叠样式表（Cascading Style Sheets）简称 CSS，是一种用来修饰由 HTML、XML 构建的网页外观的语言，是标准通用标记语言的一个子集。在商业开发环境下，CSS 标记语言往往被独立存放于扩展名为.css 的样式文件中，供网页调用。CSS 样式文件的独立，有利于网站维护者快速改变网站风格。比如在一些特殊情况下，网站主体背景会变成黑色，在有 CSS 样式文件的情况下，技术人员只需要花几分钟时间修改样式文件里的背景颜色即可实现快速变换网站风格的要求。

2.2.1 CSS 简介

任何事物的产生都是有原因的，CSS 的产生也一样。1990 年，蒂姆·伯纳斯·李和罗伯特·卡里奥共同发明了 Web，之后 HTML 的样式功能越来越多，HTML 页面标记代码也越来越臃肿。因此，我们急需建立一种统一的、标准化的、相对独立的样式语言以解决那些 HTML 网页存在的问题。1994 年开始，哈坤·利·伯特·波斯、托马斯·莱尔顿等正式提出关于 CSS 的建议，提供了 CSS 标准技术，促进了 CSS 技术的发展。1996 年 12 月，W3C 组织正式发布了 CSS 的第一个标准版本。1998 年，W3C 发布了 CSS 的第二个标准版本。目前，CSS 仍在发展中，详细情况可以参考 CSS 官方网站说明。

CSS 允许以多种方式为同一个 HTML 网页指定样式信息。我们可以在具体的某一个标签属性里指定 CSS，比如在 HTML 头标签里指定，也可以通过外部 CSS 文件为 HTML 提供样式信息。

当同一个 HTML 标签（如<h1>、<p>、<table>、<form>、<body>）被 CSS 反复定义时，要想使用它需要根据优先级，其优先级从高到低依次如下。

- 内联样式（用标签属性体现颜色、字体、位置等）。
- 内部 CSS 文件（统一设置于<head>标签内）。
- 外部 CSS 文件（通过链接标签<link>调用）。
- 浏览器缺省的设置（自带默认解释样式功能）。

CSS 编辑工具同 HTML 一样，可以是最简单的记事本，也可以是专业的 Adobe Dreamweaver 等。

> **说明**
> 有关 CSS 的内容可以写一本书,但这并非本书的介绍重点,仅起到抛砖引玉的作用。若读者感兴趣,可以查阅相关的图书。

2.2.2 CSS 语法基础

CSS 作为影响 HTML 网页界面样式的标准,有一定的语法规则,编写代码时需要遵守这些规则。

1. CSS 语法规则

CSS 语法由选择器(selector)、声明(declaration)两部分构成,格式如下。

```
selector {declaration1; declaration2; ... }
```

选择器就是 HTML 网页里的标签名称,如 h1、body、form 等。声明是指 HTML 标签中的属性(property)和值(value),对同一个标签的声明可以有多个,中间用分号隔开。一个声明对应一个"属性:值"对,属性和值之间用冒号隔开。声明外面用花括号包裹,以确定一个选择器的声明范围。如对文档主体(<body>)设置 CSS 样式时,若设定背景颜色为 blue,字体大小为 14px,代码如下。

```
Body {background-color:blue; font-size:14px;}
```

如果值为若干英文单词,则需要将值用引号包裹。如设置字体的值为 Arial Black,则代码如下。

```
h1 {font-family: "Arial Black";}
```

CSS 在被网页调用时会忽略空格的影响,由此,可以借助空格格式改善 CSS 代码的表达方式,提高代码的易读性。多声明 CSS 的带空格写法如下,可以很明显地看出,这样的代码更有利于阅读。

```
h1 {font-family: "Arial Black";
    color:green;
    text-align:center;
    }
```

2. HTML 调用 CSS

(1)调用内部 CSS

当单个 HTML 网页需要用特殊的 CSS 修饰时,可以调用内部 CSS 来实现。具体实现方式是,通过<style>标签在文档头部<head>中定义 CSS。

【案例 2.2】 内部 CSS 的使用(2_2testCSS1.html)

HTML 调用内部 CSS 的实现代码如下。

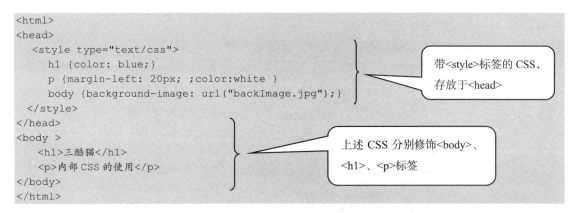

<style>标签内的 h1 {color: blue;}代码将"三酷猫"标题的颜色设置为蓝色;p {margin-left: 20px; ;color:white }将"内部 CSS 的使用"的颜色设置为白色、左边空 20px;body {background-image: url("backImage.jpg");}为网页主体设置了背景图片。

通过鼠标左键双击 2_2testCSS1.html 文件,在浏览器中的显示如图 2.3 所示。

图 2.3 带内部 CSS 的网页

(2)调用外部 CSS

若我们想设计一个 CSS 供网站里的所有网页使用,该如何实现呢?这时就要用到外部 CSS 了。实现思路是,将 CSS 标记代码存入独立的扩展名为.css 的文件中,然后在需要调用该 CSS 的网页头部<head>里用<link>标签链接到该 CSS 文件。

第一步:建立一个外部 CSS 文件(first.css)。假设要过春节,希望将网站中所有的文字颜色都设置成红色以显示喜气洋洋的氛围,同时要将背景图片设置为荷花以代表洁净祥和,并统一<p></p>

中的字号大小，则 CSS 标记代码实现如下。

```
body {color: red;background-image: url("css_back.jpg");}
p{font-size:30px}
```

第二步：在每一页网页的<head>里设置<link>标签，将其 href 属性值设置为第一步实现的外部 CSS 文件名 "first.css"，对应的 HTML 网页代码实现如【案例 2.3】所示，用记事本软件编写并将其保存为 HTML 文件（2_3DoFirstCss.html）。

【案例 2.3】 HTML 调用外部 CSS 文件（2_3DoFirstCss.html 文件）

HTML 调用外部 CSS 文件的示例如下。

```
<html>
<head>
    <link rel="stylesheet" type="text/css" href="first.css" />
</head>

<body >
    <h1>忆江南</h1>
    <hr>
     <p>
    江南好，风景旧曾谙。
</p>
    <p>日出江花红胜火，春来江水绿如蓝。能不忆江南？
    <p>
</body >

</html>
```

在指定目录下通过鼠标左键双击 2_3DoFirstCss.html 文件，在浏览器中显示的效果如图 2.4 所示。

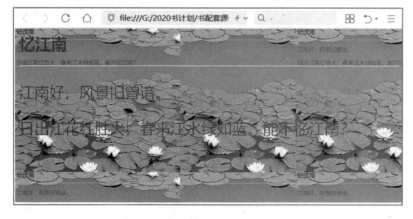

图 2.4　调用外部 CSS 实现的网页

外部 CSS 的强大功能体现出来了，若想改变整个网站的文字颜色，只需要在 first.css 文件中改变 color 属性的值即可。

2.2.3 CSS 样式

CSS 主要通过声明来修饰指定的 HTML 网页标签，进而在浏览器上显示不同的外观效果，如背景、文字样式、字体、列表、表格、轮廓等。

1. 背景

CSS 可以为 HTML 网页提供单纯的背景颜色，如红、蓝、绿、黑、白等，也可以提供复杂的背景图像效果，以满足人们的审美要求。

（1）background-color 属性

background-color 属性用于设置纯色背景，其值为颜色值[①]，CSS 样式代码如下。

```
p {background-color: fuchsia;}
```

将上述代码放入 2_4CSS_property.html 的<style>与</style>之间，完整代码如【案例 2.4】所示。

【案例 2.4】 通过 CSS 设置纯色背景（2_4CSS_property.html）

编写如下代码，我们通过 CSS 来为网页设置纯色背景。

```
<html>
<head>
    <style type="text/css">
      p {background-color: AliceBlue;}
    </style>
</head>
<body >
    <p>高山流水</p>
</body >
</html>
```

通过鼠标左键双击代码文件，在浏览器中的执行结果如图 2.5 所示。

图 2.5　背景为纯色的网页

---

① 颜色值详见链接 3。

（2）background-image 属性

background-image 属性值为"url(指定路径/图片文件名)"。这里的指定路径分为以下 3 种情况。

- 当图片文件与 HTML 网页文件在同一路径下时，不用指定路径，直接用图片文件名。
- 当图片文件在 HTML 网页文件的子目录下时，可以将属性值设置为"url(指定路径/子路径名/图片文件名)"。
- 当图片文件在 HTML 网页文件的上一级目录下时，可以将属性值设置为"url(../图片文件名)"。

在网页上经常使用的图片格式为 jpg、gif。【案例 2.2】的代码里提供了 background-image 属性的表示方法。

（3）background-position 属性

background-position 属性用于设置背景图片的位置，其值可以是 top（顶部）、bottom（底部）、left（左边）、right（右边）和 center（中间）。

（4）background-repeat 属性

background-repeat 属性用于控制背景图片在水平方向或垂直方向上的重复情况，其值可以为 repeat-x、repeat-y 和 no-repeat。repeat-x 表示在水平方向上重复图片，也是默认值，其效果如图 2.4 所示，仔细观察可以发现，该网页背景是由一张图片在水平方向上多次平铺所构成的。repeat-y 表示在垂直方向上控制图片重复平铺。若不想让图片重复平铺，可以将 background-repeat 属性的值设置为 no-repeat。

【案例 2.5】 通过 CSS 将背景图片设置在固定位置且不重复（2_5CSS_backImage.html）

编写如下代码，我们为网页设置位置固定（左边）且不重复平铺的背景图片。

```html
<html>
<head>
    <style type="text/css">
      p {background-color: fuchsia;}
      p{color: red;background-image: url("css_back.jpg");
        background-repeat:no-repeat;
        background-position:left;
        }
    </style>
</head>
<body >
    <p>高山流水</p>
</body>
</html>
```

上述代码的执行结果如图 2.6 所示。

图 2.6　背景图片在左边且不重复

2. 文字样式

文字在颜色、方向、行高、字符间距、对齐、修饰符、缩进等多方面有样式要求，其对应的属性如表 2.2 所示。

表 2.2　CSS 文字样式属性一览表

属　　性	功能描述	示　　例
color	设置颜色	p{color:blue}
direction	设置方向	p{ direction: rtl}
line-height	设置行高	p.big {line-height:200%}
letter-spacing	设置字符间距	h1 {letter-spacing:2px}
text-align	设置对齐	h2 {text-align:left}
text-decoration	添加修饰符	h3 {text-decoration:blink}
text-indent	规定文本块中首行文本的缩进方式	p{ text-indent : 50px }
text-transform	控制字母的大小写	p {text-transform:lowercase}
white-space	设置文字中空白的处理方式	p{white-space: nowrap}
word-spacing	设置字间距	p{word-spacing:40px;}

3. 字体

字体涉及所属系列、大小、粗细、风格等属性设置，具体如表 2.3 所示。

表 2.3　CSS 字体属性一览表

属　　性	功能描述	示　　例
font-family	设置字体所属系列	p{font-family: arial, sans-serif;}
font-size	设置字体大小	h1 {font-size:40px;}
font-weight	设置字体粗细	p.normal {font-weight:normal;}
font-style	设置字体风格	p.normal {font-style:normal;} p.italic {font-style:italic;} p.oblique {font-style:oblique;}

续表

属　性	功能描述	示　例
font-variant	设置小型大写字母的字体显示	p {font-variant:small-caps;}
font	简写属性，将所有字体属性写在一个声明内	p.ex1{font:italic arial,sans-serif;}

4．列表

列表的相关属性及其功能描述如表 2.4 所示。

表 2.4　CSS 列表属性一览表

属　性	功能描述	示　例
list-style	简写属性，将所有列表属性写在一个声明内	ul{list-style:square inside url('flag.gif');}
list-style-image	设置列表项标志为指定图片	ul{list-style-image:url("flag.gif");}
list-style-position	设置列表项标志的位置	ul{list-style-position:outside;}
list-style-type	设置列表项标志的类型	ul.circle {list-style-type:circle;} ul.square {list-style-type:square;} ol.upper-roman{list-style-type:upper-roman;} ol.lower-alpha {list-style-type:lower-alpha;}

5．表格

表格的相关属性及其功能描述如表 2.5 所示。

表 2.5　CSS 表格属性一览表

属　性	功能描述	示　例
border	设置表格边框	table{border: 1px solid yellow;}
border-collapse	设置是否将表格边框折叠为单一边框	table{border-collapse:collapse;}
border-spacing	设置分隔单元格边框的距离	table{border-spacing:10px 40px;}
caption-side	设置表格标题的位置	table {caption-side:top;}
empty-cells	设置是否显示表格中的空单元格	table{empty-cells:hide;}
table-layout	设置单元格、行和列的显示方式	table{table-layout:fixed;} table{table-layout: automatic;} table{table-layout: inherit;}

6. 轮廓

轮廓是指网页指定标签外围的框线，在样式上起到突出外观的作用，其属性及其功能描述如表 2.6 所示。

表 2.6 CSS 轮廓属性一览表

属 性	功能描述	示 例
outline	在一个声明中设置所有轮廓属性	p{outline:red dotted thick;}
outline-color	设置轮廓颜色	p{outline-color:green;}
outline-style	设置轮廓样式	p{outline-style: double;}
outline-width	设置轮廓宽度	p{outline-width:10px;}

2.2.4 案例：通过 CSS 建立网站

在本节中，我们将利用上面所学的 HTML、CSS 知识建立一个漂亮的网站（准确来说是建立一个网页）。三酷猫开设了水果店，想建立"三酷猫网站"宣传一下店里的水果及其产地，采用 HTML 网页和 CSS 文件分离方式实现，以下为步骤及代码。

第一步：建立 2_6ThreeCoolCats.html 代码文件，显示一个以"三酷猫网站"为标题的表格，里面有水果名称及产地。网页的外观样式通过 second.css 文件独立实现。

```
<html>
<head>
    <link rel="stylesheet" type="text/css" href="second.css" />
</head>
<body>

<h1>三酷猫网站</h1>
<hr/>
 <table id="fruits">
  <tr class="title">
     <th>水果名称</th>
     <th>产地</th>
  </tr>
  <tr>
     <td>苹果</td>
     <td>山东</td>
  </tr>

  <tr>
```

```
        <td>椰子</td>
        <td>海南</td>
    </tr>

    <tr>
        <td>葡萄</td>
        <td>新疆</td>
    </tr>

</table>
</body>
</html>
```

第二步：编写 second.css 文件代码，设置表格的背景图片、字体大小、字体颜色等外观属性，以下为标记代码。

```
h1{text-align:center}
table{border-spacing:10px 40px;
      border: 2px solid green;
      border-collapse:collapse;
      background-image: url("table_image1.jpg");
      color: Black;
      font-size:30px;
      }
td
 {padding:100px;
  font-weight:normal;
  font-size:40px;
  border: 3px solid black;
  }
th
 {height:50px;
  background-color:lawngreen;
  color: Blue;
  font-size:30px;
  border: 2px solid green;
  }
```

通过鼠标左键双击 2_6ThreeCoolCats.html 文件，在浏览器中的显示结果如图 2.7 所示。

图 2.7　三酷猫网站

2.3　JavaScript

要想让网页局部功能动起来，并尽量减轻服务器端的压力（减少整个网页的刷新调用），以提高网页的操作功能，增加浏览器端用户使用的体验感，需要引入一种新的网页端技术——JavaScript。

2.3.1　JavaScript 简介

JavaScript 简称"JS"，是一种主要应用于 Web 网页端并提供动态响应功能的高级编程语言，它同时也是一种轻量级的脚本语言、解释型语言。

在没有 JS 语言的情况下，在 Web 网页端进行按钮提交操作或检查待提交信息的准确性时都要通过服务器端进行，如果访问 Web 服务器端的浏览器终端数量过多，就会给服务器端业务数据带来巨大的压力，造成 Web 网页响应迟缓，甚至崩溃。

那么，是不是可以设计一种语言，将那些无须通过服务器端处理的行为放到浏览器端处理呢？比如，检查浏览器访问者的信息、检查输入内容是否符合要求，等等。于是在 1995 年，原 Netscape

公司的布伦丹·艾希（Brendan Eich）设计并实现了 JS 语言，这门语言首先在 Netscape Navigator 浏览器上得到了应用。

JS 的主要功能特点如下。

- 它是一种解释型脚本语言，在网页执行过程中逐行被解释，类似于 Python 语言。
- 它是一种轻量级的高级语言，可以改变 HTML 的显示内容和风格，由此可以肯定，嵌入 JS 代码的 Web 网页是动态的，而非静态的。
- 具有客户端动态性，由于 JS 采用客户端操作事件的响应机制，所以可以通过触发 JS 事件进行本地业务处理，而无须通过服务器端进行业务处理。
- 具有跨平台性，JS 适应在 Windows、Linux、macOS、Android、iOS 等系统平台下运行，当今主流的浏览器都支持 JS 语言。
- 支持面向对象编程。

JS 可以直接嵌入 HTML 网页中被使用，也可以独立写入扩展名为.js 的文件中被不同的网页所调用。由于 JS 是脚本语言，代码编写完成后可以被浏览器直接解释执行，无须其他支撑功能，所以，可以采用任何常见的代码编辑器编写 JS 代码，然后通过网页将代码提交给浏览器执行。

本书采用最简单的记事本编辑软件来进行代码开发，读者可以使用专业的 Adobe Dreamweaver 软件等进行代码开发。

> 📖 **说明**
>
> 有关 JavaScript 的内容可以写一本书，但这并非本书的介绍重点，仅起到抛砖引玉的作用。若读者感兴趣，可以查阅相关的图书。

2.3.2　JS 语法基础

本节将对 JS 中最基础的数据类型、运算符、基本逻辑语句等进行介绍，以便读者了解 JS 代码的编写方式。

编写 JS 代码的前提条件是：在 HTML 网页中，JS 代码必须位于<script>与</script>标签之间并置于<body>或<head>中；或者单独建立 JS 文件，使其被 HTML 网页的不同部分调用。

1. 数据类型

JS 的基本数据类型包括数字类型（Number）、字符串类型（String）、布尔类型（Boolean）、空值（Null）、未定义值（Undefined）。由于 JS 的基本数据主要通过变量来存储，因此对变量进行定义需要用到 var 关键字，并以分号结束。

（1）数字类型

数字类型包括整数、小数等，定义方式如下。

```
var age=18;
var price=10.5;
```

HTML 网页内部使用 JS 代码的方法如【案例 2.6】所示。虽然在<script>标签内只定义了两个数字变量，但这是正确使用 JS 代码的第一步，后面的代码都可以在此基础上进行测试。

【案例 2.6】 第一个内嵌 JS 代码的网页（2_7firstJS.html）

编写如下代码，我们来实现一个内嵌 JS 代码的网页。

```
<html>
<body>
    <h1>三酷猫</h1>
    <script>
       var age=18;
       var price=10.5;
    </script>
    <p>这是我们第一个 JS 网页</p>
    <p>是动态的，非常棒！</p>
</body>
</html>
```

将上述代码文件命名为 2_7firstJS.html 并保存，通过鼠标左键双击该文件，在浏览器上的显示结果如图 2.8 所示。

图 2.8　第一个内嵌 JS 代码的网页

（2）字符串类型

字符串通过单引号或双引号引用，内容可以是任意文本，其定义方式如下。

```
var name="Tom".
var Title='Three cool cats!';
```

> **注意**
>
> JavaScript 是对大小写敏感的编程语言，name 和 Name 是两个不同的对象。

（3）布尔类型

布尔类型主要用于逻辑判断，其值为 true 或 false，用法如下。

```
var flag=true;
var OK=false;
```

（4）将变量值清空

要想使变量无值，可进行如下设置。

```
flag= undefined;
OK=null;
```

2. 运算符

JS 运算符的使用方法与 Python 类似，也分为算术运算符、比较运算符等类别。

（1）算术运算符

JS 中算术运算符的使用方法如下。

```
var x=1;
var y=2;
y=y+x;                    //加法
y=y-1;                    //减法
y=y*4;                    //乘法
y=y/2;                    //除法
y=5%2;                    //求余
y=++y;                    //自增
y=--y;                    //自减
```

（2）比较运算符

JS 中部分比较运算符的使用方法如下。

```
var x=10
x==10                     //等于,这里的结果是true
x==='10'                  //绝对等于,值和类型都相等,这里的结果是false
```

```
x!=5                        //不等于,这里的结果是 true
x!=='5'                     //不绝对等于,值不等或类型不等,或都不等,这里的结果是 true
x>8                         //大于,这里的结果是 true
x<5                         //小于,这里的结果是 false
x>=10                       //大于等于,这里的结果是 true
x<=5                        //小于等于,这里的结果是 false
```

3. 基本逻辑语句

JS 中的 if 条件判断语句、switch 条件选择语句、for 循环语句、while 循环语句用于进行逻辑判断,或根据循环条件处理相对复杂的业务逻辑,它们的具体用法参见以下示例。

（1）if 条件判断语句

if 条件判断语句用于判断条件满足或不满足,在此情况下进行多分支执行处理,其用法示例如下。

```
var age=10
if (age<=14){
   show='儿童!'
}else if (age<=18){
   show='少年'
}else{
   show='成人'
}
```

（2）switch 条件选择语句

对于输入值,可以采用 switch 条件选择语句进行多逻辑判断,用法示例如下。

```
var age=10
switch(age)                 //根据 age 的值,与下面的 case n 对应的条件进行匹配
{
   case 1: x='1 岁太小!';    //age 等于1,进入该选择条件,执行对应代码
       break;                //break 表示跳出选择语句
   case 2: x='2 岁还是太小!'; //age 等于2,进入该选择条件,执行对应代码
       break;
   case 3: x='3 岁差不多!';   //age 等于3,进入该选择条件,执行对应代码
       break;
   default:x='可以上学了!'    //age 大于3,进入该选择条件,执行对应代码
}
```

（3）for 循环语句

for 循环语句可以循环执行相应业务逻辑,其用法示例如下。

```
var i;
var row='';
```

```
for (i=0;i<10;i++){
    row=row+'love<br>';        //这里可以增加网页元素的动态效果和灵活性
}
```

（4）while 循环语句

while 循环语句是另外一种形式的可以重复控制业务逻辑处理的循环语句，与 for 循环语句具有互相替代性，其用法示例如下。

```
var i=1;
var content;
while(i<5){
    content='<p>三酷猫，叫'+i+'次</p><br>'
    i++;
}
```

前面我们介绍了许多关于 JS 的语法基础，下面我们通过两个具体案例进一步掌握 JS 的用法。在 HTML 文件内部使用 JS 代码时需要用到 document 对象的 getElementById(n)的 innerHTML 属性，其中，参数 n 指向需要替换的元素的 ID。如【案例 2.7】中的参数是 go1，用以指向代码中<body>的 id='go1'，在<body>部分用 JS 代码动态实现相关信息的连续显示。

【案例 2.7】 调用 JS 代码改变界面内容和格式（2_8doJS1.html）

编写如下代码实现一个 HTML 网页，可以调用 JS 代码改变网页界面的内容和格式。

```
<html>
<body id='go1'>
    <script>
    var age=18;
    var price=10.5;
    var i=1;
    var content='';
    while(i<=5){
        content=content+'<p style="color:dodgerblue">三酷猫，叫'+i+'次<p>';
        i++;
        }
     document.getElementById("go1").innerHTML =content;
    </script>
    <h1>三酷猫</h1>
    <p>是动态的，非常棒！</p>
</body>
</html>
```

保存上述代码文件为 2_8doJS1.html，然后通过鼠标左键双击该文件，执行结果如图 2.9 所示。

图 2.9　调用 JS 代码的 HTML 网页动态效果

调用外部 JS 文件将进一步分离 HTML 网页代码和 JS 代码，方便 JS 代码的更新。下面我们通过【案例 2.8】来进一步说明这一点。

【案例 2.8】　调用外部 JS 文件的网页（DoJS.js、2_9dooutJS.html）

通过以下步骤实现 HTML 网页，可通过 HTML 文件调用外部 JS 文件。

第一步：建立独立的 JS 代码文件，将其命名为 DoJS.js 并保存。

```
var i=1;
var content='';
while(i<=3){
        content=content+'<p style="color:dodgerblue">*** <p>';
         i++;
           }
      content=content+'<br>三酷猫^_^'
document.getElementById("b1").innerHTML =content;
```

第二步：通过 HTML 文件调用 JS 文件。

```
<html>
<body id='b1' >
    <script src="DoJS.js" charset= "UTF-8"></script>
</body>
</html>
```

这里增加了一行调用外部 JS 文件的代码

将上述代码命名为 2_9dooutJS.html 并保存，通过鼠标左键双击该代码文件，在浏览器中的显示如图 2.10 所示。

图 2.10　调用外部 JS 文件的网页

> **注意**
>
> 在 HTML 中调用外部 JS 文件时，必须在<script>标签中添加 charset= "UTF-8"声明，否则会显示乱码。

2.3.3　JS 高级功能

作为一款轻量级的高级语言，JS 中也有对函数、对象、事件进行处理的高级功能，本节我们将针对 JS 中的高级功能为大家一一介绍。

1. 函数（Function）

当一个 JS 脚本代码被网页的不同元素调用时，如给出出错提示信息，建立自定义函数是一个好主意。我们先来看一看 JS 脚本代码中自定义函数的格式规定，具体如下。

```
function error(x1, x2, x3,..) {
  //要执行的代码
  return x
}
```

自定义函数以关键字 function 开始，然后空一格，后接函数名、小括号和花括号，小括号里可以指定若干个传递输入值的参数，花括号中的部分是 JS 代码主体，包括改变网页页面的业务逻辑代码和返回值，返回值通过关键字 return 执行，该功能可选，在没有返回值时可以忽略。

下面我们来看一个案例，该案例通过 JS 脚本代码自定义 count 统计函数，然后被 HTML 的 p1、p2 标签连续调用，实现对不同总价的统计。

【案例 2.9】 含有自定义函数的 JS 网页（2_10FunctionJS.html）

编写如下代码，实现含有自定义函数的 JS 网页。

```html
<html>
<body >
    <h1>三酷猫</h1>
    <p >黄鱼的数量是 10 条，单价 80 元/条</p>
    <p id='p1'>总价是多少？ </p>
    <p >带鱼的数量是 100 条，单价 20 元/条</p>
    <p id='p2'>总价是多少？ </p>
    <script>
        function count(number,price){        自定义函数
            return number*price;
        }
        document.getElementById("p1").innerHTML ='总价：'+count(10,80)+'元';
        document.getElementById("p2").innerHTML ='总价：'+count(100,20)+'元';   调用自定义函数
    </script>
</body>
</html>
```

将上述代码保存至 FunctionJS.html 文件，通过鼠标左键双击该代码文件，在浏览器中的执行结果如图 2.11 所示。

图 2.11 含有自定义函数的 JS 网页

从【案例 2.9】中可以看出，采用 JS 自定义函数后，我们可以在网页端实现对数据的计算、统计功能，避免了将大量的计算工作放到服务器端，在减轻服务器端压力的同时加快了页面的显示速度，大幅改善了用户在浏览器端的使用体验。

2．对象（Object）

JS 中对象的概念同 Python 中对象的概念类似，也是将方法和属性进行封装形成一体，同样，对

象具有继承性。基本的对象定义如下。

```
function 对象名(参数名1,参数名2,...){
    this.属性名=属性值;
    this.方法名=function(){ ...}
}
```

对象定义完成后,还需要通过 new 关键字对对象进行实例化,这样对象才能被 HTML 标签使用,实例化格式如下。

```
var 实例名 new 对象名(参数值1,参数值2,...)
```

下面,我们通过【案例 2.10】来自定义一个三酷猫买鱼记录处理对象,其中包括鱼的名称、数量、单价、金额统计方法。

【案例 2.10】 含有自定义对象的 JS 网页(2_11fishJS.html)

编写如下代码,实现含有自定义对象的 JS 网页。

```html
<html>
<body >
    <h1>三酷猫</h1>
    <p >海螃蟹的数量是 10 只,单价 50 元/只</p>
    <p id='p1'>总价是多少? </p>
    <p >海龙虾的数量是 10 只,单价 100 元/只</p>
    <p id='p2'>总价是多少? </p>
    <script>
        //自定义对象,包括 3 个属性、1 个方法
        function Showfish(sName,iNumber,fPrice){      // 定义鱼的名称属性 name
            this.name=sName;
            this.number=iNumber;
            this.price=fPrice;
            this.count=function(){                    // 金额统计方法 count()
                return this.number*this.price;
            }
        }
        var one=new Showfish('海螃蟹',10,50);         // 对象实例化,并设置参数值。
        var two=new Showfish('海龙虾',10,100);
        document.getElementById("p1").innerHTML ='总价: '+one.count()+'元';
        document.getElementById("p2").innerHTML ='总价: '+two.count()+'元';
                                                      // 统计海龙虾的金额
    </script>
</body>
</html>
```

将上述代码保存至 2_11fishJS.html 文件,通过鼠标左键双击该文件,在浏览器中的执行结果如图 2.12 所示。

图 2.12　含有自定义对象的 JS 网页

3．事件（Event）

这里的事件是指用鼠标、键盘对浏览器进行操作而产生的响应事件，也可以是浏览器本身的响应事件。比如，通过鼠标单击按钮产生的数据提交事件、按下键盘中某一个按键时产生的事件、浏览器完成页面加载产生的事件，等等。下面列举几个典型案例。

（1）onclick 事件

用鼠标单击网页上的某个元素对象（如按钮、复选框等）时所触发的事件称为 onclick 事件。

【案例 2.11】　用鼠标单击按钮触发 onclick 事件（2_12onclick.html）

在以下示例中，我们将触发 onclick 事件，检查输入内容是否符合要求。

```
<html>
<body>
   姓名：<input type="text" id="x1" >
   <br />
   年龄：<input type="text" id="a1">
   <br />
   单击下面的按钮，提交输入数据：
   <br />
   <button onclick="CheckValue(event)">提交数据</button>
   <script type="text/javascript">
      function CheckValue(event)
      {
         if (document.getElementById('x1').value=='')
         {
            alert("姓名不能为空");}
         if (document.getElementById('a1').value<0)
            {   alert("年龄不能小于 0 岁！");}
      }
```

调用事件函数，参数必须是 event

自定义单击事件函数，参数必须是 event

```
    </script>
</body>
</html>
```

将上述代码保存到 2_12onclick.html 文件中,通过鼠标左键双击该文件,在浏览器中显示的结果如图 2.13 所示。在该界面中依次输入姓名、年龄,单击"提交数据"按钮,如果输入的内容不符合实际情况,如年龄小于 0,则会给出错误提示。该检查机制保证了用户在浏览器端输入数据后,可以直接进行输入值检查,避免将错误的数据直接提交服务器端再检查,导致服务器端压力过大,同时影响用户端的使用效果。

图 2.13 onclick 事件

(2)onkeydown 事件

当按下键盘上的某一个按键时,产生的触发事件称为 onkeydown 事件。

【案例 2.12】 按下键盘上的按键触发 onkeydown 事件(2_13onkeydown.html)

onkeydown 事件的示例代码如下,在以下示例中,我们不能输入数字。

```
<html>
<body>
<script type="text/javascript">
    function CheckEnter(e)    //检查输入值,如果是数字,则不在输入框中输入
    {
    var keynum
    var keychar
    var num

     if(window.event)         //判断是否是 IE 浏览器
       {
       keyValue=e.keyCode    //获取输入的键值
       }
```

> 自定义按下键盘上按键的事件,参数必须是 e

```
       else if(e.which)           //判断是否是Netscape、Firefox、Opera浏览器
         {
            keyValue= e.which
          }
          keychar=String.fromCharCode(keyValue)
         num= /\d/                 //正则表达式，判断匹配的是否是数字
         return !num.test(keychar)   //检查结果，返回逻辑值
        }
</script>
<p>三酷猫不让输入数字值！！！</p>
<p>
<input type="text" onkeydown="return CheckEnter(event)" /><!--调用键盘输入检查自定义事件函
数-->
</p>
</html>
```

保存上述代码到 2_13onkeydown.html 文件，通过鼠标左键双击该文件，在浏览器中的显示结果如图 2.14 所示。

图 2.14　onkeydown 事件

（3）onload 事件

浏览器已经完成页面加载后产生的事件称为 onload 事件。

【案例 2.13】　页面加载完成后触发 onload 事件（2_14onload.html）

onload 事件示例代码如下，我们将触发该事件判断 Cookie 是否启用。

```
<html>
<body onload="checkCookies()">

<p id="p1"></p>

<script>
function checkCookies() {
  var text = "";
```

```
if (navigator.cookieEnabled == true) {
  text = "Cookie 启用!";
} else {
  text = "Cookie 未启用!";
}
document.getElementById("p1").innerHTML = text;
}
</script>

</body>
</html>
```

保存上述代码到 2_14onload.html 文件，通过鼠标左键双击该文件，在浏览器中的执行结果如图 2.15 所示。

图 2.15 onload 事件

2.3.4 案例：内嵌 JS、CSS 的网站

JS 在客户端优异的动态处理功能，给我们带来了很多惊喜。接下来，我们将要开发一个具有数据输入处理功能的客户端。假设三酷猫有自己的网上海鲜销售平台，要求全国各地的海鲜销售店将当天的销售记录通过网页提交到天津总部，方便总部核算每天的销售情况。

在提交数据前，需要先将一张销售单上的数据输入进去并在本地进行数据检查，检查没有问题后才能提交到总部。

三酷猫海鲜店每天的销售记录包括海鲜店名称、海鲜名称、销售数量、单价，销售记录如表 2.7 所示。

表 2.7 三酷猫海鲜店销售记录

编号	海鲜店名称	海鲜名称	销售数量（箱）	单价（元）
1	上海 1 号店	黄鱼	10	500
2	上海 1 号店	三文鱼	8	600
3	上海 1 号店	带鱼	20	300

第一步：建立基于 JS 的输入数据网页（2_15SeaGoods.html）。

```html
<html>
<body >

    <table id="fish">

    </table>
    <script>
    var content="<tr id='r1'><th>海鲜店名称</th>"+
            "<th>海鲜名称</th>"+
            "<th>销售数量（箱）</th>"+
            "<th>单价（元）</th>"+
              "</tr>";
    function Sale(shop,name,num,price){
      content=content+"<tr><th>"+shop+"</th>"+
                                "<th>"+name+"</th>"+
                                "<th>"+num+"</th>"+
                                "<th>"+price+"</th>"+
                              "</tr>";
     document.getElementById("fish").innerHTML =content;
    }
   //检查数据自定义触发事件
   function CheckValue(event)
     {  var flag=true
       if (document.getElementById('s1').value=='')
       {
          alert("海鲜店名称不能为空");
          flag=false;}
       if (document.getElementById('h1').value=='')
       {
          alert("海鲜名称不能为空");
          flag=false;}
       if (document.getElementById('n1').value<0)
       {   alert("销售数量不能小于 0! ");
          flag=false;}
       if (document.getElementById('p1').value<0)
       {   alert("单价不能小于 0! ");
          flag=false;}
       if (flag){
          Sale(document.getElementById('s1').value,
          document.getElementById('h1').value,
          document.getElementById('n1').value,document.getElementById('p1').value);
          alert("输入保存成功! ");
       }
    }
</script>
 海鲜店名称： <input type="text" id="s1" value="上海 1 号店" >
```

```
    <br />
    海鲜名称：<input type="text" id="h1">
    <br />
    销售数量（箱）：<input type="text" id="n1">
    <br />
    单价（元）：<input type="text" id="p1">
    <br />
    单击下面的按钮，提交输入数据：
    <br />
    <button onclick="CheckValue(event)">提交数据</button>
</body>
</html>
```

保存上述代码到 2_15SeaGoods.html 文件，通过鼠标左键双击该文件，在浏览器中的执行结果如图 2.16 所示。

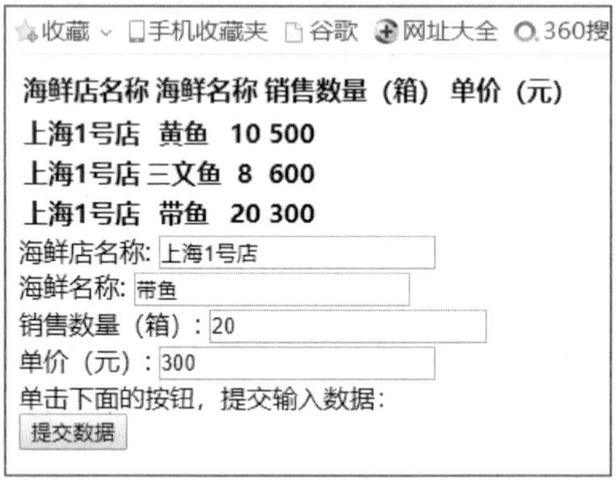

图 2.16 三酷猫海鲜店销售数据提交界面

第二步：用 CSS 修饰界面。

在图 2.16 中，界面已经具备了各项应有的功能，但总觉得难看，需要进行美化。

```
fish{border-spacing:10px 40px;
      border: 2px solid green;
      border-collapse:collapse;
      background-color: gray);
      color:fuchsia
      }
td
 {padding:15px;
  font-weight:normal;
  font-size:20px;
  border: 1px solid black;
 }
```

```
th
 {height:40px;
  background-color:lawngreen;
  color:grey;
  font-size:20px;
  border: 1px solid green;
 }
```

将上述 CSS 代码保存到 seaGoods.css 文件，该文件一定要和 2_15SeaGoods.html 文件在同一个目录下。

第三步：将 2_15SeaGoods.html 文件另存为名为 2_16SeaGoods.html 的文件，在后者文件的<body>标签前面增加如下代码，调用 seaGoods.css 文件。

```
<head>
    <link rel="stylesheet" type="text/css" href="seaGoods.css" />
</head>
```

第四步：通过鼠标左键双击 2_16SeaGoods.html 文件，依次输入内容，单击"提交数据"按钮，在浏览器里的执行结果如图 2.17 所示。

图 2.17　内嵌 CSS 代码的 JS 网页界面

📖 说明

上述代码只将销售记录提交到了网页的表格中，没有真正提交到服务器端的数据库中供天津总部使用。后续可通过 Django 框架解决该问题。

2.4 习题

1. 填空题

（1）学习 Web 前端开发需要具备的 3 种基础技术是（   ）、（   ）、（   ）。

（2）层叠样式表简称为（   ），是一种用来修饰由 HTML、XML 构建的网页外观的语言。

（3）JavaScript 是可以提供前端局部动态响应功能的（   ）语言、（   ）语言、（   ）语言。

（4）在 HTML 网页中，JavaScript 代码必须位于（   ）与（   ）标签之间。

（5）在 JavaScript 中定义函数的关键字是（   ），返回值关键字是（   ）。

2. 判断题

（1）带"<>"标记的标签是 HTML 的核心内容，标签和信息内容构成了 HTML 页面。（   ）

（2）CSS 使用优先级从高到低依次是内部 CSS 文件、内联样式、外部 CSS 文件、浏览器缺省的设置。（   ）

（3）JavaScript 语言与 Python 语言一样具有基本的变量定义、条件判断、循环、函数、对象、事件等语言功能。（   ）

（4）JavaScript 事件仅指因鼠标、键盘对浏览器进行操作而产生的响应事件。（   ）

（5）JavaScript 语法风格更加接近于 Java 语言的语法风格。（   ）

2.5 实验

实验一

用 HTML 技术制作个人简历，满足以下要求。

- 将简历表格化。
- 表格内容包括姓名、性别、年龄、学历、学校、专业、所学课程、实习经历、个人照片、联系邮箱等。
- 表格前面有"个人简历"大标题。

- 字体、文字颜色合理搭配。
- 形成实验报告。

实验二

对 2.2.3 节的【案例 2.5】进行改造,满足以下要求。

- 背景图片完全展开(现有案例只显示 1 行背景图片)。
- 将样式内容独立保存为 .css 文件。
- 其中的"高山流水"4 个字居中显示,在 .css 文件里完成该样式设置。

第 3 章 开发工具入门

好的工具可以提高代码开发效率，本章将介绍一些常见的代码开发工具。表 3.1 列举了几款与后续学习、项目开发紧密相关的开发工具及其版本要求，它们之间具有一定的适配性。

表 3.1 开发工具版本要求

序 号	Python 版本	Django 版本	PyCharm2020.1
1	3.6（安全）	3.0（稳定）	支持 Python 从 3.5 到 3.8 版本
2	3.7（稳定）	3.1（测试版本）	
3	3.8（稳定）	3.2（测试版本）	

鉴于 Python 不再支持和发展 2.x 版本，因此 Python 最低要采用 3.6 版本，以保证采用稳定的、具有继承性的技术。截至 2020 年 6 月，Python 3.6 版本是安全的、足够稳定的，3.7、3.8、3.9 版本仍旧在不断升级和完善之中。

3.1 Python

Python 解释器是 Python 代码执行的基础，所以在学习前必须下载 Python 安装包，其内含 Python 解释器、代码编辑等工具。

Python 是一种可以跨平台开发和使用的高级计算机编程语言，是一款相对易学、支持全方位应用开发的、具有强大的第三方支持库的、当今最流行的入门语言之一。Python 因大数据、人工智能技术的普及而走红，被越来越多的大学设置为正式教学课程。

Python 语言的创始人，荷兰的吉多·范罗苏姆（Guido Van Rossum）于 1991 年正式发布了第一个版本。Python 的英文本意是大蟒蛇，由于吉多喜欢电视喜剧 *Monty Python's Flying Circus*（《蒙提·派森的飞行马戏团》），所以就以其中的 "Python" 作为该语言的名字。

本书假设读者们都具有较好的 Python 语言基础，所以，具体如何使用 Python 语言不在本书的介绍范围之内。

下面我们简单介绍如何安装 Python。

第一步：从官方网站下载 Python 安装包。

在浏览器中输入下载链接[①]，按下回车键，打开如图 3.1 所示的界面。

图 3.1　Python 安装包下载界面

根据自己的操作系统类型，可以选择 Windows、Linux/UNIX、Mac OS X、Other 等不同版本。本书默认使用 Windows 操作系统。

第二步：安装 Python。

通过鼠标左键双击 Python 安装包文件，选择 Add Python 3.8 to PATH 复选框，如图 3.2 所示。在图 3.2 界面中单击 "Customize installation" 选项，进入第二个页面，如图 3.3 所示。单击 "Next" 按钮，进入第三个页面，如图 3.4 所示.。在图 3.4 所示界面中单击 "Browse" 按钮，选择需要安装的路径，再单击 "Install" 按钮进入安装界面。

安装完成，显示 "Setup was successful" 界面，单击 "Close" 即完成安装。

---

① 参见链接 4。

图 3.2 安装过程（1）

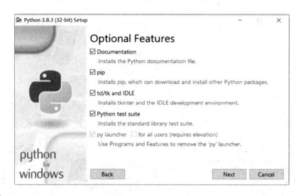

图 3.3 安装过程（2）

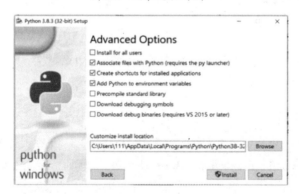

图 3.4 安装过程（3）

第三步：启动 Python 编辑器。

在 Windows 开始菜单里找到新安装的 "IDLE(Python 3.8 32-bit)"，选择它，启动 Python 3.8.3 Shell 代码编辑器，启动成功则意味着 Python 安装成功，具备试用条件。

3.2 PyCharm 代码开发工具

可以进行 Python 语言编程的代码编辑器有很多，如自带的 IDLE、Anaconda 里的 Spyder、Jupyter Notebook、微软的 VS Code、IBM 开源的 Eclipse 等。上述工具都是免费的，足够满足一般使用者的学习或开发需求。在大中型软件项目中，对项目管理和开发效率要求很高，因此希望采用效率最佳的开发工具，以降低开发风险。在 Python 语言的商业级开发工具中，PyCharm 无疑是最为著名的。本节我们就来介绍 PyCharm 的安装与基本使用。

3.2.1 PyCharm 简介及安装

PyCharm 是由捷克的 JetBrains 公司推出的一款 Python 代码集成开发工具。

PyCharm 除了提供基本的编辑、调试、语法高亮、项目管理、智能提示、单元测试、版本控制等功能，还提供了一些高级功能，如 Django Web 开发功能、谷歌应用引擎（Google App Engine）、IronPython 支持功能等。

PyCharm 分为商业授权版（Professional）、社区开源版（Community）、教育版（Editions），前者是收费的，后两者是免费的。PyCharm 对 Windows、macOS、Linux 等不同操作系统提供了对应的下载安装版本。社区开源版只具有基本功能，不具有集成 HTML、JS、SQL 等高性能智能编辑功能。本书主要利用社区开源版的基本功能来实现对所有 Web 代码的开发和管理。

首先下载 PyCharm 安装包，界面如图 3.5 所示。单击 Community 下面的"Download"按钮，等待在线下载。

图 3.5　PyCharm 安装包下载界面

通过鼠标左键双击安装包（如 pycharm-community-2020.1.2.exe），显示如图 3.6 所示的一组 PyCharm 安装界面。

在图 3.6 的左上界面中通过"Browse…"按钮选择合适的安装路径（注意，尽量不要安装在 C 盘，避免和操作系统争资源，还能合理保证开发代码的安全），单击"Next"按钮进入右上界面，再单击"Next"按钮进入左下界面，依次选择图中的复选项，单击"Next"按钮进入右下界面，最后单击"Install"按钮等待安装。安装完成后，在完成提示界面上选择"Reboot now"，单击"Finish"按钮重启操作系统，之后即可使用 PyCharm。

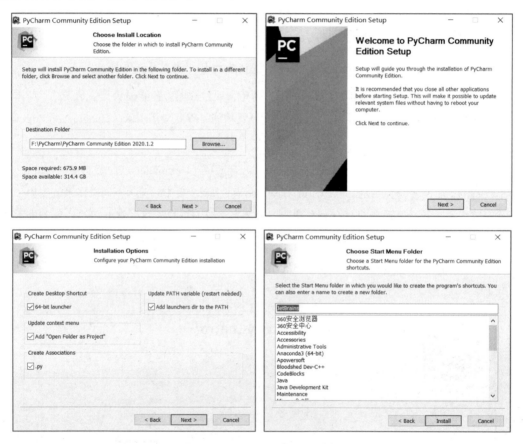

图 3.6　一组 PyCharm 安装界面

系统重启后，打开"PyCharm Community Edition"，接受用户协议，进入 PyCharm 外观设置界面，如图 3.7 所示。图 3.7 左边的"Darcula"表示黑色风格的背景，右边的"Light"表示白色风格的背景。作者喜欢亮色，因此选择了"Light"，单击左下角的"Skip Remaining and Set Defaults"按钮就能显示 PyCharm 主界面入口，如图 3.8 所示。

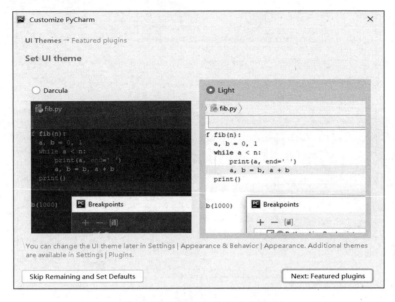

图 3.7　PyCharm 外观设置界面

图 3.8　PyCharm 主界面入口

在图 3.8 所示的 PyCharm 主界面入口中，若选择"Create New Project"，将以建立一个新项目的形式进入界面；选择"Open"将以打开指定目录下已存在项目的方式进入界面；选择"Get from Version Control"将下载最新版本的 PyCharm。这里选择"Create New Project"选项，进入如图 3.9

所示的建立新项目界面。

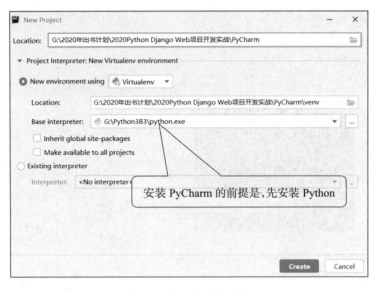

图 3.9　建立新项目界面

　　为了安全管理新建立项目的代码，应该指定一个非 C 盘的开发文件路径，如图 3.9 中的"Location："设置，选择需要的项目文件路径。此时单击"Create"按钮，进入如图 3.10 所示的 PyCharm 代码开发工具主界面。

图 3.10　PyCharm 代码开发工具主界面

3.2.2 基本使用功能

PyCharm 作为一款智能的、专业的 Python 代码编辑工具，提供了强大的使用功能。从图 3.10 可知，菜单功能项包括 File（文件）、Edit（编辑）、View（视图）、Navigate（导航）、Code（代码）、Refactor（重构）、Run（运行）、Tools（工具）、VCS（版本控制系统）、Window（窗口）、Help（帮助）。上述菜单功能项下都有二级菜单，有些还包含三级菜单。这里仅介绍几个常用的功能，满足本书的操作需要。

1. 建立代码文件

在图 3.10 所示的界面中包含一个名为"PyCharm"的空项目，在空项目里建立 Python 代码文件的界面如图 3.11 所示，在图中左边的虚线椭圆内单击鼠标右键，在弹出的菜单中选择"New"选项，然后在二级菜单中选择"Python File"，弹出如图 3.12 所示的界面，在该界面中输入 Python 代码文件名（如 test），单击"Python file"，生成一个空的 Python 文件。

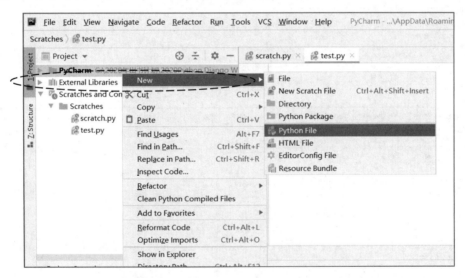

图 3.11　在空项目里建立 Python 代码文件的界面

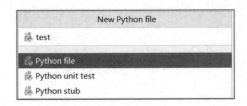

图 3.12　输入 Python 代码文件名

2. 编写代码

在如图 3.12 所示的界面中输入 test 并按下回车键，生成 test.py 文件，在该文件中输入以下代码。

```
fruits={'苹果':2.5,'猕猴桃':5,'西瓜':1.9,'香蕉':1.5,'草莓':10,'车厘子':12}
for one in fruits.items():
    print(one)
```

第一次执行 test.py 代码文件时，在"Run"菜单中选择"Run…"选项，如图 3.13 所示。也可以按下 Alt+Shift+F10 组合快捷键执行相关代码，执行结果如图 3.14 所示（虚线圈住部分）。

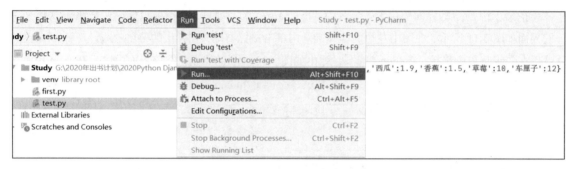

图 3.13　执行 test.py 代码文件

图 3.14　代码执行结果

执行过该代码文件后，图 3.14 右上角①处的下拉框中会显示可以执行的 Python 文件名称（test），其右边有一个绿色的三角形按钮，单击这个按钮可以重复执行对应的代码文件。在②处有一个灰色的方形按钮（代码执行时会变为棕红色），若在代码执行期间发生死循环等问题，可以单击该按钮强制终止代码的执行。

3. 代码调试

代码调试常用操作功能包括断点调试、单步调试、单步进入调试、恢复程序继续执行，下面我们分别介绍。

（1）断点（breakpoint）调试

在代码左边的空白处双击鼠标左键，会显示一个棕红色的圆点，指定断点位置，如图3.15所示。然后选择"Debug"（可以单击绿色三角形按钮右边的绿色小虫子按钮，也可以在Run菜单里选择"Debug"选项）开始以调试模式执行对应的代码文件，一直执行到断点处，代码暂停执行，然后在图3.15的①处查看已执行代码的赋值结果。

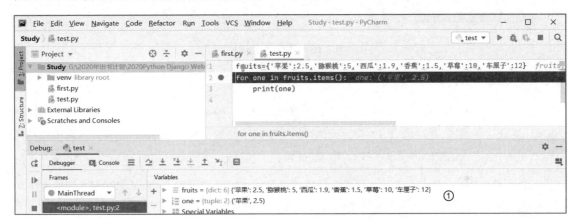

图 3.15　指定断点位置

（2）单步调试（Step Over）

新建一个first.py文件，在其中输入代码，如图3.16所示。接着在需要单步执行的代码左边双击鼠标左键设置断点，然后单击"Debug"按钮，再单击虚线椭圆内的第一个折线下箭头按钮（或按下F8键），此时标识代码执行位置的蓝色背景条会向下移一行，同时将执行结果显示在最下面的列表里。一步步执行代码，可以观察变量的值的变化过程。

单步调试有一个特点，就是它并不会进入函数体内去逐条执行函数体代码，但是会执行函数。这对无须了解函数内部执行过程的调试是非常方便的。

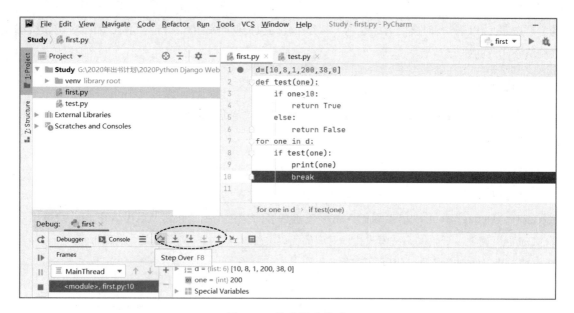

图 3.16　单步调试程序

（3）单步进入调试（Step Into）

在图 3.16 中，虚线椭圆内的第二个下箭头按钮是另外一种单步进入调试按钮，按下 F7 快捷键也可以实现这种调试。它与按下 F8 快捷键执行的单步调试的唯一区别是，这种单步进入调试在碰到函数调用时会进入函数体内一步步执行相应的代码。

在函数体内执行单步调试时，若想提早跳出函数体，可以使用 Step Out（Shift+F8 快捷键）功能（按下虚线椭圆内最后一个上箭头按钮也可实现）。

（4）恢复程序继续执行（Resume Program）

当通过单步调试完成断点处相关代码的调试后，可以在图 3.16 的左下角单击▶按钮或按下 F9 快捷键，继续恢复程序调试功能并直接运行到下一断点处或执行到代码结束。

4．命令终端界面

在 PyCharm 界面左下角有一个"Terminal"命令终端界面，如图 3.17 所示，该界面等同于 DOS 命令提示符界面。在 Terminal 界面提示中输入 pip 安装命令、npm 命令、DOS 命令等就可以实现相关操作。比如，输入"ping 127.0.0.1"后按下回车键就可以执行该命令，显示相关执行结果。若执行界面显示的内容过多，则可以通过单击鼠标右键选择"Close Session"清除界面内容。

图 3.17　Terminal 命令终端界面

上面的内容仅介绍了 PyCharm 中最常用的几项功能，若想详细了解该工具的所有功能，可以查阅"Help"菜单中提供的帮助功能。

3.3　MySQL 数据库

数据库是绝大多数商业软件避不开的一项支持技术，大多数的网站也需要用数据库来存储数据。因此，我们若想了解关于网站开发的相关内容，必须学习数据库相关知识。

3.3.1　MySQL 数据库简介及安装

Python 支持的数据库类型丰富，包括 MySQL、SQL Server、Oracle、Interbase、Sybase、Informix、PostgreSQL 等世界主流数据库，同时 Python 自带 SQLite 单机版本的数据库软件。

这里综合考虑了数据库的易学性、在网站项目上的普及性、可获得性（主要考虑是否免费）、稳定性、可继续发展性等因素，选择使用 MySQL 数据库，下面进行相应介绍。

MySQL 数据库最早由芬兰人 Monty 在 1995 年发明，由瑞典 MySQL AB 公司负责运营。MySQL 是一款著名的开源关系型数据库系统（Relational Database Management System），它支持跨平台运行，支持的操作系统有 Linux、macOS、Windows、AIX、FreeBSD、HP-UX、NovellNetware、OpenBSD、OS/2 Wrap、Solaris 等。

MySQL 提供了一般关系型数据库所有的技术标准，如 SQL（Structured Query Language，结构化查询语言）技术标准，支持多线程，可为不同的编程语言提供数据库调用接口（API），提供可视化数据库管理系统及集群（Cluster）分布式版本。

2008年，Sun公司收购了MySQL数据库；2009年，Oracle公司又收购了Sun公司的MySQL。目前，MySQL继续提供开源免费社区版、商业授权版。MySQL数据库原作者Monty为了防止Oracle公司将MySQL闭源，在2009年又独自开发了MariaDB数据库，其特性与MySQL数据库兼容，现已成为主流Linux发行版的预装数据库，获得了市场的高度认可。

访问MySQL数据库社区版下载地址，界面如图3.18所示。在图3.18左边虚线椭圆里确认操作系统类型，然后单击右边虚线椭圆处的"Download"按钮，进入新下载界面，开始下载MySQL安装包。

图3.18　MySQL数据库社区版下载界面

第一步：通过鼠标左键双击安装包，安装进度界面如图3.19所示。

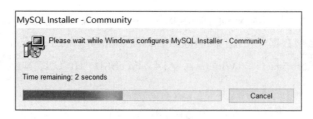

图3.19　安装进度界面

第二步：在图3.20所示的"Choosing a Setup Type"界面选择"Custom"，单击"Next"按钮。

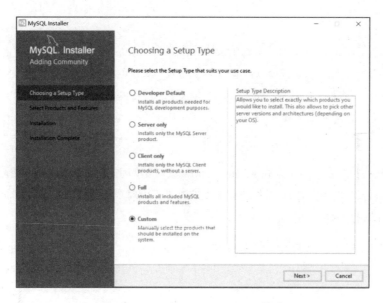

图 3.20　Choosing a Setup Type 界面

第三步：如图 3.21 所示，在"Select Products and Features"界面从"Available Products"列表里选择安装产品，然后单击"右箭头"按钮将产品添加到"Products/Features To Be Installed"列表，列表内需要选择安装的产品包括 MySQL Servers、MySQL WorkBench、MySQL Documentation 这 3 项。最后，单击"Next"按钮。

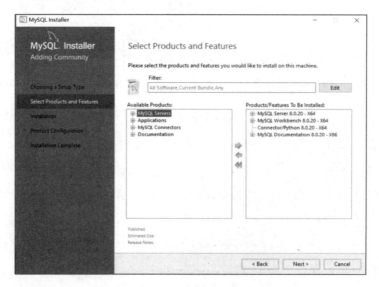

图 3.21　选择安装产品

> **说明**
>
> 关于 MySQL Servers、MySQL WorkBench、MySQL Documentation，说明如下。
> - MySQL Servers 是实现服务器端后台数据库管理的软件，是 MySQL 数据库系统的核心软件。
> - MySQL WorkBench 是为 MySQL 数据库系统开发人员提供的可视化的 SQL 操作、数据库建模及数据库管理功能。
> - MySQL Documentation 是 MySQL 数据库系统的使用帮助文档。

第四步：如图 3.22 左图所示，在"Path Conflicts"界面中选择需要安装的路径，一般情况下会将"Data Directory"指向除 C 盘以外的其他安装盘下，同时要确保该安装盘空间足够大（不低于 200MB），然后单击"Next"按钮。

第五步：如图 3.22 右图所示，在"Installation"界面单击"Execute"按钮，开始安装 MySQL 相关产品。

图 3.22　Path Conflicts 安装路径选择界面（左），Installation 安装界面（右）

第六步：如图 3.23（a）所示，在"Product Configuration"界面单击"Next"按钮。

第七步：如图 3.23（b）所示，在"High Availability"界面选择默认的"Standalone MySQL Server"选项，单击"Next"按钮。

第八步：如图 3.23（c）所示，在"Type and Networking"界面选择默认网络设置参数（可以记一下端口号），单击"Next"按钮。

第九步：如图 3.23（d）所示，在"Authentication Method"界面选择第 2 个选项"Use Legacy Authentication Method"，单击"Next"按钮。在这一步中，如果是内部开发，应尽量选择第 2 个选项，避免 SHA256 最新加密算法对其他软件的支持存在问题。

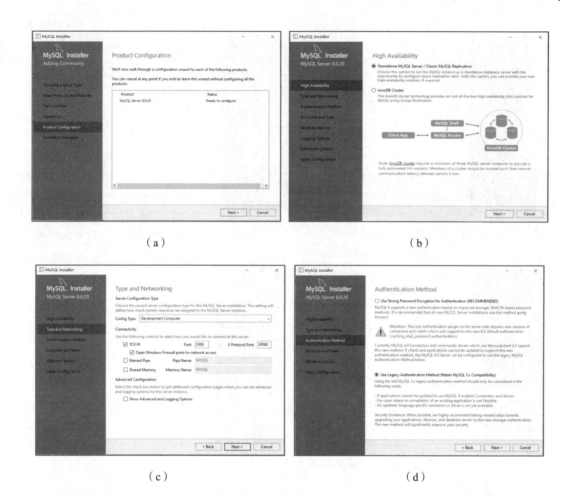

(a) (b) (c) (d)

图 3.23 第六步、第七步、第八步、第九步安装选择界面

第十步：如图 3.24 左图所示，在"Accounts and Roles"界面设置 root 超级用户的密码，"MySQL Root Password:"为第一次输入的密码（本书密码统一用"cats123."），"Repeat Password:"为第二次核对输入的密码，密码输入正确，单击"Next"按钮。

第十一步：如图 3.24 右图所示，在"Windows Service"界面选择默认设置，单击"Next"按钮。

第十二步：图 3.25 左图为"Apply Configuration"界面，单击"Execute"按钮，执行安装。若安装成功，会显示如图 3.25 右图所示的安装成功界面。在此界面上单击"Finish"按钮，安装完成。

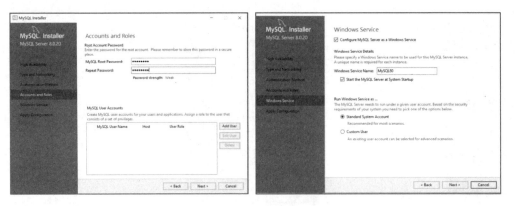

图 3.24　Accounts and Roles 界面（左），Windows Service 界面（右）

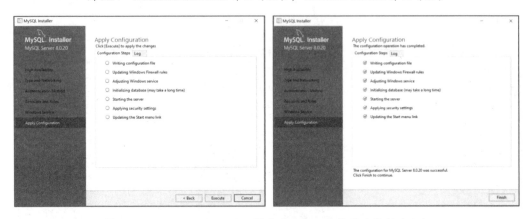

图 3.25　Apply Configuration 界面（左），安装成功界面（右）

然后，我们要继续安装 MySQL Workbench 数据库可视化管理工具，如图 3.26 所示。

图 3.26　MySQL Workbench 数据库可视化管理工具安装界面

在图 3.26 所示的界面上单击"root"账号名称将弹出如图 3.27 所示的界面，在该界面输入上述第十步设置的密码，单击"OK"按钮，进入图 3.28 所示的 MySQL Workbench 数据库管理界面。

图 3.27 输入密码界面

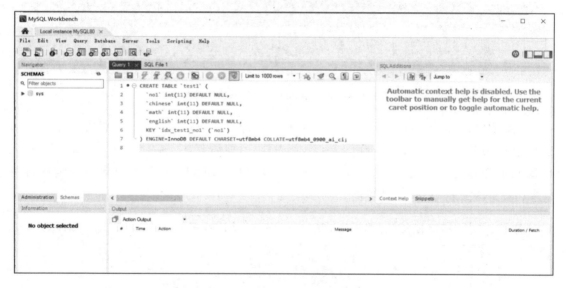

图 3.28 MySQL Workbench 数据库管理界面

进入 MySQL Workbench 数据库管理界面，可以进行数据库可视化操作，从建立数据库实例名、表结构，到对表里的记录进行增、删、改、查操作。

本节我们仅介绍了对 MySQL 数据库的基本安装和使用方法，若想了解详细内容，建议参考专门的 MySQL 数据库图书或使用文档。

3.3.2 驱动安装

安装完 Python、PyCharm、MySQL 后，还需要考虑 Python 和 MySQL 之间连接接口的调用。Python

代码调用 MySQL 时必须借助一个中间桥梁，这个桥梁就是 MySQL 驱动程序。常见的 MySQL 驱动程序有 mysql-connector、PyMySQL，下面我们分别介绍。

1. 安装 mysql-connector

MySQL 官方指定的 Python 连接驱动程序是 mysql-connector。可以在命令提示符窗口内输入命令 python -m pip install mysql-connector 进行在线安装，其安装执行过程如图 3.29 所示。

图 3.29 mysql-connector 安装执行过程

安装成功后，在 PyCharm 的控制台测试 import mysql.connector，若按下回车键执行后不出错，则表示该驱动程序已经可以正常使用。下面我们来看一个具体案例，通过数据库的驱动模块 mysql 与 MySQL 数据库进行连接，建立数据库实例、数据库表，并向表里插入一条记录。在 PyCharm 中新建 ConnMySQL.py 文件，输入案例中的代码。

【案例 3.1】 连接 MySQL 数据库，建立数据库实例和表，插入一条记录（ConnMySQL.py）

```
import mysql.connector                    #导入数据库驱动模块 mysql
cdb= mysql.connector.connect(             #连接 MySQL 数据库
    host="localhost",                     #本地主机，可以用 127.0.0.1 代替
    user="root",                          #MySQL 数据库登录超级用户 root
    passwd="cats123."                     #数据库登录密码，为 MySQL 安装时的密码
)
ccursor=cdb.cursor()                      #建立与数据库连接的游标
ccursor.execute("DROP DATABASE IF EXISTS StudyDB")
#当 StudyDB 已经存在时，先删除该数据库实例，否则第 2 次执行将报错
ccursor.execute("CREATE DATABASE StudyDB")        #建立 StudyDB 数据库实例
ccursor.execute("use StudyDB")    #使用 StudyDB 数据库实例，不调用后续无法插入新记录
ccursor.execute("CREATE TABLE shopT (name VARCHAR(100), price int(12))")  #建立商店表 shopT
ccursor.execute("INSERT INTO shopT (name,price) VALUES ('苹果', 2)")      #插入一条记录
cdb.commit()                      #将数据提交到数据库文件中（写入硬盘）
```

注意

要想理解上述 SQL 代码（execute 引号里的命令），需要认真阅读 MySQL 相关图书，这些内容不在本书介绍范围之内。对于从来没有学过数据库的读者，可以先"囫囵吞枣"，对其有一个感性的认识，后续再掌握。

上述代码的执行结果可以通过 Workbench 数据库管理工具查看，如图 3.30 所示。在图 3.30 左边列表①处可以看到生成的数据库实例（studydb）、数据库表（shopt）。在"shopt"处单击鼠标右键，选择"Select Rows"选项，在②处可以看到插入的一条记录。

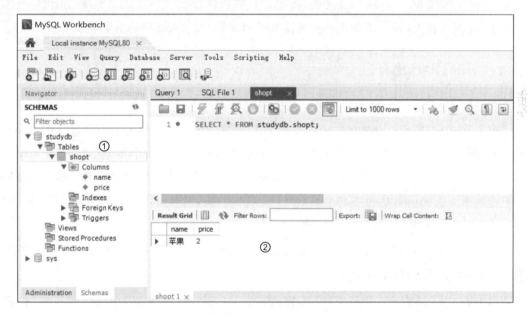

图 3.30　【案例 3.1】代码执行结果

2. 安装 PyMySQL

PyMySQL 是 Python 连接 MySQL 的另一款比较流行的数据库驱动程序，可以在线安装 PyMySQL，也可以通过下载安装包进行安装。[①]

这里仅介绍在线安装方法。在命令提示符里输入并执行如下安装命令即可在线安装 PyMySQL。在该方式下，使用数据库模型迁移操作时不会报错。

```
pip install pymysql3                    #一定要加3，表明是Django3.x对应的使用版本
```

[①]　安装包下载地址参见链接 5。

PyMySQL 的详细使用方法可以参考官方网站说明。pip uninstall pymysql 命令用于卸载该驱动程序。在 PyCharm 中导入 PyMySQL 驱动程序模块的命令如下。

```
import pymysql
pymysql.VERSION                    #查看驱动安装版本号
(0, 9, 3, None)
```

3.4 Django

前面我们已经介绍了与网站开发相关的语言、代码开发工具，以及数据库系统，可以说准备工作已经做好，下面就可以正式学习 Django 框架相关内容了，这页是本书的主要内容。

3.4.1 初识 Django

成熟的商业软件项目都采用软件框架（Software Framework）进行开发。

本书的其中一位作者刘瑜老师在 1998 年开发第一款商业软件时，全靠自己从零开始搭建项目，一行一行地敲代码，开发一款超市 POS 系统花了 1 年多的时间。后来他准备开发药店零售系统，在开发前对超市 POS 系统基础框架进行了提炼，形成了包含登录功能、用户注册功能、数据库连接管理功能、通用主界面功能的标准化自有软件框架。在此基础上开发药店零售系统时，开发效率成倍提高，仅用时 3 个月就推出了第一个版本！

本书的另一位作者安义老师利用 Django 框架在一周内就搭建了一个商业网站，而采用其他语言进行开发至少需要 3 个月时间。

由此可见，采用软件框架进行项目开发将大幅提升开发效率，带来强大的市场竞争力，快速响应并大幅降低开发成本。另外，采用软件框架开发产品还能使产品稳定可靠、代码最优化、代码复用性高、团队开发优势增加。

Django 是 Python 技术体系下最为著名的公共 Web 应用框架，它在设计之初就定位于：写最少的代码，快速搭建一个新闻类网站。事实上，它很成功。

Django 最初由程序员 Adrian Holovaty 和 Simon Willison 用 Python 编写，用于搭建美国劳伦斯出版集团的新闻类网站，后于 2005 年以开源的形式正式被发布。2008 年，Django 1.0 版本正式发布，目前 Django 的最新发布版本是 3.0.7。Django 框架由 Django 软件基金会维护，其名字来源于比利时的爵士音乐家 Django Reinhardt，Django Reinhardt 是吉卜赛人，擅长演奏吉他，也演奏小提琴。

3.4.2 安装 Django

访问 Django 安装包下载页面[①]，在网页上可以发现 Django 的最新版本。Django 安装方式可以分为在线安装和下载安装包安装，下面我们分别介绍。

1. 在线安装

在命令提示符里输入如下安装命令即可进行在线安装，过程如图 3.31 所示。

```
pip install Django==3.0.7        #数字表示Django的最新发布版本号
```

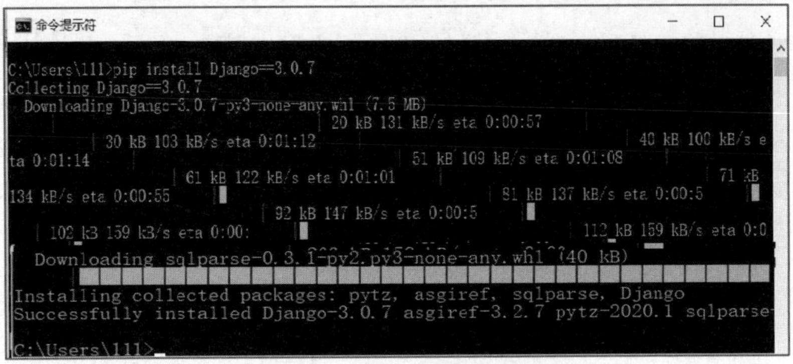

图 3.31 Django 在线安装过程

安装完成后需要测试安装结果，在 PyCharm 控制台（Python Console）中输入 import django 命令并按下回车键，再输入 django.get_version() 命令按下回车键，此时若无报错问题，同时输出 Django 版本号，则说明安装成功，可以正式使用，如图 3.32 所示。

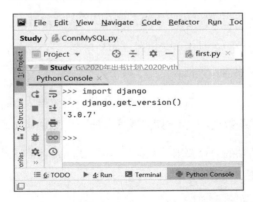

图 3.32 在 PyCharm 控制台中测试安装结果

---

① 参见链接 6。

2. 下载安装包安装

可以在 Django 官方网站下载安装包，如 Django-3.0.7.tar，解压缩后将解压的安装文件连带安装路径一起复制到 Python 的安装路径下，然后在命令提示符界面进入 Django-3.0.7 目录并执行 python setup.py install 命令即可自动完成安装过程。

3.4.3 Django 设计概述

Django 框架在设计时遵循了 MVC 设计模式要求，M 指 Model（模型）、V 指 View（视图），C 指 Controller（控制器），三者相对独立又互相配合，实现了松耦合关系，同时为代码的复用提供了便利。

- 模型：主要实现应用程序的业务逻辑功能，负责业务对象与数据库的映射（Object Relational Mapping，ORM）。
- 视图：主要实现数据在图形界面的展示，负责与用户页面交互。
- 控制器：负责网页的转发请求，以及对请求进行处理（主要涉及网络数据通信）。

由于 Django 对控制器进行了封装处理（无须读者自行处理），所以面向开发者介绍 Django 设计理念时，我们更多提及的是 MTV 设计模式，其中，M 是指 Model（模型），T 是指 Template（模板），V 是指 View（视图）。

- 模型：与 MVC 中模型的功能类似，主要面向数据库，采用 ORM 技术，尽量避免了复杂的 SQL 语句，实现了数据与数据库的交流。
- 模板：为 Web 界面的展示提供相关功能，以及从视图获取数据。
- 视图：业务逻辑处理层，也是模型与模板之间的桥梁，与 MVC 中的视图有所区别，MVC 中的视图还负责处理用户输入数据。

根据上述介绍可以知道，Django 把 MVC 中的视图进一步分解为 MTV 的视图和模板两部分，这两部分分别决定了"展示哪些数据"和"如何展示数据"，使 Django 框架更具灵活性。

了解了 Django 框架遵循的设计要求，我们来介绍 Django 框架的设计原理。具有完整功能的 Django 框架的设计原理如图 3.33 所示。

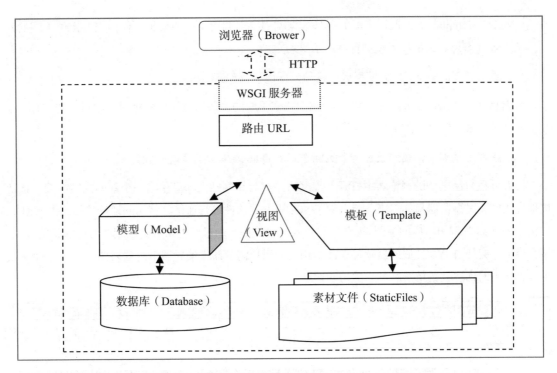

图 3.33 Django 框架的设计原理

Web 网站开发人员主要对图 3.33 中虚线方框内的技术内容进行代码层面的开发。

- WSGI 服务器：WSGI（Web Server Gateway Interface，Web 服务器端接口）负责为 Web 服务器软件和 Django 应用程序之间的调用提供标准化接口。Django 自带简单的 Web 服务器软件，在商业部署环境下应该选择 Apache、Nginx、IIS 等 Web 服务器软件。支持 WSGI 标准的 Web 服务器软件能使通过 Python 语言开发的 Web 网站在不同的 Web 服务器下迁移及运行。

- 路由 URL：URL（Uniform Resource Locator，资源定位符）俗称网页地址，不同网页对应不同的 URL（这里特指网站相对路由地址），可以通过浏览器地址栏访问。Django 通过统一的 urls 配置文件及视图来访问不同的网站资源。

- 视图（View）：接受路由 URL 传递过来的访问地址并将这个地址传递给模型或模板获取数据或文件资源，再将获取内容通过 WSGI 服务器返回浏览器。

- 模型（Model）：根据 Views 业务逻辑代码的调用，采用 ORM 技术实现从数据库获取数据操作，以及对数据库进行写入操作，还可以动态建立数据库及表。

- 模板（Template）：根据视图的业务数据调用要求调用不同的模板文件为视图提供不同的网页等动态外观，最终通过浏览器展示给用户。

- 数据库（Database）：为模型提供各种数据读写及存储支持。

- 素材文件（StaticFiles）：为模板及视图构建不同的动态网页提供各种原始素材，如 HTML、CSS、JS、视频、音频等。

在上述理论基础上，我们通过一个实例来演示 Django 框架的实现原理。

读者可在自己电脑的浏览器中打开新浪网站，然后在网站上随意单击一个新闻内容链接，该链接地址数据通过浏览器与远程服务器上的 WSGI 服务器软件进行通信，将访问地址传给路由 URL，URL 根据地址表调用对应的视图，视图根据传入的地址信息通过模型从数据库读取对应的新闻数据，结合模板一起通过 WSGI 服务器软件返回给调用的用户浏览器，最后展示的效果如图 3.34 所示。其中，框线中的内容就是单击后产生的访问地址。

图 3.34　通过浏览器访问指定的网站

3.5　建立第一个项目

前面我们介绍了 Django 的安装方式，同时初步了解了 Django 的设计原理，下面我们用最快的速度搭建一个网站，体验一下 Django 框架的威力。

3.5.1　创建项目

Django 为 Web 项目管理提供了 django-admin 工具，首先在命令提示符里用 pip3 show django 命

令查看 Django 的安装路径，如图 3.35 中虚线椭圆处所示。

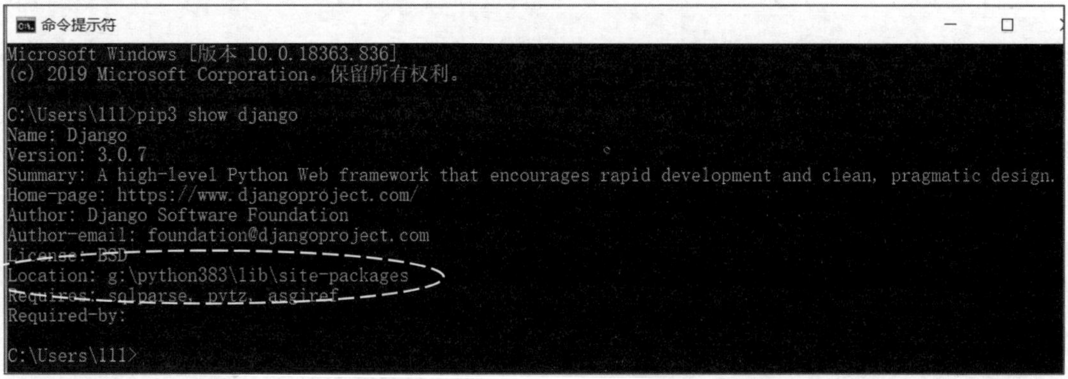

图 3.35　查看 Django 的安装路径

在路径 G:\Python383\lib\site-packages\django\bin\下可以看到 django-admin.py 工具文件。

1. 创建网站项目

在指定路径下执行命令 django-admin.py startproject HelloThreeCoolCats，此时会一直会跳出一个以#!g:\python383\python.exe 开头的文件，而没有生成想要的项目路径。出现这种情况是因为没有给 django-admin.py 指定绝对路径并在前面加上 python 命令，参照图 3.36 进行修改即可执行成功。

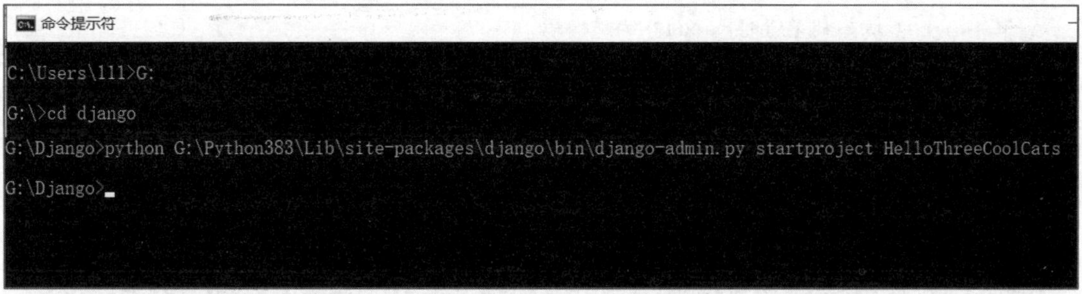

图 3.36　修改执行命令

执行上述命令后，在 G:\Django\路径下将生成如下内容。

（1）HelloThreeCoolCats 目录为该网站的根目录，也是网站项目的名称。

（2）子目录 HelloThreeCoolCats（准确来讲应称为配置文件目录）中包括__init__.py、asgi.py、settings.py、urls.py、wsgi.py。

- __init__.py 为一个空文件，负责告诉 Python 配置文件目录，HelloThreeCoolCats 是一个 Python 包。
- asgi.py 为与 ASGI 兼容的 Web 服务器入口，支持 Web 项目运行，是 WSGI 的扩展。
- settings.py 为 Django 项目的基本参数配置文件，在后续开发过程中需要使用。
- urls.py 为根路由配置文件，为 Django 项目的 URL 提供统一声明，形成 URL 列表，主要供视图调用。
- wsgi.py 为与 WSGI 兼容的 Web 服务器入口，支持 Web 应用程序的运行。

注意

在默认安装情况下，项目根目录、配置文件目录的名称一样，在实际开发中允许这两个目录的名称不一致。

（3）manage.py：为一个实用的命令工具，提供了开发 Web 服务器软件的启动、应用的建立等功能。

2. 启动自带的 Web 服务器

如图 3.37 所示，要想启动自带的 Web 服务器，需要先切换到所创建项目所在的路径下，如 "G:\Django\HelloThreeCoolCats"，然后在此路径下执行 python manage.py runserver 0.0.0.0:8000 命令，其中 0.0.0.0 为本机 IP 地址，8000 为端口号。

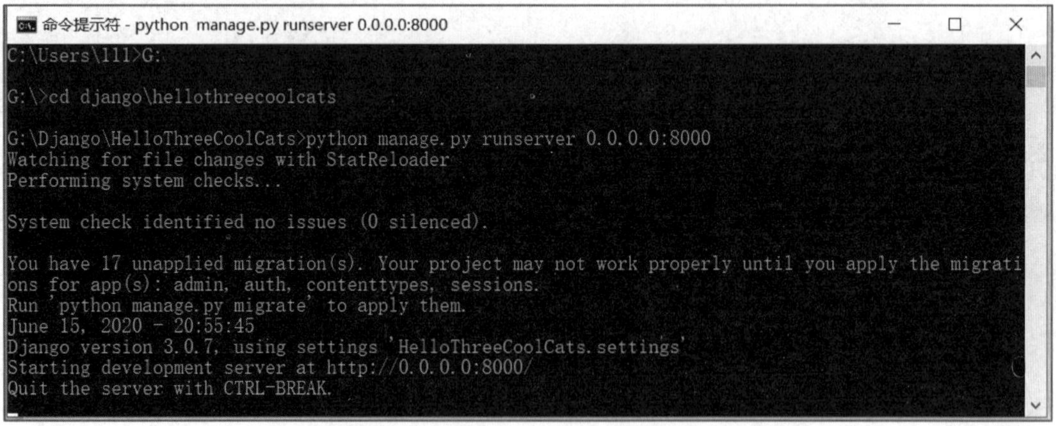

图 3.37 启动自带的 Web 服务器

> **注意**
>
> 上述过程中需要注意以下几点。
> 1. 若计算机跳出防火墙阻止提示，需选择"允许通过"。
> 2. 在开发环境下，Django 自带的 Web 服务器足够使用，但是在正式的商业运行环境下需要安装 Apache、IIS、Nginx 等专业的 Web 服务器。
> 3. 每次打开计算机时，需要先启动该服务器才能进行 Web 项目开发和运行，且在使用期间不能关闭图 3.34 所示的界面。
> 4. 也可以在 PyCharm 的命令终端执行 python manage.py runserver 0.0.0.0:8000 命令。

启动 Web 服务器后，在浏览器中输入 8http://127.0.0.1:8000 就可以看到如图 3.38 所示的 Django 自带 Web 服务器成功运行的界面。

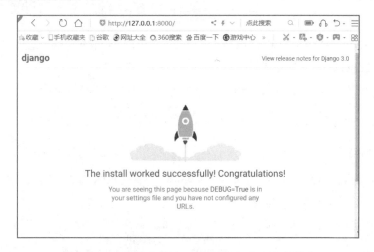

图 3.35　Django 自带 Web 服务器成功运行的界面

3.5.2　显示自定义内容

上面的图 3.35 显示的就是一个网站的界面，如果我们希望显示自己定义的内容，如"Hello 三酷猫！"则需要分两步操作：首先为这个项目新建一个 views .py 视图文件；然后修改项目包含的 urls.py 文件的内容。

1. 新建视图文件 views .py

使用 PyCharm 工具时，先启动该工具，然后单击"Open"，找到项目 HelloThreeCoolCats 所在的路径，打开这个项目。在配置文件目录"HelloThreeCoolCats"处单击鼠标右键，在弹出的菜单上选择"New",选择"Python File",再在弹出的子窗口中输入"views"文件名,通过鼠标左键双击"python file"建立 views.py 文件,如图 3.39 所示。

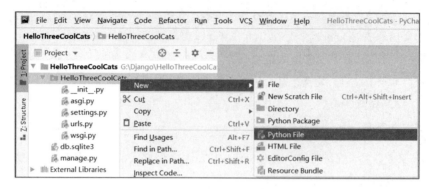

图 3.39 在项目中新建 views.py 文件

在 views.py 文件中输入如下代码,保存文件。这样一来,一个最简单的、返回"Hollo 三酷猫!"几个字的视图函数 hello()便建立完成了。

```
from django.http import HttpResponse      #导入HttpResponse内容响应返回函数
def hello(request):                        #定义hello函数
    return HttpResponse("Hello 三酷猫! ")  #返回网页的内容
```

2. 修改 urls.py 文件的内容

在图 3.36 界面左边的列表中有"urls.py"文件选项,通过鼠标左键双击该选项,在右边的代码编辑框中将其中的内容修改为以下内容。

```
from django.conf.urls import url          #导入路由设置函数url
from . import views                        #导入新建的views模块
urlpatterns = [                            #建立调用views.py文件的路由列表
    url(r'^$', views.hello),               #调用视图里的hello函数(暂时忽略正交表达式 r'^$'的用法)
]
```

保存代码,用 python manage.py runserver 命令启动项目,在浏览器里输入 http://127.0.0.1:8000,此时将弹出新的网站页面,页面正确显示了我们想要显示的"Hello 三酷猫!",如图 3.40 所示。

图 3.40 Hello 三酷猫网站页面

通过短短几行代码，我们就使用 Django 实现了想要的第一个网站，这就是 Django MTV 设计模式的强大功能。上面的 view.py 文件体现了指向视图的功能，当向浏览器中输入访问地址 http://127.0.0.1:8000 时，Django 自带的 Web 服务器就会将地址转给 urls.py 文件，让其调用 views.py 中的 hello 函数，返回需要的内容并将其显示在浏览器网站页面上。

3.6 初识 Admin

一个典型的网站有前端和后端之分。前端网站就是带信息展示的网站，为普通用户提供信息服务，比如，我们在上一节中实现了最简单的"Hello 三酷猫！"网站页面，提供了与访问者打招呼的服务。后端网站则主要为网站管理员所使用，提供用户注册信息管理、访问权限管理、信息编辑及发布、信息发布统计、网站访问量统计等功能。

在 Django 安装完成后，其自带的默认后端管理工具 Admin 可以为网站提供强大的后端服务功能。在使用 Admin 前，我们仅需要进行几项简单配置，下面具体介绍。

1. 检查 Admin 是否在 settings.py 配置文件内

如图 3.41 所示，在由 PyCharm 工具打开的 HelloThreeCoolCats 项目左边列表中通过鼠标左键双击"settings.py"选项，此时会在界面右边显示配置信息。在默认配置情况下，如果 INSTALLED_APPS 列表中存在"django.contrib.admin"选项，则意味着配置正确，在项目启动时会自动启动 Admin。

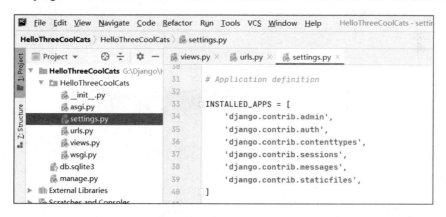

图 3.41　检查 Admin 是否在 settings.py 配置文件内

2. 在 urls.py 文件中增加访问 Admin 的路由

在图 3.42 左边的列表中通过鼠标左键双击"urls.py"选项，在右边的 urlpatterns 列表中增

加 "url(r'^admin/', admin.site.urls),"路由设置，同时增加"from django.contrib import admin" admin 文件导入代码。这一步能确保浏览器在访问 Admin 时，可以通过该设置提供相应的访问路由地址。

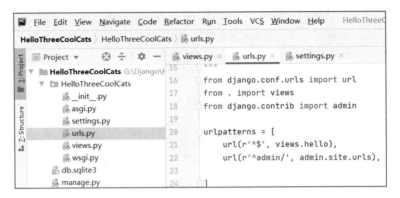

图 3.42 在 urls.py 文件中增加访问 Admin 的路由

3. 保证 Web 服务器处于启动状态

在浏览器中执行 HelloThreeCoolCats 项目的前提是先启动 Web 服务器，若 Web 服务器没有启动，则需要在命令提示符中输入如图 3.37 所示的启动命令，确保 Web 服务器启动。

4. 访问后端

在浏览器地址栏中输入 127.0.0.1:8000/admin，此时会显示如图 3.43 所示的 Admin 后端登录界面。

图 3.43 Admin 后端登录界面

5. 创建超级用户

为了在图 3.43 所示的界面中成功登录，首先需要通过 manage.py 工具创建超级用户。

创建超级用户需要执行 manage.py 命令，为了避免在执行 manage.py 命令时出现"no such table: auth_user"报错，需要先在命令提示符中使用如下命令创建默认数据库。

```
python manage.py migrate
```

然后，在命令提示符中通过如下命令创建超级用户。

```
python manage.py createsuperuser
```

上述两行代码的执行过程如图 3.44 所示。在"Username（leave blank to use '111'）"语句后面输入用户名 1111，在"Password："后面输入密码 88888888。

注意，在输入密码的过程中，输入光标不闪动属于正常现象。在"Password（again）："后面输入一样的密码进行验证，最后输入"y"就完成了 Admin 后端超级用户的创建。

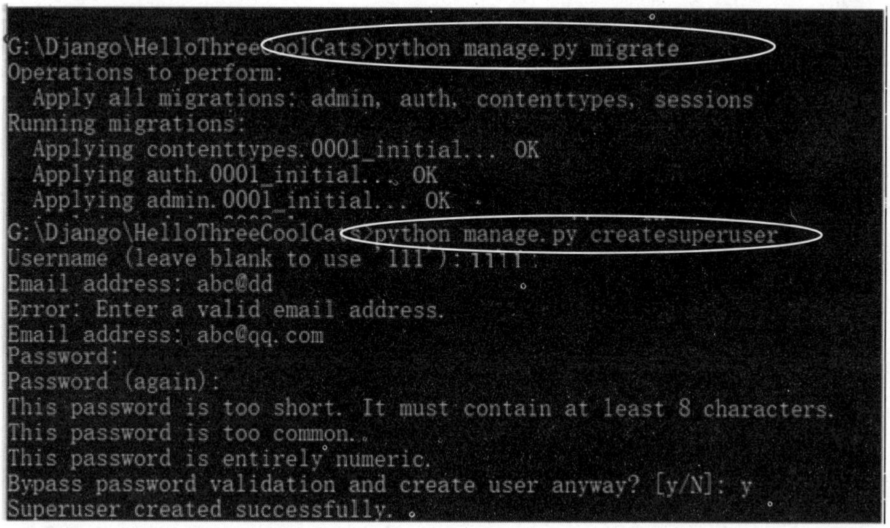

图 3.44　创建超级用户的代码执行过程

6. 登录 Admin 后端

在图 3.43 所示界面的 Username 下输入 1111，在 Password 下输入 88888888，单击"Log in"按钮，进入如图 3.45 所示的后端功能界面。

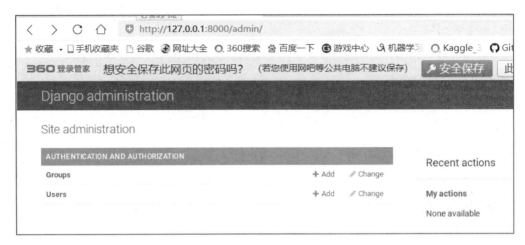

图 3.45 后端功能界面

单击"Users"右边的"Change"选项,你将看到注册的超级用户信息,还可以对该信息进行修改。这仅是 Admin 强大功能的极小一部分,详细功能将在第 8 章进行介绍。

由上述内容可知,仅需要进行简单的配置,Django 框架就可以为网站提供基本的后端管理功能。

3.7 配置文件

在 3.5.1 节中,我们已经利用 django-admin 工具建立了一个 Django 网站项目,之后可以在项目目录列表中找到配置文件 settings.py。在默认情况下,该文件为项目的运行提供了路径、密钥、调试模式、可访问域名权限、应用(App)列表、中间件、根路由、模板列表、数据库访问、用户密码验证检查、国家语言代码、时区、静态地址等配置功能。

1. 路径

配置文件的路径配置如下。

```
import os

# Build paths inside the project like this: os.path.join(BASE_DIR, ...)
BASE_DIR = os.path.dirname(os.path.dirname(os.path.abspath(__file__)))    #★
```

配置文件中的 BASE_DIR 用于获取项目在计算机中的绝对路径,为配置文件中的其他参数所用。在非必要的情况下,不要修改该参数值。

2. 密钥

配置文件的密钥配置如下。

```
SECRET_KEY = '#+m+r2vq)0fy2r((-=g4(m3betkfhj7ax5hbwf34v^+fb(kb8g'
```

项目在创建时会随机为 SECRET_KEY 提供密钥值，该参数可以保证用户密码、CSRF[①]、Session 等数据被加密，提高项目运行的安全性。没有特殊理由，无须修改该值。若没有设置 SECRET_KEY，则 Django 将无法启动。

3. 调试模式

配置文件的调试模式配置如下。

```
DEBUG = True
```

在默认情况下，DEBUG 的值为 True，意味着运行项目时若发生代码出错问题，将在调试界面上直接报告出错信息，以便程序员对代码进行调试。但是在正式生产运行环境下，必须把这个值设置为 False，否则会产生网站安全问题。

4. 可访问域名权限

配置文件的可访问域名权限配置如下。

```
ALLOWED_HOSTS = []
```

可访问域名参数用于限制不同情况下的访问网站许可策略，以增强网站的安全性。

- 在 DEBUG = True、ALLOWED_HOSTS = []的情况下，网站只接受以 localhost 或 127.0.0.1 的方式在浏览器中被访问，这也是主要的开发调试方式。
- 在 DEBUG = False、ALLOWED_HOSTS = []的情况下，网站无法启动。
- 在实际生产环境下部署时，若 DEBUG = False，则 ALLOWED_HOSTS 的列表中应该指定可以访问的域名范围。比如，指定范围为['www.example.com']，表示只允许访问该域名；指定范围为['.example.com']，表示允许访问 example.com、www.example.com 及带子域名的 example.com 的域名；指定范围为['*']，表示允许访问所有域名。

5. 应用（App）列表

在一个网站项目中，往往存在不同的、相对独立的业务功能，如后端管理系统 Admin、讨论区、

---

① CSRF，Cross-Site Request Forgery，跨站请求伪造攻击，是一种网站安全漏洞。

博客等，Django 将这些相对独立的业务功能称作应用（App）。要使网站启动的同时启动不同的应用，并可以通过浏览器访问这些应用，必须在 INSTALLED_APPS 列表中注册新的应用名称。下面是创建项目时自动为应用设置的默认名称。

```
INSTALLED_APPS = [
    'django.contrib.admin',              #内置的后端管理系统
    'django.contrib.auth',               #内置的用户认证系统
    'django.contrib.contenttypes',       #内置的模型通用关系框架（模型概念见第4章）
    'django.contrib.sessions',           #内置的 Session 会话功能
    'django.contrib.messages',           #内置的消息提示功能
    'django.contrib.staticfiles',        #内置的查找静态资源路径
    'index',                             #项目新增注册应用 index
]
```

在新增应用时，需要在命令提示符中执行 django-admin.py startapp index 命令，详细使用方法我们会在 4.1.2 节中介绍。

6. 中间件

Django 的中间件是用于处理网页访问请求（Request）和应用响应（Response）的钩子（hook）框架，是一个轻量级的、低级别的插件系统。对于其中默认设置的内容，只需要知道其使用方式即可。所有中间件都在 MIDDLEWARE 列表中进行配置，具体如下。

```
MIDDLEWARE = [
    'django.middleware.security.SecurityMiddleware',              #内置安全机制，保护通信安全
    'django.contrib.sessions.middleware.SessionMiddleware',       #使用会话功能，去掉则不使用
    'django.middleware.common.CommonMiddleware',                  #规范化 URL 请求内容
    'django.middleware.csrf.CsrfViewMiddleware',                  #增加 CSRF 攻击保护功能
    'django.contrib.auth.middleware.AuthenticationMiddleware',    #开启用户身份认证系统
    'django.contrib.messages.middleware.MessageMiddleware',
    #开启 Cookie 和 Session 的信息支持
    'django.middleware.clickjacking.XFrameOptionsMiddleware',     #开启防单击劫持攻击安全保护
]
```

在 MIDDLEWARE 列表中，中间件的配置是有严格的顺序要求的，因为有些中间件会依赖其他中间件提供的信息。比如，AuthenticationMiddleware 需要在会话中存储经过身份验证的用户信息，因此它必须在 SessionMiddleware 后面运行。

在 SessionMiddleware 和 CommonMiddleware 之间可以增加设置本地语言（在中国用汉语显示应用信息）的 LocalMiddleware 中间件，可配置的中间件及顺序要求可以参考官方网站的要求。

7. 根路由

配置文件的根路由配置如下。ROOT_URLCONF 用于指定项目根路由配置文件地址，默认值无须改动。

```
ROOT_URLCONF = ' HelloThreeCoolCats.urls'
```

8. 模板列表

配置文件的模板列表配置如下。TEMPLATES 用于指定项目模板路径、应用模板路径，具体使用方法我们将在 6.1.1 节中介绍。

```
TEMPLATES = [
    {
        'BACKEND': 'django.template.backends.django.DjangoTemplates',
        'DIRS': [],
        'APP_DIRS': True,
        'OPTIONS': {
            'context_processors': [
                'django.template.context_processors.debug',
                'django.template.context_processors.request',
                'django.contrib.auth.context_processors.auth',
                'django.contrib.messages.context_processors.messages',
            ],
        },
    },
]
```

9. 数据库访问

配置文件的数据库访问配置如下。DATABASES 用于设置项目需要访问的数据库接口参数，其默认设置是访问自带的 SQLite3 数据库系统。

```
DATABASES = {
    'default': {
        'ENGINE': 'django.db.backends.sqlite3',          #访问自带的 SQLite3 数据库系统
        'NAME': os.path.join(BASE_DIR, 'db.sqlite3'),
    }
}
```

访问不同数据库系统需要通过 ENGINE 提供不同的数据库引擎。Django 提供了 PostgreSQL、MySQL、SQLite3、Oracle 这 4 种数据库引擎。

- 'django.db.backends.postgresql'对应 PostgreSQL 数据库引擎。
- 'django.db.backends.mysql'对应 MySQL 数据库引擎。

- 'django.db.backends.sqlite3'对应 SQLite3 数据库引擎。
- 'django.db.backends.oracle'对应 Oracle 数据库引擎。

关于 MySQL 数据库的详细配置，我们将在 4.1.2 节中介绍。

10. 用户密码验证检查

当用户输入密码后，对 AUTH_PASSWORD_VALIDATORS 进行参数配置可以为密码的安全提供不同等级的验证功能。若不配置这些参数，则意味着接受所有密码。

```
AUTH_PASSWORD_VALIDATORS = [
    {
        'NAME':
'django.contrib.auth.password_validation.UserAttributeSimilarityValidator',
    },   #检查输入的密码和用户属性集合之间的相似性
    {
        'NAME': 'django.contrib.auth.password_validation.MinimumLengthValidator',
    },   #检查密码是否符合最小长度，最少需要9个字符
    {
        'NAME': 'django.contrib.auth.password_validation.CommonPasswordValidator',
    },   #检查密码是否在常用密码列表中（防止密码设置太简单）
    {
        'NAME': 'django.contrib.auth.password_validation.NumericPasswordValidator',
    },   #检查密码是否完全由数字组成
]
```

11. 国家语言代码

配置文件的国家语言代码配置如下。LANGUAGE_CODE 用于设置项目的显示语言，默认值是'en-us'（美式英语），可以设置为'zh-hans'，表示显示中文。

```
LANGUAGE_CODE = 'en-us'
```

12. 时区

配置文件的时区配置如下。TIME_ZONE 用于设置时区，默认值为'UTC'，指世界标准时间。也可以将其设置为'Asia/Shanghai'，表示中国上海时间。

```
TIME_ZONE = 'UTC'
```

13. 静态地址

配置文件的静态地址配置如下。STATIC_URL 用于为 CSS、JS、图片、视频、音频等固定不变的文件（静态资源文件）提供固定存放地址，方便 Django 的不同应用自动访问。这里约定在各应用

下建立名称为 static（不能为其他名称）的子目录，用于存放静态文件。

```
STATIC_URL = '/static/'
```

> **注意**
>
> 到目前为止，本节所介绍的配置内容都为默认配置内容，请读者不要随便更改配置内容，以便后续更流畅地学习。

3.8 习题

1. 填空题

（1）Python 语言的默认代码编辑器是（　　）。

（2）PyCharm 代码编辑工具分为（　　）、（　　）、（　　），前者是收费的，后两者是免费的。

（3）MySQL Workbench 数据库管理工具可以可视化管理（　　）系统。

（4）（　　）是 Python 技术体系下最为著名的公共（　　）应用框架。

（5）一个典型的网站有前端、后端之分，Django 为后端网站提供了强大的管理工具（　　）。

2. 判断题

（1）Python 支持跨平台运行，因此下载一个版本的 Python 语言安装包就可以在不同操作系统中安装使用。（　　）

（2）PyCharm 开发工具自带 Python 语言解释器。（　　）

（3）MySQL 数据库系统安装完成后，可以直接被 Python 调用。（　　）

（4）Django 框架技术既遵循 MVC 设计模式，也遵循 MTV 设计模式，其中两种模式中的 V 表示一样的实现内容。（　　）

（5）Django 安装完成后，Admin 应用无须经过代码开发便可直接使用。（　　）

3.9 实验

实验一

建立一个最简单的、通过 Django 框架构建的网站,以下为具体要求。

- 安装 Python。
- 安装 PyCharm。
- 建立一个简单的视图。
- 进行路由设置。
- 启动项目。
- 形成实验报告。

实验二

安装 MySQL 数据库,在 PyCharm 中验证安装成功,以下为具体要求。

- 安装 MySQL 数据库系统。
- 安装数据库驱动程序。
- 在 PyCharm 中调用 MySQL 驱动。
- 建立一个数据库实例、一个表、一条记录,用 MySQL Workbench 工具显示建立结果。
- 形成实验报告。

第 4 章 模型

Web 页面内容与数据库之间的互动是一项重要的功能,Django 主要通过模型来实现这项功能。互动的内容涉及数据库表的建立、数据的增删改查、多表操作、SQL 操作等。

4.1 初识模型

模型(Model)是 MTV 设计模式的组成部分之一,是 Django 框架的核心技术内容,本节我们将剖析模型的实现原理并带领大家创建模型。

4.1.1 模型实现原理

在 Django 框架中,模型用于描述数据库表结构,模型实例可以实现数据操作。在模型文件(一般指 models.py 文件)中,一个模型就是 Python 语言中的一个自定义类,对应一个数据库表,类中的一个属性对应数据库表中的一个字段。由模型自动生成数据库表主要通过 ORM 技术实现,ORM 会将 Python 中的类自动转换为对应的 SQL 语句,然后在数据库系统中执行。

表 4.1 为一家水果店用于销售的水果价目表,若要将这张表挂到网上,需要事先通过数据库建立对应的表和记录,以供网站调用。

表 4.1 水果价目表

ID 号	水果名称	数量(斤)	单价(元)
1	凤梨	10	5
2	荔枝	5	10
3	车厘子	8	24

Django 框架的设计初衷是让网站开发人员无须学习 SQL 语句，只要建立相应的模型就能通过 ORM 自动将模型转换为数据库表。将模型转换为数据库表的原理如图 4.1 所示，左边的类对应右边的表，通过中间的 ORM，类可以自动转换为 SQL 语句并执行，这样一来，读者无须掌握 SQL 语句便可以实现对数据库的操作。

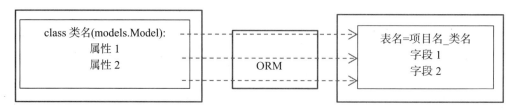

图 4.1　将模型转换为数据库表的原理

◆) 注意

上述方式对于没有数据库知识的读者也许比较方便，但是学过 SQL 数据库的读者可能会觉得很不适应，可以先适应一下。

实际上，ORM 并没有强大到不需要使用 SQL 语句的程度，在对复杂数据库表进行操作时，仍然需要使用 SQL 语句。建议所有的读者还是要掌握 SQL 数据库技术，以便更加灵活地运用相关技术。

4.1.2　创建模型

创建一个完整的模型，实现一个数据库表的建立，需要经历设置数据库连接参数、创建应用、设置项目启动项（注册应用）、建立模型、创建表结构、验证数据库表几个步骤，下面具体介绍。

1. 设置数据库连接参数

还以第 3 章中的"Hello 三酷猫！"项目为例，打开 HelloThreeCoolCats 项目的 PyCharm，先检查 settings.py 文件，将 DATABASES={}设置为 MySQL 安装时的正确信息，具体设置内容如图 4.2 所示。

图 4.2 中的设置实现了数据库驱动与 Web 应用程序通信的功能，是后续建立模型、进行 ORM 自动操作的前提。

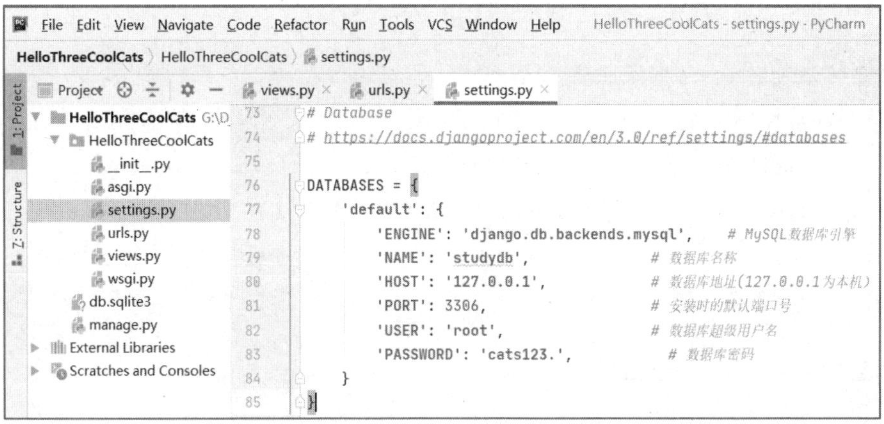

图 4.2 数据库连接参数设置

- ENGINE 的 django.db.backends.mysql 值确定了 Web 连接的是 MySQL 数据库。
- NAME 值为数据库实例的名称（如实例 studydb），可以用【案例 3.1】中介绍的方式建立，也可以通过 MySQL Workbench 工具来建立。
- HOST 值为安装数据库系统的服务器（计算机）的 IP 地址，意味着数据库系统可以独立部署于另一台服务器上。
- POST 值为数据库系统安装时的默认端口号。
- USER 值为登录数据库系统的用户名，可以是超级用户名。
- PASSWORD 值为登录数据库系统的密码。

2. 创建应用

Django 规定，如果要使用模型，必须创建一个对应的应用。这里我们通过命令提示符在指定项目路径下用 django-admin.py startapp fruits 命令创建 fruits 应用，执行过程如图 4.3 所示。

图 4.3 创建 fruits 应用的执行过程

📢 注意

关于创建应用，要注意以下问题。

1. 先切换路径到项目路径下，这里是 G:\Django\HelloThreeCoolCats>。

2. 由于 django-admin.py 命令在 G:\Python383\Lib\site-packages\django\bin\下，因此要执行该命令，必须写上绝对路径（除非事先对该命令配置了运行环境）。

3. 在 Windows 环境下先输入 python，然后输入带绝对路径的 django-admin.py 命令，否则执行该命令时会弹出一个配置界面。

3. 设置项目启动项（注册应用）

在 settings.py 文件的 INSTALLED_APPS 列表中增加 fruits 应用名称，即注册应用，如图 4.4 所示。这样可以使项目启动时自动执行 fruits 应用。

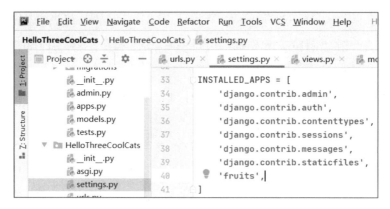

图 4.4　注册应用

4. 建立模型

表 4.1 中的记录对应的表结构如表 4.2 所示。

表 4.2　水果价目表结构

字段名	字段类型	说　明
id	自动增量整型	确定每条记录的唯一性
name	字符型（最大长度为 20 字节）	水果名称
number	浮点型	数量
price	精确小数的数值型	单价

若要将表 4.2 通过 ORM 自动转换为数据库表，则需要在 models.py 文件中建立模型，如图 4.5 所示。

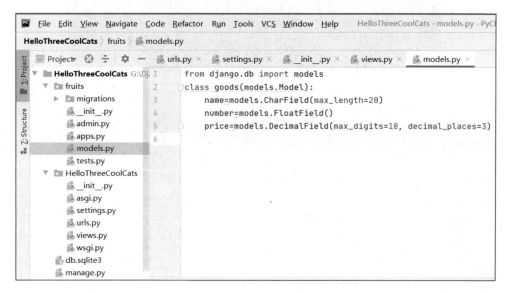

图 4.5　建立模型

首先，建立自定义模型类，其中 goods 为类名（数据库表名的一部分），所有的模型都必须继承 models.Model 类。

然后，定义类属性（即模型字段），name、number、price 为类属性，对应着数据库表的字段名。CharField()指定 name 字段为字符型（最大长度为 20 字节），FloatField()指定 number 字段为浮点型，DecimalField()指定 price 字段为精确小数的数值型（需要指定最大长度 max_digits 和小数点准确位数 decimal_places）。

5. 创建表结构

创建模型对应的数据库表需要两个步骤：建立表结构命令文件、执行表生成命令。

第一步：建立表结构命令文件。

在命令提示符中输入 python manage.py makemigrations fruits 命令，创建模型对应的表结构命令文件，如图 4.6 所示。这里的 0001_initial.py 文件就是一个用于创建表结构的命令文件。

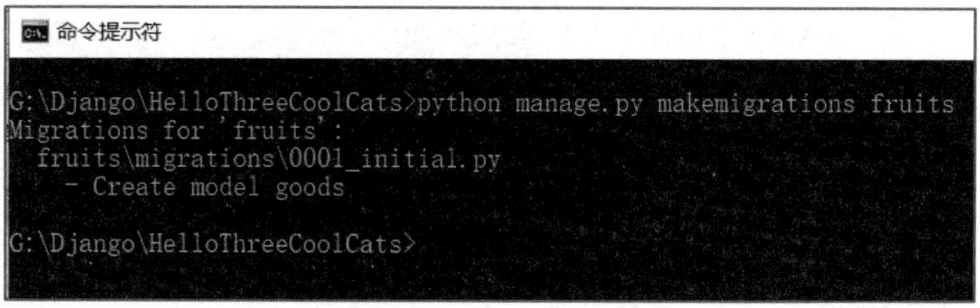

图 4.6 创建模型对应的表结构命令文件

需要注意的是，一定要在项目对应的路径下执行上述命令。在执行命令的过程中，若报出"Did you install mysqlclient?"错误，通常有两种解决方法。

方法一：在项目目录下的__init__.py 文件中增加如下驱动连接设置。

```
import pymysql
# django.core.exceptions.ImproperlyConfigured: mysqlclient 1.3.13 or newer is required;
# you have 0.9.3.---出错修改提示
pymysql.version_info = (1, 4, 6, 'final', 0)    #指定mysqlclient驱动版本，要求不低于1.3.13
pymysql.install_as_MySQLdb()                    #启用pymysql的驱动模式
```

方法二：修改 base.py 驱动文件。

在 Django 的安装路径下找到 base.py 文件，将框线中包含的内容注释掉，如图 4.7 所示。

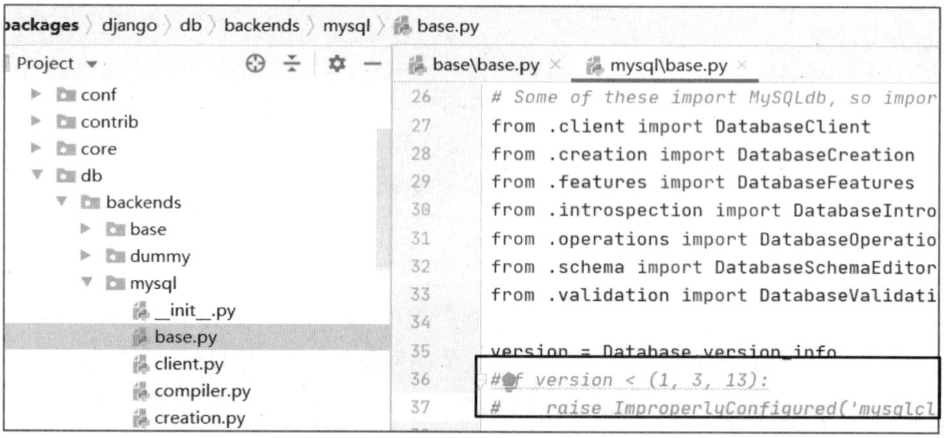

图 4.7 修改 base.py 驱动文件

修改完 base.py 文件的内容后（本书中的该文件地址为 G:\Python383\Lib\site-packages\django\db\backends\base），再执行 python manage.py makemigrations fruits 命令，显示用于创建 goods 模型对应的表的 0001_initial.py 文件。

其实，该文件仅仅包含了可用于创建新表的模型代码，读者可根据图 4.6 中的提示用记事本打开该文件，查看里面生成的内容。实际上，数据库中并没有生成对应的表。

第二步：执行表生成命令。

要想真正执行创建表的动作，还需要在命令提示符窗口中执行如下生成命令，执行结果如图 4.8 所示。

```
python manage.py migrate
```

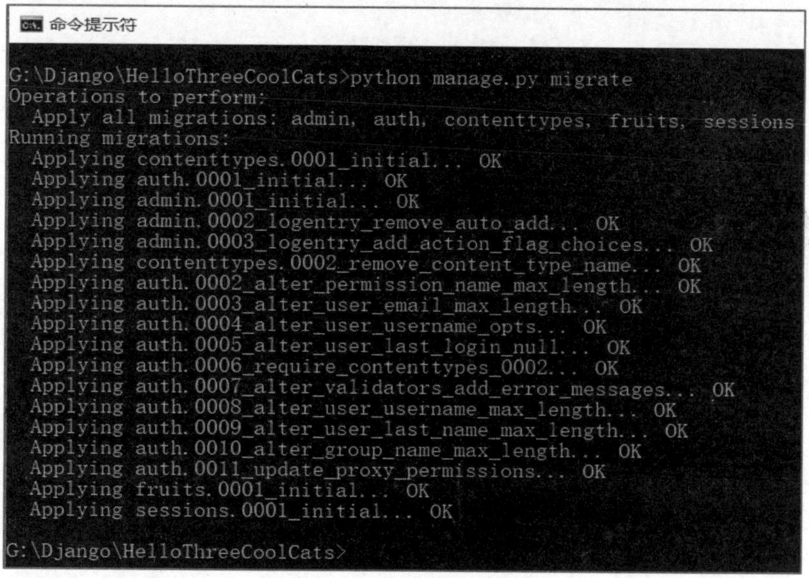

图 4.8　执行表生成命令结果

6. 验证数据库表

为了证明数据库中已经建立了模型 goods 对应的新表，可以用 MySQL Workbench 工具打开 studydb 数据库实例中的 Tables，如果发现 fruits_goods 表，则表示已经建立了模型 goods 对应的新表，如图 4.9 所示。

通过鼠标左键双击 fruits_goods 表下的 Columns 选项，可以展开表对应的字段。这里除了模型提供的 name、number、price 字段，还提供了 id 自增字段，用于生成自增的唯一整数，确保每条记录是唯一的。

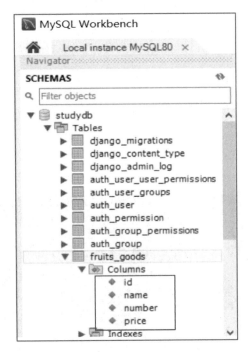

图 4.9　验证数据库表

在模型的建立过程中，并没有直接要求程序员手动创建数据库表，这为项目统一通过模型管理数据库提供了便利（如可以通过修改模型来更新数据库表结构），同时为项目不同类型数据库系统的使用提供了方便（如可以从 Oracle 数据库系统迁移到 MySQL 数据库系统）。

图 4.9 中框住的字段是模型提供的，这与直接在数据库系统中对数据库表字段进行定义的操作方法明显不同，需要读者认真体会并掌握。

4.2　字段操作

要想对 Django 模型的属性进行定义，需要对对应的数据库表字段进行定义。[①]

4.2.1　常用字段

Django 中的模型提供了完整的对字段进行定义的方法，通过这些方法可以将模型中的字段一一

---

① 若不特别指出，本书后续对模型的属性和数据库表的字段不再严格加以区分，都指向同一个对象。

映射到对应的数据库表字段，而这些方法都存在于 django.db.models 类中。

表 4.3 列出了 Django 中内置的定义各种类型字段的常用方法。

表 4.3 Django 中内置的定义各种类型字段的常用方法

序号	方法名	功能说明
1	AutoField()	定义从 1 开始逐次自增 1 的整数类型字段，如果模型里没有显式定义该属性，Django 会自动将该字段增加到新表结构里。默认情况下，该字段是，主键字段
2	BigAutoField()	定义 64 位自增整数类型字段，功能类似于 AutoField()，唯一的区别是，该方法定义的字段支持的数字范围更大，为 1~9223372036854775807
3	IntegerField()	定义整数类型字段，范围为-2147483648~2147483647，支持所有数据库
4	BigIntegerField()	定义 64 位整数类型字段，功能类似于 IntegerField()，唯一的区别是，该方法定义的字段支持的数值范围更大，为 -9223372036854775808~9223372036854775807
5	BinaryField()	定义二进制数据类型字段
6	BooleanField()	定义布尔类型字段，默认值是 None，若接受 null，则要对 NullBooleanField() 方法进行修改
7	CharField()	定义字符串类型字段，使用该方法时必须指定参数 max_length 的值，表示该字段可以接受的最长字符串长度
8	DateField()	定义日期类型字段，对应 Python 语言的 datetime.date 对象值
9	DateTimeField()	定义日期时间类型字段，对应 Python 语言的 datetime.datetime 对象值
10	DecimalField()	定义固定小数精度的数值类型字段，常用于存储与资金相关的数值，要求准确记录（不能有四舍五入的情况）。其中，需要指定 max_digits、decimal_places 这两个参数，max_digits 表示数值的位数，decimal_places 表示小数位数，前者的值必须大于后者的值
11	FloatField()	定义浮点类型字段，对应 Python 语言中的 float 类型数值，其小数精度有限，单精度保持 7 位，双精度保持 15 位
12	FileField()	定义上传文件类型字段，参数 upload_to 用于设置上传地址的目录和文件名，该字段实际保存的是与文件相关的字符串，默认最大长度为 100，文件会被保存到服务器对应的路径下
13	ImageField()	定义图像类型字段，继承了 FileField()的所有属性、方法，使用该字段需要提前安装 pillow 库，安装命令为 pip install pillow
14	TextField()	定义长文本字段
15	SmallIntegerField()	定义短整型字段，数值范围为-32768~32767，适用于所有数据库系统

续表

序号	方法名	功能说明
16	TimeField()	定义时间字段，对应 Python 语言中的 datetime.time 对象值
17	DurationField()	定义连续时间类型字段，对应 Python 语言中的 timedelta 对象值

不同的数据库系统对字段的定义存在细微差别，比如，MySQL 中有自动增长的数据类型，而 Oracle 中没有。读者在实际使用过程中，需要熟悉数据库系统的基本知识，如表结构的定义、命名规则等。下面我们通过一个案例来巩固上面介绍的字段定义相关内容。

【案例 4.1】 字段定义（HelloThreeCoolCats 项目）

还以前面的"Hello 三酷猫！"项目为例，在 PyCharm 中打开 HelloThreeCoolCats 项目的 fruits 应用，打开 models.py 文件，增加销售模型，代码如下。

```
class Sales(models.Model):                              #销售模型
    id = models.AutoField(primary_key=True)             #定义自增id字段
    idGoods=models.SmallIntegerField()                  #记录销售商品的id号
    num=models.IntegerField()                           #记录销售数量
    price=models.DecimalField(max_digits=10, decimal_places=3)   #记录销售单价
    explain=models.CharField(max_length=20)             #记录销售说明
    image=models.ImageField()                           #记录商品图片
    flag=models.BooleanField()                          #判断商品是否被财务审核
    SaleDT=models.DateTimeField()                       #记录销售时间
```

然后，在命令提示符窗口中输入并执行 python -m pip install Pillow 命令，以支持通过 ImageField() 方法定义的字段。接着执行 python manage.py makemigrations fruits 命令和 python manage.py migrate 命令创建新表结构，执行过程如图 4.10 所示。

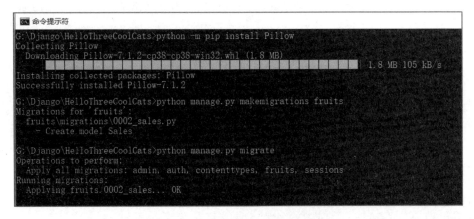

图 4.10 创建新表结构的执行过程

最后，在 MySQL Workbench 工具中查看是否已生成 fruits_sales 表，若成功生成 fruits_sales 表，界面如图 4.11 所示。

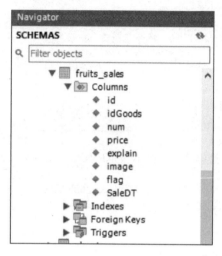

图 4.11　成功生成 fruits_sales 表

4.2.2　关联关系型字段

在数据库表的实际设计过程中，多表之间需要关联以记录更加广泛的表内容，由此产生了多表操作的要求。当涉及多表操作时，必须使用关联关系型字段，这里的关系包括一对一关系、一对多关系、多对多关系。

1. 一对一关系

一对一关系是指，一个表（主表）中的一条记录对应另一个表（从表）中的一条记录，这种关系通过 models.OneToOneField()方法来实现。

在 4.1.2 节中，我们已经建立了一个商品基本信息数据库表 fruits_goods 并进行了验证（见图 4.9），现在我们可以通过 MySQL Workbench 工具将表 4.1 中的记录插入该表，如图 4.12 所示。具体操作时，可以修改 VALUES()中的值，保证持续插入 3 条记录（单击图 4.12 中的闪电按钮可进行插入）。

插入结果可以通过 MySQL Workbench 工具的查询功能进行查看。在界面左侧 fruits_goods 表名处单击鼠标右键选择"Select Rows"选项，即可显示插入的 3 条记录，如图 4.13 中虚线椭圆处所示。

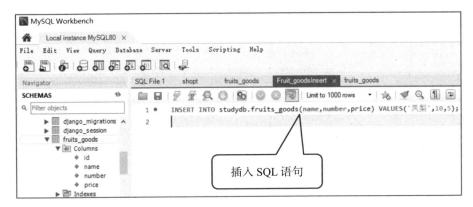

图 4.12　向 fruits_goods 数据库表插入记录

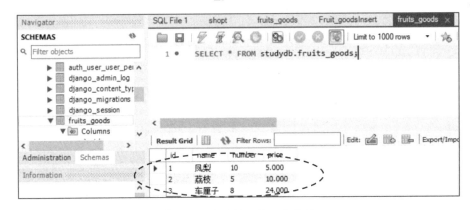

图 4.13　显示插入的 3 条记录

有了第一个数据库表 fruits_goods 后，我们可能还想提供商品的规格、颜色、产地、照片等信息，由于一种水果只有一种上述信息，所以两个表中的记录会存在一对一的关系。水果附加信息表结构如表 4.4 所示，我们需要在 models.py 文件里增加【案例 4.2】中的模型代码。

表 4.4　水果附加信息表结构

字段名	字段类型	说　　明
id	自动增量整型	确定每条记录的唯一性
spec	字符型（长度 40）	水果规格
color	字符型（长度 10）	水果颜色
origin	字符型（长度 60）	水果产地
photo	图像类型	水果照片

【案例 4.2】 字段一对一关系扩展模型代码（HelloThreeCoolCats 项目）

```
class ExtensionInf(models.Model):           #水果附加信息模型
    spec=models.CharField(max_length=40)    #水果规格字段
    color=models.CharField(max_length=10)   #水果颜色字段
    origin=models.CharField(max_length=60)  #水果产地字段
    photo=models.ImageField()               #水果照片字段
```

在命令提示符的项目路径下依次执行以下命令。

```
G:\Django\HelloThreeCoolCats>python manage.py makemigrations fruits
G:\Django\HelloThreeCoolCats>python manage.py migrate
```

然后在 MySQL Workbench 工具中将表 4.5 中的水果附加信息记录依次插入 fruits_extensioninf 表，结果如图 4.14 所示。

表 4.5 水果附加信息记录

ID 号	水果规格	水果颜色	水果产地	水果照片
1	10×13	金黄	海南	null
2	4×4	深红	海南	null
3	1.5×1.5	紫红	山东	null

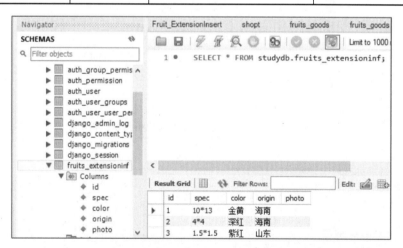

图 4.14 将水果附加信息记录插入 fruits_extensioninf 表

有了 fruits_goods 表和 fruits_extensioninf 表，通过 models.OneToOneField()方法就可以将两个表中的记录一对一进行关联。这里主要通过各自的 id 字段进行匹配关联。

在 models.py 文件的 ExtensionInf 模型最后增加如下代码。

```
sales=models.OneToOneField(to_field='id',to='goods',on_delete=models.CASCADE,blank=Tr
ue,null=1)
```

CASCADE 是指,如果在主表中删除一条记录,那么对应的从表也会同步删除对应的那条记录。to_field 指向主表的 id 字段,to 指向主表名。

由于 fruits_goods 表和 fruits_extensioninf 表中都各有 3 条记录,所以在这样的情况下增加新字段要确保字段可以接受空值,否则无法设置新增字段,通过设置 blank=True,null=1 可提供默认 null 值。

然后,在命令提示符中依次执行 python manage.py makemigrations fruits 命令和 python manage.py migrate 命令,将表结构和记录进行一对一关联,此时在 MySQL Workbench 工具中显示的执行结果如图 4.15 所示。左边的表结构中增加了一个"sales_id"关联字段,右边显示的 fruits_extensioninf 表中就会增加一列空值 sales_id 字段。

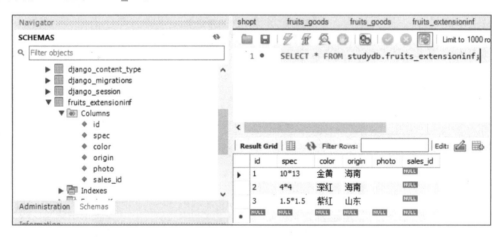

图 4.15 一对一关联后的表结构和记录情况

◀)) 注意

在 fruits_goods 表和 fruits_extensioninf 表都有记录的情况下增加关联字段并执行迁移命令时,会提示如下信息。

Please select a fix:

1) Provide a one-off default now (will be set on all existing rows with a null value for this column)
2) Quit, and let me add a default in models.py

选择 1),会显示命令交互方式,给所有值为 null 的字段指定一个默认值。

选择 2),会终止 migrate 命令的执行,重新定义模型中的关联属性,设置"blank=True,null=True"或为属性提供一个默认值。

2. 一对多关系

一对多关系是指，一个表（主表）中的一条记录对应另一个表（从表）中的多条记录。一对多关系通过外键来表示，具体由 models.ForeignKey('self', on_delete=models.CASCADE)方法来实现，该语句要放在从表对应的模型里，'self'指向关联的主表的模型名称。

一对多关系的主从表在实际项目中经常出现。比如，三酷猫开设了电商平台，那么客户下单购买商品时就会产生这个需求。主表记录一次购物的总信息，从表记录所购物品的明细。表 4.6 为销售主表结构，表 4.7 为销售从表（明细表）结构。

表 4.6 销售主表结构

字段名	字段类型	说 明
id	自动增量整型	确定每条记录的唯一性
shopName	字符型（长度为 30）	商店名
call	字符型（长度为 13）	客人联系电话，允许为空
cashier	字符型（长度为 12）	销售员姓名
saleTime	日期时间类型	销售时间

表 4.7 销售从表（明细表）结构

字段名	字段类型	说 明
id	自动增量整型	确定每条记录的唯一性
name	字符型（长度为 20）	水果名称
number	浮点型	购买数量
price	精确小数的数值类型	水果单价
Mlink	外键类型	外键

【案例 4.3】 字段一对多模型（HelloThreeCoolCats 项目）

在 HelleThreeCoolCats 项目的 fruits 应用的 models.py 文件中新增销售主表和销售明细表对应的模型，分别为 Sale_M 和 Sale_Detail，如图 4.16 所示。这个操作我们在前面已经介绍过多次，这里不再详细说明。

在命令提示符中执行 python manage.py makemigrations fruits 命令和 python manage.py migrate 命令，这是模型迁移命令，执行过程如图 4.17 所示。命令执行后会生成主表从表结构，如图 4.18 所示。

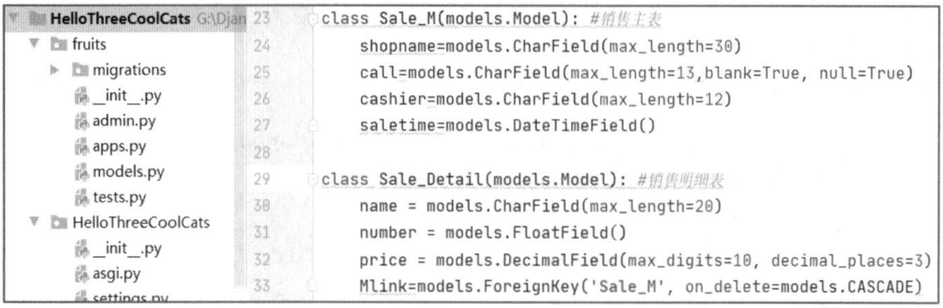

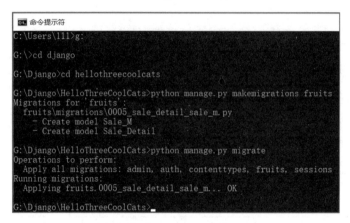

图 4.16　增加 Sale_M 和 Sale_Detail 模型

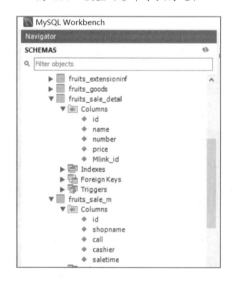

图 4.17　模型迁移命令执行过程

图 4.18　生成的主表从表结构

2. 多对多关系

多对多关系是指，A 表中的一条记录可以和 B 表中的多条记录对应，同时 B 表中的一条记录也可以和 A 表中的对条记录对应，两表可以互相对应多个。这在日常项目中也很常见，比如，一个作者可以写多本书，一本书也可以由多个作者编写。

多对多关系在模型中用 models.ManyToManyField("self")方法来实现，"self"为另外一个表模型的名称，该关联字段的定义可以放在任意一个表模型中。在多对多关系的情况下，模型迁移后会自动生成对应 A 表和 B 表的中间表，为了表名容易阅读和使用，建议在建立多对多关系时同时指定这个中间表的表名。

以上述作者和图书的多对多关系为例，作者信息表结构如表 4.8 所示，图书信息表结构如表 4.9 所示。

表 4.8 作者信息表结构

字段名	字段类型	说　　明
name	字符型（长度为 20）	作者姓名
call	字符型（长度为 13）	作者联系电话，允许为空
MToM	多对多关系字段	多对多关系，要求指定中间表表名

表 4.9 图书信息表结构

字段名	字段类型	说　　明
bname	字符型（长度为 20）	书名
press	字符型（长度为 30）	出版社
cost	精确小数的数值类型	成本

根据表 4.8 和表 4.9 的设计要求，可以在 models.py 文件中增加字段多对多关系模型，具体实现代码见【案例 4.4】。

【案例 4.4】 字段多对多模型（HelloThreeCoolCats 项目）

```
class Book(models.Model):                   #图书信息模型
    bname = models.CharField(max_length=20)
    press = models.CharField(max_length=30)
    cost = models.DecimalField(max_digits=10, decimal_places=3)
class Author (models.Model):                #作者信息模型
    name=models.CharField(max_length=30)
    call = models.CharField(max_length=13, blank=True, null=True)
    address=models.CharField(max_length=50)
```

```
GetTime = models.DateTimeField()
MToM=models.ManyToManyField(Book, blank=True)    #与 Book 模型建立多对多关系
```

建立上述多对多关系模型后，在命令提示符中执行数据迁移命令，在 MySQL Workbench 工具中显示的多对多关系表结构如图 4.19 所示。

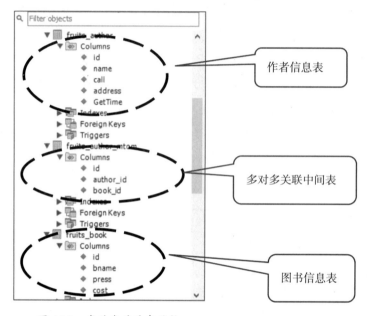

图 4.19 多对多关系表结构

从图 4.19 中可以看出，在建立多对多关系数据库表时，会自动建立一个多对多关联中间表。

本节我们介绍了关联字段的常见关系，有一对一关系、一对多关系、多对多关系。向一对一关系、一对多关系、多对多关系数据库表中插入数据的操作，我们将在 4.5 节中详细介绍。

4.2.3 字段参数

在定义模型的属性时，有些公共的字段参数需要根据实际情况联合运用。本节我们将介绍常用的字段参数。

1. default（默认值）参数

在定义模型的属性时，需要为某些属性对应的数据库表字段设置默认值，方法是在属性定义方法中添加 default 参数，示例如下。

```
price=models.DecimalField(max_digits=10, decimal_places=3,default=0)    #单价默认值可设为 0
```

2. unique（建立唯一索引）参数

当某些字段的 unique 参数值为 True 时，该字段的值必须在整个表中具有唯一性（比如，商品条形码必须具有唯一性），同时要为该值建立唯一索引以便加快对表记录内容的检索速度，示例如下。

```
barcode=models.CharField(max_length=20,unique=True)      #条形码字段的值必须具有唯一性
```

3. primary_key（建立主键）参数

默认情况下，表的自增 id 为表的主键，也可以通过 primary_key=True 指定某个字段为主键。如果指定字段为主键，则表中将不会产生自增 id 字段。这对建立多表关联关系具有更实际的意义。例如，将上例中的条形码字段指定为主键的代码如下。

```
barcode = models.CharField(max_length=20,primary_key=True,unique=True)   #条形码字段为主键
```

4. unique_for_year（建立年唯一索引）参数

该参数要求设置字段的类型为 DateField 或 DateTimeField，且年份值必须是唯一的，否则将无法输入新值或建立以年为唯一值的索引。另外，建立年唯一索引的字段值不能设置为"null 为 True"，也就是说，该字段不能为空字段，示例如下。

```
year=models.DateTimeField(unique_for_year=True)           #设置酒的出产年份
```

5. unique_for_month（建立月唯一索引）参数

使用要求同 unique_for_year，这里不再详细说明，示例如下。

```
month=models.DateTimeField(unique_for_month=True)         #设置酒的出产月份
```

6. unique_for_date（建立日期唯一索引）参数

使用要求同 unique_for_year，这里不再详细说明，示例如下。

```
date=models.DateTimeField(unique_for_date=True)           #设置酒的出产日期
```

7. db_index（指定一个字段并建立索引）参数

该参数对字段的要求很低，允许有字段值重复，也允许字段值为空，只要在指定字段的设置中增加 db_index=True 参数，就可以建立该字段对应的索引。

```
name=models.CharField(max_length=20,db_index=True)        #建立索引
```

8. db_column（为字段指定一个自己的名称）参数

该字段在非英语环境下比较有用，可以指定中文、日文等，使用举例如下。

```
color=models.CharField(max_length=4,db_column='颜色')     #为字段指定"颜色"名称
```

9. verbose_name(在 Admin 后端中显示字段名称)参数

当所定义的模型属性需要在 Admin 后端中以指定名称显示时,要使用该参数,示例如下。

```
fname=models.CharField(max_length=20,verbose_name='原名称')    #在Admin后端中显示字段名称
```

也可以以省略参数名形式表示字段名,示例如下。

```
origin=models.CharField('产地',max_length=40)                  #备注酒的产地
```

10. blank(允许字段中存在空值)参数

当所定义的模型字段允许接受空值时,需要在字段定义时设置参数 blank=True,示例如下。

```
call=models.CharField(max_length=16,blank=True)               #联系电话可以是空值
```

11. null(允许字段存在 null 缺省值)参数

当所定义的模型字段允许接受 null 值时,需要在字段定义时设置参数 null=True,示例如下。

```
spec=models.CharField(max_length=10, null=True)               #酒的规格,允许null为默认值
```

12. help_text(字段的提示信息)参数

一般在 Admin 后端输入界面输入字段值时,可以附带一些提示信息,如输入的销售数量不能为负数等,示例如下。

```
num = models.FloatField(help_text= '输入的销售数量不能为负数!')
```

13. choices(为字段值提供选择项)参数

设置该参数可为需要输入的字段提供固定的选择项,示例如下。在 Admin 后端填写字段内容时可为对应的字段提供下拉选择项。

```
selecttype= (
    ('W', '葡萄酒'),('L', '白酒'),
    ('B', '啤酒'),('Y', '黄酒'),)
type=models.CharField(max_length=4, choices=selecttype)        #选择酒的类型
```

14. error_messages(指定出错显示信息)参数

当字段输入值出错时,设置该参数可提供自定义的出错提示信息,示例如下。

```
add=models.CharField(max_length=40,error_messages={'null':'值不能为空!'})
```

15. auto_now_add(创建记录时自动获取当前日期时间)参数

在字段显示界面上,设置该参数可自动提供当前的日期时间,方便输入,示例如下。

```
newtime = models.DateTimeField(auto_now_add=True, null=True)   #创建时自动获得当前日期时间
```

16. auto_now（更新字段值时自动更新当前日期时间）参数

通过设置参数 auto_now=True，当字段值更新时，当前的日期时间也会随之更新。

```
buytime=models.DateTimeField(auto_now=True, null=True)    #更新记录时，自动更新该日期时间
```

本节我们简单介绍了常用的字段参数及其功能，上述字段参数的实际使用案例可参见 models.py 的 testParameter 模型。

> **注意**
>
> 模型建立或修改后，必须在命令提示符中执行 python manage.py makemigrations fruits 命令和 python manage.py migrate 命令进行模型迁移，这样才能在数据库中生成对应的表。后续碰到类似情况时不再强调执行迁移命令，避免冗余，请各位读者注意。

4.2.4 返回字段值

模型的返回字段值是可选的，一般在 Admin 后端需要时，可以用如下方式返回。

```
def __str__(self):              #该方法限制返回对象为字符串类型
    return self.name
```

在 Admin 后端列表中如需要显示模型字段，可以通过该返回值对应一个字段的值。下面我们通过一个具体案例来看一下模型返回字段值的实现方式。

【案例 4.5】 模型返回字段值

```
class showone(models.Model):
    name=models.CharField(max_length=20)
    email=models.CharField(max_length=50)
    def __str__(self):
        return self.name
```

执行【案例 4.5】中的代码可以返回 name 字段的值，若要返回多个字段的值，可使用如下代码。

```
def __str__(self):
    return [self.name,self.email]     #用列表形式返回两个字段的值
```

4.3 模型扩展功能

元数据、模型类继承、包管理为模型提供了额外的扩展功能，有利于开发者更好地使用模型并实现更多功能，本节我们将介绍这些模型扩展功能。

4.3.1 元数据

模型的元数据（Meta）可以用来实现除定义字段属性外的其他辅助定义功能，如指定表名、建立联合约束、指定排序方式、指定模型所属应用（App）、判断模型是否属于抽象模型等。

元数据是模型内的一个子类，它只属于该模型，其定义格式如下。

```
class Meta:
    设置选项名=值
```

在上面的元数据定义格式中，我们看到，核心是为"选项"赋值，下面我们介绍一些常用的设置选项的使用方法。

1. 指定表名

在默认情况下，模型迁移后产生的数据库表名为"应用名_模型名"，这里可以通过 db_table 选项来指定表名。在 4.2.3 节介绍字段参数时，我们提到 testParameter 模型，这里我们要为它增加元数据，指定表名的方法如下。

```
class testParameter(models.Model):      #参数测试
…                                       #中间省略字段属性定义
    class Meta:                         #与上一行代码比，一定要缩进 4 个空格，确保是本模型的子类
        db_table='testField'            #指定表名
```

通过命令提示符执行模型迁移命令，执行成功后，可以通过 MySQL Workbench 工具看到 testfield 表（注意，默认情况下通过 MySQL 建立的表名都统一使用小写字母），如图 4.20 所示。

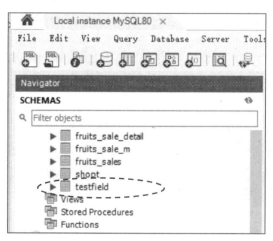

图 4.20　生成的 testfield 表

2. 建立联合约束

有些时候，我们需要联合几个字段来确定一条记录的唯一性，这时可以通过联合约束选项 unique_together 来实现。比如，在一个班级里，学生的学籍信息包括班级、姓名、家庭地址、性别、学号，我们希望通过姓名、家庭地址、性别这 3 个字段的联合约束确保每条记录都是唯一的，此时代码见【案例 4.6】。

【案例 4.6】 字段联合约束（HelloThreeCoolCats 项目）

还以"Hello 三酷猫！"项目为例，在 fruits 应用的 models.py 文件中新增 StudentsInf 模型，代码实现如下。

```
class StudentsInf(models.Model):             #学生学籍信息模型
    class1=models.CharField(max_length=20)   #班级
    name=models.CharField(max_length=12)     #姓名
    address=models.CharField(max_length=40)  #家庭地址
    sex=models.CharField(max_length=2)       #性别
    sNo=models.CharField(max_length=10)      #学号
    class Meta:
        unique_together=('name', 'address', 'sex')#联合约束姓名、家庭地址、性别，确定唯一记录
```

利用上述模型生成表后，便无法在一个表中重复插入两条姓名、家庭地址、性别一样的记录了。

3. 指定排序方式

在模型中指定字段的排序方式可以实现让字段值按升序或降序排列，方便快速检索，也方便阅读。字段排序通过 orderin 选项实现，示例如下。

```
ordering=['字段1', '-字段2']
```

默认情况下，排序方式为升序；如果在字段名前加上字符"-"，表示按降序排列；如果在字段名前加上字符"？"，则表示进行随机排列。

表 4.10 展示了某学校一年级学生的某次考试成绩，在原始记录下，该表中的成绩没有进行排序，因此无法快速看出成绩排名情况。

表 4.10 某学校一年级学生的某次考试成绩

id	年 级	班 级	姓 名	成 绩
1	一年级	1年1班	三酷猫	660
2	一年级	1年2班	加菲猫	580
3	一年级	1年1班	凯蒂猫	620

续表

id	年 级	班 级	姓　名	成　绩
4	一年级	1 年 1 班	Tom 猫	520
5	一年级	1 年 2 班	黑猫	645

假设需要将同一个班的学生成绩按照从高到低的顺序进行排序，则应该按照以下的步骤实现。

第一步：在 HelloThreeCoolCats 项目的 fruits 应用的 models.py 文件中新建模型 Score，实现代码见【案例 4.7】。

【案例 4.7】　字段值排序

```
class Score(models.Model):                    #成绩模型
    grade=models.CharField(max_length=20)     #年级
    class1=models.CharField(max_length=20)    #班级
    name=models.CharField(max_length=12)      #姓名
    score=models.FloatField()                 #成绩
    class Meta:
        ordering = ['class1', '-score']       #先根据班级进行升序排列，再根据成绩降序排列
```

第二步：在命令提示符中执行模型迁移命令，生成表结构。

第三步：在 MySQL Workbench 工具中执行如下 SQL 语句，插入表 4.10 中的记录。

```
INSERT INTO studydb.fruits_score(grade,class1,name,score)VALUES('一年级','1 年 2 班','黑猫',645);
```

修改 SQL 语句中的字段值，在 MySQL Workbench 工具中单击黄色闪电按钮（"execute"按钮），反复插入记录，直到插入全部记录。

第四步：在 MySQL Workbench 工具 fruits_score 表名上单击鼠标右键，选择"Select Rows"，数据记录显示结果如图 4.21 所示。显然，在数据库中的原始数据并不受 ordering 选项的约束，模型约束的结果将体现在 Web 表单中。也可以通过 python django shell 交互模式来查看结果，这种方法我们将在 4.4.2 节详细介绍。

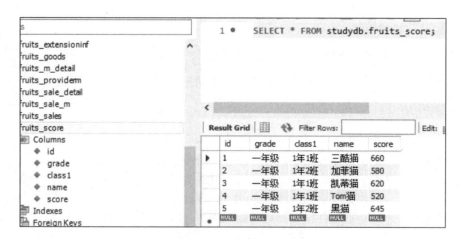

图 4.21　数据记录显示结果

4. 指定模型所属应用

到目前为止，本书中的所有模型操作都是建立在 fruits 应用之内的，而且在 4.1.2 节中，我们通过 settings.py 文件中的 INSTALLED_APPS 注册列表已经实现了对该应用的注册。假设又增加了一个新的应用 fishes，而这个应用并没有在注册表中注册过，若想要在 fishes 内的 models.py 文件中新建一个模型，就需要用 app_label 选项明确指出该模型属于哪个应用，代码如下。

```
class Meta:
    app_label = 'fishes'
```

5. 指定抽象模型

如果在元数据子类中增加了 abstract=True 选项，则对应的模型为抽象模型。抽象模型不能生成数据库表结构，只能作为其他模型的父类被继承，具体使用方法我们将在 4.3.2 节介绍。

4.3.2　模型类继承

Python 语言提供了类的继承功能，父类为子类提供公共属性、方法，Django 中的模型也是一个类，具有继承性。当不同的模型具有公共属性时，可以考虑通过继承产生新的子模型。

4.3.1 节中的 StudentsInf 模型和 Score 模型具有公共属性 class1、name，本节我们通过模型类集成方法来实现上述两个模型。

1. 建立公共的父类模型 StudentBase

在 models.py 文件中新增父类模型 StudentBase，其中的内容见【案例 4.8】。

【案例 4.8】 抽象模型

```
class StudentBase(models.Model):              #学生模型（父类）
    class1 = models.CharField(max_length=20)  #班级
    name = models.CharField(max_length=12)    #姓名
    class Meta:
        abstract = True                       #指定为抽象类
```

该模型在元数据中增加了 abstract = True 选项，表明这个模型是抽象模型，具备被其他模型继承的条件。但在模型迁移时，该抽象模型本身不生成对应的数据库表。

📖 说明

> 若没有 abstract = True 选项，则父类模型作为普通类也可以被子类继承，但是在执行模型迁移时，父类模型会生成对应的数据库表。

2. 继承父类，定义子类模型 StudentsInf1、Score1

上一步我们建立了公共父类模型 StudentBase，接下来我们将通过继承父类模型 StudentBase 来定义子类模型 StudentsInf1、Score1，代码参见【案例 4.9】。

【案例 4.9】 子类模型继承父类模型

```
class StudentsInf1(StudentBase):              #学生基本信息模型（子类），继承自 StudentBase
    address = models.CharField(max_length=40) #家庭地址
    sex = models.CharField(max_length=2)      #性别
    sNo = models.CharField(max_length=10)     #学号
    class Meta:
        unique_together = ('name', 'address', 'sex')  #联合约束
class Score1(StudentBase):                    #成绩模型（子类），继承自 StudentBase
    grade = models.CharField(max_length=20)   #年级
    score = models.FloatField()               #成绩
    class Meta:
        ordering = ['class1', '-score']       #先根据班级升序排列，再根据成绩降序排列
```

上述 StudentsInf1 模型和 Score1 模型在定义时，参数都为 StudentBase 父类，而非 models.Model 类对象。继承的模型与一般模型的唯一区别就在于此。

继承的模型包含了父类的所有属性，如父类的 class1、name 字段。对于父类的元数据，abstract = True 选项不具有继承性，但是其他选项具有继承性。子类中允许有自己的元数据，若父类与子类的元数据重复了，则子类选项会覆盖父类选项。在父类中，有些元数据选项会失效，如 db_table，因为父类作为抽象模型，本身不生成对应的数据库表。

3. 进行模型迁移，查看执行结果

执行模型迁移操作，图 4.22 为 StudentsInf1、Score1 两个子类模型对应的数据库表结构，与创建一般模型生成的结果几乎一样（存在字段顺序差别）。

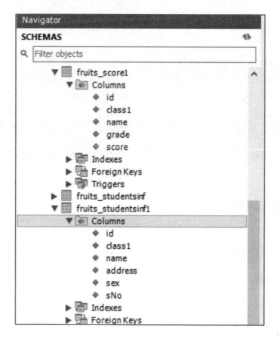

图 4.22　StudentsInf1、Score1 两个子类模型对应的数据库表结构

4.3.3　包管理模型

当 models.py 中的模型建立过多时，可以考虑将模型拆分，用包（Package）进行统一管理。

这里的包就是 Python 语言里的包。建立一个包目录，目录名称一定是 models，在其中建立一个空的 __init__.py 文件，以确定该目录就是一个包，包名就是目录名。然后，在这个包的 models 目录下存放从 models.py 文件中拆分而来的新的.py 文件。

如本书中的 models.py 文件可以通过如下步骤进行拆分。

第一步：创建 models 目录。

在应用 fruits 中创建 models 目录，然后在该目录下建立一个内容为空的 __init__.py 文件。

第二步：拆分 models.py 文件。

比如，我们可以将 models.py 文件拆分成 fsale.py 文件和 study.py 文件，前一个文件用于存放与三酷猫销售商品相关的模型，后一个用于存放与学生学习相关的模型。这在正式的商业项目中有利代码管理。

将 models.py 文件中拆分成 fsale.py 文件和 study.py 文件后，需要在 __init__.py 文件中导入所有的模型，具体导入格式如下。

```
from . fsale import fruits_detail, fruits_goods, fruits_m_detail, fruits_providerm
from . study import fruits_studentsinf, fruits_score
```

📖 说明

> 在 __init__.py 文件中导入模型时应尽量采用显式指定每个模型名的方式，而避免采用 from .models import * 的方式。在正式的中大型项目中应该用包管理所有模型。

4.4 数据库基本操作

使用 Django 时，除了可以通过模型生成数据库表结构，还可以实现对表中数据的新增、读取、修改、删除操作。在介绍由模型、模板生成的 Web 界面功能操作之前，可以先通过 python manage.py shell 命令提供交互模式环境。如图 4.23 所示，在 PyCharm 的 Terminal 界面中执行该命令，界面下方出现 ">>>" 交互式输入提示符，本节中对所有数据库表的操作都在该环境下执行。

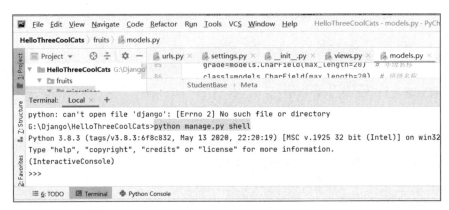

图 4.23　交互模式环境界面

4.4.1 新增记录

通过模型实例化对属性进行赋值保存，或调用模型的 objects 对象的 4 种内置方法 create()、

get_or_create()、update_or_create()、bulk_create()，可以实现对数据库表中记录的增加。

1. 新增一条记录

新增一条记录的方法主要有两种，一种是实例化对象属性并赋值，另一种是使用 create()方法，下面我们分别介绍。

（1）实例化对象属性并赋值

在 4.1.2 节中，我们创建了 fruits_goods 数据库表，最简单的方法是创建 goods 模型实例并对其对应的属性赋值，然后通过 save()方法将属性值保存到数据库表中，代码如下。

```
>>> from fruits.models import goods      #导入 goods 模型
>>> g=goods()                            #建立 goods 模型实例
>>> g.name='苹果'                         #为 name 属性赋值
>>> g.number=10                          #为 number 属性赋值
>>> g.price=6                            #为 price 属性赋值
>>> g.save()                             #通过 save()方法将上述属性值保存到数据库表中
>>> g.id                                 #读取新生成记录的 id 字段值
4                                        #保存到数据库表中的是第 4 条记录
```

这里说明一下，我们可以通过 MySQL Workbench 工具查看该数据库表中新增的记录。上述属性赋值的操作也可以通过如下方式实现。

```
g=goods(name='苹果', number=10, price=6)
g.save()
```

（2）通过 create()方法新增记录

上面我们介绍了第一种新增记录的方法，这里我们来介绍 create()的使用，代码如下。

```
>>> from fruits.models import goods                              #导入模型
>>> g=goods.objects.create(name='梨',number=20,price=1.2)        #通过 create()方法新增记录
>>> g.id                                                         #读取新生成记录的 id 字段值
5                                                                #保存到数据库表中的是第 5 条记录
```

create()方法的字段参数也可以通过字典方式进行设置。

2. 检查新增记录

为了避免一条记录被重复插入，可以先用 get_or_create()方法在数据库表中查找有没有该记录，若没有，则插入新记录，示例如下。

```
>>> g=goods.objects.get_or_create(name='梨',number=20,price=1.2)     #该记录已经存在
>>> g
(<goods: goods object (5)>, False)                                    #返回 False
>>> g=goods.objects.get_or_create(name='柚子',number=15,price=8)      #插入新记录
```

```
>>> g
(<goods: goods object (6)>, True)                              #返回True
```

从上述代码的执行结果中可以看出，get_or_create()方法返回的是一个元组对象，第一个元素记录的是数据库表中当前的记录数，第二个元素记录的是要插入的记录是否已存在，若已经存在则返回False，若不存在则返回True。

3. 修改新增记录

修改新增记录的方法如下。

```
>>> d=dict(name='柚子',number=15,price=8)                      #定义字典，该记录在数据库表中已经存在
>>> g=goods.objects.update_or_create(**d,defaults={'price':9})
#数据库表中存在该记录，则修改该记录的内容
>>> g
(<goods: goods object (6)>, False)                             #若记录存在，则返回False，表示只修改
```

内置方法 update_or_create()左边的参数为需要插入的记录，右边的参数用 defaults 来指定一个需要修改字段值的字典。若数据库表中已经存在需要插入的记录，则需要对该记录的值进行修改；若不存在，则直接插入这条新记录。

4. 批量新增记录

如果想批量增加多条记录，可以通过 bulk_create()来实现。

```
>>> g1=goods(name='柿子', number=50, price=3)                   #第一条新记录
>>> g2=goods(name='椰子', number=20,price=4)                    #第二条新记录
>>> goods.objects.bulk_create([g1,g2])                          #以列表形式作为参数，批量新增
[<goods:goods object(None)>,<goods:goods object(None)>]         #新增成功，返回2个元素的列表
```

内置方法 objects.bulk_create()的参数是一个列表，可以存储多条记录。执行结果可以通过 MySQL Workbench 工具查看。

4.4.2 查询记录

对于保存在数据库表中的记录，可以通过模型对象实例直接对其进行查询。常用的内置查询方法包括 all()、values()、values_list()、get()、filter()、exclude()、order_by()、aggregate()，它们都位于模型实例.objects 的下面。

1. all()方法

模型对象 objects 下的 all()方法用于查询数据库表中的所有记录。

```
>>> from fruits.models import goods                #导入 goods 模型
>>> f=goods.objects.all()                          #查找数据库表中的所有记录
>>> f                                              #查询返回结果对象
<QuerySet [<goods: goods object (1)>, <goods: goods object (2)>, <goods: goods object (3)>,
<goods: goods object (4)>, <goods: goods object (5)>, <goods: goods object (6)>, <goods:
goods object (7)>, <goods: goods object (8)>]>
>>> f[0].name                                      #获取第一条记录 name 的字段值
'凤梨'
>>> n=f.count()                                    #统计数据库表中有多少条记录
8
>>> i=0
>>> while i<n:                                     #循环打印记录
...     print(f[i].name,f[i].number,f[i].price)    #通过指定属性,打印返回结果
...     i+=1
凤梨 10.0 5.000
荔枝 5.0 10.000
车厘子 8.0 24.000
苹果 10.0 6.000
梨 20.0 1.200
柚子 15.0 9.000
柿子 50.0 3.000
椰子 20.0 4.000
```

2. values()方法

内置 values()方法查询返回的是一个列表,每个元素表示一条记录,用字典形式表示。values()也可以设置需要查询的字段名(用字符串表示)参数,可以通过逗号分隔多个字段。

```
>>> v=goods.objects.values()                       #获取数据库表中的所有记录
>>> v                                              #以列表形式输出获取的所有记录
<QuerySet [{'id': 1, 'name': '凤梨', 'number': 10.0, 'price': Decimal('5.000')}, {'id':
2, 'name': '荔枝', 'number': 5.0, 'price': Decimal('10.000')},
 {'id': 3, 'name': '车厘子', 'number': 8.0, 'price': Decimal('24.000')}, {'id': 4, 'name':
'苹果', 'number': 10.0, 'price': Decimal('6.000')}, {'id':
5, 'name': '梨', 'number': 20.0, 'price': Decimal('1.200')}, {'id': 6, 'name': '柚子',
'number': 15.0, 'price': Decimal('9.000')}, {'id': 7, 'name': '
柿子', 'number': 50.0, 'price': Decimal('3.000')}, {'id': 8, 'name': '椰子', 'number': 20.0,
'price': Decimal('4.000')}]>
>>> v[2]                                           #通过指定列表下的标值输出一条记录
{'id': 3, 'name': '车厘子', 'number': 8.0, 'price': Decimal('24.000')}
>>> v1=goods.objects.values('name')                #获取 name 字段的所有值
>>> v1
<QuerySet [{'name': '凤梨'}, {'name': '荔枝'}, {'name': '车厘子'}, {'name': '苹果'}, {'name':
'梨'}, {'name': '柚子'}, {'name': '柿子'}, {'name': '椰子'}]>
>>> v2=goods.objects.values('name','price')        #获取 name、price 字段的所有值
>>> v2
<QuerySet [{'name': '凤梨', 'price': Decimal('5.000')}, {'name': '荔枝', 'price':
```

```
Decimal('10.000')}, {'name': '车厘子', 'price': Decimal('24.000')},
{'name': '苹果', 'price': Decimal('6.000')}, {'name': '梨', 'price': Decimal('1.200')},
{'name': '柚子', 'price': Decimal('9.000')}, {'name': '柿子', 'price': Decimal('3.000')},
{'name': '椰子', 'price': Decimal('4.000')}]>
```

3. values_list()方法

内置 values_list()方法用于以列表形式查询并返回指定模型对象所对应的数据库表中的所有记录，示例如下。

```
>>> v3=goods.objects.values_list()    #以列表形式返回数据库表中的所有记录
>>> v3                                 #输出记录，元素是元组形式
<QuerySet [(1, '凤梨', 10.0, Decimal('5.000')), (2, '荔枝', 5.0, Decimal('10.000')), (3,
'车厘子', 8.0, Decimal('24.000')), (4, '苹果', 10.0, Decimal('6.000')), (5, '梨', 20.0,
Decimal('1.200')), (6, '柚子', 15.0, Decimal('9.000')), (7, '柿子', 50.0,
Decimal('3.000')), (8, '椰子', 20.0, Decimal('4.000'))]>
```

内置方法 values_list()方法与 values()方法的唯一区别，前者返回的元素是元组形式，后者返回的元素是字典形式。

4. get()方法

get()方法用于查询表记录，以 QuerySet 对象形式返回符合要求的一条记录，当查找无记录时报告英文出错提示。

```
>>> g1=goods.objects.get(number=15)    #参数为字段的条件比较表达式
>>> g1.name                             #输出找到记录的指定字段值
'柚子'
```

在多条记录符合要求或找不到记录的情况下，使用 get()方法会报英文出错，这不符合中国人的软件操作习惯。

```
>>> g2=goods.objects.get(number=10)    #表中存在两条值为10的记录
fruits.models.goods.MultipleObjectsReturned: get() returned more than one goods
-- it returned 2!
>>> g3=goods.objects.get(number=18)    #表中不存在值为18的记录
fruits.models.goods.DoesNotExist: goods matching query does not exist.
```

5. filter()方法

内置方法 filter()比 get()更加灵活，除了可以接收多记录查询结果，还可以在组合条件下对数据库表中的记录进行查询，如果记录不存在则会返回[]，查询结果不会报告英文错误信息。

```
>>> f1=goods.objects.filter(number=10)              #过滤查找
>>> f1.values()                                      #输出两条记录
<QuerySet [{'id': 1, 'name': '凤梨', 'number': 10.0, 'price': Decimal('5.000')}, {'id':
```

```
4, 'name': '苹果', 'number': 10.0, 'price': Decimal('6.000')}]>
>>> f2=goods.objects.filter(name='苹果',number=10)  #多条件查找，and 关系
>>> f2.values()                                     #输出查询结果
<QuerySet [{'id': 4, 'name': '苹果', 'number': 10.0, 'price': Decimal('6.000')}]>
>>> from django.db.models import Q                  #多条件或多关系时，需要引入 Q
>>> f3=goods.objects.filter(Q(name='凤梨')|Q(number=10)) #条件是 name 值为'凤梨'或 number=10
>>> f3.values()                                     #输出查询结果
<QuerySet [{'id': 1, 'name': '凤梨', 'number': 10.0, 'price': Decimal('5.000')}, {'id':
4, 'name': '苹果', 'number': 10.0, 'price': Decimal('6.000')}]>
>>> f4=goods.objects.filter(~Q(name='凤梨'))        #~代表不等于，其后需要跟 Q(NOT 关系)
>>> f4.values()[2]                                  #输出查询结果中的第 3 条记录
{'id': 4, 'name': '苹果', 'number': 10.0, 'price': Decimal('6.000')}
```

上述查询条件都是等于条件，若需要大于、小于、模糊匹配等条件时，需要在查询字段后面加上后缀匹配符，get()方法和 filter()方法中的查询条件匹配符如表 4.11 所示。

表 4.11 get()、filter()方法中的查询条件匹配符

序号	匹配符	与 SQL 的语法进行比较说明	Dango 里的使用举例
1	__exact	精确等于，等价于"字段名=确定值"，或等价于"字段名 IS NULL"	name__exact='凤梨' name__exact=None
2	__iexact	精确等于，忽略大小写，等价于"字段名 like '部分值'"和"字段名 IS NULL"	name__exact='李子' name__exact=None
3	__contains	模糊匹配，等价于"字段名 like '%子%'"	name__contains='子'
4	__icontains	模糊匹配，忽略大小写，等价于 like '%子%'	name__icontains='子'
5	__gt	大于，等价于>	price__gt=5
6	__gte	大于等于，等价于>=	price__gte=5
7	__lt	小于，等价于<	price__lt=5
8	__lte	小于等于，<=	price__lte=5
9	__in	判断字段值是否在列表中	id__in=[2,3]
10	__startswith	部分模糊查找，等价于 like '车%'	name__startwith='车'
11	__istartswith	部分模糊查找，忽略大小写，等价于 like '车%'	name__istartwith='车'
12	__endswith	部分模糊查找，等价于 like '%子'	name__endswith='子'
13	__iendswith	部分模糊查找，忽略大小写，等价于 like '%子'	name__iendswith='子'
14	__range	在指定范围内查找，字段类型可以是日期、数值等	number__range=(10,20)
15	__year	查找日期字段的年份	date1__year=2020
16	__month	查找日期字段的月份	date1__month=2
17	__day	查找日期字段的日子	date1__day=10

续表

序号	匹配符	说明（与 SQL 的语法进行比较）	使用举例
18	__date	查找日期字段的指定日期	date1__date=datetime.date(2020,6,10))
19	__isnull	查找字段为空/不为空时的记录（对应 True/False）	call__isnull=True

filter()的查询条件匹配符使用举例如下。

```
>>> f5=goods.objects.filter(name__contains='子')        #模糊查找
>>> f5.values()
<QuerySet [{'id': 3, 'name': '车厘子', 'number': 8.0, 'price': Decimal('24.000')}, {'id':
6, 'name': '柚子', 'number': 15.0, 'price': Decimal('9.000')
}, {'id': 7, 'name': '柿子', 'number': 50.0, 'price': Decimal('3.000')}, {'id': 8, 'name':
'椰子', 'number': 20.0, 'price': Decimal('4.000')}]>
>>> f6=goods.objects.filter(price__gt=5)                 #查找单价大于5的记录
>>> f6.values()
<QuerySet [{'id': 2, 'name': '荔枝', 'number': 5.0, 'price': Decimal('10.000')}, {'id':
3, 'name': '车厘子', 'number': 8.0, 'price': Decimal('24.000')
}, {'id': 4, 'name': '苹果', 'number': 10.0, 'price': Decimal('6.000')}, {'id': 6, 'name':
'柚子', 'number': 15.0, 'price': Decimal('9.000')}]>
>>> f7=goods.objects.filter(id__in=[2,3])                #查找序号为2、3的两条记录
>>> f7.values()
<QuerySet [{'id': 2, 'name': '荔枝', 'number': 5.0, 'price': Decimal('10.000')}, {'id':
3, 'name': '车厘子', 'number': 8.0, 'price': Decimal('24.000')}]>
>>> f8=goods.objects.filter(name__startswith='车')       #查找以"车"字开头的值
>>> f8.values()
<QuerySet[{'id':3,'name':'车厘子','number':8.0,'price':Decimal('24.000')}]>
>>> f9=goods.objects.filter(name__endswith='子')         #查找以"子"字结尾的值
>>> f9.values()
<QuerySet [{'id': 3, 'name': '车厘子', 'number': 8.0, 'price': Decimal('24.000')}, {'id':
6, 'name': '柚子', 'number': 15.0, 'price': Decimal('9.000')
}, {'id': 7, 'name': '柿子', 'number': 50.0, 'price': Decimal('3.000')}, {'id': 8, 'name':
'椰子', 'number': 20.0, 'price': Decimal('4.000')}]>
>>> f10=goods.objects.filter(number__range=(10,20))      #查找值在10~20内的记录
>>> f10.values()
<QuerySet [{'id': 1, 'name': '凤梨', 'number': 10.0, 'price': Decimal('5.000')}, {'id':
4, 'name': '苹果', 'number': 10.0, 'price': Decimal('6.000')},
 {'id': 5, 'name': '梨', 'number': 20.0, 'price': Decimal('1.200')}, {'id': 6, 'name': '
柚子', 'number': 15.0, 'price': Decimal('9.000')}, {'id': 8, '
name': '椰子', 'number': 20.0, 'price': Decimal('4.000')}]>
```

表 4.10 中列出了一部分查询条件匹配符，若想了解完整内容，可以查看官方文档。[①]

---

① 查询条件匹配符官方网站，详情参见链接 7。

6. exclude()方法

使用内置方法 exclude()进行查询时，会将指定字段的值排除在外。

```
>>> e1=goods.objects.exclude(name='苹果')        #查询时，排除字段值为"苹果"的记录
>>> e1.values()
<QuerySet [{'id': 1, 'name': '凤梨', 'number': 10.0, 'price': Decimal('5.000')}, {'id':
2, 'name': '荔枝', 'number': 5.0, 'price': Decimal('10.000')},
 {'id': 3, 'name': '车厘子', 'number': 8.0, 'price': Decimal('24.000')}, {'id': 5, 'name':
'梨', 'number': 20.0, 'price': Decimal('1.200')}, {'id': 6,
 'name': '柚子', 'number': 15.0, 'price': Decimal('9.000')}, {'id': 7, 'name': '柿子',
'number': 50.0, 'price': Decimal('3.000')}, {'id': 8, 'name': '
椰子', 'number': 20.0, 'price': Decimal('4.000')}]>
```

7. order_by()方法

内置方法 order_by()可以实现将指定字段按升序、降序方式排列。默认排列方式为升序排列，若使用降序排列方式，则需要在字段前面加上"-"符号。

```
>>> d1=goods.objects.order_by('number')                     #按字段 number 值升序排列
>>> d1.values('id','name','number')
<QuerySet [{'id': 2, 'name': '荔枝', 'number': 5.0},
          {'id': 3, 'name': '车厘子', 'number': 8.0},
          {'id': 1, 'name': '凤梨', 'number': 10.0},
          {'id': 4,'name': '苹果', 'number': 10.0},
          {'id': 6, 'name': '柚子', 'number': 15.0},
          {'id': 5, 'name': '梨', 'number': 20.0},
          {'id': 8, 'name': '椰子', 'number': 20.0},
          {'id': 7, 'name': '柿子', 'number': 50.0}]>
```

8. aggregate()方法

内置方法 aggregate()用于聚合查询，可以借助各种统计函数对模型对象获取的数据进行数据分析。aggregate(t)方法中的参数 t 可以是 Count（统计数量）、Max（求最大数）、Min（求最小数）、Avg（求平均数）、StdDev（求标准差）、Sum（求和）等统计函数。

```
>>> from django.db.models import Sum,Count
>>> a1=goods.objects.aggregate(id_count=Count('id'))        #指定 id 字段，统计所有记录的数量
>>> a1
{'id_count': 8}
```

9. annotate()方法

内置方法 annotate()用于分组统计查询，指定某字段为分组字段（类似 SQL 中的 GROUP BY），对每组进行数字统计。annotate(t)方法中的参数 t 是统计函数，同 aggregate(t)。

```
>>> a2=goods.objects.values('number').annotate(Sum('number'))#实现两个10、两个20合并求和
>>> a2
<QuerySet [{'number': 10.0, 'number__sum': 20.0},
           {'number': 5.0, 'number__sum': 5.0},
           {'number': 8.0, 'number__sum': 8.0},
           {'number': 20.0, 'number__sum': 40.0},
           {'number': 15.0, 'number__sum': 15.0},
           {'number': 50.0, 'number__sum': 50.0}]>
```

4.4.3 修改记录

当需要修改数据库表中的数据记录时，需要借助 ORM 的修改功能来实现相应的操作。常见的数据记录修改方法包括对模型属性值直接读取修改和使用 update()方法修改。

1. 对模型属性值直接读取修改

在 PyCharm 的命令终端执行 python manage.py shell 命令，在交互模式环境下执行以下代码。这种修改方式在修改一条指定数据时很方便。

```
>>> from fruits.models import goods        #导入 goods 模型
>>> u=goods.objects.get(id=1)               #读取 id=1 的一条记录
>>> u.name                                  #显示 name 字段的值
'凤梨'
>>> u.name='金凤梨'                          #修改 name 字段的值
>>> u.save()                                #保存修改结果
>>> goods.objects.values()[0]               #重新读取第一条已经修改的记录
{'id': 1, 'name': '金凤梨', 'number': 10.0, 'price': Decimal('5.000')}
```

2. 使用 update()方法修改

采用内置的 update()方法修改记录时允许对多条记录进行修改。

若针对所有记录，可以先用 all()获取 goods 的所有记录，在获取结果数据集上用 update()方法修改记录。

```
>>> u1=goods.objects.all().update(number=20)    #将所有记录的 number 字段值都改为 20
>>> goods.objects.values_list()                  #显示修改结果
<QuerySet [(1,'金凤梨',20.0,Decimal('5.000')),(2,'荔枝',20.0, Decimal('10.000')), (3,'车厘子',20.0,Decimal('24.000')),(4,'苹果',20.0,Decimal('6.000')),(5,'梨',20.0,Decimal('1.200')),(6,'柚子',20.0,Decimal('9.000')), (7, '柿子', 20.0, Decimal('3.000')), (8, '椰子', 20.0, Decimal('4.000'))]>
```

若只针对特定记录，可以先用 filter()方法指向特定记录，然后采用过滤方式修改该条记录。

```
>>> goods.objects.filter(id=1).update(number=10)   #修改 id=1 的记录，改为 number 值为 10
1
>>> goods.objects.values_list()[0]                 #显示修改结果
(1, '金凤梨', 10.0, Decimal('5.000'))
```

4.4.4 删除记录

对于确实不需要的记录，可以通过删除功能彻底将其清除。删除记录主要通过内置的 delete()方法来实现。

1. 删除一条记录

在 PyCharm 的命令终端交互式地执行下面的代码即可删除一条特定的记录。

```
>>> d=goods.objects.get(id=1)                      #获取 id=1 的一条记录
>>> d.delete()                                     #删除该条记录
(1, {'fruits.goods': 1})
>>> goods.objects.values_list()                    #显示 id=1 的记录已经被删除
<QuerySet [(2, '荔枝', 20.0, Decimal('10.000')), (3, '车厘子', 20.0, Decimal('24.000')),
(4, '苹果', 20.0, Decimal('6.000')), (5, '梨', 20.0, Decimal(
'1.200')), (6, '柚子', 20.0, Decimal('9.000')), (7, '柿子', 20.0, Decimal('3.000')), (8,
'椰子', 20.0, Decimal('4.000'))]>
```

2. 删除过滤记录

用 filter()方法获取数据记录，然后通过 delete()方法删除。

```
>>> goods.objects.filter(name__endswith='子').delete()   #删除以"子"字结尾的多条记录
(4, {'fruits.goods': 4})
>>> goods.objects.values_list()                          #显示以"子"字结尾的记录都被删除
<QuerySet [(2, '荔枝', 20.0, Decimal('10.000')), (4, '苹果', 20.0, Decimal('6.000')), (5,
'梨', 20.0, Decimal('1.200'))]>
```

3. 删除数据库表内所有记录

用 all()方法获取所有数据记录，然后通过 delete()方法删除。

```
>>> goods.objects.all().delete()                   #删除数据库表中的所有记录
(3, {'fruits.goods': 3})
>>> goods.objects.values_list()                    #显示所有记录都已被删除
<QuerySet []>
```

在实际工作环境中，删除一个表中的所有记录时一定要谨慎！

4.5 数据库高级操作

数据库高级操作相对于数据库基础操作而言，难度有所增大，功能更加齐全，主要涉及多表操作、SQL 语句执行。多表操作指同时对两个及以上的表进行关联操作，对应 4.2.2 节中关联关系型字段的内容。

4.5.1 一对一关联表操作

在 4.2.2 节中，我们对 fruits_goods 表和 fruits_extensioninf 表中的数据进行了一对一关联，这里将通过增、查、删来对这两个表中的数据进行操作。在操作之前，先通过以下代码清空两个表中的所有记录。

```
>>> from fruits.models import goods,ExtensionInf
>>> goods.objects.values_list()
<QuerySet []>
>>> ExtensionInf.objects.all().delete()
(3, {'fruits.ExtensionInf': 3})
```

1. 主表、从表都增加记录

在主表模型 goods 中增加两条记录，在从表模型 ExtensionInf 中增加两条记录。

```
>>>from fruits.models import goods,ExtensionInf
>>>goods.objects.create(name='菠萝',number=10,price=2 )    #向 goods 模型中增加第一条记录
<goods: goods object (1)>
>>>goods.objects.create(name='橘子',number=20,price=1.2)   #向 goods 模型中增加第二条记录
<goods: goods object (2)>
>>>ExtensionInf.objects.create(spec='8*8',color='金色',origin='海南',photo=None,
goods_id=1)                       #向 ExtensionInf 模型中增加第一条记录
<ExtensionInf: ExtensionInf object (1)>
>>>ExtensionInf.objects.create(spec='5*5',color='橘红色',origin='浙江',photo='124.jpg',
goods_id=2)                       #向 ExtensionInf 模型中增加第二条记录
<ExtensionInf: ExtensionInf object (2)>
```

从表模型 ExtensionInf 增加记录时，需要指定关联字段 goods_id 的值为主表对应的 id 值，使主表记录与从表记录产生关联关系。

2. 删除主表、从表记录

要想正确地删除相互关联的主表、从表记录，仅需要删除主表的记录，从表对应的记录会被自动删除。这是关联属性选择项 on_delete=models.CASCADE 起了作用。

```
>>> goods.objects.create(name='猕猴桃',number=25,price=3.8)    #向主表中增加一条记录
<goods: goods object (3)>
>>>ExtensionInf.objects.create(id=3,spec='7*7',color='墨绿色',origin='河北',photo='
125.jpg',goods_id=3)                                          #向从表中增加一条记录
<ExtensionInf: ExtensionInf object (3)>
>>> g=goods.objects.get(id=3)                                 #获取增加的记录
>>> g.name                                                    #显示获取记录的 name 值
'猕猴桃'
>>> g.delete()                                                #在主表中删除当前记录
(2,{'fruits.ExtensionInf':1,'fruits.goods':1})                #主表与从表对应记录都被删除
```

用 MySQL Workbench 工具查询对应的 fruits_goods 表和 fruits_extensioninf 表，可以发现与"猕猴桃"相关的主表记录、从表记录都已经不存在。一对一关联方式最大的作用在于，可以在 Admin 后端及其他 Web 界面上提供关联的操作信息，方便业务处理，这方面的功能将在后续几章详细介绍。

3. 一对一查询

多表查询分为正向查询、反向查询两种方式。

正向查询是指，由从表获取关联字段，再根据关联字段查询主表字段值。

```
>>> from fruits.models import goods,ExtensionInf
>>> g=ExtensionInf.objects.get(id=2)                          #通过从表获取 id=2 的记录
>>> g.goods.name                                              #根据关联字段查询主表的 name 字段
'橘子'
```

反向查询是指，先获取主表记录对象，再根据这个对象指向的从表名（小写）和从表记录字段，查询对应的值。

```
>>> ex=goods.objects.filter(name='橘子').first()              #先获取主表记录对象
>>> ex.extensioninf.spec                                      #记录对象.小写从表名.字段，获取值
'5*5'
```

4.5.2 一对多关联表操作

在 4.2.2 节中，我们对 Sale_M 和 Sale_Detail 模型对应的数据库表中的数据进行了一对多关联。这里将通过增、查、删来对这两个表中的数据进行操作。在操作之前，先通过以下代码清空两个表中的所有记录。

1. 主表、从表都增加记录

先向主表中插入两条记录。

```
>>> from fruits.models import Sale_M,Sale_Detail
>>> from datetime import datetime
```

```
>>>Sale_M.objects.create(shopname='三酷猫上海店',call='88888888',cashier='三酷猫1号
',saletime=datetime.now())                        #插入第一条记录
<Sale_M: Sale_M object (1)>
>>> Sale_M.objects.create(shopname='三酷猫天津店',call='66666666',cashier='三酷猫2号
',saletime=datetime.now())                        #插入第二条记录
<Sale_M: Sale_M object (2)>
```

接下来为主表的第一条记录增加3条从表记录。

```
>>> Sale_Detail.objects.create(name='少年编程班',number=10,price=6000,Mlink_id=1)
<Sale_Detail: Sale_Detail object (1)>      #增加第一条从表记录
>>> Sale_Detail.objects.create(name='精英编程班',number=2,price=20000,Mlink_id=1)
<Sale_Detail: Sale_Detail object (2)>      #增加第二条从表记录
>>> Sale_Detail.objects.create(name='竞赛编程班',number=5,price=10000,Mlink_id=1)
<Sale_Detail: Sale_Detail object (3)>      #增加第三条从表记录
```

这里需要注意，必须给从表的关联字段 Mlink 加上后缀_id 才能赋值，而且其值要对应主表 id 字段值。

2. 删除主表、从表记录

首先，在从表中增加主表第二条记录（id=2）的两条关联记录。

```
>>> Sale_Detail.objects.create(name='竞赛编程班',number=5,price=10000,Mlink_id=2)
<Sale_Detail: Sale_Detail object (4)>
>>> Sale_Detail.objects.create(name='普及编程班',number=50,price=1800,Mlink_id=2)
<Sale_Detail: Sale_Detail object (5)>
```

然后，删除主表中 id=2 的记录。

```
>>> s=Sale_M.objects.get(id=2)                    #获取主表 id=2 的记录
>>> s.delete()                                    #删除记录
(3,{'fruits.Sale_Detail':2,'fruits.Sale_M': 1})   #提示从表关联记录也被删除
```

删除主表记录后，从表中的关联记录也被删除。这是一对多关联的一个特点，该特点也为 Admin 后端管理字段，以及 Web 表单的使用提供了方便。

3. 一对多查询

前面介绍过，多表查询分为正向查询、反向查询两种。

一对多关系的正向查询是指，通过从表的关联字段查询主表的字段。

```
>>> saled=Sale_Detail.objects.get(id=1)           #从从表中获取一条记录
>>> ml=saled.Mlink                                #通过关联字段获得主表记录对象
>>> ml.shopname                                   #输出主表 shopname 字段的值
'三酷猫上海店'
```

反向查询是指，先从主表找到相关记录，然后通过"记录对象.从表名（小写）_set.all()"方式获取所有与主表记录相关的从表记录。

```
>>> detail=Sale_M.objects.filter(shopname='三酷猫上海店').first()   #获取主表中符合条件的记录
>>> d=detail.sale_detail_set.all()                #通过从表名称指向对应的从表记录
>>> d                                              #输出符合条件的从表记录
<QuerySet [<Sale_Detail: Sale_Detail object (1)>, <Sale_Detail: Sale_Detail object (2)>,
<Sale_Detail: Sale_Detail object (3)>]>
>>> print(d[0].name)                               #输出第一条符合条件的从表记录的name字段值
少年编程班
```

4.5.3 多对多关联表操作

在 4.2.2 节中，我们建立了 Book 模型和 Author 模型，它们对应的数据库表之间存在数据多对多关系。这里将通过增、查、删来对这两个表中的数据进行操作。

1. 新建多对多关系记录

本节中，我们先建立如表 4.12 所示的多对多关系记录，然后建立 fruits_book 表用来提供与图书相关的信息，建立 fruits_author 表用来记录与作者相关的信息。

表 4.12 多对多关系记录

序号	作者姓名	联系电话	地址	时间	书名	出版社	成本（元）
1	刘瑜	11111111	天津 1	2020-10-15	Python	水利	20
2	安义	22222222	北京 1	2020-10-1	Web	电子	21
3	刘瑜	11111111	天津 1	2020-10-1	Web	电子	21
4	刘瑜	11111111	天津 1	2020-10-1	项目管理	电子	16
5	三酷猫	33333333	上海	2020-7-1	八条命	文化	12
6	大肥猫	44444444	广州	2020-7-1	击剑	体育	8

在 fruits_book 表中添加与书相关的信息，方法如下。注意，同一本书的信息只能被添加一次。

```
>>> from datetime import datetime
>>> from fruits.models import Book,Author
>>>b1=Book.objects.create(bname='Python',press='水利',cost=20)
<ProviderM: ProviderM object (1)>
>>> b2=Book.objects.create(bname='Web',press='电子',cost=21)
<ProviderM: ProviderM object (2)>
>>>b3= Book.objects.create(bname='项目管理',press='电子',cost=16)
<ProviderM: ProviderM object (3)>
>>>b4=Book.objects.create(bname='八条命',press='文化',cost=12)
```

```
<ProviderM: ProviderM object (4)>
>>>b5=Book.objects.create(bname='击剑',press='体育',cost=8)
<ProviderM: ProviderM object (5)>
```

在 fruits_author 表中添加与作者相关的信息，方法如下。同样地，同一个作者的信息只能被添加一次。

```
>>> a1=Author.objects.create(name='刘瑜',call='11111111',address='天津1',
GetTime=datetime.now())
<Detail: Detail object (1)>
>>>a2=Author.objects.create(name='安义',call='22222222',address='北京1',
GetTime=datetime.now())
<Detail: Detail object (2)>
>>>a4=Author.objects.create(name='三酷猫',call='33333333',address='上海',
GetTime=datetime.now())
<Detail: Detail object (3)>
>>>a5=Author.objects.create(name='大肥猫',call='44444444',address='广州',
GetTime=datetime.now())
<Detail: Detail object (4)>
```

在 fruits_author_mtom 中间表中，为 fruits_book 表和 fruits_author 表中的记录建立关联关系。根据一个作者对应几本书来建立该中间表。

```
>>>a1.MToM.add(*[b1,b2,b3])    #刘瑜对应3本书
>>>a2.MToM.add(*[b2])          #安义对应1本书
>>>a4.MToM.add(*[b4])          #三酷猫对应1本书
>>>a5.MToM.add(*[b5])          #大肥猫对应1本书
```

上述代码的执行结果可通过 MySQL Workbench 工具查看，如图 4.24 所示。

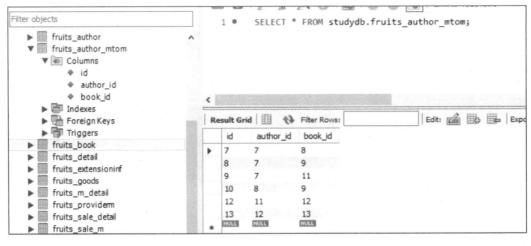

图 4.24　多对多关联中间表

由图 4.24 可知，author_id=7 的作者对应 book_id 为 8、9、11 的 3 本书，author_id=8 的作者对应 book_id 为 9 的 1 本书。book_id=9 的书对应 author_id 为 7、8 的两位作者。其他的作者和书都为一对一关系。

2. 删除中间表中的多对多记录

这里通过举例来说明，借助字段自带的 remove()方法删除多对多记录的操作方法。

```
>>>b1=Book.objects.filter(id=13).first()     #从 Book 模型中获取 id=13 的记录
>>>g1=Author.objects.filter(id=12).first()   #从 Author 模型中获取 id=12 的记录
>>>g1.MToM.remove(b1)                        #通过 MToM 关系字段删除上述两条记录
```

从图 4.24 的最后一条记录关系可以看出，Book 模型中 book_id=13 的记录与 Author 模型中 author_id=12 的记录对应，所以可以从 Author 模型中查找 id=12 的记录，然后利用 remove()方法删除两条对应记录之间的关系。

3. 多对多查询

从 Author 模型中获取指定字段的数据集，在数据集的基础上再通过多对多关系字段用 all()方法查找 Book 模型中与之关联的记录。

```
>>> from fruits.models import Book,Author
>>> fa=Author.objects.get(id=7)              #从 Author 模型中获取 id=7 的记录
>>> fa.MToM.all()                            #通过 all()方法获取所有 Book 中与之关联的记录
<QuerySet [<Book: Book object (8)>, <Book: Book object (9)>, <Book: Book object (11)>]>
```

4.5.4 SQL 语句执行

对于复杂的数据库表操作，Django 提供了 SQL 语句的支持接口。这对于喜欢用 SQL 语句的读者来说是一个好消息。唯一需要注意的是，利用 SQL 语句处理数据时，必须考虑 SQL 注入攻击安全问题。用模型对象的 objects.raw()方法或 connection.cursor()方法可以执行 SQL 语句。

1. objects.raw(raw_query,params=None,translations=None)

Django 提供的 raw()方法，通过参数可以直接执行 SQL 语句。object.raw()中的参数 raw_query 为原始的 SQL 语句，params 为 SQL 语句指定的参数（用一个列表替换查询字符串中 %s 占位符，如 ['11111111']），translations 值可以用字典形式表示，用于指定字段的别名（如{'name':'n'}）。

```
>>> from fruits.models import Book,Author
>>> p1=Author.objects.raw('select * from fruits_author',translations={'name':'n'})
>>> for one in p1:
...     print(one.provider,one.call,one.buyer,one.GetTime)
```

```
...
刘瑜 11111111 天津1 2020-10-15 11:06:57.194372+00:00
安义 22222222 北京1 2020-10-15 11:07:06.309197+00:00
三酷猫 33333333 上海 2020-10-15 11:07:33.760049+00:00
大肥猫 44444444 广州 2020-10-15 11:07:42.867083+00:00
```

如果用 SQL 语句带条件参数进行查询，则 raw() 方法的代码实现如下。

```
>>> p2=Author.objects.raw("select * from fruits_author where `call`=%s;",['11111111'])
>>> for one in p2:
...     print(one.name,one.call,one.address)
...
刘瑜 11111111 天津1
```

这里需要注意，在 raw() 中输入 SQL 语句时，若存在 SQL 保留字，则系统会给出 1064 报错，解决办法是，在保留字两边加反引号，如上述代码中 call 的前后都加了反引号（`），或者避免使用数据库的保留字。另外，要防止 SQL 注入攻击，就要避免使用以下的 SQL 语句。

```
"select * from fruits_author where `call`=%s"%data
```

2. connection.cursor()

可以通过数据库连接对象的 cursor() 方法来执行 SQL 语句。其基本的 SQL 查询语句代码使用举例如下。

```
>>> from django.db import connection
>>> with connection.cursor() as cursor:
...     cursor.execute('select * from fruits_author where name like "%猫"')
...     row = cursor.fetchone()
2
>>> row
(11, '三酷猫', '33333333', '上海', datetime.datetime(2020, 10, 15, 11, 7, 33, 760049))
```

也可以采用带条件参数的方式进行查询，这里的带条件参数也是列表形式的，其代码实现示例如下。

```
>>> with connection.cursor() as cursor:
...     cursor.execute('select * from fruits_author where name=%s',['大肥猫'])
...     row=cursor.fetchone()
...
1
>>> row
(12, '大肥猫', '44444444', '广州', datetime.datetime(2020, 10, 15, 11, 7, 42, 867083))
```

4.6 习题

1. 填空题

(1) Django 中的一个模型对应数据库中的一个（　　），模型用（　　）来定义，模型一般在（　　）文件中定义。

(2) 模型建立后，需要通过（　　）、（　　）命令将模型迁移到数据库表。

(3) 模型的（　　）可以一对一映射到对应的数据库表字段。

(4) 在模型的 Meta 中可以用（　　）来指定表名。

(5) 模型通过实例化对数据库表中的数据进行操作，提供了（　　）、（　　）、（　　）、（　　）记录方法。

2. 判断题

(1) 通过 ORM 技术可以将模型自动转为数据库表，所以在实际项目开发中读者无须掌握 SQL 相关内容。（　　）

(2) 模型必须在应用下创建。（　　）

(3) 不同数据库系统中的表字段存在差异，会导致模型建立后不一定完全通用。（　　）

(4) 数据库表与数据库表之间的关联关系可以通过模型定义实现。（　　）

(5) 在数据库之间可以实现一对一、一对多、多对多关联表操作。（　　）

4.7 实验

实验一

创建一个学生模型，输入 5 名学生的基本信息，以下为具体要求。

- 创建一个项目。
- 创建一个应用。
- 建立如下模型。

姓名 name	性别 sex	地址 address	学号 no

- 在 PyCharm 交互模式环境下输入 5 名学生的基本信息。
- 截取数据库表中的记录。
- 形成实验报告。

实验二

在实验一的基础上，建立每名学生的数学、英语、语文成绩记录表，并建立关联关系，以下为具体要求。

- 建立成绩记录模型。
- 建立关联关系。
- 输入 5 名学生期中和期末考试的数学、英语、语文成绩（分数随意）。
- 在交互模式环境下查询某名学生的成绩（要求通过关联关系查询）。
- 形成实验报告。

第 5 章
视图

视图层是 Django 处理业务请求的核心代码层,它对外接受浏览器用户请求,对内调度模型层、模板层。通过视图层与模型层、模板层的结合,访问用户可以查看不同的网页显示内容。视图层是程序员实现业务逻辑处理的主要代码开发对象。

Django 视图层的主要内容有 URL 路由、视图函数、视图类、视图与数据库事务等。

5.1　URL 路由

用户通过浏览器访问网站时,Django 需要区分不同的 URL 资源地址才能调用不同的视图。一个视图就是一份数据资源,访问不同网页的数据资源是通过 URL 路由实现的。

5.1.1　Django 处理一个请求

在创建 Django 项目时,会自动创建一个根路由文件 urls.py,以前面使用的 HelloThreeCoolCats 项目为例,在该项目中打开 urls.py 文件,界面如图 5.1 所示,其中的 urlpatterns 路由配置列表可以决定用户访问时对不同 URL 指向的视图的调用情况,下面为两个 URL,一个指向 hello 视图函数,另外一个指向应用子 URL(子 URL 最终指向自己的视图,我们将在 5.1.2 节介绍)。

```
path('',views.hello),              #调用视图函数 hello
path('admin/',admin.site.urls),    #访问 Admin 应用的子 URL 指向的视图
```

考虑到 Django 2.x 版本开始建议用 path 路由函数替代 1.x 版本中的 url 路由函数,所以在图 5.1 中,我们对两行 url 路由代码进行了注释,用两行 path 代码替代它们。替代后,可以启动网站,在

浏览器中访问这两个路由指向的数据资源。

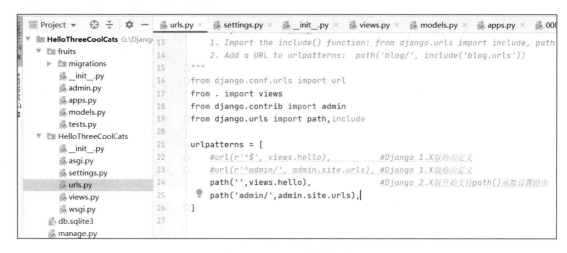

图 5.1　urls.py 文件界面

1. 访问请求处理过程

用户通过浏览器访问网站时，Django 会按照如下顺序执行路由操作。

（1）访问 urls.py 路由配置文件（如果传入的 HttpRequest 对象通过中间件设置了指定的 urlconf 属性，可以直接访问特定视图文件）。

（2）在 urls.py 文件中访问 urlpatterns 路由列表。

（3）使传入的 URL 在路由列表中从上到下依次匹配每个 URL 模式，若匹配成功则停止匹配，因此，在路由列表中进行视图路由配置时需要注意位置顺序。

（4）若 URL 匹配成功，则 Django 会导入并调用相关的视图。

（5）若 URL 匹配不成功，或者匹配过程出现了异常，则 Django 会调用一个错误处理视图，并将其返回浏览器。比如，在访问一个网站时，如果无法访问到对应的网页，就会显示 404 出错提示页面。错误视图的详细使用方法我们将在 5.2 节介绍。

2. path 函数用法

设置路由的 path 函数的使用格式如下，其中涉及 4 个参数。

```
path(route, view, kwargs=None, name=None)
```

（1）route 参数

字符串类型，通过特定准则匹配用户访问传递过来的 URL，只匹配除域名（或 IP 地址:端口号）外的后缀内容。如在浏览器地址栏中输入 http://127.0.0.1:8000/admin，则会匹配图 5.1 中根路由配置列表的第二个 path 函数中的'admin/'参数，若匹配成功，就会将 Admin 视图界面返回浏览器。

这里需要注意，由于路由配置列表是从上到下匹配 URL 的，第一个 URL 匹配成功就会停止匹配，所以在同一个路由列表中，不同 path 函数的第一个参数值不能重复，否则仅执行第一个 path 函数指向的路由地址。另外，route 参数提供了变量传递功能，增加了匹配内容的灵活性，这部分内容我们将在 5.1.3 节中介绍。

（2）view 参数

该参数指定需要调用的视图函数（或视图类实例），具体可以通过以下 3 种形式使用。

- 视图函数：views.py 文件中的自定义视图函数，如图 5.1 中的 hello 视图函数。
- 视图类的实例方法：即 as_view()方法（详见 5.3 节）。
- 路由转发：通过 django.urls.include 函数实现（详见 5.1.2 节）。

（3）kwargs 参数

该参数为可选参数，是 view 参数的补充，用来向视图函数或方法传递附加参数。

（4）name 参数

该参数为可选参数，用于为 URL 指定一个固定全局变量名称，使 Django 在任意地方都可以唯一地引用它，有利于 URL 模式的使用和修改。

5.1.2　URL 转发

当一个网站项目中有不同的应用并且每个应用中都有大量视图时，可以考虑在每个应用中建立一个专属的 URL 子路由文件 urls.py，用于存放子路由列表信息，以保证根 urls.py 文件和应用 urls.py 文件之间合理分配 URL 路由资源信息。但是这样会产生 URL 转发访问问题。当项目存在根路由文件和应用子路由文件时，Django 会先访问根路由文件，再通过根路由中的转发访问功能去调用对应的应用子路由文件，具体操作见【案例 5.1】。

【案例 5.1】　从根路由转发调用应用子路由指定的视图（HelloThreeCoolCats 项目）

以 HelloThreeCoolCats 项目为例，为了实现从根路由文件 urls.py 的路由列表中向应用子路由文件 urls.py 转发 URL 并返回指定的视图，需要在 fruits 应用（图 5.1 左侧可见）中建立子路由文件 urls.py，然后在其中建立 urlpatterns 路由列表，增加一条指向本应用视图函数的子路由信息。

第一步：建立应用 fruits 的子路由文件 urls.py。

```
from . import views
from django.urls import path
urlpatterns = [
    path('sub/',views.Shop1)                    #调用应用 fruits 的视图函数 Shop1
]
```

函数 path 的'sub/'参数代表在指向应用 fruits 的视图文件中，Shop1 视图函数的子 URL。

第二步：建立应用 fruits 的视图文件 views.py，定义 Shop1 视图函数。

```
from django.http import HttpResponse
def Shop1(request):                             #定义 Shop1 视图函数
    return HttpResponse("三酷猫水果销售店！")    #返回浏览器的网页信息
```

第三步：建立根路由调用指定应用子路由的转发路由设置。

打开根路由文件 urls.py，在 urlpatterns 路由列表中增加如下路由记录。

```
path('fruits/',include('fruits.urls'))  #将 URL 信息转发到 fruits 应用的 urlpatterns 路由列表中
```

转发函数 include()需要提前通过 from django.urls import include 命令导入才能被使用。该函数的参数是转发目的子路径的字符串，子路径和该路径下的 urls 以圆点分割，以实现对 urls.py 文件里子路由列表的访问比较。

path 函数中匹配的 URL 部分 "fruits" 要与项目中的应用名称一致，同时要与浏览器输入地址的对应位置一致（见图 5.2）。

图 5.2　视图函数 Shop1 返回浏览器的网页

第四步：启动项目网站服务。

打开命令提示符窗口，在 "G:\django\hellothreecoolcats" 路径下执行 python manage.py runserver 0.0.0.0:8000 命令。

第五步：通过浏览器访问指定 URL 网页。

在浏览器地址栏中输入 127.0.0.1:8000/fruits/sub 并按下回车键，会显示如图 5.2 所示的视图函数 Shop1 返回浏览器的网页。

> 📖 **说明**
>
> 根路由地址 + 子路由地址 = 访问的唯一一个视图对象的完整的 URL

为了证明路由地址访问的唯一性，可以对【案例 5.1】中的 fruits 子路由进行改动，将'sub'改为'cat'，然后启动项目网站服务，在浏览器中输入 127.0.0.1:8000/fruits/cat 进行访问，也能看到同图 5.2 的显示效果。

5.1.3 路由变量的设置

当需要调用的视图对象过多时，可以考虑以路由变量的形式在 URL 路由列表中进行灵活设置，避免设置信息过多导致路由列表记录太长，给维护带来麻烦。

Django 3.x 中的 path 函数最新支持的路由变量类型包括字符型、整型、slug 型、uuid 型、path 型。

- 字符型（str）匹配除 "/" 之外的非空字符串，如果没有指定变量类型，则默认的路由变量类型为字符型。
- 整型（int）匹配 0 或任何正整数。
- slug 型匹配任意由 ASCII 字母、数字、连字符和下画线组成的短标签，如代表最新商品展示信息网页的路由地址 Good-2020-7-7-1。
- uuid 型匹配一个格式化的 UUID[①]唯一性序列号，为了避免地址冲突，要求字符都为小写，并且用 "-" 连接，如 075194d3-6885-417e-a8a8-6c931e272f00。
- path 型匹配非空字段，包括路径分割符 "/"，该变量允许匹配完整的 URL 路径，而字符型只能匹配 URL 的一部分。

下面我们来看一个设置和使用路由变量的案例。

【案例 5.2】 HelloThreeCoolCats 项目中路由变量的设置和使用

第一步：在根路由文件 urls.py 的 urlpatterns 路由列表中增加一条带变量的路由记录。

---

① UUID（Universally Unique Identifier，通用唯一识别码），一种软件建构标准，亦为开放软件基金会组织在分布式计算环境领域的一部分。其目的是让分布式系统中的所有元素都能有唯一的辨识信息。

```
path('<int:year>/<int:month>/<slug:day>/',views.MPage),
#带整型、slug 型变量, 调用视图 MPage 函数
```

从上述代码中可以看出，要使设置的路由记录是带变量的，则要在 path 函数的第一个参数中用尖括号"<>"包裹路由变量，每个变量的前半部分用于指出变量的类型，后半部分用于标明变量名称，中间用冒号分隔。<int:year>、<int:month>、<slug:day>这 3 个变量分别代表整型的年、整型的月、slug 型的日。要想让视图指向 MPage 函数，需要在 views.py 文件中定义 MPage 函数。

第二步：在 views.py 文件中定义 MPage 函数。

```
def MPage(request,year,month,day):        #除了 request, 还增加了 year、month、day 这 3 个参数
    return HttpResponse("三酷猫！ "+str(year)+'-'+str(month)+'-'+str(day)+"早新闻！ ")
```

第三步：用带变量的方式访问指定视图。

在启动 Web 服务器的前提下，在浏览器的地址栏中输入 127.0.0.1:8000/2020/7/07/并按下回车键，此时会显示如图 5.3 所示的带变量 URL 的网页内容。

图 5.3 带变量 URL 的网页内容

在地址栏中输入 URL 时需要严格按照一定的变量类型、顺序、格式输入，否则会访问失败，网站将给出出错提示。

5.1.4 通过正则表达式进行路由设置

对于比较复杂的路由设置及匹配，需要通过正则表达式来解决。

使用正则表达式匹配路由信息时需要用 re_path 函数替换 path 函数，第一个字符型参数中包括正则表达式，其语法如下。

```
(?P<name>pattern)
```

(?P)是正则表达的固定格式，<name>中的 name 代表变量名，pattern 为需要匹配的正则表达式，等同于 Python 语言的正则表达式。

假设要设置一个只允许特定用户访问的特殊 URL，如 127.0.0.1:8000/2020_7_10/，而且要求年份

为 4 位数，月份为 2 位数，日期为 2 位数，而且只能输入从 0 到 9 的数字，则可以通过正则表达方法处理，具体步骤如下。

第一步：用 re_path 函数设置正则表达式以匹配 URL。

```
from django.urls import re_path
```

在根路由文件 urls.py 的路由列表中增加如下路由配置。

```
re_path(r'(?P<date>[0-9]{4}_{1}[0-9][2]_{1}[0-9][2])',views.MPage1)
```

这里将变量 date 的值传递给根视图文件 views.py 中的 MPage1 视图函数。在 date 变量的格式中，[0-9]{4}表示输入 4 个数字代表年份，每个数字的范围为 0~9；_{1}表示匹配一个下画线；[0-9][2]表示将月份限定为 2 个数字，每个数字的范围为 0~9；日期也如此限定，两者之间通过下画线分隔。

第二步：在 views.py 文件中定义 MPage1 函数。

```
def MPage1(request,date):            #定义 MPage1 函数，传递 date 参数值
    return HttpResponse("三酷猫！ "+str(date)+"晚新闻！")
```

第三步：启动 Web 服务器，通过浏览器访问目标地址。

在浏览器的地址栏中输入 127.0.0.1:8000/2020_7_10 并按下回车键，会显示通过正则表达式匹配生成的网页内容，如图 5.4 所示。

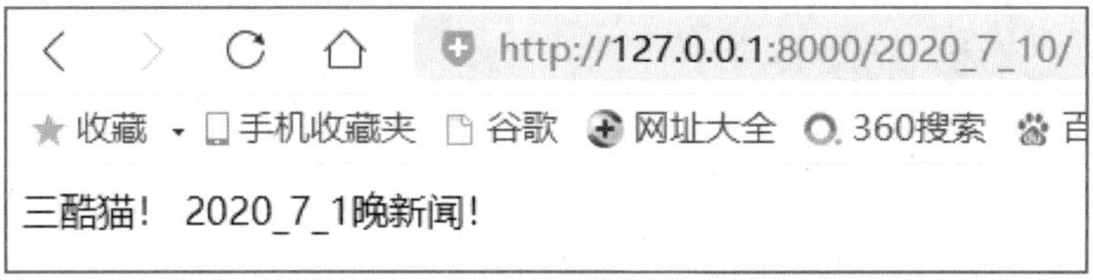

图 5.4 通过正则表达式匹配生成的网页内容

对于多个变量，如 year、month、day，可以通过 "/" 分隔正则表达式进行匹配，如(?P<name>pattern)/(?P<name>pattern)/(?P<name>pattern)。

5.1.5 路由命名和命名空间

为了方便视图和模板对路由进行使用，这里引入路由命名、命名空间来进一步简化路由管理。

1．路由命名

当一个项目中具有多个应用时，或者需要在视图、模板中大量使用路由时，可以在路由配置列表中统一为路由命名，这样做有以下两个好处。

- 调整网页数据资源的地址时，仅需要修改路由配置列表中的路由参数，无须修改视图、模板中的路由名。
- 由于路由配置列表中的路由名称具有全局变量的作用，因此可以更加方便地为视图、模板所使用。

路由名由 urls.py 文件的路由配置列表中的 path 函数的 name 参数所指定。下面我们通过一个具体的案例来看一下为项目应用路由统一命名的方法。

【案例 5.3】 为项目应用路由统一命名（HelloThreeCoolCats 项目）

为了方便演示两个不同应用的路由配置，我们在项目 HelloThreeCoolCats 中增加一个 background 应用。在命令提示符中执行如下命令。

```
G:\Django\HelloThreeCoolCats>python
G:\Python383\Lib\site-packages\django\bin\django-admin.py startapp background
```

在 settings.py 配置文件的 INSTALLED_APPS 列表中增加'background'应用名称，确保项目可以访问该应用。在 backgound 应用的路由配置列表中增加如下子路由。

```
from . import views
from django.urls import path
urlpatterns = [
    path('1/',views.index,name='index'),        #该子路由统一命名为 index
    path('r/', views.register, name='register'),  #该子路由统一命名为 register
]
```

上述子路由指向的视图函数分别为 index、register。下面要在 background 应用的 views.py 文件中自定义 index、register 视图函数。

```
from django.shortcuts import render
from django.http import HttpResponse
#创建视图
def index(request):
    return HttpResponse('欢迎光临后端管理系统！')
def register(request):
    return render(request, 'register.html')    #render 函数的使用方法会在 5.2.2 节中介绍
                                                #这里演示视图函数如何调用模板
```

为了调用模板，需要在 background 应用下建立 templates 模板子路径，建立过程如图 5.5 所示。在 background 应用上单击鼠标右键，依次选择"New"和"Directory"，在弹出的输入框中输入"templates"并按下回车键（如图 5.6 所示），就可以看到生成的模板路径。

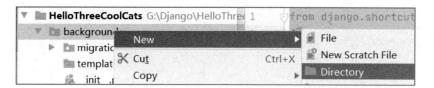

图 5.5 建立 templates 模板子路径的过程

图 5.6 输入 templates 生成模板路径

这里需要注意,凡是涉及模板调用的地方,必须参考模板配置要求(我们将在 6.1.1 节中详细介绍),也就是先要配置模板运行环境,否则 render 函数调用模板将失败。

配置完模板使用环境后,要在模板子路径中建立 register.html 模板,过程如图 5.7 所示,在弹出的输入框中输入"register.html"并按下回车键(如图 5.8 所示),即可生成 HTML 模板。

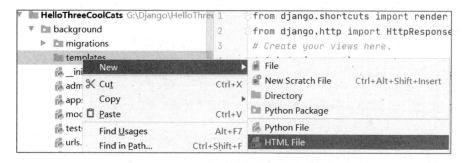

图 5.7 建立 register.html 模板的过程

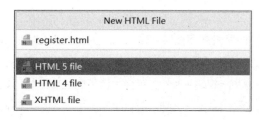

图 5.8 输入 register.html 生成 HTML 模板

生成的模板的内容如下。这里的{%url 'register'%}变量为路由名,接收路由地址。

```
<!DOCTYPE html>
<html lang="en">
```

```html
<head>
    <meta charset="UTF-8">
    <title>注册管理模板</title>
</head>
<body>
    <br>
    <h1 style="text-align:center"> <a href="#tip">{%url 'register'%}</a></h1>
</body>
</html>
```

接下来要在根路由文件 urls.py 的路由列表中增加如下路由配置。

```
path('back/', include('background.urls')),      #转向background应用下的urls子路由列表
```

最后启动项目，在浏览器中进行访问测试。

在命令提示符中执行 G:\Django\HelloThreeCoolCats>python manage.py runserver 0.0.0.0:8000，然后在浏览器的地址栏中输入 http://127.0.0.1:8000/back/r 并按下回车键，模板接收从路由名传递过来的地址后会显示网页，如图 5.9 所示。

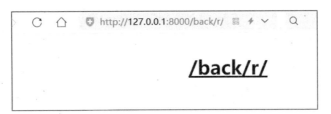

图 5.9 模板接收从路由名传递过来的地址而显示的网页

显示内容"/back/r/"准确地说明了模板接收了路由名"register"传递过来的路由地址。这个地址可以随着路由配置（path 函数的第一个参数）而调整，而模板中的路由名无须调整。

2. 命名空间

Django 允许为不同应用的路由配置相同的路由名，但是作为全局变量，在同一个应用下出现了相同的路由名会引起路由使用混乱。为了解决该问题，Django 提出了命名空间的概念，也就是一个应用的路由文件 urls.py 要有一个统一的命名空间，这样不同的应用就可以有各自的命名空间。在使用视图、模板时，要先访问命名空间，再访问对应的路由名，实现对网站地址的清晰管理。

命名空间管理可以通过项目根路由文件 urls.py 的配置列表实现，也可以在配置路由时通过 path 中的 include 函数实现。对项目中 urls.py 文件的根路由配置进行改动，为 include 函数增加 namespace 参数，其值就是命名空间，这里将 background 的路由命名空间设置为 back。

```
path('back/', include(('background.urls','register'),namespace='back')),
#命名空间 back 代表 background 应用下的 urls 路由列表
```

然后，在【案例5.3】的 register.html 模板中将{%url 'register'%}修改为{%url 'back:register'%}，即实现了"命名空间:路由名"的组合使用。

需要注意的是，必须为 include 函数提供第二个参数，指向应用的某一个具体路由的路由名，否则使用命名空间并在浏览器中访问时会报错。

5.1.6 路由反向解析

对于发布内容比较频繁的网站，它每天都会在指定路径下产生大量的文件，供不同的网页链接调用。以三酷猫水果销售网站为例，它每天都需要提供大量的水果促销信息文件。在提供硬编码地址的情况下（如下所示）会存在一些问题。

```
path('fruits/<int:id>/', views.ShowGoods),              #urls.py 文件中的路由地址带硬编码地址
```

其一，随着长年累月积累，fruits 地址下的促销文件数量会很庞大，需要定期提供新的存放促销文件的地址，以减轻文件数量带来的压力。

其二，在硬编码地址的情况下，一旦改变地址就会导致大量的网页链接地址需要靠人工逐条修改，这是很糟糕的事情。

为了解决从路由到视图、模型、模板的灵活指向问题，避免靠人工调整网页链接，这里采用路由反向解析技术，通过为 path 函数的 name 参数提供统一的路由命名方法解决问题，开发者仅需要调整 path 函数的第一个参数地址就可以实现地址的自然切换。为了配合地址的变化，Django 为不同的 URL 使用层面提供了不同的 URL 反向解析匹配方法。

- 在模板层使用{%url%}模板标签（我们将在第 6 章介绍）。
- 在视图层使用 reverse 函数。
- 在模型层使用 get_absolue_url()方法。

本章将重点讨论 reverse 函数的使用。下面我们通过一个具体的案例来进一步了解路由反向解析的实现方法。

【案例5.4】 HelloThreeCoolCats 项目中路由反向解析的实现

第一步：在项目根路由文件 urls.py 中设置指向 fruits 应用的子路由。

```
path('i/', include(('fruits.urls','show'),namespace='index1')),
```

'show'为 fruits 应用在 urls.py 文件中的子路由名,用于调用 Shop 视图函数。

第二步:在 fruits 应用的 urls.py 文件中设置调用视图函数的子路由。

```
from . import views
from django.urls import path,re_path
urlpatterns = [
    path('Show1/',views.ShowGoods,name='Show2'),   #调用 ShowGoods 视图函数提供统一的路由名
    path('',views.Shop,name='Show'),               #调用应用 fruits 的视图函数 Shop
]
```

第三步:定义视图函数。

在 fruits 应用的 views.py 文件中定义 Shop、ShowGoods 视图函数。

```
def Shop(request):
    url=reverse('index1:Show2')          #将"路由命名空间:路由名"转为 URL
    print(url)                           #反向解析出来的地址
    return HttpResponseRedirect(url)
def ShowGoods(request):
    text="苹果大卖,最后 5 天!"           #可以利用 render 函数调用模板文件
    return HttpResponse(text)
```

在视图函数 Shop 中,通过 reverse 函数会实现将指定的"命名空间:路由名"反向解析为 URL 的过程。

第四步:启动 Web 服务器,在浏览器中进行访问测试。

启动 Web 服务器,在浏览器的地址栏中输入 127.0.0.1:8000/i/Show1 并按下回车键,路由反向解析后显示的网页如图 5.10 所示。

图 5.10 路由反向解析后显示的网页

在 PyCharm 命令终端会输出反向解析后的路由地址"/i/Show1/"。

此案例代码执行过程为:浏览器地址栏输入的路由地址(i/Show1/),先访问根路由'i/',然后转向 fruits 子路由表,访问 path('',views.Shop,name='Show')子路由并调用 views.Shop 视图函数,该 path 函数会将路由地址'index1:Show1'反向解析为/i/Show1/,通过 HttpResponseRedirect(url)跳转到 path('Show1/',views.ShowGoods,name='Show1')子路由,再调用 ShowGoods 视图函数将结果返回给浏

览器网页。

前面提到，本章的讨论重点是 reverse 函数的使用。reverse 函数的使用格式是 reserve(viewname, urlconf=None, args=None, kwargs=None, current_app=None)，其中的参数说明如下。

- viewname：值一般为"路由名"或"命名空间:路由名"，也可以是视图函数。
- urlconf：可选参数，设置反向解析的路由配置列表，默认情况下使用项目文件 urls.py。
- args：可选参数，以列表或元组形式传递路由地址变量。
- kwargs：可选参数，以字典形式传递路由地址变量。
- current_app：可选参数，仅负责提示当前正在执行的视图所在的项目应用。

5.2 视图函数

实现视图功能有两种方法：使用视图函数（Function Base Views），以及使用视图类（Class Base Views）。本节我们将介绍与视图函数相关的内容。

5.2.1 视图函数定义

我们已经在 5.1 节中简单了解了 hello 视图函数、Shop 视图函数和 MPage 视图函数。这里将正式定义视图函数的用法。

视图函数是一种 Python 函数，它接收浏览器访问 Web 的 URL 请求（Request），并返回一个 Web 响应（Response）。这个返回的响应内容可以是 Web 的 HTML 网页、数据库中的一条数据、重定向 URL、访问出错码、XML 文档、图片等。因此，视图主要处理请求、响应两种 Web 行为，它们分别通过 HttpRequest、HttpResponse 对象来实现。

【案例 5.5】用来说明一个简单的返回 HTML 内容给浏览器的视图函数的定义及使用方法。

【案例 5.5】 简单的视图调用（HelloThreeCoolCats 项目）

在项目 HelloThreeCoolCats 的 views.py 文件中增加 index 视图函数。

```
def index(request):
    html='<h1>一个简单的三酷猫返回信息！</h1>'
    return HttpResponse(html,200)          #以字节流形式返回 HTML 内容给访问的浏览器
```

该视图函数的定义方法与普通 Python 函数的定义方法是一样的。每个视图函数的第一个参数为

request,代表访问请求对象 HttpRequest。

标准的视图函数 return 返回响应对象 HttpResponse,其中的第一个参数为需要返回的网页内容,上述代码返回的是 HTML 网页内容;第二个参数为可选参数,指定响应 HTTP 状态码。

在根路由文件 urls.py 的路由列表中增加如下路由配置。

```
path('',views.index),                #调用根路径下的 index 视图函数
```

启动 Web 服务器,在浏览器地址栏中输入 127.0.0.1:8000 并按下回车键,index 视图函数内容如图 5.11 所示。

图 5.11 index 视图函数内容

上面说到视图函数 return 的第二个参数为响应 HTTP 状态码,常见的响应 HTTP 状态码如表 5.1 所示。

表 5.1 常见的响应 HTTP 状态码

序号	状态码	功能说明
1	100	Web 服务器返回的初始状态表示访问请求已经被接收,后续即将返回响应结果。这是一个临时状态
2	200	请求已经成功,返回响应内容
3	204	服务器软件已经成功完成请求,并且服务器端响应时无须返回内容
4	301	永久指向确定的网页地址
5	302	指向临时地址
6	400	服务器软件不处理访问请求,认为访问 URL 存在错误
7	404	指定的网页不存在或网页 URL 失效
8	500	互联网服务器出错

要想了解完整的关于响应 HTTP 状态码的内容,可以访问官方网站。

当视图函数执行成功时,将返回对应的网页内容,响应失败时则给出 404 出错提示。

5.2.2　render 函数返回响应

当【案例 5.5】中的 HTML 内容变得很多时，以案例所示方式传递响应信息是不可取的，除了会使代码不易阅读，还会导致调整网页框架界面时不够灵活。

将 HTML 内容单独放在一个文件里，然后将文件放到指定的 templates 模板子路径下，通过指定的方法读取其中的内容并返回给访问用户，这样分开处理的代码调用方式会灵活得多，这就是 render 函数的作用。render 函数的使用格式如下。

```
render(request,template_name,context=None,content_type=None,status=None,using=None)
```

其中的参数说明如下。

- request：必选参数，URL 请求访问信息，包括用户信息、请求内容和请求方式等。
- template_name：必选参数，用于指定模板文件的名称，这里可以理解为指定一个静态网页文件，如 index.html 文件。
- context：可选参数，用于对模板内的变量赋值，字典类型。
- content_type：响应内容的数据格式，默认为"text/html"。
- status：响应状态码，默认为 200。
- using：设置加载模板的模板引擎名称，用于解析模板，生成响应的网页内容。

这里要注意，凡是涉及模板使用的内容，必须参考 6.1.1 节中的模板配置要求，也就是说，要先配置模板运行环境，否则 render 函数将无法调用模板。下面我们来看一个使用 render 函数返回指定模板的网页的具体案例。

【案例 5.6】　使用 render 函数返回指定模板的网页（HelloThreeCoolCats 项目）

先提供一个 HTML 文件（index.html），其中的内容如下。

```
<html>
<body>
<h1 style="text-align:center"> <a href="#tip">三酷猫！你好！</a></h1>
</body>
</html>
```

将上述文件存放到 templates 模板子路径下，然后在根文件 veiws.py 中指定视图函数 index1，通过 render 函数调用并返回 index.html 网页，代码如下。

```
def index1(request):
    return render(request,'index.html')
```

接着，在根路由文件 urls.py 的路由列表中增加如下路由配置。

```
path('i1/',views.index1),              #调用 index1 视图函数, 带模板
```

最后启动 Web 服务器，在浏览器地址栏中输入 http://127.0.0.1:8000/i1 并按下回车键，通过 render 函数调用模板而返回的网页如图 5.12 所示。

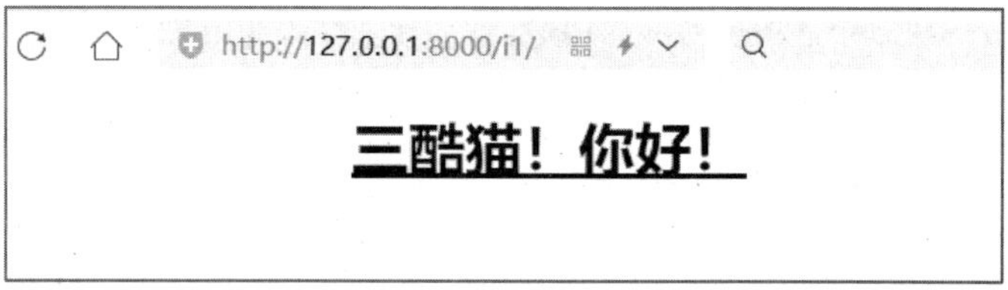

图 5.12　通过 render 函数调用模板而返回的网页

5.2.3　视图重定向

当需要从正在访问的视图跳转到另外一个视图时，如返回网站的首页或其他网页，可以采用重定向方法。Django 提供的 HttpResponseDirect()方法、redirect 函数可以实现重定向功能，RedirectView 类也可以实现类似功能（RedirectView 类相关详见 5.3.1 节，本节暂不介绍）。

1. HttpResponseDirect()方法

HttpResponseDirect()方法仅能实现路由地址的重定向，不能直接处理视图函数路由。该方法需要用先通过如下方式导入项目才能使用。

```
from django.http import HttpResponseRedirect
```

在根文件 views.py 中增加如下视图函数。

```
def NewURL(request):
    return HttpResponseRedirect('/')                    #重定向首页
def NewURL1(request):
    return HttpResponseRedirect('/fruits/sub')          #重定向 127.0.0.1:8000/fruits/sub
def NewURL2(request):
    return HttpResponseRedirect('http://www.ifeng.com/')  #重定向 http://www.ifeng.com/
```

然后，在根路由文件 urls.py 的路由列表中增加如下路由配置。

```
path('2/',views.NewURL),               #调用 NewURL 视图函数
path('3/',views.NewURL1),              #调用 NewURL1 视图函数
path('4/',views.NewURL2),              #调用 NewURL2 视图函数
```

为了配合 HttpResponseRedirect('/fruits/sub')进行重定向调用，需要在 fruits 应用的子路由文件 urls.py 中增加如下子路由配置。

```
path('sub/',views.Shop1,name='Show'),          #调用应用 fruits 中的视图函数 Shop1
```

在 fruits 应用的 views.py 文件中增加视图函数 Shop1。

```
def Shop1(request):
    return HttpResponse("三酷猫水果销售店！")    #返回给浏览器的网页信息
```

最后启动 Web 服务器访问请求调用，比如，在浏览器地址栏中输入 127.0.0.1:8000/4 并按下回车键将显示凤凰网首页内容。

> **注意**
>
> 采用固定 URL 作为重定向地址属于硬编码 URL。在实际项目开发过程中，一旦地址改变，就需要重新修改已设置的 URL。

2. redirect 函数

redirect 函数格式如下。

```
redirect(to, *args, permanent=False, **kwargs)
```

其中的参数解释如下。

- to：指定模型对象、视图函数或 URL。
- *args：指定参数用元组形式设置。
- permanent：值为 False 时提供临时重定向，值为 True 则提供永久重定向，该说法仅针对搜索引擎而言。当搜索引擎发现 301 状态码时，认为所提供的网址是永久性的，当发现 302 状态码时，则认为所提供的网址是临时的。
- **kwargs：指定参数用字典形式设置。

redirect 函数的导入方式如下。

```
from django.shortcuts import redirect          #导入 redirect 函数
def Redirect1(request):
    return redirect('/fruits/')                #重定向 127.0.0.1:8000/fruits/
```

5.2.4 错误提示视图

视图响应出错时会提供各种错误信息，使浏览器端访问者第一时间知道问题所在。Django 为错误信息提供了针对性很强的错误提示视图。Django 提供的错误提示视图包括了内置错误提示视图和自定义错误提示视图。

错误提示视图与状态码是紧密相关的，出错时返回的不同状态码表示不同的错误提示信息。比如，最常见的 404 状态码代表找不到 Web 服务器对应的网页。

1. 内置错误提示视图

访问 Web 出错时，Django 提供的是默认的内置错误提示视图。为了显示默认的错误提示信息，这里我们通过一个案例来演示。

第一步：启动 Web 服务器。

进入命令提示符，在 HelloThreeCoolCats 项目路径下执行 python manage.py runserver 0.0.0.0:8000 命令，启动 Web 服务器。

第二步：在浏览器中访问不存在的网页。

在浏览器地址栏中输入不存在的网址，如 127.0.0.1:8000/hello，此时会显示如图 5.13 所示的默认 404 错误提示信息，即内置错误提示视图提供的界面。

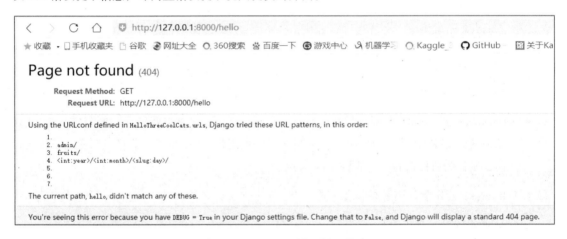

图 5.13 默认 404 错误提示信息

◁» 注意

在开发调试模式下，该错误提示可以给程序员提供更多的帮助信息。在商业运行环境下，需要在 settings.py 配置文件中设置 DEBUG = False 将调试模式关闭，还需设置 ALLOWED_HOSTS = ['*']，防止出现安全问题。

2. 自定义错误提示视图

默认的错误提示视图提供的信息都是英文的，而商业网站都希望提供更加人性化的错误提示信息，如更加易懂的中文出错提示页面，因此需要自定义错误提示视图。常见的错误提示视图包括 404 视图、500 视图、403 视图、400 视图。【案例 5.7】介绍了自定义错误提示视图的过程。

【案例 5.7】 自定义错误提示视图（HelloThreeCoolCats 项目）

第一步：通过 settings.py 配置错误提示方式。

Django 默认的错误提示视图为内置视图，要想在出现错误信息时能触发自定义错误提示视图，先要修改 settings.py 配置文件中的两个设置参数。

```
DEBUG = False                    #关闭调试模式，默认值为 True
ALLOWED_HOSTS = ['*']            #*代表允许所有 URL 访问服务器，默认值为[]
```

注意，在本案例测试完成后，建议恢复默认值，方便 Web 项目调试和查找错误信息。

第二步：自定义错误模板。

在根模板名称处单击鼠标右键，在弹出的 404 错误模板的快捷菜单中依次选择"New""HTML File"选项，如图 5.14 所示。

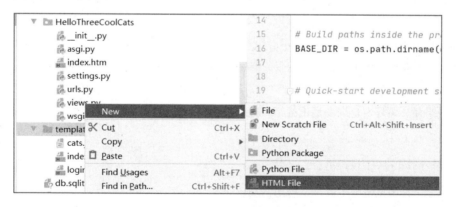

图 5.14 自定义错误模板启动过程

接着，在弹出来的输入框中输入 404.html 并按下回车键，然后在生成的错误模板中建立需要提示的信息，代码如下。

```
<!DOCTYPE html>
<html lang="en">
<head>
    <meta charset="UTF-8">
```

```html
    <title>404错误提示信息</title>
</head>
<body>
    <h1>无法访问,页面找不到--{{ URL_path }}</h1>
</body>
</html>
```

上述代码中的{{ URL_path }}为模板变量,负责接收错误提示视图中对应的变量值。

第三步:建立自定义错误提示视图。

在根文件 views.py 中对全局 404 配置函数进行重写,内容如下。

```python
def page_not_found(request,exception):
#自定义错误提示视图函数,必须提供 request、exception 参数
    path={'URL_path':request.path}
    return render(request,'404.html',path,status=404)
```

第四步:在根据路由文件 urls.py 中设置全局路由。

```python
from . import views
from django.urls import path,include
urlpatterns = [
    path('',views.hello),
…
]
handler404=' HelloThreeCoolCats.views.page_not_found'    #设置404全局页面配置
```

这里需要注意,handler404 全局变量必须在 urlpatterms 配置列表外面单独配置,handler404 指向的视图地址必须完整,否则在启动 Web 服务器时会在命令提示符中报错"view 'views.page_not_found' could not be imported",地址之间用点号"."分隔,完整地址为项目名称下存放自定义错误提示视图函数的子路径。另外,全局变量里的错误提示视图函数的名称必须与视图文件中的错误提示视图函数名称一致。

第五步:测试 404 错误提示。

在命令提示符中执行如下命令,启动 Web 服务器。

```
G:\Django\HelloThreeCoolCats>python manage.py runserver 0.0.0.0:8000
```

在浏览器的地址栏中输入一个不存在的网址 http://127.0.0.1:8000/hello,按下回车键,会显示如图 5.15 所示的自定义 404 错误提示界面,该界面即自定义错误提示视图所提供的界面。

图 5.15　自定义 404 错误提示界面

自定义其他错误提示视图的过程同 404 错误提示视图的自定义过程，各位读者如果感兴趣，可以自行实现。

5.2.5　HttpRequest 对象

当用户通过浏览器访问 Web 网站时，Django 会将传递过来的 HTTP 数据包封装成 HttpRequest 对象，将其传递给每个视图函数的第一个参数 request。我们可以通过这个参数的属性、方法获取需要的信息。

在 PyCharm 的 Terminal 交互界面中执行 python manage.py shell 命令以启动 Django Shell，通过执行 help(request)命令可以获取完整的 HttpRequest 对象的属性、方法信息。以下关于 HttpRequest 对象属性、方法的测试都在 Django Shell 上进行。

1. HttpRequest 对象的属性

HttpRequest 对象有 GET、POST、method、body、path、encoding、COOKIES、FILES、META、headers 等常用属性，下面我们具体介绍。

（1）GET 属性

该属性用于获取 HTTP 的 GET 请求的字典对象，该对象包含所有的 HTTP 的 GET 请求的参数，返回对象是 QueryDict 类，示例如下。

```
>>> from django.http import HttpRequest
>>> request=HttpRequest()
>>> request.GET                       #读取 GET 属性提供的内容
<QueryDict: {}>
```

（2）POST 属性

该属性用于获取 HTTP 的 POST 请求的字典对象，该对象包含所有 HTTP 的 POST 请求的所有参数，通过表单上传的所有字符都会保存在 POST 属性中，返回对象是 QueryDict 类，示例如下。

```
>>> request.POST
<QueryDict: {}>
```

（3）method 属性

该属性用于获取 HTTP 请求方式，示例如下。HTTP 请求方式有 GET、POST、HEAD 等共 9 种，我们在第 1 章中介绍过，详见表 1.1。

```
>>> request.method
>>> if request.method=='GET':            #主要用于获取 HTTP 请求方式
...     print('URL 访问！')
```

（4）body 属性

该属性是 HTTP 请求的主体，主要用于处理二进制图像、XML 格式数据等二进制格式数据。若要处理常规的表单数据，则应该使用 HttpRequest.POST 属性。

（5）path 属性

该属性用于表示当前请求的完整路由地址，但是不包括协议名和域名，返回类型为字符串类型，示例如下。

```
>>> request.path
''
```

（6）encoding 属性

该属性用于表明提交数据的编码格式，是一个可赋值属性，默认值为 None，表示使用 DEFAULT_CHARSET 设置。

（7）COOKIES 属性

该属性用于获取当前客户端（浏览器）的 Cookie 信息，返回类型为字典类型，示例如下。

```
>>> request.COOKIES
{}
```

（8）FILES 属性

该属性用于获取所有上传的文件数据，返回值是字典类型。FILES 中的每一个键均为网页代码 `<input type="file" name="" />` 中的 name 属性值，FILES 中的每一个值都表示一个上传文件数据（UploadedFile），示例如下。

```
>>> request.FILES
<MultiValueDict: {}>
```

（9）META 属性

该属性用于获取浏览器端 HTTP 请求数据包的头部信息，返回值是字典类型，示例如下。其头部信息的使用实例见官方网站说明。

```
>>> request.META
{}
```

（10）headers 属性

该属性用于获取浏览器端 HTTP 请求数据包的头部信息（附加内容长度、内容类型），返回值是字典类型，示例如下。

```
>>> request.headers
{}
```

request 对象的其他属性不再一一介绍，感兴趣的读者可以参考官方文档。

2. HttpRequest 对象的方法

HttpRequest 对象的主要方法包括 get_host()、get_port()、get_full_path()、is_secure()、is_ajax()，它们的功能说明及使用方法如下。

（1）get_host()方法

该方法用于获取请求访问的服务器地址或域名，可以带端口号。由于在 Django Shell 下执行 get_host()方法时会报错"KeyError: 'SERVER_NAME'"（事先没有获取 HTTP 访问数据包的头部信息），所以这里改为在 HelloThreeCoolCats 项目的 views.py 文件的视图函数 index 中增加 get_host()方法，以获取服务器地址，实现如下。

```
def index(request):
    host=request.get_host()                    #获取请求访问的服务器地址或域名
    html='<h1>一个简单的三酷猫返回信息！</h1>'+host
    return HttpResponse(html,200)
```

启动 Web 服务器，在浏览器的地址栏中输入 127.0.0.1:8000/1 并按下回车键，界面将显示通过 get_host()获取的服务器地址，如图 5.16 所示。

图 5.16 通过 get_host()获取的服务器地址

（2）get_port()方法

该方法用于获取请求地址端口号，使用方式如下。

```
def index(request):
    host=request.get_host()
    port=request.get_port()
    html='<h1>一个简单的三酷猫返回信息！</h1>'+host+'\n'+'get_port()方法获得:'+port
    return HttpResponse(html,200)
```

执行以上代码，结果如图 5.17 所示。

图 5.17 获取的请求地址端口号

（3）get_full_path()方法

该方法用于获取完整的路由地址（不含 IP 地址和端口号），如"/fruits"。

（4）is_secure()方法

如果请求访问使用的是安全的 HTTPS 访问方式，则该方法返回 True，否则返回 False，示例如下。

```
>>> request.is_secure()
False                              #没有HTTPS方式访问，返回False
```

（5）is_ajax()方法

如果请求访问是通过 XMLHttpRequest 发起的，则该方法返回 True，否则返回 False。

3. QueryDict 对象

GET 属性、POST 属性获取的返回值都是 QueryDict 对象。为了进一步获取该对象中的数据，需要通过 QueryDict 对象方法进一步处理。QueryDict 对象是字典类型的子类，继承了字典类型的所有方法，还增加了一些自有方法，详细内容可以通过 help 命令或官方网站资料了解。

可以用列表显示 QueryDict 对象中的数据内容。

```
>>> from django.http import QueryDict
>>> data=QueryDict('b=20&b=18&b=22')
```

```
>>> data.lists()                              #用列表获取数据
<dict_itemiterator object at 0x008FDAA0>
>>> for one in data.lists():
...     print(one)
('b', ['20', '18', '22'])
```

5.2.6　HttpResponse 对象

视图返回响应时，主要通过 HttpResponse 对象处理返回网页信息。本节将对 HttpResponse 对象的参数、属性、方法进行详细介绍。

1. HttpResponse 对象的参数

HttpResponse 对象的参数及其具体说明如下。

（1）content 参数

该参数接收需要返回的字符串或迭代器。如果是迭代器，HttpResponse 对象会自动将其中的内容转成字符串，并丢弃这个迭代器。

（2）content_type 参数

该参数用于指定 MIME[①]类型和编码方式，是一个可选参数，其值为 None 时，等价于该参数获得默认值 "text/html; charset=utf-8"。

（3）status 参数

该参数用于指定响应状态码，默认值为 200，代表响应返回成功，一般情况下使用默认值即可。

（4）reason 参数

该参数用于提供响应返回原因的解释短语，是一个可选参数，如默认在 200 状态码后加上 "ok"，在 404 状态码后加上 "not found"。

（5）charset 参数

该参数用于指定 Response 对象中被编码的字符集，是一个可选参数，默认值为 None。使用默认值时会从 content_type 中提取字符集，如果提取不成功，则会使用 DEFAULT_CHARSET 设定。

---

① MIME（Multipurpose Internet Mail Extensions，多用途互联网邮件扩展）标准被定义在 RFC 2045、RFC 2046、RFC 2047、RFC 2048、RFC 2049 等 RFC 中。

2. HttpResponse 对象的属性

HttpResponse 对象的主要属性包括 content、charset、status_code、reason_phrase、streaming、closed，它们的功能介绍如下。

（1）content 属性

该属性的功能等同于 content 参数，可以实现对 content 参数接收内容的读取或设置，返回字符串类型的值，示例如下。

```
>>> from django.http import HttpResponse
>>> r=HttpResponse('Hello,三酷猫！')
>>> r
<HttpResponse status_code=200, "text/html; charset=utf-8">
>>> r.content
b'Hello,\xe4\xb8\x89\xe9\x85\xb7\xe7\x8c\xab\xef\xbc\x81'
```

（2）charset 属性

该属性的功能等同于 charset 参数，可实现对 charset 值的读取或设置。

（3）status_code 属性

该属性的功能等同于 status 参数，可实现对 status_code 值的读取或设置。

（4）reason_phrase 属性

该属性的功能等同于 reason 参数，可实现对 reason_phrase 值的读取或设置。

（5）streaming 属性

该属性的值总是 False。由于这个属性的存在，中间件[1]能够区别对待流式响应和常规响应。

（6）closed 属性

如果响应已关闭，则该属性的值为 True。

3. HttpResponse 对象的方法

HttpResponse 对象的主要方法包括 has_header()、setdefault()、set_cookie()、set_signed_cookie()、write()等，它们的功能介绍如下。

（1）has_header(header)方法

---

[1] 中间件组件配置在 settings.py 文件的 MIDDLEWARE 选项列表中。

该方法用于检查数据包的头部信息中是否含有给定的名字 header（不区分大小写），如果含有将返回 True，否则返回 False。

（2）setdefault(header,value)方法

该方法用于为数据包设置头部信息，如 setdefault('age',20)，等价于 response('age')=20，示例如下。

```
>>> r.setdefault('age',20)                    #设置头部信息
>>> r
<HttpResponse status_code=200, "text/html; charset=utf-8">
>>> r.has_header('age')                       #检查指定的头部名称
True
```

（3）set_cookie(key, value='', max_age=None, expires=None, path='/', domain=None, secure=None, httponly=False,samesite=None)方法

该方法用于设置 Cookie 信息（Cookie 带有每一个浏览器端访问服务器的用户信息，以便服务器识别不同的访问用户），其中的参数说明如下。

- key：用于设置 Cookie 的键（key），如同字典类型的 key。

- value：用于设置 Cookie 的值（value），如同字典类型的 value。

- max_age：用于设置 Cookie 在内存中的有效生存周期，单位为秒。

- expires：用于设置 Cookie 在内存中的有效生存周期，采用字符型的日期格式，如 Wdy, DD-Mon-YY HH:MM:SS GMT，也可以接收 datetime.datetime 值。

- path：用于设置 Cookie 的生效路径，默认为根路径（网站首页地址）。

- domain：用于设置跨域的 Cookie 域名，也可以让其他域名访问该 Cookie。例如，如果该参数的值为'.china.com'，那么在访问 www.china.com 或 test.china.com 时，服务器端的 Cookie 信息都会返回至访问的浏览器端。

- secure：用于设置 Cookie 信息的传输方式，其值为 True 时表示在 HTTPS 链接方式下传输值为 False 时表示在 HTTP 链接方式下传输。

- httponly：用于设置 JavaScript 代码访问 Cookie 中的内容的约束条件,其值为 True 时,JavaScript 就不能访问对应的 Cookie 信息，默认值为 False。

- samesite：用于设置强制模式，可选值为 lax、strict，主要用来防止 CSRF[①]攻击。

（4）set_signed_cookie(key, value, salt='', max_age=None, expires=None, path='/', domain=None, secure=None, httponly=True,samesite=None)方法

该方法的使用方式同 set_cookie()，主要区别是，该方法使用 Cookie 前要先对 value 进行加密。参数 salt 用于设置加密盐，主要用来为任意指定的字符串增加加密强度。用 get_signed_cookie()方法解密 Cookie 时，必须要把使用的 salt 参数传入该方法。

（5）write(content)方法

该方法用于向响应返回的数据包中添加内容，可以连续添加，示例如下。

```
>>> r.write('<h1>一个简单的三酷猫返回信息！</h1>')
>>> r.write('<h2>微笑一下！</h2>')
>>> r.write('Love life,Love Leaves!')
>>> r.content
b'Hello,\xe4\xb8\x89\xe9\x85\xb7\xe7\x8c\xab\xef\xbc\x81<h1>\xe4\xb8\x80\xe4\xb8\xaa\xe7\xae\x80\xe5\x8d\x95\xe7\x9a\x84\xe4\xb8\x89\xe9\x85\xb7\xe7\x8c\xab\xe8\xbf\x94\xe5\x9b\x9e\xe4\xbf\xa1\xe6\x81\xaf\xef\xbc\x81</h1><h2>\xe5\xbe\xae\xe7\xac\x91\xe4\xb8\x80\xe4\xb8\x8b\xef\xbc\x81</h2>Love life,Love Leaves!'
```

（6）其他方法

除上述介绍的方法外，HttpResponse 对象中还包含其他方法，简单介绍如下。

- delete_cookie(key, path='/', domain=None)方法：用于删除 Cookie 中指定的 key。
- flush()方法：用于清空 HttpResponse 对象中的内容。
- tell()方法：将 HttpResponse 对象看作类似文件的对象，用于移动位置指针。

要想了解 HttpResponse 对象中的所有方法，包括一些不常用的方法，可以参考 Django 官方文档。

5.2.7 文件上传

我们经常需要在网站上上传各类文件，如办公文件（扩展名为.doc、.docx、.wps 等）、图片文件（扩展名为.jpg、.png、.bmp 等）、压缩文件（扩展名为.zip、.rar 等）等，这些文件要上传到特定路径下。那么，文件上传究竟是如何实现的呢？下面我们通过一个具体的案例来介绍。

---

① CSRF（Cross-Site Request Forgery，跨站请求伪造），属于一种恶意攻击技术。

【案例 5.8】 上传文件（HelloThreeCoolCats 项目）

若要实现一次上传一个文件，需要经过建立上传模板、建立上传视图函数、建立调用上传模板的视图函数、设置上传文件视图函数路由、在浏览器上进行上传测试这 5 个步骤。

第一步：建立上传模板。

上传模板，就是为上传文件提供相应网页操作的界面，主要需要提供表单功能，对应 HTTP 请求 POST 提交功能，只有通过 POST 才能在线提交各种资源（这里指各种文件）。

首先，在项目 HelloThreeCoolCats 的 templates 模板路径下建立 upload.html 模板文件。在 PyCharm 中的 templates 处单击鼠标右键，依次选择"New""HTML File"选项，生成标准模板代码后，在 \<body>\</body>中填写\<form>…\</form>代码，内容如下。这一步将建立文件上传提交界面。

```html
<!DOCTYPE html>
<html lang="en">
<head>
    <meta charset="UTF-8">
    <title>上传文件模板</title>
</head>
<body>
    <form enctype="multipart/form-data" action="/uploadfile/" method="post">
        {% csrf_token %}                            <!--预防CSRF攻击-->
        <input type="file" name="newfile" />  <!--文件上传选择组件，名称与后面视图中的保持一致-->
        <br/>
        <input type="submit" value="上传文件"/>      <!--文件提交按钮-->
    </form>
</body>
</html>
```

在上面的代码中，enctype 属性用于指定将上传文件数据发送给服务器端之前对表单数据进行编码的方式，这里必须指定 multipart/form-data 的值，表示不对字符进行编码，支持通过文件上传方式将数据传输给服务器端。

action 属性用于指定需要上传的目标 URL，这里指定了/uploadfile/地址，要求在项目根路径下建立 uploadfile 子目录路径，即在 PyCharm 中的项目名称处单击鼠标右键，依次选择"New""Directory"，输入路径名并按下回车键。

method 属性用于指定 post 值（必须指定），表示用 POST 方法提交表单资源给服务器端。

{% csrf_token %}表明在提交界面预防 CSRF 恶意攻击。作为一名合格的 Web 程序员，必须充分考虑网站安全问题，相关的内容我们将在第 16 章介绍。

第二步：建立上传视图函数。

通过模板提交文件并通过路由列表触发上传视图函数，便于将上传的文件保存到指定路径下。我们要在根文件 views.py 中建立上传视图函数。

```python
from django.http import HttpResponse
import os
BASE_DIR = os.path.dirname(os.path.dirname(os.path.abspath(__file__)))
def upload_file(request):                              #定义上传视图函数
    if request.method == "POST":                       #请求方式为 POST 时，可以读取文件数据
        newFile =request.FILES.get("newfile",None)     #获取上传文件数据，若没有文件则返回 None
        if not newFile:                                #如果没有文件
            return HttpResponse("提交无效，没有文件上传!",status=200)
        #返回无效操作提示，终止视图函数执行
        to_path=open(os.path.join(BASE_DIR,'uploadfile',newFile.name),'wb+')
        #打开特定的文件进行二进制写操作
        for chunk in newFile.chunks():                 #分块写入文件
            to_path.write(chunk)
        to_path.close()                                #关闭写入的文件
        return HttpResponse("上传成功!")
    else:
        return HttpResponse('非表单提交访问！')
```

◁》 注意

上述代码中有以下 4 点注意事项。

1. FILES.get()方法获取的是表单 input 组件 name 传递过来的文件信息，因此其中的第一个参数"newfile"的值必须和 name 的值一致；这里的 FILES 是一个字典类型对象，保存了上传文件的信息，get()方法用来获取字典中键对应的值。

2. 通过 POST 将文件上传到指定地址的 Web 网站上，该文件是临时存储在服务器内存上的，因此，需要将指定地址的文件进一步存储到服务器端指定的硬盘地址上。把上传的文件以二进制流的形式写入指定硬盘地址才算完成了永久性的硬盘存储。这里指定的路径（含文件名）是"项目根路径\uploadfile\上传文件名称"，由 join()方法拼接实现。

3. 用 chunks()对文件进行分块处理，把分块内容写入指定的存储地址，这里考虑了大容量文件上传要求。

4. 在实际运行环境下，强烈建议将上传地址指定为 Web 项目路径以外的其他物理路径，如 D:\upload，以确保上传文件不被执行（预防恶意代码攻击）。

第三步：建立调用上传模板的视图函数。

在根文件 views.py 中定义网页访问时要调用上传模板的视图函数。

```
def login1(request):                              #定义网页访问时要调用上传模板的视图函数
    return render(request,'upload.html')          #返回模板给访问的浏览器
```

第四步：设置上传文件视图函数路由。

在根路由文件 urls.py 中设置如下的路由。

```
path('file/',views.login1),                       #调用根路径下带模板 upload.html 的视图函数
path(' uploadfile/',views.upload_file)            #调用上传文件视图函数
```

第五步：在浏览器上进行上传测试。

在命令提示符中启动 Web 服务器，在浏览器的地址栏中输入 http://127.0.0.1:8000/file 并按下回车键，文件上传界面如图 5.18 所示。

图 5.18　文件上传界面

在图 5.18 的界面上单击"选择文件"按钮，选择一个图片文件，然后选择"上传文件"，提示成功，最后在保存路径下将发现上传的文件，如图 5.19 所示，这说明文件上传功能已成功实现。

图 5.19　在保存路径下发现上传的文件

5.2.8　文件下载

网站支持上传文件，自然也需要支持下载文件，这样可以为访问者提供更多的在线资料。Django 提供了 HttpResponse、StreamingHttpResponse、FileResponse、JsonResponse 这 4 种下载文件的方式。

- HttpResponse 对象是最基础的文件下载支持对象。
- StreamingHttpResponse 对象是以文件字节流的形式传递并下载文件的，适应性更加广泛，可以支持大规模下载数据和文件。

- FileResponse 对象继承自 StreamingHttpResponse 对象，采用文件流形式传输，只支持文件的下载。
- JsonResponse 对象继承自 HttpResponse 对象，用于处理 JSON 编码格式的文件并提供下载支持。

上述文件下载对象都通过如下方式被导入项目，关于这些对象的详细使用方法可以参考官方网站说明。

```
from django.http import HttpResponse,StreamingHttpResponse,FileResponse, JsonResponse
```

下载文件涉及建立下载文件子路径、建立下载模板、建立下载视图函数、设置下载文件视图函数路由、在浏览器端进行下载测试这几个步骤，下面我们通过一个案例来具体说明。

【案例 5.9】 下载文件（HelloThreeCoolCats 项目）

第一步：建立下载文件子路径。

用 PyCharm 打开 HelloThreeCoolCats 项目，在项目名处单击鼠标右键，依次选择"New" "Directory"，建立下载文件子路径"download"，在其中存放一个 cats.jpg 文件。

第二步：建立下载模板。

在根路径的模板子路径下建立 download.html 下载模板，在<body>标签中增加下载界面功能。

```
<br>
  <br>
  <div class="col-md-4"><a href="{% url 'download' %}" rel="external nofollow" >单击下载文件</a></div>
```

其中，href 组件用于在界面中生成下载链接。路由命名 download 变量通过下载视图路由和函数获取下载文件的地址和名称。

第三步：建立下载视图函数。

在 fruits.py 应用的 views.py 文件中增加下载视图函数。

```
from django.http import Http404
def download(request):
    filename='cats.jpg'
    try:
        download_path = open(os.path.join(BASE_DIR, 'download',filename ), 'rb')
        #读取指定地址的下的文件
        d=HttpResponse(download_path)
        d['content_type']='application/octet-stream'
```

```
    d['Content-Disposition']='attachment;filename='+filename
    return d
except:
    raise Http404('下载文件'+filename+'失败! ')
```

在上述代码中，content_type 指定的值 application/octet-stream 的意思为，下载内容以字节流形式被保存到指定地址的文件中。

在 Content-Disposition 指定的值中，attachment 为下载文件模式，filename 为下载文件名，该返回信息会被模板 href 组件接受。

第四步：设置下载文件视图函数路由。

在根路由文件 urls.py 中设置跳转到 fruits 应用的路由。

```
path('file1/', include(('fruits.urls', 'index'), namespace='index')),
```

在 fruits 应用的 urls.py 文件中设置如下的路由。用★标记的 path 的第一个参数必须是二级子路径，如 download/file1，否则浏览器访问时会报出"下载地址出错"的错误。

```
path('d/',views.index,name='index'),
path('download/file1', views.download, name='download'),★
```

第五步：在浏览器端进行下载测试。

在命令提示符中启动 Web 服务器，然后在浏览器的地址栏中输入 127.0.0.1:8000/file1/d 并按下回车键，接着选择"单击下载文件"，下载文件界面如图 5.20 所示。

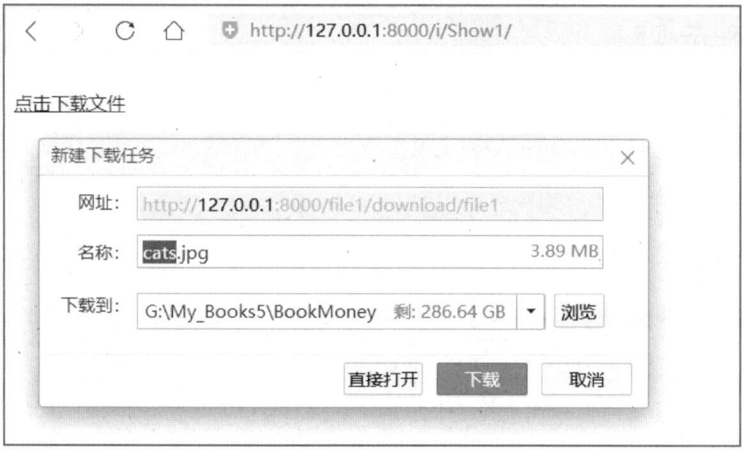

图 5.20　下载文件界面

> **注意**
>
> 上述下载文件的实现过程有以下注意事项。
> 1. 通过 HttpResponse 对象下载文件需要先将文件一次性加载到服务器内存中，再供浏览器下载调用，文件很大时将给服务器端内存带来很大压力，因此，在这种情况下应尽量采用 StreamingHttpResponse、FileResponse 对象实现文件下载功能。
> 2. StreamingHttpResponse 在视图函数中的使用方法同 HttpResponse，FileResponse 的使用方法为 FileResponse(download_path,as_attachment=True,filename='+ filename)。

5.3 视图类

视图类（Class Base Views）是另外一种使用视图的方法，通过视图类可以响应用户在浏览器端的访问请求。在使用视图函数实现视图的过程中，重复的视图函数定义过程不够精练，而视图类提供了更加公共化的视图对象，为不同视图应用提供了更加方便的开发途径。

基于类的视图可以使用不同的类实例方法响应不同的 HTTP 请求访问，而不是在单个视图函数中使用有条件分支的代码去应对不同的请求访问要求。

视图类的实现也分定义、路由调用两部分，内置的通用视图包括内置显示视图、内置编辑视图、内置日期视图等。

5.3.1 内置显示视图

内置显示视图主要将模型数据、模板展示在用户访问的浏览器上，Django 为此提供了 5 种视图类，分别是 View（视图类）、TemplateView（模板视图类）、RedirectView（重定向视图类）、ListView（列表视图类）、DetailView（详细记录视图类）。

1. View（视图类）

View 是代替视图函数的一种基本内置类，也是其他视图类的父类。自定义内置显示视图时要遵循类定义要求，并继承 View 类。View 类的导入方式如下（注意，V 必须大写）。

```
from django.views import View        #导入 View 类
```

视图类在处理 HTTP 访问请求时，支持 8 种 HTTP 请求方法，可以在 PyCharm 代码中的 View 名处单击鼠标右键，在弹出的菜单中依次选择"Go To""Super Method"，跳转到 View 类定义的源代码文件中查看，可以看到视图类支持的 HTTP 请求方法如下。

```
http_method_names = ['get', 'post', 'put', 'patch', 'delete', 'head', 'options', 'trace']
```

在自定义视图类中，通过对同名方法进行重定义可以接收 HTTP 对应方法访问的业务处理。下面我们通过一个具体的案例来看一下如何通过继承 View 类，重定义 get、post 方法来使用视图类。

【案例 5.10】 通过继承 View 类使用视图类（HelloThreeCoolCats 项目）

第一步：自定义视图类。

在 background 应用的 views.py 文件中增加如下的自定义视图类。

```
from django.views import View            #导入 View 类
class firstClassView(View):              #自定义视图类 firstClassView
    def get(self,request):               #重定义 get 方法，使之被 HTTP 的 GET 方式访问
        return HttpResponse(request.path)
    def post(self,request):              #重定义 post 方法，使之被 HTTP 的 POST 方式访问
        if request.POST!=None :
            return HttpResponse('POST 方式访问响应结果！有值。')
        else:
            return HttpResponse('POST 方式访问响应结果！无值。')
```

第二步：在路由中实例化视图类。

在 background 应用的 urls.py 文件中设置实例化的视图类子路由。

```
from . import views
from django.urls import path
urlpatterns = [
    path('Go1',views.firstClassView.as_view()),
]
```

视图类必须在路由中被实例化才能被访问，这里的实例化统一用 as_view()方法来实现。

第三步：在根路由文件 urls.py 中设置如下路由。

```
path('bg/', include('background.urls'))   #通过 URL 转发到 background 应用下的 urls 路由列表
```

第四步：启动 Web 服务器，通过浏览器进行访问测试。

在命令提示符中启动 Web 服务器，然后在浏览器的地址栏中输入 http://127.0.0.1:8000/bg/Go1 并按下回车键，带视图类的访问响应结果如图 5.21 所示。通过地址栏进行访问所使用的都是 GET 方式，所以执行 firstClassView 视图类中的 get 方法便会得到要访问的 URL 的后半部分地址/bg/Go1。

图 5.21　带视图类的访问响应结果

2. TemplateView（模板视图类）

顾名思义，TemplateView 视图类就是用于模板处理响应和展示的视图类，其导入方式如下。

```
from django.views.generic.base import TemplateView    #导入TemplateView 类
```

在上述代码的"TemplateView"处单击鼠标右键，依次选择"Go To""Super Method"，跳转到该类定义的源代码文件中，可以看到 class TemplateView(TemplateResponseMixin, ContextMixin, View):语句，其父类分别为 TemplateResponseMixin、ContextMixin、View，TemplateView 类继承了多个父类。

TemplateView 类从 TemplateResponseMixin 类处继承了 4 个属性。

```
template_name = None        #指定需要调用的模板名称
template_engine = None      #指定需要解析模板的模板引擎，在默认情况下采用settings.py 文件中指定的引擎
response_class = TemplateResponse    #指定HTTP请求的响应类，一般为默认值
content_type = None         #设置响应数据类型，一般为默认值
```

在 TemplateView 类中只定义了一个 get 方法，用于处理 HTTP 的请求响应过程。

为了解决视图向模板传递变量值的问题，需要借助 ContextMixin 类的 get_context_data()方法，在自定义模板视图类时需要重写该方法，以传递变量值给模板。

下面我们通过一个具体的案例来看一下如何通过自定义模板视图类来展示数据。

【案例 5.11】　自定义模板视图类展示数据（HelloThreeCoolCats 项目）

第一步：自定义视图类。

在 background 应用的 views.py 文件中增加如下的自定义视图类。

```
from django.views.generic.base import TemplateView
class T_View(TemplateView):
    template_name ='T_home.html'                    #设置需要调用的模板名称
    def get_context_data(self, **kwargs):           #重写该方法
        context=super().get_context_data(**kwargs)  #继承该方法
        context['address']='天津'                    #传递变量及值
        context['name'] = '刘瑜'                     #传递变量及值
```

```
        context['pet']='三酷猫'                                    #传递变量及值
        return context
```

第二步：建立调用模板。

在 background 应用模板子路径下增加 T_home.html 模板，其中的内容如下。

```html
<!DOCTYPE html>
<html lang="en">
<head>
    <meta charset="UTF-8">
    <title>被模板视图类调用的模板</title>
</head>
<body>
    <table border="1">
        <tr>
            <th>地址：</th>
            <th>{{address}}</th>
        </tr>
        <tr>
            <td>姓名：</td>
            <td>{{name}}</td>
        </tr>
        <tr>
            <td>宠物：</td>
            <td>{{pet}}</td>
        </tr>
    </table>
</body>
```

其中，{{address}}、{{name}}、{{pet}}变量接收视图传递过来的变量值，所以要求视图中传递的变量名称和这里的变量名称完全一致。

第三步：在路由中实例化视图类。

在 background 应用的 urls.py 文件中设置实例化视图类子路由。

```python
from . import views
from django.urls import path
urlpatterns = [
    path('v1/',views.T_View.as_view()),
]
```

第四步：在根路由文件 urls.py 中设置如下路由（其他路由设置都应该注释掉）。

```
path('bg/', include('background.urls'))    #通过 URL 转发到 background 应用下的 urls 路由列表
```

第五步：启动 Web 服务器，通过浏览器进行访问测试。

在命令提示符中启动 Web 服务器，然后在浏览器的地址栏中输入 http://127.0.0.1:8000/bg/v1 并按下回车键，带模板视图类的访问响应结果如图 5.22 所示。

图 5.22　带模板视图类的访问响应结果

3. RedirectView（重定向视图类）

RedirectView 类用于实现路由的重定向功能，类似于视图函数 HttpResponseDirect，其导入方式如下。

```
from django.views.generic.base import RedirectView    #导入 RedirectView 类
```

在上述代码"RedirectView"处单击鼠标右键，依次选择"Go To""implementation(s)"进入该类的定义源代码文件中，可以发现其继承自 View 类，还可以看到其支持的属性和方法。

RedirectView 类支持的属性有如下 4 个。

```
permanent = False       #若值为 False，则提供临时重定向功能，对应 302 状态码；若值为 True，则提供永久
                        #定向功能，对应 301 状态码，功能同 redirect 函数的 permanent 参数
url = None              #指定重定向的路由地址
pattern_name = None     #指定重定向的路由名，url 和该属性只能设置其中一个
query_string =False     #若值为 True，则将当前路由请求访问所带的参数值传递给重定向路由地址；
                        #若默认值为 False，则阻止传递
```

RedirectView 类支持 8 种方法，其中 get_redirect_url()用于把路由名转为 URL，其他的 get()、head()、post()、options()、delete()、put()、patch()方法对应于 HTTP 的请求访问方式。在实例化视图的过程中，上述方法可以重写，以满足更多的业务逻辑需求。

同样地，我们依然通过一个具体的案例来看一下如何通过自定义重定向视图类来展示数据。

【案例 5.12】　自定义重定向视图类展示数据（HelloThreeCoolCats 项目）

第一步：自定义视图类。

在 background 应用的 views.py 文件中增加如下的自定义视图类。

```
class R_View(RedirectView):
```

```
    pattern_name ='first:login'         #指定重定向到应用的路由名及对应函数
    query_string = True                 #允许请求路由将查询参数值传递给重定向路由地址
    def get(self,request,*args,**kwargs):
        print(request.path)             #打印输出重定向 URL
        return super(R_View, self).get(request,*args,**kwargs)
```

第二步：自定义应用访问视图函数。

在 background 应用的 views.py 文件中增加如下自定义视图函数，该函数作为应用视图首先访问的对象，调用模板返回响应结果。

```
def login(request):
    return render(request,'login.html')
```

第三步：在应用路由列表中配置路由。

在 background 应用的 urls.py 文件中增加如下路由。

```
from . import views
from django.urls import path
urlpatterns = [
    path('2/',views.login,name='first') ,
    path('f/',views.R_View.as_view(),name='Redirect'),
]
```

进行上述配置后，当在浏览器端访问时，会先访问 login 视图函数，再通过单击调用的模板 login.html 的链接访问 R_View 类。

第四步：在根路由文件 urls.py 中设置如下路由（其他路由设置都应该注释掉）。

```
path('gb1/', include(('background.urls','first'),namespace='index2'))
#通过 URL 将 urls 路由列表转发到 background 应用中，并提供命名空间 index2
```

第五步：建立带链接的模板。

在 background 应用的模板子路径中建立 login.html 模板文件，在其中增加如下链接代码。

```
<!DOCTYPE html>
<html lang="en">
<head>
    <meta charset="UTF-8">
    <title>RedirectView</title>
</head>
<body>
    <br>
    <a href="{%url 'index2:Redirect' %}?k=10">Go</a>
</body>
</html>
```

第六步：启动 Web 服务器，在浏览器中进行访问测试。

在命令提示符中启动 Web 服务器，然后在浏览器地址中输入 127.0.0.1:8000/gb1/2 并按下回车键，此时会显示带"Go"的链接，单击它，带重定向视图类的访问响应结果如图 5.23 所示。此外，在命令提示符中会输出"/Redirect"地址。

图 5.23　带重定向视图类的访问响应结果

4. ListView（列表视图类）

前面用视图类来显示信息都是通过模板或内置数据来实现的，这里开始介绍如何通过模型获取数据库表中的数据，并将这些数据展现在浏览器端。

ListView 类用于从模型指定的数据库表中获取数据，并以列表的形式将这些数据展现在浏览器端的网页上，其导入方式如下。

```
from django.views.generic import ListView        #导入 ListView 类
```

在 PyCharm 的 background 应用的 views.py 文件中写入上述导入代码，然后在 ListView 处单击鼠标右键，在弹出的菜单中依次单击"Go To""Declaration or Usages"查找 ListView 类的定义源代码文件，显示 ListView 类的定义如下。

```
class ListView(MultipleObjectTemplateResponseMixin, BaseListView):
```

从上述定义中可以看出，ListView 通过继承 MultipleObjectTemplateResponseMixin、BaseListView 两个父类来支持对应的属性、方法。ListView 类常用的属性由父类或父类的父类提供，感兴趣的读者可以根据类定义去查找对应父类的定义，下面我们介绍其中的几个。

- model 属性用于指定模型名称，一个模型对应一个数据库表，model 属性继承自 BaseListView 父类的父类 MultipleObjectMixin。
- context_object_name 属性用于将模型获取的数据传递给模板的变量名，继承自 MultipleObjectMixin 父类。
- template_name 属性用于指定需要调用的、用来展现信息的模板名称，继承自 MultipleObjectTemplateResponseMixin 父类的父类 TemplateResponseMixin。

- queryset 属性用于接收模板对象的查询操作结果，继承自 MultipleObjectMixin 父类。
- paginate_by 属性可以在列表记录过多时显示每页的记录数量，实现多页列表显示效果，继承自 MultipleObjectMixin 父类。
- paginator_class 属性用于设置分页，默认值为 Paginator，提供默认内置分页功能，继承自 MultipleObjectMixin 父类。
- ordering 属性主要用于对 queryset 结果进行排序，继承自 MultipleObjectMixin 父类。
- allow_empty 属性的默认值为 True，即使模型没有数据也展现空列表，若值为 False，则在没有数据时触发 404 异常，继承自 MultipleObjectMixin 父类。

ListView 类支持的方法也继承自父类的方法，常见的如 MultipleObjectMixin 父类的 get_context_data()方法，可以通过重写方法将多个变量传递给模板。

下面我们来看一个自定义列表视图类展示数据的案例。

【案例 5.13】 自定义列表视图类展示数据（HelloThreeCoolCats 项目）

第一步：准备模型。

这里采用 4.1.2 节建立的 class goods(models.Model):模型，同时利用 4.4.1 节中介绍的方法增加几条水果记录。

第二步：自定义视图类。

在 background 应用的 views.py 文件中增加如下的自定义视图类。

```python
from fruits.models import goods           #从 fruits 应用中导入 goods 模型
class ListView1(ListView):
    model = goods                          #指向 goods 模型
    context_object_name = 'MyGoods'        #准备将 goods 模型获取的数据记录传递给模板
    template_name = 'listView.html'        #指定需要调用的模板名称
```

第三步：建立调用模板。

在 background 应用的模板子路径下增加 listView.html 模板，其中的内容如下。

```html
<!DOCTYPE html>
<html lang="en">
<head>
    <meta charset="UTF-8">
    <title>Title</title>
</head>
```

```
<body>
  <h2>三酷猫水果店信息</h2>
  <ul>
      {% for one in MyGoods %}
        <li>名称：{{ one.name }} 数量：{{ one.number}} 单价：{{ one.price}}</li>
      {% endfor %}
  </ul>
</body>
</html>
```

模板中的 MyGoods 变量是从 ListView1 视图类实例的 context_object_name 属性中获取的对应变量值，所以这两个变量名称必须一致。模板<ul>标签里的花括号语句（3 行代码）可以实现变量记录的循环输出。

第四步：在路由中实例化视图类。

在 background 应用的 urls.py 文件中设置实例化视图类子路由。

```
from . import views
from django.urls import path
urlpatterns = [
    path('s/',views.ListView1.as_view(),name='Show'),
]
```

所有的视图类必须实例化后才能被调用，views.ListView1.as_view()方法实现了 ListView1 视图类的实例化过程。

第五步：在根路由文件 urls.py 中设置如下路由。

```
path('bg/',include('background.urls')),    #通过 URL 转发到 background 应用的 urls 路由列表
```

第六步：启动 Web 服务器，在浏览器中进行访问测试。

在命令提示符中启动 Web 服务器，然后在浏览器的地址栏中输入 127.0.0.1:8000/bg/s 并按下回车键，带列表视图类的访问响应结果如图 5.24 所示。

图 5.24　带列表视图类的访问响应结果

5. DetailView（详细记录视图类）

DetialView 类是另外一种通过模型获取记录，并调用模板将信息展示在浏览器端的视图类。它与 ListView 类的主要区别是一次只处理一条记录，其导入方式如下。

```
from django.views.generic import DetailView        #导入 DetailView 类
```

通过查看源代码文件可知，DetialView 类的定义方式如下。

```
class DetailView(SingleObjectTemplateResponseMixin, BaseDetailView)
```

可以发现，DetailView 类继承自 SingleObjectTemplateResponseMixin、BaseDetailView 两个父类，其支持的属性、方法都继承自上述父类的属性和方法，或者层级更高的父类属性和方法。

DetialView 类支持的 model、template_name、context_object_name 属性的使用方法同 ListView 类，其来源也是同一个父类。

例如，slug_field 属性定义在 SingleObjectMixin 父类中，用于指定模型查询字段；slug_url_kwarg 属性定义在 SingleObjectMixin 父类中，用于指定 URL 请求访问的变量名，方便通过 URL 传递查询值，与 slug_field 属性配合使用。

DetialView 类支持的方法全部继承于 SingleObjectTemplateResponseMixin、BaseDetailView 两个父类的方法，感兴趣的读者可以借助 PyCharm 的"Go To"选项及其子选项进行查看。

下面我们来看一个自定义详细记录视图类展示数据的案例。

【案例 5.14】 自定义详细记录视图类展示数据（HelloThreeCoolCats 项目）

第一步：准备模型。

这里仍然借助 4.1.2 节建立的 class goods(models.Model):模型，并利用 4.4.1 节增加的记录来为 DetialView 视图类提供数据。

第二步：自定义视图类。

在 background 应用的 views.py 文件中增加如下的自定义视图类。

```
class DetailView1(DetailView):
    model = goods
    template_name ='DetialView.html'        #指定模板名称
#context_object_name = 'OneGoods'
    slug_field ='name'                       #指定查询字段
    slug_url_kwarg ='name'                   #设置 URL 中的查询变量，与 slug_field 配合使用
    pk_url_kwarg ='pk'
```

第三步：建立调用模板。

在 background 应用的模板子路径下增加 DetialView.html 模板，其中的内容如下。

```html
<!DOCTYPE html>
<html lang="en">
<head>
    <meta charset="UTF-8">
    <title>DetailView</title>
</head>
<body>
    <h1>名称{{ goods.name}}</h1>
    <h2>数量{{ goods.number}}</h2>
    <h2>单价{{ goods.price}}</h2>
</body>
</html>
```

第四步：在路由中实例化视图类。

在 background 应用的 urls.py 文件中设置实例化视图类子路由。

```
from . import views
from django.urls import path
urlpatterns = [
    path(' <pk>/<name>.html',views.DetailView1.as_view(),name='One'),
    ]
```

这里要注意，URL 参数变量后面会加上 ".html"，用以限制变量输入内容，避免输入太多的无关值。

第五步：在根路由文件 urls.py 中设置如下路由（其他路由设置应注释掉）。

```
path('bg/',include('background.urls')),
#将访问的 URL 中的子路由信息转发到 background 应用的 urls 路由列表
```

第六步：启动 Web 服务器，通过浏览器进行访问测试。

在命令提示符中启动 Web 服务器，然后在浏览器的地址栏中输入 127.0.0.1:8000/bg/2/橘子.html 并按下回车键，带详细记录视图类的访问响应结果如图 5.25 所示。

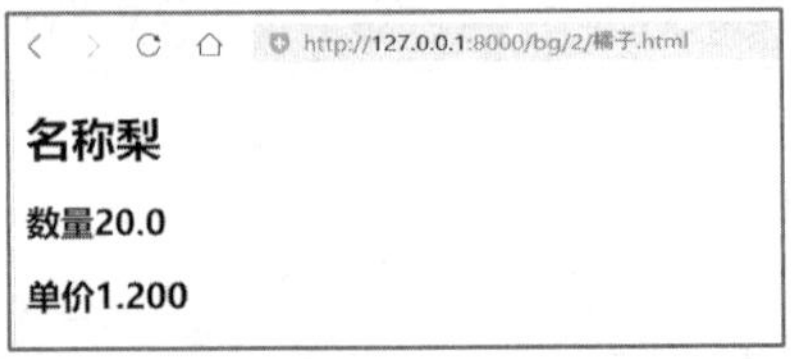

图 5.25 带详细记录视图类的访问响应结果

> **注意**
>
> 关于自定义详细记录视图类展示数据的过程,有以下注意事项。
>
> 1. 浏览器地址栏中的内容要严格按照路由设置要求输入,不能有偏差,否则会报"路径找不到"的错误。
>
> 2. pk 值和 name 值在数据库表中必须存在,否则会报 "No goods found matching the query" 的 404 错误。

5.3.2 内置编辑视图

对于网页上展示的数据,往往需要进行增、删、改操作,如提交个人信息给服务器端,服务器端会通过 Django 与数据库进行数据交互。为此,Django 提供了 4 种内置编辑视图类用来实现这一功能,包括 FormView(表单视图类)、CreateView(新建记录视图类)、UpdateView(更新记录视图类)、DeleteView(删除记录视图类)。

1. FormView(表单视图类)

FormView 类主要用于验证数据,响应验证结果(提交成功或出错),显示表单数据。在 views.py 文件中自定义表单视图时,应该先用如下方式导入 FormView 类。

```
from django.views.generic.edit import FormView        #导入 FormView 类
```

在导入代码的 FormView 处单击鼠标右键,在弹出的菜单中依次选择 "Go To" "Super Method",在打开的代码文件中可以看到 FormView 类的定义。

```
class FormView(TemplateResponseMixin, BaseFormView)
```

FormView 类继承自 TemplateResponseMixin 父类和 BaseFormView 父类,相应的属性、方法也都来自两个父类的属性和方法。

这里仅介绍一些常用的属性,其中 TemplateResponseMixin 父类提供了 template_name 属性、response_class 属性。

- template_name 属性通过指定一个模板名为 FormView 的类提供数据展现和提交功能。
- response_class 属性的默认值为 TemplateResponse,也可以指定自定义模型类名,可为模板提供数据字段。

BaseFormView 父类继承自 FormMixin 父类和 ProcessFormView 父类,为 FormView 类提供如下常用属性。

- initial = {} 属性为字典类型，通过其中的字典元素为展现信息表单提供初始值。
- form_class = None 属性用于指定表单类。
- success_url = None 属性用于指定提交成功的重定向路由地址。

FormView 类的方法继承自各级父类方法，如 get、post 等，感兴趣的读者可以在 PyCharm 工具中打开源代码文件依次查看 FormView 的父类。

下面我们来看一个自定义表单视图类展现并提交验证数据的案例。

【案例 5.15】 自定义表单视图类展示并提交验证数据（HelloThreeCoolCats 项目）

利用 FormView 类，我们可以通过模型读取数据，在模板中展示数据并验证提交数据。若提交成功，则可通过视图函数给出提交成功信息，否则给出 404 出错提示。

第一步：准备模型。

这里仍然借助 4.1.2 节建立的 class goods(models.Model):模型，利用 4.4.1 节增加的记录来为 FormView 视图类提供数据。

第二步：自定义视图类。

在 background 应用的 views.py 文件中自定义如下视图类。

```
class GoodsForm(forms.ModelForm):       #定义为 FormView 类提供模型数据的表单模型类
    class Meta:
        model=goods                     #指定模型
        fields='__all__'                #获取模型 goods 的所有属性（字段）
class FormView1(FormView):              #定义表单视图类
    template_name ='FormView.html'      #调用视图对应的模板
    form_class =GoodsForm               #指定表单对应的模型类
    success_url ='../OK/'               #指定提交成功的路由地址
```

第三步：建立调用模板。

在 background 应用的模板子路径下增加 FormView.html 模板，供表单视图类调用。

```
<!DOCTYPE html>
<html lang="en">
<head>
    <meta charset="UTF-8">
    <title>表单类显示及提交</title>
</head>
<body>
    <form method="post">
```

```
    {% csrf_token %}
    <table>
        <tr><th>水果名称</th><td>{{ form.name }}</td></tr>
        <tr><th>数    量</th><td>{{ form.number }}</td></tr>
        <tr><th>单    价</th><td>{{ form.price }}</td></tr>
        <tr><td colspan="2"><input type="submit" value="提交"/></td></tr>
    </table>
    </form>
</body>
</html>
```

在表单类调用 FormView.html 模板的情况下，模板自动接收 FormView 类提供的隐含 form 对象，该对象提供了表单类中的模型属性及数据，可以在模板中通过变量对象的形式进行调用。

第四步：在路由中实例化视图类。

在 background 应用的 urls.py 文件配置列表中增加如下内容。

```
from . import views
from django.urls import path
urlpatterns = [
    path('fv/',views.FormView1.as_view()),    #指定调用 FormView1 类实例的路由
    path('OK/',views.ShowOK,name='OK'),       #指定提示成功视图函数的路由
    ]
```

第五步：在根路由文件 urls.py 中设置如下路由（其他路由设置应注释掉）。

```
path('bg/',include('background.urls')),
#将访问 URL 中的子路由信息转发到 background 应用的 urls 路由列表
```

第六步：启动 Web 服务器，在浏览器中进行访问测试。

在命令提示符中启动 Web 服务器，然后在浏览器的地址栏中输入 127.0.0.1:8000/bg/fv 并按下回车键，表单展示界面如图 5.26 所示，在该界面中依次输入对应的数据，单击"提交"按钮，数据提交成功提示界面如图 5.27 所示。

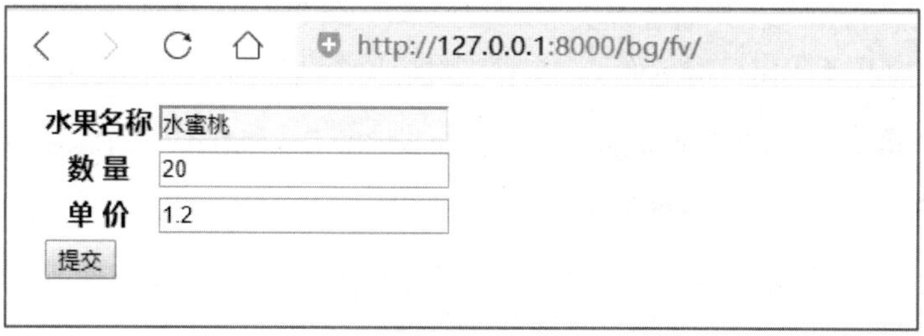

图 5.26　表单展示界面

图 5.27　数据提交成功提示界面

2. CreateView（新建记录视图类）

CreateView 类用于为指定模型新增记录并返回新建成功提示，其导入方式如下。

```
from django.views.generic.edit import CreateView    #导入CreateView类
```

打开其定义源代码文件，可以看到 CreateView 类的定义如下。

```
class CreateView(SingleObjectTemplateResponseMixin, BaseCreateView):
```

CreateView 类继承自 SingleObjectTemplateResponseMixin 和 BaseCreateView 父类。CreateView 类自身仅定义了一个属性 template_name_suffix，该属性用于指定模板的后缀名，默认值为 '_form'。其他属性及方法都继承自父类的属性和方法，下面我们介绍几个常用属性。

SingleObjectTemplateResponseMixin 父类的 TemplateResponseMixin 父类提供了如下属性。

- template_name 属性：用于指定模板名称。
- response_class 属性：用于指定自定义模型类名，为模板提供显示的数据字段，默认值为 TemplateResponse。

BaseCreateView 父类的 ModelFormMixin、ProcessFormView 父类及其父类提供了如下属性。

- fields 属性：用于指定模型属性，为表单提供字段。
- form_class 属性：用于指定模型类。
- success_url 属性：用于指定提交成功的重定向路由地址（调用显示操作成功信息的视图）。
- model 属性：用于指定模型名称，一个模型对应一个数据库表。

CreateView 类的方法都继承自 SingleObjectTemplateResponseMixin 和 BaseCreateView 父类，或者更上一级的父类，各位读者可以自行查看。

下面我们通过一个案例来了解自定义新建记录视图类的方法，并通过该视图类实现表单新记录的提交。

【案例 5.16】 自定义新建记录视图类提交表单新记录（HelloThreeCoolCats 项目）

在这个案例中，我们将利用 CreateView 类为 goods 模型增加记录。

第一步：准备模型。

这里我们使用 goods 模型。

第二步：自定义视图类。

在 background 应用的 views.py 文件中自定义如下视图类，并利用【案例 5.14】中的 ShowOK 视图函数提示操作成功信息。

```
class CreateView1(CreateView):
    initial = {'name':'西瓜','number':10,'price':1.2}
    template_name = 'CreateView.html'
    #form_class =GoodsForm              #指定表单对应的模型类（方法一）
    model =goods                        #用 model、fields 指定模型对象（方法二）
    fields =['name','number','price']   #指定视图需要的字段
    success_url = '/OK/'                #指定提交成功的路由地址
```

在自定义的 CreateView1 类中，有两种方法可以确定该类与模型 goods 的关系。

- 利用 form_class 属性指定自定义模型类，使用方法见【案例 5.14】。
- 利用 model、fields 指定模型对象。

第三步：建立调用模板。

在 background 应用的模板子路径下增加 CreateView.html 模板，供新建记录视图类调用。

```
<!DOCTYPE html>
<html lang="en">
<head>
    <meta charset="UTF-8">
    <title>为模型对应表增加记录</title>
</head>
<body>
    <h2>请新增水果记录</h2>
    <form method="post">{% csrf_token %}
    {{ form.as_p }}
    <input type="submit" value="保存">
</form>
</body>
</html>
```

在新建记录视图类调用模板的情况下，模板接收默认的 form 对象，form 对象通过 as_p 将模型

属性传递给 Create View.html 模板。

第四步:在路由中实例化视图类。

在 background 应用的 urls.py 文件的配置列表中增加如下内容。

```
from . import views
from django.urls import path
urlpatterns = [
    path('OK/',views.ShowOK,name='OK'),           #配置 ShowOK 视图函数
    path('c/',views.CreateView1.as_view()),       #配置 CreateView1 类实例化路由
]
```

第五步:在根路由文件 urls.py 中设置如下路由(其他路由设置应注释掉)。

```
path('bg/',include('background.urls')),
#将 URL 信息从根路由转发到 background 应用的 urls 路由列表
```

第六步:启动 Web 服务器,在浏览器中进行访问测试。

在命令提示符中启动 Web 服务器,然后在浏览器的地址栏中输入 127.0.0.1:8000/bg/c 并按下回车键,新建记录视图类界面如图 5.28 所示。在该界面上依次输入对应的数据,单击"保存"按钮,保存数据成功提示界面如图 5.29 所示。

图 5.28 新建记录视图类界面

图 5.29 保存数据成功提示界面

然后,利用 MySQL Workbench 工具进入数据库,在左边列表中选择"fruits_goods"表,在表名

处单击鼠标右键，在弹出的菜单上选择"Select Rows"，此时将在界面右侧显示新增数据记录，如图 5.30 所示。

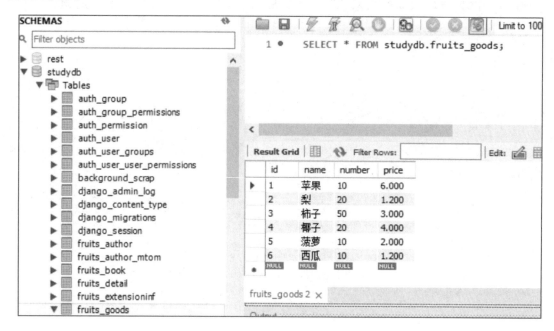

图 5.30 新增数据记录

3. UpdateView（更新记录视图类）

UpdateView 类用于通过表单界面为模型修改记录，其导入方式如下。

```
from django.views.generic.edit import UpdateView        #导入UpdateView类
```

打开 UpdateView 类定义源代码文件，其定义方式如下。

```
class UpdateView(SingleObjectTemplateResponseMixin, BaseUpdateView):
```

通过上面的内容可以看到，UpdateView 类的两个父类是 SingleObjectTemplateResponseMixin 类和 BaseUpdateView 类。

UpdateView 类的主要属性和方法都继承于各级父类。

常用的属性为 model（指定模型）、template_name（指定模板名称）、slug_field（指定查询字段）、slug_url_kwarg（指定 URL 传递的变量名）、context_object_name（指定传递给模板的模型变量对象名）、success_url（指定提交成功的路由地址）等。

UpdateView 类的方法全部继承于各级的父类，感兴趣的读者可以通过 PyCharm 查看。

下面我们来看一个自定义更新记录视图类对现有数据进行修改提交的案例。

【案例 5.17】 自定义更新记录视图类，实现数据的修改提交（HelloThreeCoolCats 项目）

对模型数据的更新都建立在指定字段基础上，所以必须指出需要更新的字段的名称。

第一步：准备模型。

这里使用 goods 模型。

第二步：自定义视图类。

在 background 应用的 views.py 文件中自定义如下的视图类，并利用【案例 5.14】中的 ShowOK 视图函数提示操作成功信息。

```
class UpdateView1(UpdateView):
    template_name ='UpdateView.html'     #指定需要更新操作的模板名称
    model =goods                          #指定需要更新的模板名
    fields =['name','number','price']     #指定表单需要显示的字段
    slug_field = 'name'                   #指定需要修改的字段
    slug_url_kwarg ='name'                #指定URL传递变量给slug_field，联合查询
    context_object_name ='goods'          #指定传递给模板的模型变量名
    success_url ='../OK/'                 #指定提交成功的视图的路由地址
```

第三步：建立调用模板。

在 background 应用的模板子路径下增加 UpdateView.html 模板，供更新记录视图类调用。

```
<!DOCTYPE html>
<html lang="en">
<head>
    <meta charset="UTF-8">
    <title>更新记录视图类调用模板</title>
</head>
<body>
    <h2>水果名为：{{goods.name}}</h2>
    <form method="post">{% csrf_token %}
    {{ form.as_p }}
    <input type="submit" value="更新">
</form>
</body>
</html>
```

第四步：在路由中实例化视图类。

在 background 应用的 urls.py 文件的配置列表中增加如下内容。

```
from . import views
from django.urls import path,re_path
urlpatterns = [
    path('OK/',views.ShowOK,name='OK'),
    path('<name>',views.UpdateView1.as_view())
]
```

第五步：在根路由文件 urls.py 中设置如下路由（其他路由设置应注释掉）。

```
path('bg/',include('background.urls')),
#将访问URL的子路由信息转发到background应用的urls路由列表
```

第六步：启动 Web 服务器，在浏览器中进行访问测试。

启动 Web 项目 HelloThreeCoolCats，然后在浏览器的地址栏中输入 "127.0.0.1:8000bg/西瓜" 并按下回车键，带更新记录视图类的界面如图 5.31 所示。在该界面中依次输入对应的更新数据（如图 5.32 所示），单击"更新"按钮，此时会提示更新成功。

图 5.31 带更新记录视图类的界面

图 5.32 输入对应的更新数据

借助 MySQL Workbench 工具，可以在数据库的 fruits_goods 表中发现已经更新的记录。

> **注意**
>
> 若 fruits_goods 表中有两条关于西瓜的记录，则更新时将报出"MultipleObjectsReturned at/西瓜"错误，这意味着不能对字段值重复的记录进行更新。要解决这个问题，可以向 URL 中传递唯一的 id 字段值，并同步修改 UpdateView1 视图类中的内容。

4. DeleteView（删除记录视图类）

通过 DeleteView 类可以实现对指定模型记录的删除，其导入方式如下。

```
from django.views.generic.edit import DeleteView    #导入DeleteView类
```

打开 DeleteView 类的定义源代码，其定义如下。

```
class DeleteView(SingleObjectTemplateResponseMixin, BaseDeleteView):
```

可以看到它的两个父类为 BaseDetailView、SingleObjectTemplateResponseMixin。DeleteView 类的属性和方法都继承自其各级父类。

DeleteView 类中常用的属性为 model（指定模型）、template_name（指定模板名称）、context_object_name（指定传递给模板的模型变量对象名）、success_url（指定提交成功的视图的路由地址）等。

DeleteView 类的方法全部继承自各级父类的方法，感兴趣的读者可以通过 PyCharm 查看。

下面我们来看一个自定义删除记录视图类对现有表里数据进行删除的案例。

【案例 5.18】 自定义删除记录视图类，实现表数据的删除（HelloThreeCoolCats 项目）

第一步：准备模型。

这里使用 goods 模型。

第二步：自定义视图类。

在 background 应用的 views.py 文件中自定义如下视图类，利用【案例 5.14】的 ShowOK 视图函数提示操作成功信息。

```
class DeleteView1(DeleteView):
    template_name ='DeleteView.html'    #指定需要删除操作的模板
    model = goods                       #指定需要删除操作的模板名
    context_object_name = 'goods'       #指定传递给模板的模型变量名
    success_url = '/OK/'                #指定提交成功的视图的路由地址
```

第三步：建立调用模板。

在 background 应用的模板子路径下增加 DeleteView.html 模板，供删除记录视图类调用。

```
<!DOCTYPE html>
<html lang="en">
<head>
    <meta charset="UTF-8">
    <title>删除记录视图调用</title>
</head>
<body>
    <form method="post">{% csrf_token %}
    <p>需要删除该记录吗？"{{ goods.name }}"?</p>
    <input type="submit" value="删除提交">
    </form>
</body>
</html>
```

第四步：在路由中实例化视图类。

在 background 应用的 urls.py 文件的配置列表中增加如下内容。

```
from . import views
from django.urls import path,re_path
urlpatterns = [
    path('/OK/',views.ShowOK,name='OK'),
    path('<pk>.html',views.DeleteView1.as_view())
    ]
```

第五步：在根路由文件 urls.py 中设置如下路由。

```
path('bg/',include('background.urls')),
#将访问 URL 的子路由信息转发到 background 应用的 urls 路由列表
```

第六步：启动 Web 服务器，通过浏览器进行访问测试。

启动 Web 项目 HelloThreeCoolCats，在浏览器的地址栏中输入 http://127.0.0.1:8000/bg/7.html（地址里的 7 为需要删除的记录的 ID 号，可以通过 MySQL Workbench 工具查看 fruits_goods 表中的记录获取情况）并按下回车键，带删除记录视图类的界面如图 5.33 所示。在该界面上单击"删除提交"按钮，删除成功提示界面如图 5.34 所示，表明记录删除成功。

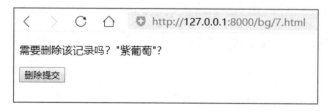

图 5.33　带删除记录视图类的界面

图 5.34　删除成功提示界面

用 MySQL Workbench 工具查看 fruits_goods 数据库表，对应记录已经删除，如图 5.35 所示。

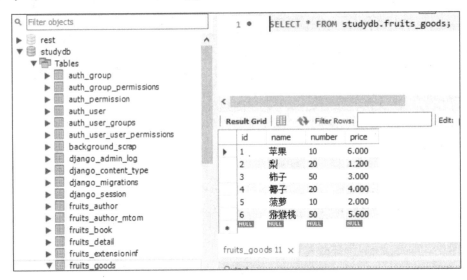

图 5.35　对应记录已删除的数据库表

5.3.3　内置日期视图

在实际工作中，根据日期要求查询数据库表中的数据记录是一项需要经常进行的操作。内置日期视图可以根据提供的年、月、日查询模型中的日期字段，将符合条件的记录返回并展现在浏览器端。Django 3.x 版本提供了 7 个日期视图类。

- ArchiveIndexView：指定需要降序排列的日期字段，返回表中的所有记录到网页表单。
- YearArchiveView：指定需要按照给定年份查询的日期字段，将符合条件的表记录返回到网页表单。
- MonthArchiveView：指定需要按照给定年、月查询的日期字段，将符合条件的表记录返回到网页表单。

- WeekArchiveView：指定需要按照给定年份的某一周查询的日期字段，将符合条件的表记录返回到网页表单。这里的某一周指该年份的总天数除以 7 得到的周个数中的一个序数。

- DayArchiveView：指定需要按照给定年、月、日查询的日期字段，将符合条件的表记录返回到网页表单。

- TodayArchiveView：指定需要按照给定当前日期查询的日期字段，将符合条件的表记录返回到网页表单。

- DateDetailView：指定需要按照给定的某年、某月、某日查询的日期字段，将符合条件的详细表记录返回到网页表单。该查询要求查询日期值必须是唯一的，否则查询时会报错。

上述日期视图类的实现过程类似，这里以年查询视图类 YearArchiveView 为例进行讲解并给出使用案例。

YearArchiveView 类的导入方式如下。

```
from django.views.generic.dates import YearArchiveView  #导入 YearArchiveView 类
```

用 PyCharm 工具在视图中增加上述导入行代码，在 YearArchiveView 处单击鼠标右键，依次选择"Go To""Implementation(s)"，进入该类的定义源代码文件。

```
class YearArchiveView(MultipleObjectTemplateResponseMixin, BaseYearArchiveView):
    """List of objects published in a given year."""
    template_name_suffix = '_archive_year'
```

从 YearArchiveView 类的定义中可以看出，其功能继承自 MultipleObjectTemplateResponseMixin、BaseYearArchiveView 两个父类，其中仅新定义了 template_name_suffix 属性，其他属性及方法都来自各级父类的属性和方法。

YearArchiveView 类支持的常用属性如下。

- allow_empty 属性：值为 True 时，即使查询结果为空也会正常显示视图网页；值为 False 时，若查询结果为空则显示 404 错误，该属性继承自 ContextMixin 类。

- allow_future 属性：值为 True 时，返回的日期记录包含大于当前日期的所有记录；值为 False 时,返回的日期记录不包含大于当前日期的记录。该属性继承自 DateMixin 类,默认值为 False。

- content_type 属性：指定返回浏览器的网页数据类型，继承自 TemplateResponseMixin 类，默认值为'text/html'类型。

- context_object_name 属性：指定需要将模型传递给模板的变量，继承自 ContextMixin 类。

- date_field 属性：指定需要在模型中查找的 DateField、DateTimeField 类型字段名，继承自 DateMixin 类。
- extra_context 属性：指定一个字典对象，将内容传递给指定的模板，要求字典中的键名与模板中的变量名一致，继承自 ContextMixin 类。
- http_method_names 属性：指定视图接收的 HTTP 方法列表，如 GET、POST 等，继承自 View 类。
- make_object_list 属性：值为 True 时传递 objects 对象供模板调用（在模板中用 object_list 变量获取模型对象）；值为 False 时，无法使用该属性。该属性继承自 BaseYearArchiveView 类。
- model 属性：指定模型名，继承自 MultipleObjectMixin 类。
- ordering 属性：用字符串或列表形式指定模型需要查询的字段，默认按升序查询，字段前加 "-" 表示按降序查询，继承自 MultipleObjectMixin 类。
- paginate_by 属性：分页显示，指定每页显示的记录条数，继承自 MultipleObjectMixin 类。
- paginate_orphans 属性：分页显示时，为了避免最后一页显示的记录过少，指定最后一页显示的记录条数，继承自 MultipleObjectMixin 类，默认值为 0。
- paginator_class 属性：用于指定自定义分页类，继承自 MultipleObjectMixin 类，默认值为 Paginator。
- queryset 属性：接收模板对象查询操作结果，继承自 MultipleObjectMixin 类。
- response_class 属性：指定 HTTP 请求的响应类，继承自 TemplateResponseMixin 类，默认值为 TemplateResponse。
- template_engine 属性：提供模板引擎名，继承自 TemplateResponseMixin 类，默认值为 None，指向 settings.py 配置文件中的引擎。
- template_name 属性：指定模板名，继承自 TemplateResponseMixin 类。
- template_name_suffix 属性：指定模板的后缀名，是 YearArchiveView 类中自定义的属性，默认值为 _list。
- year 属性：提供字符串形式的年份值，继承自 YearMixin 类，默认值为 None，表示从 URL 的变量中获取年份值。

- year_format 属性：设置从 URL 传递过来的年份变量格式，继承自 YearMixin 类，默认值为"%Y"，表示仅接受数字形式的年份。

YearArchiveView 类支持的常用方法如下。

- as_view()方法：实现视图类的实例化并返回实例化对象，继承自 View 类。
- dispatch()方法：当 URL 请求访问视图时会触发该方法并返回响应的 HTTP 具体方法，继承自 View 类。
- get()方法：若 HTTP 的请求访问方法为 GET，则触发视图时会执行该方法，该方法继承自 BaseListView 类。
- get_context_data()方法：为模板传递变量，继承自 MultipleObjectMixin 类。
- get_date_list()方法：根据日期条件在 queryset 对象中查找符合要求的数据记录，返回类型为 date_type 的日期列表，继承自 DateMixin 类。
- get_dated_items()方法：返回包含(date_list, object_list, extra_context)的元组，继承自 DateMixin 类。
- get_dated_queryset()方法：根据查询日期参数返回查询结果 queryset 对象，继承自 DateMixin 类。
- get_paginator()方法：返回视图分页器类的实例，默认实例化由 paginator_class 指定的类，继承自 MultipleObjectMixin 类。
- head()方法：若 HTTP 的请求访问方法为 HEAD，则触发视图时会执行该方法，该方法继承自 BaseListView 类。
- http_method_not_allowed()方法：如果请求访问没有采用 HTTP 的方法，则触发视图时会调用该方法，该方法继承自 BaseListView 类。
- paginate_queryset()方法：返回包含(paginator、page、object_list、is_paginated)的元组，继承自 BaseListView 类。
- render_to_response()方法：返回 response_class 实例，继承自 BaseListView 类。
- setup()方法：初始化视图实例时将 request、args、kwargs 指定的参数传递给 dispatch()方法。

下面我们通过一个案例来介绍如何自定义年查询视图类，通过浏览器传递年参数 URL，利用 YearArchiveView 视图类的相关功能实现表记录的查询，以及在网页上展示。

【案例 5.19】 自定义年查询视图类，实现年相关数据的展示（HelloThreeCoolCats 项目）

第一步：准备模型。

在 background 应用的 models.py 文件中增加如下的水果报废模型。

```
from django.db import models
class scrap(models.Model):                                               #水果报废模型
    idGoods = models.SmallIntegerField(primary_key=True)                 #商品ID号
    name = models.CharField(max_length=20)                               #报废水果名
    number = models.FloatField()                                         #报废数量
    price = models.DecimalField(max_digits=10, decimal_places=3)         #报废价格
    BackDate= models.DateTimeField()                                     #报废时间
```

在命令提示符的 Web 项目路径下依次执行 python manage.py makemigrations background、python manage.py migrate 命令，生成模型对应的数据库表，如图 5.36 所示。

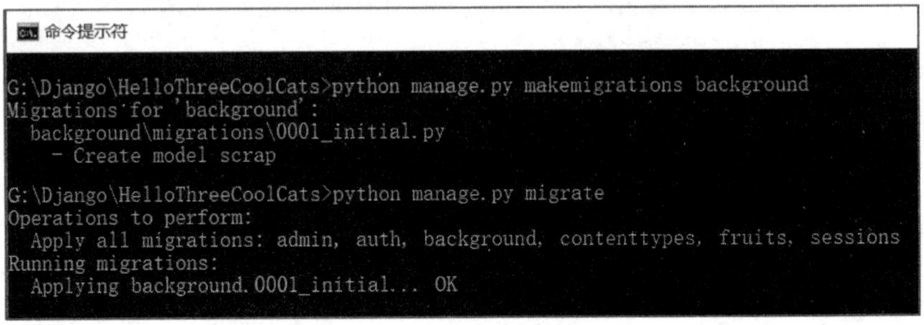

图 5.36　生成模型对应的数据库表

在 MySQL Workbench 工具界面左侧的列表中将看到生成的 background_scrap 表。然后，在 SQL Lab 中执行如下命令，向数据库表中插入记录，完成报废数据准备，如图 5.37 所示。

```
INSERT INTO studydb.background_scrap
(`idGoods`,`name`,`number`,`price`,`BackDate`)VALUES(7,'猕猴桃',2,2.1,Now());
```

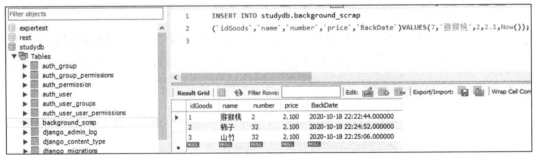

图 5.37　报废数据准备

第二步：自定义视图类。

在 background 应用的 views.py 文件中自定义如下视图类。

```python
from background.models import scrap
class YearView(YearArchiveView):
    allow_empty = True                          #允许表单数据为空
    allow_future = True                         #表示表单允许显示当前日期后面的日期记录
    #model =scrap                               #指定模型
    date_field = 'BackDate'                     #指定查找的日期字段
    year_format = '%Y'                          #指定URL年份变量传递的格式为数字
    queryset =scrap.objects.all()               #查询模型的所有记录★
    #context_object_name ='T_scrap'             #将模型变量传递给模板
    template_name = 'YearFindView.html'         #指定模板
    make_object_list = True                     #将查询结果的object_list变量传递给模板
    #paginate_by =5                             #指定5条记录为一页
```

注意观察上述代码中用#注释掉的部分，需要明白该视图是通过★处的操作与模型建立联系的。

第三步：建立调用模板。

在 background 应用的模板子路径下增加 YearFindView.html 模板，供年查询视图类调用。

```html
<!DOCTYPE html>
<html lang="en">
<head>
    <meta charset="UTF-8">
    <title>年查询视图</title>
</head>
<body>
    <h1>水果退货记录</h1>
    <h3>商品编号 水果名称 数量 单价 退货日期</h3>
    <ul>
    {% for date in object_list %}
        <li>{{ date.idGoods }}  {{ date.name}}  {{ date.number}}  {{ date.price}} {{ date.BackDate}}</li>
    {% endfor %}
    </ul>

</body>
</html>
```

第四步：在路由中实例化视图类。

在 background 应用的 urls.py 文件的配置列表中增加如下内容。

```python
from . import views
from django.urls import path,re_path
```

```
urlpatterns = [
    #path('<pk>.html',views.DeleteView1.as_view()),必须注释这 2 行,否则第 3 条路由无法执行
    #path('<name>',views.UpdateView1.as_view()),
    path('<int:year>.html',views.YearView.as_view()),
]
```

第五步:在根路由文件 urls.py 中设置如下路由(其他路由设置应注释掉)。

```
path('bg/',include('background.urls')),
#将访问 URL 的子路由信息转发到 background 应用的 urls 路由列表
```

第六步:启动 Web 服务器,在浏览器中进行访问测试。

启动 Web 项目 HelloThreeCoolCats,在浏览器的地址栏中输入 http://127.0.0.1:8000/bg/2020.html 并按下回车键,通过年查询视图类展示的页面如图 5.38 所示。

图 5.38　通过年查询视图类展示的页面

5.4　视图与数据库事务

事务(Transaction)为数据库表同步多次访问操作(尤其是增、删、改操作)提供了安全可靠的完整性处理功能,确保所处理的数据是可靠、安全、完整的[①]。这里的多次访问可以针对一个数据库表,也可以针对不同的数据库表。事务处理是针对关系型数据库而言的,非关系型数据库几乎不支持该功能。

事务功能在涉及重要数据,特别是跟资金相关的数据时尤为重要,要确保每一笔交易资金都准确无误。可以想象一下,由于电脑故障,导致正往数据库中插入的一笔交易数据丢失,这将会带来多么严重的后果!

---

① 体现关系型数据库事务的 ACID 性质:原子性(Atomicity)、一致性(Consistency)、隔离性(Isolation)、持久性(Durability)。

由于 Django 提供了 ORM 模型处理数据库的方式，因此也提供了相应的事务处理功能。Django 模型中的事务由 transaction 模块提供，其导入方式如下。

```
from django.db import transaction
```

Django 主要提供了两种事务处理方式：默认自动提交事务方式、显式提交事务方式。

1. 默认自动提交事务方式

默认自动提交事务方式要求在项目的 settings.py 文件中配置 DATABASES 字典的参数项将 ATOMIC_REQUESTS 设置为 True。实际上，Django 默认的事务处理方式是自动提交事务，所以即使不设置该参数，事务功能在默认情况下也是自动启动的。

📢 注意

> 学过数据库事务的读者要明白，这个自动设置为 True 的方式相当于用 SQL 启动事务的命令 BEGIN TRANSACTION，所以在这个方式下不用显式启动事务。一般情况下，建议启用默认自动提交事务方式，虽然启用该方式会增加对数据库操作时间的消耗。为了控制回滚事务或提供出错信息提示，事务代码必须与 try…except…错误捕捉机制结合使用。

在默认自动提交事务方式下，如果涉及多记录操作或多表操作，可以使用如下事务处理方法。

```
transaction.atomic(using=None, savepoint=True)      #表示在视图里使用事务
```

上述方法使用 using 参数来表示所要操作的数据库。如果未提供，则 Django 会使用配置参数里的"default" 指定的数据库。

下面我们通过事务处理视图实现多表记录同步处理功能，其实现内容如【案例 5.20】所示。

【案例 5.20】 商品出库处理

对于存储于库房中的商品，将其转为门店销售时需要做转拨处理，在库存明细表中核减商品出库数量，并将其增加到门店上架表中。

第一步：建立表并检查记录。

这里采用 4.2.1 节中建立的 fruits_goods 表作为上架表，将 4.2.2 节中的 fruits_detail 表作为库存明细表。先用 MySQL Workbench 工具检查 fruits_detail 表中的商品记录，如图 5.39 所示，必须要有商品的对应记录，若没有，则可以利用 4.5.1 节中的方法增加商品记录。

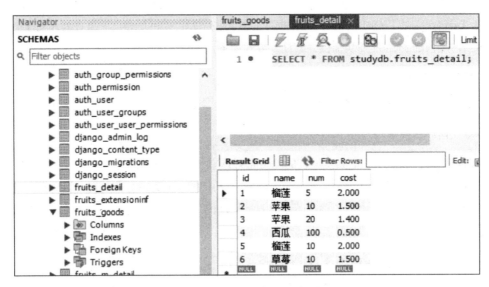

图 5.39 fruits_detail 表中的商品记录

第二步：将库存明细表中的一种商品转入上架表。

这里要求将 id=5 的记录中的 3 个榴莲转入上架表。

第三步：建立事务处理视图函数。

在 fruits 应用的 views.py 文件中增加对 Detail、goods 模型的事务处理视图函数，代码如下。

```python
from django.db import transaction
from django.db.models import F
def trans1(request):
    goNum=3                                                              #调拨的榴莲数量
    try:
        with transaction.atomic():                                       #开始使用事务
            Detail.objects.filter(id=5).update(num=F("num")-goNum)       #库存明细表中减 3 个榴莲
            goods.objects.create(name='榴莲',number=goNum,price=2)        #上架表中加 3 个榴莲
    except Exception as e:                                               #若事务提交失败，触发异常
        return HttpResponse("水果上架失败"+str(e))                          #返回异常出错信息
    return HttpResponse("水果上架成功！")                                   #返回事务提交成功信息
```

第四步：为 fruits 应用进行路由配置。

```python
from . import views
from django.urls import path
    path('t/',views.trans1)         #调用事务处理视图函数
]
```

第五步：配置根路由。

```
path(' fruits/',include('fruits.urls')),
```

第六步：启动 Web 服务器，在浏览器中进行访问测试。

启动 Web 项目 HelloThreeCoolCats，在浏览器的地址栏中输入 http://127.0.0.1:8000/fruits/t 并按下回车键，显示水果上架成功，如图 5.40 所示。

图 5.40　水果上架成功

通过 MySQL Workbench 工具查看 fruits_goods 表和 fruits_detail 表，将看到前表中增加了一条榴莲上架记录，后表中 id=5 的记录中的榴莲数量减少了 3 个，两个表的数据一次性操作成功。

2. 显式提交事务方式（设置保存点方式）

Djang 允许显式提交事务，前提是要在 settings.py 配置文件中设置 AUTOCOMMIT 为 False。另外，需要设置保存点（SavePoint），标志事务开始执行。设置保存点时需要提供如下事务处理函数。

- savepoint(using=None)函数：创建新的保存点，标志事务的开始执行点，返回保存点 ID (sid)。
- savepoint_commit(sid, using=None)函数：提交事务，释放保存点 sid。
- savepoint_rollback(sid, using=None)函数：当提交出现异常时，触发该回滚事务，回滚 sid 范围的事务。

为了标记视图使用事务，可以在视图函数的开始处用装饰器@transaction.atomic 进行标记，或者使用 transaction.atomic 函数（使用方式见【案例 5.20】）。

对【案例 5.20】中的事务处理视图函数进行改造，代码如下。

```
def trans2(request):
    goNum=3
    @transaction.atomic
    …                                           #其他模型操作
    sid=transaction.savepoint()                 #显式开启事务保存点
    try:
        Detail.objects.filter(id=5).update(num=F("num")-goNum)
        goods.objects.create(name='榴莲',number=goNum,price=2)
```

```
    transaction.savepoint_commit(sid)        #显式提交事务
    return HttpResponse("水果上架成功! ")
except Exception as e:
    transaction.savepoint_rollback(sid)       #回滚事务
    return HttpResponse("水果上架失败"+str(e))
```

上述代码主要利用savepoint()设置事务可以回滚的开始执行点，在显式提交事务方式下确定事务的开始执行点，利用 savepoint_commit()提交开始执行点的事务内容，若提交失败，则利用savepoint_rollback()将事务回滚到开始执行点。

5.5 习题

1. 填空题

（1）视图层对外接受浏览器用户（　　），对内调度（　　）、（　　）。

（2）路由地址代表访问资源的唯一性，所以（　　）加（　　）必须具有唯一性。

（3）视图主要处理（　　）、（　　）两种 Web 行为。

（4）视图的实现可以通过视图（　　）或视图（　　）。

（5）（　　）为数据库同步多次访问操作提供了安全可靠的完整性处理功能。

2. 判断题

（1）在应用的 urls.py 文件中，子路由地址设置可以重复，但只执行第一个子路由，不会执行第二个，因此，这种设置方式不可取。（　　）

（2）项目中的一个路由名代表一个路由地址，所以不会因重复而发生冲突。（　　）

（3）视图函数被调用时，可以通过 HttpResponse 对象返回状态码，因此不能自定义状态码错误提示界面。（　　）

（4）一个视图类在被调用之前必须进行实例化，这样它才能被唯一的路由地址访问调用。（　　）

（5）使用事务的前提是数据库本身必须支持事务，而有些数据库产品不支持事务。（　　）

5.6 实验

实验一

建立学生基本信息视图，以下为具体要求。

- 建立一个独立项目。
- 建立学生基本信息模型。
- 建立读取学生基本信息的视图。
- 建立输入学生基本信息的视图。
- 在浏览器中输入学生基本信息（至少 3 条）。
- 在浏览器中显示上面的信息。
- 形成实验报告。

实验二

对实验一的实现方式进行改造，以下为本实验的具体要求。

- 显示学生基本信息界面，提供跳转功能，可跳转到输入并提交数据的界面。
- 提供对输入数据进行修改、删除的功能。
- 形成实验报告。

第 6 章 模板

在 MTV 框架的设计中,Django 要求将与 HTML 相关的网页代码内容独立提取成模板,以.html 为扩展名存放到模板配置指定的路径下,并为其提供变量和模板指令,以实现动态网页效果,为视图所调用。这里的模板就是 MTV 中的 T(Template)。为了识别模板中的变量和指令,Django 提供了统一的模板语言,即 Django Template Language(DTL),并由模板引擎进行解释和管理。Django 最早提供的模板引擎是 Django Templates,在 Django 发展到 1.8 版本时开始出现了更加流行的 Jinja2 模板引擎,Django 还支持第三方开发的模板引擎,不同的模板引擎对应不同的模板语言。

6.1 初识模板

要在 Django 中使用模板,第一步就是进行模板配置。配置完模板运行环境并编写模板文件后,模板才能被视图所调用。

6.1.1 模板配置

在创建项目时(以 HelloThreeCoolCats 为例),根路径下的 settings.py 配置文件中已经存在默认的模板配置列表,列表名为 TEMPLATES,内容如下。

```
TEMPLATES = [
    {
        'BACKEND': 'django.template.backends.django.DjangoTemplates',
        'DIRS': [],
        'APP_DIRS': True,
        'OPTIONS': {
            'context_processors': [
```

```
                'django.template.context_processors.debug',
                'django.template.context_processors.request',
                'django.contrib.auth.context_processors.auth',
                'django.contrib.messages.context_processors.messages',
            ],
        },
    },
]
```

列表里有一个字典，字典中的元素以键值对的形式出现。

1. 模板默认配置

'BACKEND'对应的值用于设置模板引擎，默认的模板引擎为 Django Templates，也可以将模板引擎设置为 Jinja2，设置方式如下。

```
'BACKEND': 'django.template.backends.jinja2.Jinja2',
```

在默认情况下，'DIRS'的列表为空，用来设置模板所在的路径，Django 会根据设置路径找到对应的模板文件。在实际项目中，除了可以在根路径下建立 templates 子路径并设置路径，还可以为不同的应用建立并设置 templates 路径。

为 HelloThreeCoolCats 项目及其中的 fruits 应用分别建立 templates 路径，然后设置模板配置路径，大概的步骤如下。

第一步：用 PyCharm 工具打开 HelloThreeCoolCats 项目，在项目名称 HelloThreeCoolCats 处单击鼠标右键，在弹出的菜单中选择"New"，再选择"Directory"，在弹出的路径输入框中输入"templates"并按下回车键，这样即可建立根路径下的模板子路径，如图 6.1 所示。然后，我们要在 fruits 应用中建立同样的模板子路径。

第二步：在 settings.py 文件中的名为 TEMPLATES 的'DIRS'配置项列表中增加模板配置路径，内容如下。

```
'DIRS': [os.path.join(BASE_DIR,'templates'),         #配置根路径模板以查找路径
        os.path.join(BASE_DIR,'fruits/templates')],  #配置 fruits 应用模板子路径以查找路径
```

其中 os.path.join()是 Python 中内置的 os 对象，用于将两个或两个以上的字符串路径名拼接为一个完整路径，拼接完成后可以自动在字符串之间添加路径分割符号"/"。BASE_DIR 内置变量用于标明项目所在路径。

经过上述两步，使用模板的环境便配置好了。

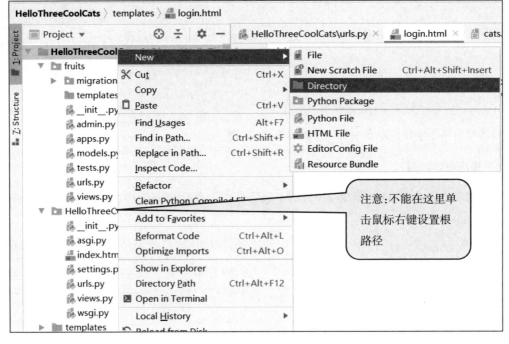

图 6.1　建立根路径下的模板子路径的过程

6.1.2　调用模板

要想通过视图调用模板，并将处理过的模板以网页形式返回给浏览器，要经过建立网页模板文件 login.html、建立视图函数 login、配置根路由、启动 Web 服务器及浏览器进行访问测试这 4 个步骤。

第一步：建立网页模板文件 login.html。

在根模板路径 templates 下建立 login.html 文件（操作过程与 6.1.1 节的案例类似，可参考图 6.1，区别是选择完"New"后要选择"HTML File"），其中的模板实现代码如下。

```
<html>
<body>
<h1 style="text-align:center"> <a href="#tip">{{ hello }}</a></h1>
</body>
</html>
```

模板代码中的{{ hello }}为 Django Templates 模板引擎可以识别的固定格式变量，需要通过视图函数为该变量传递值。

第二步：建立视图函数 login。

在根路径下打开 views.py 文件，在其中增加 login 视图函数，内容如下。

```
def login(request):
    hello1={'hello':'带模板的三酷猫来啦！'}          #定义hello字典变量
    return render(request,'login.html',hello1)   #通过render函数调用模板，传递变量值给模板变量
```

这里需要注意，字典变量中的键名 hello 一定要和模板中的变量名一致，这样才能准确传递变量值。render()函数会向浏览器返回响应模板。

第三步：配置根路由。

在根路由文件 urls.py 的路由列表中增加下列路由配置。

```
path('log/',views.login),                        #调用根路径下带模板的视图
```

第四步：启动 Web 服务器及浏览器进行访问测试。

在命令提示符中执行如下命令启动 Web 服务器，在浏览器地址栏中输入 http://127.0.0.1:8000/log 并按下回车键，视图调用模板的执行结果如图 6.2 所示。

```
G:\Django\HelloThreeCoolCats>python manage.py runserver 0.0.0.0:8000
```

图 6.2　视图调用模板的执行结果

从这里开始，视图和 HTML 结构代码已完全分离，程序员可以通过修改模板方便地改变网页外观，无须调整业务逻辑层的代码（在 Django 中指视图层的代码）。

6.2　Django 默认模板引擎

在 Django 1.8 版本之前只有一个默认的内置模板系统 Django Template Language（DTL），一般情况下，使用 DTL 模板系统足够应对开发需求，一些内置的应用（如 Admin）也采用了 DTL。DTL 需要通过对应的 django.template.backends.django.DjangoTemplates 引擎进行运行解释。对于 Django 编程而言，各位读者需要了解模板上下文、模板标签、自定义标签、过滤器、自动 HTML 转义、模板继承等功能。

6.2.1 模板上下文

模板上下文又称为模板变量（Variable），是指视图传递给模板的数据对象，这里可以是 Python 语言中的任何数据对象，如字符串变量、类实例、列表、字典等。在模板中，变量的格式为{{ variable }}，用于获取传递变量的值。下面我们来看一个视图向模板传递变量的具体案例。

【案例 6.1】 视图向模板传递变量（HelloThreeCoolCats 项目）

第一步：建立传递变量的视图函数。

在 background 应用的 views.py 文件中增加 CallTemplate 视图函数。

```python
def CallTemplate(request):                       #将变量传递给模板的视图函数
    title='三酷猫'                               #字符串
    fruits=['香瓜','哈密瓜','黄瓜']              #列表
    records={'鲫鱼':10,'带鱼':20,'鲤鱼':30}      #字典
    class Cats(object):                          #自定义类
        def __init__(self,name,number,price):
            self.name=name
            self.number=number
            self.price=price
    cats=Cats('三酷猫',10,2000)                  #类实例化
    #data=goods.objects.all()                    #模型对象
    return render(request, "Template.html", {"title":title, "dic":records, "data":cats,'fruits':fruits})
```

第二步：建立接收变量的模板。

在 background 应用的模板子路径下增加 Template.html 模板，其中的内容如下。

```html
<!DOCTYPE html>
<html lang="en">
<head>
    <meta charset="UTF-8">
    <title>传递模型变量</title>
</head>
<body>
    <h3>{{title}}</h3>    <!-- 变量 -->                        {#获取字符串变量值#}
    <li>鲫鱼{{dic.鲫鱼}} 带鱼{{dic.带鱼}} 鲤鱼{{dic.鲤鱼}}</li>   {#获取字典变量值#}
    <p>{{data.name}}  {{data.number}} {{data.price}} </p>      {#获取类实例变量值#}
    <h4>{{fruits.0}},{{fruits.1}},{{fruits.2}}</h4>             {#获取列表变量值#}
</body>
</html>
```

注意观察上面的代码，所有的变量类型在模板中都必须用双花括号引用。字符串变量名在视图中和模板中要保持一致。字典变量通过点号"."连接键名，以获取对应的值。类实例对象通过点号"."连接属性名，以获取实例化后的值。列表对象通过点号"."连接下标值，以获取对应的元素。

> **说明**
>
> 模板中的单行注释说明用"{# 说明 #}"格式,也可以用 HTML 中的<--- 说!明 -->格式。多行注释方式见模板标签中的{%comment%}。

第三步:配置应用路由。

在 background 应用的 urls.py 文件中配置访问路由。

```
from . import views
from django.urls import path,re_path
urlpatterns = [
    path('call/',views.CallTemplate)          #变量调用测试函数路由
]
```

第四步:配置根路由。

在根路由文件 urls.py 的路由列表中增加下列路由配置。

```
path('bg/', include('background.urls')),
#将访问 URL 的子路由信息转发到 background 应用的 urls 路由列表中
```

第五步:启动 Web 服务器,在浏览器中进行访问测试。

启动 Web 服务器,在浏览器的地址栏中输入 http://127.0.0.1:8000/bg/call 并按下回车键,视图向模板传递变量后的调用结果如图 6.3 所示。

图 6.3　视图向模板传递变量后的调用结果

【案例 6.1】利用了视图函数将变量传递给模板,在视图类中,向模板传递变量的方法还有以下几种。

- 重写 get_context_data()方法(见【案例 5.11】)。
- 通过 context_object_name 属性指定的模型变量名(见【案例 5.13】)。
- 利用视图类调用的默认模型名(见【案例 5.14】)。

- 借助表单视图默认的 form 变量（见【案例 5.15】）。
- 借助视图类调用的 object_list 变量（见【案例 5.19】）。

6.2.2 模板标签

模板标签（Tags）在模板中的使用格式为 {% tag %}，可以实现对变量及 HTML 代码的灵活控制，进而提供内容更加丰富的动态网页。

常见的内置模板标签如表 6.1 所示。

表 6.1 常见的内置模板标签

编号	模板标签	功能说明
1	{%for%}	循环可迭代对象中的每个选项，如传递的列表、字典、模型变量，使用效果类似于 Python 语言中的 for 语句
2	{%if %}	判断给定的变量值是否为 True，若为 True 则执行对应的代码，否则不执行，使用效果类似于 Python 语言中的 if 语句
3	{%csrf_token%}	为输入界面提供安全保护，防止跨站请求伪造攻击
4	{%url%}	获取传递过来的 URL 模式名变量（路由命名、命名空间和路由命名的组合），并将其反向解析为网址（不含域名或 IP 地址）
5	{%with%}	对复杂的模板变量重新命名（名称简写化）
6	{%filter%}	模板过滤器
7	{%block%}	在父模板中定义块，可以被子模板覆盖，用于实现模板继承（详见 6.2.6 节）
8	{%load%}	加载一个自定义模板标签、与过滤器相关的库
9	{%now%}	获取当前日期时间
10	{%extends%}	标记当前模板继承的父模板的标签
11	{%comment%}	注释模板中的代码块

Django 3.x 版本中完整的模板标签清单见官方网站说明[①]。下面我们通过 {%for%}、{%if %} 等模板标签，实现视图传递过来的变量的接收功能，如【案例 6.2】所示。

【案例 6.2】 利用模板标签接收视图向模板传递的变量（HelloThreeCoolCats 项目）

第一步：建立传递变量的视图类。

---

① 模板标签清单的完整说明可参见链接 8。

在 background 应用的 views.py 文件中增加如下视图类。

```python
from django.views.generic import ListView
class ShowTagT(ListView):
    template_name ='ShowTag.html'                       #设置需要调用的模板名称
    model=goods                                         #模型
    make_object_list = True
    #queryset=goods.objects.all()
    def get_context_data(self, **kwargs):               #重写 get_context_data 方法
        context = super().get_context_data(**kwargs)    #继承 get_context_data 方法
        context['address'] =['天津河西区','上海黄浦区','北京东城区']  #传递变量及值
        context['name'] = '刘瑜'                        #传递变量及值
        context['pet'] = '三酷猫'                       #传递变量及值
        return context
```

第二步：建立接收变量的模板。

在 background 应用的模板子路径下增加 ShowTag.html 模板，其中的内容如下。

```html
<!DOCTYPE html>
<html lang="en">
<head>
    <meta charset="UTF-8">
    <title>模板标签使用</title>
</head>
<body>
    <table border="1">
       <tr>
          <th>水果 </th>
          <td>数量 </td>
          <td>单价 </td>
       </tr>
       {%for one in object_list%}
       <tr>
          <td>{{one.name}}</td>
          <td>{{one.number}}</td>
          <td>{{one.price}}</td>
       </tr>
       {%endfor%}
        <tr>
            {%if pet %}
               <th>今天 </th>
               <th>{%now "SHORT_DATETIME_FORMAT"%}</th>
               <th>有数据^_^</th>
            {%else%}
               {%comment%}
                   这段代码不执行
                   <p>{{address.0}}{{address.1}}{{address.2}}</p>
```

```
                {% endcomment %}
            {%endif%}
        </tr>
    </table>
</body>
</html>
```

🔊 **注意**

标签 if 的 pet 变量中不能再加{{ }},否则会报错。另外,标签 if 的判断条件可以是逻辑比较、模板变量、过滤器等,使用方法类似 Python 语句中的 if 语句。

第三步:配置应用路由。

在 background 应用的 urls.py 文件中配置访问路由。

```
from . import views
from django.urls import path,re_path
urlpatterns = [
    path('tag/',views.ShowTagT.as_view())
    ]
```

第四步:配置根路由。

在根路由文件 urls.py 的路由列表中增加下列路由配置。

```
path('bg/', include('background.urls')),
#将访问 URL 的子路由信息转发到 background 应用的 urls 路由列表中
```

第五步:启动 Web 服务器,在浏览器中进行访问测试。

启动 Web 服务器,在浏览器的地址栏中输入 http://127.0.0.1:8000/bg/tag 并按下回车键,带标签的模板测试结果如图 6.4 所示。

水果	数量	单价
苹果	10.0	6.000
梨	20.0	1.200
柿子	50.0	3.000
椰子	20.0	4.000
菠萝	10.0	2.000
猕猴桃	50.0	5.600
紫葡萄	10.0	1.200
今天	2020年10月20日 18:03	有数据^_^

图 6.4 带标签的模板测试结果

6.2.3 自定义标签

当内置模板标签满足不了模板的使用要求时,可以自定义标签(Custom Tags)。Django 的模板标签分为两类:简单标签(simple_tag)、包含标签(inclusion_tag)。

- simple_tag:实际是 django.template.Library 下定义的一个方法,通过该方法,自定义标签接收多个参数(如字符串、模板变量等)并对这些参数值和额外信息进行处理,最后返回处理结果。自定义简单标签时,应该先用@register.simple_tag 注册它。
- inclusion_tag:这也是 django.template.Library 下定义的一个方法,为当前模板提供另一个模板的渲染信息。比如,另一个模板定义了一组共用按钮,通过包含标签,这组按钮可以被其他模板调用。

下面我们来看一个通过自定义日期格式控制标签来接收视图传递变量的案例。

【案例 6.3】 自定义日期格式控制标签(HelloThreeCoolCats 项目)

第一步:建立自定义模板库。

Django 要求将自定义模板标签统一存放到名为 templatetags 的目录下,该目录名不能改变,其中需要包含名为 __init__.py 的空文件,新建的模板标签文件也要存放到该路径下。熟悉 Python 的读者应该明白,这其实是在建立一个独立的 templatetags 应用包。这里以 background 应用为例,在其中建立独立的 templatetags 包,建立完成后 background 目录结构如图 6.5 所示。

图 6.5 background 目录结构

第二步:自定义日期格式控制标签。

如图 6.5 所示,我们已经建立了空的 MyTags.py 文件,接下来需要在该文件中自定义标签。

```
import datetime
from django import template
register = template.Library()                    #声明该文件为标签库
```

```python
@register.simple_tag(takes_context=True)
#在 takes_context=True 参数声明下自定义标签以接收模板传递的变量
def ChineseDate(context,format_string):                    #第一个参数必须为 context
    return datetime.datetime.now().strftime(format_string)  #返回指定日期格式的结果
```

第三步：定义调用自定义日期格式控制标签的模板。

在 background 应用的模板子路径下增加 CallTags.html 模板，其中的内容如下。

```html
<!DOCTYPE html>
<html lang="en">
<head>
    <meta charset="UTF-8">
    <title>调用自定义标签</title>
</head>
{%load MyTags%} <!--导入自定义标签 -->
<body>
    {%ChineseDate "%Y 年%m 月%d 日"%}
</body>
</html>
```

在上述代码中的自定义标签 ChineseDate 后面传入指定日期格式的字符串。

第四步：建立调用模板的视图类。

在 background 应用的 views.py 文件中增加如下视图类。

```python
class CostomTags(ListView):
    template_name = 'CallTags.html'     #设置需要调用的模板名称
    model=goods
    context_object_name = 'Goods'
```

第五步：配置应用路由。

在 background 应用的 urls.py 文件中配置访问路由。

```python
from . import views
from django.urls import path,re_path
urlpatterns = [
    path('cos/',views.CostomTags.as_view())
    ]
```

第六步：配置根路由。

在根路由文件 urls.py 的路由列表中增加下列路由配置。

```python
path('bg/', include('background.urls')),
#将访问 URL 的子路由信息转发到 background 应用的 urls 路由列表中
```

第七步：启动 Web 服务器，在浏览器中进行访问测试。

启动 Web 服务器，在浏览器的地址栏中输入 http://127.0.0.1:8000/bg/cos 并按下回车键，自定义标签的模板展示结果如图 6.6 所示。

图 6.6　自定义标签的模板展示结果

6.2.4　过滤器

使用过滤器（Filters）可以进一步对传递过来的模板变量进行各种操作，如增加数字、转换字母大小写、格式对齐等。

在模板里，过滤器的使用格式如下。

```
{{variable|filter}}
```

其中，variable 为模板变量，模板变量和 filter 过滤器中间要用"|"管道符号分隔，过滤器可以多个一起使用，如{{variable|filter1| filter2| filter3}}。

有些过滤器允许带一个参数，其使用格式如下。

```
{{variable|filter:"argu"}}
```

注意，过滤器、冒号和参数之间不能有空格，否则将会报错。过滤器、管道符号和模板变量之间允许有空格。

Django 3.x 中提供了许多内置过滤器，其中比较常用的有 add、addslashes、capfirst、center、date、escape、escapejs、wordcount、safe 等，如表 6.2 所示。要想了解 Django 3.x 的全部内置过滤器及功能，请参考随书资料。

表 6.2　Django 3.x 中常用内置过滤器

序号	过滤器	功能说明	使用举例
1	add	对整型变量做加法	{{value|add:"10"}}
2	addslashes	在字符串变量的引号前增加反斜杠	{{S_value| addslashes }}，如"I'm Tom"，转换后变成"I\'m Tom"
3	capfirst	将第一个字母转为大写	{{value| capfirst }}

续表

序号	过滤器	功能说明	使用举例
4	center	使变量居于指定长度的中心	{{value|center:"6"}}，如变量值为"OK"，则显示" OK "
5	date	按照指定格式输出日期变量	{{ value|date:"Y 年 M 月 d 日" }}[①]
6	escape	转义 HTML 代码中的某些特殊字符	{{ value | escape}}，比如： < 转化为 < > 转化为 > ' 转化为 ' " 转化为 " & 被替换为 &
7	escapejs	转义 JavaScript 字符串中的字符，以便在模板中使用	{{ value|escapejs }}
8	wordcount	返回字符串中单词的数量	{{ value|wordcount }}
9	safe	不进行安全检查，默认嵌入的脚本代码是安全的	{{ var|safe|escape }}
10	upper	将变量值转为大写字母	{{ value|upper }}
...	...	...	...

了解了 Django 3.x 内置过滤器的功能，我们来看一个模板过滤器的实现案例。

【案例 6.4】 模板过滤器的实现（HelloThreeCoolCats 项目）

第一步：建立传递变量的视图类。

在 background 应用的 views.py 文件中增加如下视图类。

```
class CostomFilters(TemplateView):
    template_name ='ShowFilters.html'                    #设置需要调用的模板名称
    def get_context_data(self, **kwargs):                #重写 get_context_data 方法
        context=super().get_context_data(**kwargs)       #继承 get_context_data 方法
        context['area']='Love is forever!'               #传递模板变量
        return context
```

第二步：建立接收变量的模板。

在 background 应用的模板子路径下增加 ShowFilters.html 模板，其中的内容如下。

[①] 日期时间格式说明详见链接 9。

```html
<!DOCTYPE html>
<html lang="en">
<head>
    <meta charset="UTF-8">
    <title>过滤器测试</title>
</head>
<body>
    <div style="color:green">
        <h3>{{area}}的单词个数{{area|wordcount}}</h3>
        < li>{{area|upper|center:"20"}}</ li>
    </div>
</body>
</html>
```

第三步：配置应用路由。

在 background 应用的 urls.py 文件中配置访问路由。

```
from . import views
from django.urls import path
urlpatterns = [
    path('cf/',views.CostomFilters.as_view())
    ]
```

第四步：配置根路由。

在根路由文件 urls.py 的路由列表中增加下列路由配置。

```
path('bg/', include('background.urls')),
#将访问 URL 的子路由信息转发到 background 应用的 urls 路由列表中
```

第五步：启动 Web 服务器，在浏览器中进行访问测试。

启动 Web 服务器，在浏览器地址中输入 http://127.0.0.1:8000/bg/cf 并按下回车键，带过滤器的模板展示结果如图 6.7 所示。

图 6.7　带过滤器的模板展示结果

6.2.5 自动 HTML 转义

当视图传递给模板的变量值中含有 HTML 脚本代码时，默认情况下 Django 将输出带脚本代码的内容，即脚本代码不会被执行。Django 的这种保护机制其实是一种默认的安全设置，通过 settings.py 文件中的 MIDDLEWARE 列表设置实现。

```
'django.middleware.security.SecurityMiddleware',              #默认安全设置
```

在默认安全设置下，若在模板变量中输入如下字符串，则在模板网页被调用后会连 HTML 脚本代码一起输出。这种使用 HTML 代码的方式可以保证网站的安全，避免安全漏洞。

```
<script>alert('hello')</script>
```

而在网站安全不受保护的情况下，不怀好意的人可以注入恶意脚本代码攻击网站，这种类型的安全漏洞被称为 Cross Site Scripting（CSS，跨站脚本）攻击。但是，也存在需要在模板中运行 HTML 脚本代码的情况，此时可以通过指定过滤器 safe 或{% autoescape off %}模板标签将该保护功能关闭。

下面我们通过过滤器 safe 实现 HTML 代码转义控制，见【案例 6.5】。

【案例 6.5】 自动 HTML 代码转义控制（HelloThreeCoolCats 项目）

第一步：建立传递变量的视图类。

在 background 应用的 views.py 文件中增加如下视图类。

```
class HTMLEscape(TemplateView):
    template_name ='HTMLEscape.html'                          #设置需要调用的模板名称
    def get_context_data(self, **kwargs):                     #重写 get_context_data()方法
        context=super().get_context_data(**kwargs)            #继承 get_context_data()方法
        context['Show']="<script>alert('hello')</script>"
        return context
```

第二步：建立接收变量的模板。

在 background 应用的模板子路径下增加 HTMLEscape.html 模板，其中的内容如下。

```
<!DOCTYPE html>
<html lang="en">
<head>
    <meta charset="UTF-8">
    <title>HTML 自动转义</title>
</head>
<body>
    <h3>{{Show}}</h3>                    {#带自动转义保护的#}
    {#<h3>{{Show|safe}}</h3> 关掉带自动转义保护的★#}
```

```
</body>
</html>
```

第三步：配置应用路由。

在 background 应用的 urls.py 文件中配置访问路由。

```
from . import views
from django.urls import path,re_path
urlpatterns = [
   path('ht/',views.HTMLEscape.as_view())
   ]
```

第四步：配置根路由。

在根路由文件 urls.py 的路由列表中增加下列路由配置。

```
path('bg/', include('background.urls')),
#将访问 URL 的子路由信息转发到 background 应用的 urls 路由列表中
```

第五步：启动 Web 服务器，在浏览器中进行访问测试。

启动 Web 服务器，在浏览器的地址栏中输入 http://127.0.0.1:8000/bg/ht 并按下回车键，在 HTML 自动转义保护下的模板执行结果如图 6.8 所示。

图 6.8　在 HTML 自动转义保护下的模板执行结果

图 6.8 中带 HTML 脚本代码的显示结果也许不是程序员想要的结果，因此需要将 HTML 自动转义保护去掉，在 HTMLEscape.html 模板文件中修改代码如下。

```
{#<h3>{{Show}}</h3> 带自动转义保护的#}
<h3>{{Show|safe}}</h3>          {#关掉带自动转义保护的#}
```

然后在浏览器中执行第五步操作，去掉 HTML 转义保护的执行结果如图 6.9 所示。网页上会跳出一个提示框，这意味着在没有 HTML 转义保护的情况下输入 HTML 脚本代码是可执行的，但是存在安全漏洞。

图 6.9 去掉 HTML 转义保护的执行结果

6.2.6 模板继承

到目前为止，本书所提供的模板中都需要定义如下内容。

```
<!DOCTYPE html>
<html lang="en">
<head>
    <meta charset="UTF-8">
    <title> </title>
</head>
<body>

</body>
</html>
```

在上述 HTML 代码的基础上增加相应的模板功能会造成代码重复的问题，为了解决此类问题，这里提供了一种模板继承功能，将公共部分提取成父模板，子模板通过继承形成个性化模板。

为了实现模板继承，需要在父模板中用{%block t1%}…{%endblock%}定义可被子模板替换的部分；在子模板中使用{% extends '父模板名.html' %}继承父模板，然后在其中使用{%block t1%}…{%endblock%}重写父模板中对应的可被替换的内容。

下面我们来看一个实现模板继承的具体案例。

【案例 6.8】 实现模板继承（HelloThreeCoolCats 项目）

第一步：建立公共模板（父模板）。

在 background 应用的模板子路径下增加 backBase.html 父模板，其中的内容如下。

```
<!DOCTYPE html>
<html lang="en">
<head>
```

```
    <meta charset="UTF-8">
    {% block title %}
        <title>定义父模板</title>    {#可替换部分#}
    {% endblock %}
</head>
<body>
    {% block body %}
        <h1>可替换部分内容1</h1>
    {% endblock %}
</body>
</html>
```

第二步：建立子模板。

在 background 应用的模板子路径下增加 sonT.html 子模板，其中的内容如下。

```
{% extends 'backBase.html' %}        {#继承模板#}
{% block title%}
    <h1>子模板</h1>                  {#替换的内容#}
{% endblock %}
{% block body%}
    <h1>三酷猫! </h1>                {#替换的内容#}
{% endblock %}
```

注意，block 标签指向的名称在子模板、父模板中必须一致才能进行对应的替换。

第三步：建立调用模板的视图类。

在 background 应用的 views.py 文件中增加如下视图类。

```
def ShowSonT(request):
    return render(request, "sonT.html")
```

第四步：配置应用路由。

在 background 应用的 urls.py 文件中配置访问路由。

```
from . import views
from django.urls import path,re_path
urlpatterns = [
    path('ss/',views.ShowSonT)
    ]
```

第五步：配置根路由。

在根路由文件 urls.py 的路由列表中增加下列路由配置。

```
path('bg/', include('background.urls')),
#将访问 URL 的子路由信息转发到 background 应用的 urls 路由列表中
```

第六步：启动 Web 服务器，在浏览器中进行访问测试。

启动 Web 服务器，在浏览器的地址栏中输入 http://127.0.0.1:8000/bg/ss 并按下回车键，调用继承父模板的子模板的结果如图 6.10 所示。

图 6.10　调用继承父模板的子模板的结果

6.3　Jinja2 模板引擎

Jinja2 是基于 Python 的一款独立第三方模板引擎，可供 Django 加载使用，在运行速度、安全性、灵活性等方面比 Django 默认模板引擎更加强大，更受市场欢迎。

6.3.1　初识 Jinja2 模板引擎

根据 Jinja2 官方网站介绍，其功能特性有如下几点。

- 采用沙箱执行功能，能大幅提升网站运行的安全性。
- 提供强大的自动 HTML 转义系统，防止跨站脚本攻击。
- 提供模板继承功能。
- 提供可选的对模板代码进行快速编译的功能，能使网站运行速度大幅提升。
- 提供更加方便的代码出错调试功能，在异常报错时提供更加准确的出错代码位置。
- 提供可配置的语法，适应性更强。
- 提供扩展的文本格式模板支持功能，除了支持 HTML，还支持 XML、JSON、CSV、LaTeX 等其他文本格式。

Jinja2 的设计思想基于 Django 模板引擎，所以有了 Django 模板引擎的基础后，在学习和使用 Jinja2 方面都没有困难，本节我们将介绍 Jinja2 的安装及配置。

1. 安装 Jinja2

在计算机连接互联网的情况下，在命令提示符中执行 pip install Jinja2 命令即可在线安装 Jinja2，其过程如图 6.11 所示。

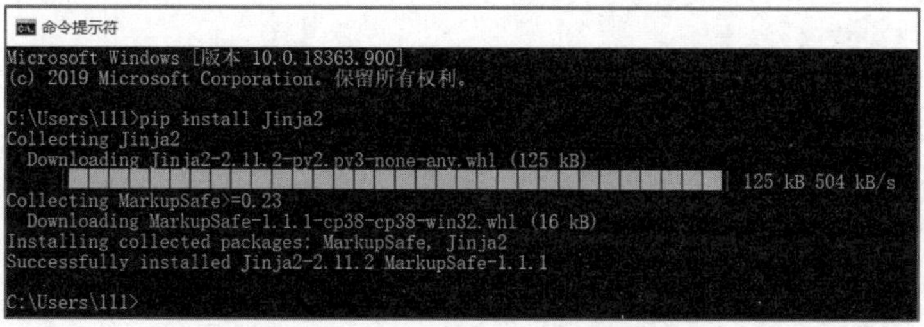

图 6.11 在线安装 Jinja2 的过程

为了验证 Jinja2 安装完成后是否可用，可以在 Python 的 IDLE 或 PyCharm 的 Django Shell 交互式环境下执行如下导入命令，若按下回车键后没有报错，则说明 Jinja2 可以使用。

```
>>> import jinja2
```

2. 配置 Jinja2

Django 支持同时使用默认模板引擎和 Jinja2 模板引擎，但是在使用前需要进行项目配置。下面我们通过一个具体的案例来了解 Jinja2 如何配置及测试。

【案例 6.9】 Jinja2 配置及测试

第一步：建立 Jinja2 模板引擎加载文件。

在项目 settings.py 文件所在的路径下新建 jinja2.py 文件，输入如下内容。

```python
from django.contrib.staticfiles.storage import staticfiles_storage
from django.urls import reverse
from jinja2 import Environment
def environment(**options):
    env = Environment(**options)
    env.globals.update({
        'static': staticfiles_storage.url,
        'url': reverse,
    })
    return env
```

无须理解上述内容的具体意思，只需要知道它的作用是将 Jinja2 模板引擎加入 Django 运行环境，方便在 Django 中调用即可。

第二步：在 settings.py 文件中配置 Jinja2 模板引擎。

```
TEMPLATES = [
    { #Jinja2 模板引擎
        'BACKEND': 'django.template.backends.jinja2.Jinja2',
        'DIRS': [os.path.join(BASE_DIR,'Jin/templates'),], #配置Jin应用子路径模板的查找路径
        'APP_DIRS': True,
        'OPTIONS': {'environment':'HelloThreeCoolCats.jinja2.environment'}
        #指向jinja2.py文件中的调用函数environment
    },
    { #默认模板引擎
        'BACKEND': 'django.template.backends.django.DjangoTemplates',
        'DIRS': [os.path.join(BASE_DIR,'templates'),         #配置根路径下的模板查找路径
                os.path.join(BASE_DIR,'fruits/templates'),
                 #配置fruits应用子路径下的模板查找路径
                os.path.join(BASE_DIR,'background/templates')],
                 #配置background应用子路径下的模板查找路径
        'APP_DIRS': True,
        'OPTIONS': {
            'context_processors': [
                'django.template.context_processors.debug',
                'django.template.context_processors.request',
                'django.contrib.auth.context_processors.auth',
                'django.contrib.messages.context_processors.messages',
            ],
        },
```

上述代码的作用是，在 TEMPLATES 配置列表中配置 Jinja2 模板引擎和默认模板引擎，同时通过'DIRS'参数让不同模板引擎分别使用不同的应用。

第三步：建立新的应用 Jin。

在项目 HelloThreeCoolCats 中新建 Jin 应用，可以在命令提示符中执行如下命令。

```
G:\Django\HelloThreeCoolCats>python
G:\Python383\Lib\site-packages\django\bin\django-admin.py startapp Jin
```

执行完成后，在 PyCharm 左边的列表中会出现新增的 Jin 子目录，如图 6.12 所示。

图 6.12 新增的 Jin 子目录

第四步：测试 Jinja2 模板引擎。

在 Jin 应用中增加 urls.py 文件（可以从 fruits 目录下复制），其中的路由设置如下。

```
from . import views
from django.urls import path,re_path
urlpatterns = [
    path('',views.CallJin)           #调用Jinja2模板引擎的视图函数
    ]
```

对根路由的设置如下。

```
path('admin/',admin.site.urls),
path('jin/', include('Jin.urls')),       #将访问URL的子路由信息转发到Jin应用urls路由列表中
```

在 Jin 应用的 views.py 文件中增加使用 Jinja2 模板引擎的视图函数，内容如下。

```
from django.shortcuts import render
# Create your views here.
def CallJin(request):
    return render(request,'CallJin.html',{'name':'[三酷猫问候Jinja2引擎', 'OK']})
```

在 Jin 应用中增加 templates 子目录，在该目录下增加 CallJin.html 模板，其中的内容如下。

```
<!DOCTYPE html>
<html lang="en">
<head>
    <meta charset="UTF-8">
    <title>jinja2引擎使用</title>
</head>
<body>
    <p>{{ name[0] }}</p>    {#这种列表变量使用方法是Jinja2独有的#}
</body>
</html>
```

启动 Web 服务器，在浏览器的地址栏中输入 http://127.0.0.1:8000/jin 并按下回车键，在 Jinja2 模板引擎解释下的模板展示结果如图 6.13 所示。

图 6.13 在 Jinja2 模板引擎解释下的模板展示结果

然后，在浏览器地址栏中继续输入 http://127.0.0.1:8000/admin/并按下回车键，显示 Admin 后端应用界面，如图 6.14 所示。Admin 应用使用的是默认模板引擎，这意味着即使使用 Jinja2 模板引擎，Django 默认模板引擎仍然可以正常使用。

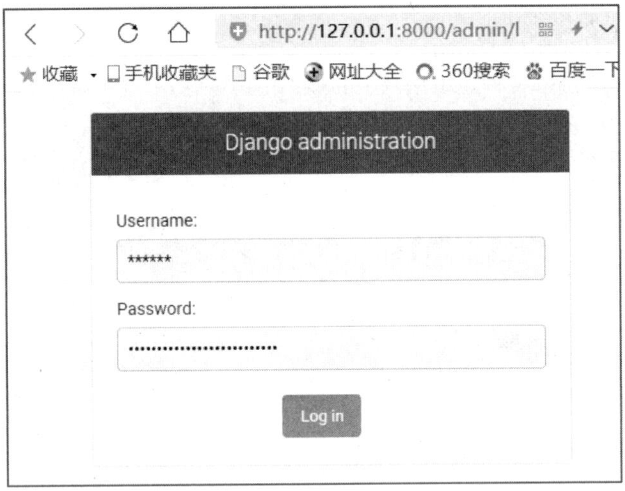

图 6.14　Admin 后端应用界面

6.3.2　模板语法

Jinja2 语法主体继承了 Django 默认模板引擎的语法，并在此基础上进行了改进，主要包括对模板变量、过滤器的改进，模板标签的语法完全继承了默认模板引擎的语法。

1. 模板变量

Jinja2 模板变量除了继承了默认的{{ variable}}模板变量格式，还对列表、字典、类实例提供了 var[]访问值方式，这与通过"."来访问键、属性的方式是一致的。下面我们来看一下在 Jinja2 语法下，如何由视图向模板传递变量。

【案例 6.10】　在 Jinja2 语法下由视图向模板传递变量

第一步：建立传递变量的视图函数。

在 Jin 应用的 views.py 文件中增加使用 Jinja2 模板引擎的视图函数。

```python
def JinSytax(request):
    template_name ='JinSytaxhtml'          #设置需要调用的模板名称
    title='Jinja2 语法'
    fruits=['苹果','桃子','李']
    fish={'1':'带鱼','2':'鲤鱼','3':'鲫鱼'}
    class Cats(object):                    #自定义类
        def __init__(self, name, number, price):
            self.name = name
            self.number = number
```

```
        self.price = price
cats=Cats('三酷猫',10,2000)                      #类实例化
Return render(request,'JinSytaxhtml.html', {'title':title,'fruits':fruits,
    'fish':fish,'cats':cats})
```

第二步：建立接收变量的模板。

在 Jin 应用的模板子路径下增加 JinSytaxhtml.html 模板，其中的内容如下。

```
<!DOCTYPE html>
<html lang="en">
<head>
    <meta charset="UTF-8">
    <title>{{title}}</title>                          {#默认模板变量使用方法#}
</head>
<body>
    <ul>
    <li>{{cats['name']}} {{cats['number']}} {{cats['price']}} </li>{#Jinja2 变量使用方法，
类实例属性#}
    <li>{{fruits[0]}} {{fruits[1]}} {{fruits[2]}}</li>       {#Jinja2 变量使用方法，列表元素#}
    <li>{{fish['1']}}  {{fish['2']}}  {{fish['3']}}</li>     {#Jinja2 变量使用方法，字典元素#}
    </ul>
</body>
</html>
```

第三步：配置应用路由。

在 Jin 应用的 urls.py 文件中配置访问路由。

```
from . import views
from django.urls import path
urlpatterns = [
    path('js/',views.JinSytax),
    ]
```

第四步：配置根路由。

在根路由文件 urls.py 的路由列表中增加下列路由配置。

```
path('admin/',admin.site.urls),
path('jin/', include('Jin.urls')),        #将访问 URL 的子路由信息转发到 Jin 应用 urls 路由列表中
```

第五步：启动 Web 服务器，在浏览器中进行访问测试。

启动 Web 服务器，在浏览器的地址栏中输入 http://127.0.0.1:8000/jin/js 并按下回车键，Jinja2 语法下由视图向模板传递变量的展示结果如图 6.15 所示。

图 6.15　Jinja2 语法下由视图向模板传递变量的展示结果

2. 过滤器

Jinja2 中过滤器的使用格式同 Django 默认模板引擎，但是对参数进行设置的方式是不同的。默认模板引擎中的参数用"："分隔，Jinja2 中用()分割，且可以使用多个参数。另外，过滤器的名称也不一致。最新的 Jinja2 中内置的过滤器见附录 B。

下面我们通过一个案例来看一下在 Jinja2 语法下模板过滤器如何使用。

【案例 6.11】　Jinja2 语法下模板过滤器的使用

第一步：建立传递变量的视图类。

在 Jin 应用的 views.py 文件中增加使用 Jinja2 模板引擎的视图类。

```
class JinFilter(TemplateView):
    template_name ='JinFilter.html'                #设置需要调用的模板名称
    def get_context_data(self, **kwargs):          #重写get_context_data方法
        class Cats(object):                        #自定义类
            def __init__(self, name, number, price):
                self.name = name
                self.number = number
                self.price = price

        cats = Cats('三酷猫', 10, 2000)              #类实例化
        context=super().get_context_data(**kwargs) #继承该方法
        context['address']=['天津','上海','北京','重庆']  #传递列表变量及值
        context['title'] = '三酷猫'                  #传递字符串变量及值
        context['Hello']='i am from Tianjin China.' #传递字符串变量及值
        context['fruits']={'苹果':2.8,'李':1.2,'橘子':1.52} #传递字典变量及值
        context['cost']=12983438.262               #传递浮点数变量及值
        context['cats']=cats                       #传递类实例变量及值
        return context
```

第二步：建立接收变量的模板。

在 Jin 应用的模板子路径下增加 JinFilter.html 模板，其中的内容如下。

```html
<!DOCTYPE html>
<html lang="en">
<head>
    <meta charset="UTF-8">
    <title>Jinja过滤器测试</title>
</head>
<body>
    <ul>
        <li>{{title|center(20)}} </li>                    {#变量值居中#}
        <li>{{address|reject('天津')}} </li>              {#Jinja2 变量使用方法，列表元素#}
        <li>{{Hello|random}} </li>                        {#随机获取字符串中的一个元素#}
        {%for one in fruits|dictsort(True,'value') %}     {#按照字典值进行排序#}
            <li>{{one}} </li>
        {%endfor%}
        <li>成本{{cost|round(2,'floor')}} </li>           {#变量值保持2位小数精度#}
        <li>{{[cats['name'],cats['number'],cats['price']]|join('.') }} </li> {#将变量值连接成字符串#}
    </ul>
</body>
</html>
```

第三步：配置应用路由。

在 Jin 应用的 urls.py 文件中配置访问路由。

```
from . import views
from django.urls import path
urlpatterns = [
    path('jf/',views.JinFilter.as_view()),
]
```

第四步：配置根路由。

在根路由文件 urls.py 的路由列表中增加下列路由配置。

```
path('admin/',admin.site.urls),
path('jin/', include('Jin.urls')),    #将访问URL的子路由信息转发到Jin应用的urls路由列表中
```

第五步：启动 Web 服务器，在浏览器中进行访问测试。

启动 Web 服务器，在浏览器的地址栏中输入 http://127.0.0.1:8000/jin/jf 并按下回车键，Jinja2 语法下模板过滤器的显示结果如图 6.16 所示。

图 6.16 Jinja2 语法下模板过滤器的显示结果

6.4 习题

1. 填空题

（1）Django 最早的模板引擎是（   ），（   ）是更加流行的模板引擎。

（2）Django 中的模板通过（   ）来调用，根模板由根视图文件（   ）中的视图对象调用。

（3）模板上下文又称（   ），是指视图传递给模板的（   ），模板变量的格式为（   ）。

（4）（   ）函数为视图函数向模板传递（   ）提供了方便。

（5）重写（   ）方法为视图类向模板传递模板变量提供了方便。

2. 判断题

（1）放到 Django 指定模板路径下的 HTML 文件就是模板。（   ）

（2）在使用 Django 模板前，必须先配置模板路径。（   ）

（3）模板标签仅能实现对模板变量的灵活控制。（   ）

（4）过滤器允许带多个参数。（   ）

（5）在默认情况下，Django 会对传递给模板的所有变量内容进行转义处理。（   ）

6.5 实验

实验一

用模板方式显示学生的信息，以下为具体要求。

- 建立项目。
- 建立学生基本信息模型。
- 借助模型将学生的信息（姓名、班级、性别、专业分别作为变量传递）由视图传递给模板。
- 在浏览器中显示结果。
- 形成实验报告。

实验二

用 Jinja2 模板引擎实现实验一中的要求。

- 使用 Jinja2 模板引擎。
- 将模型对象实例直接传递给模板。

第 7 章

表单

网页的数据输入、修改、删除及资源访问,需要频繁通过表单处理功能实现。Django 除了可以配合纯 HTML 表单使用,还提供了自有的 Form、ModelForm 类表单处理功能,以及安全处理机制,能使开发效率得到提高。

7.1 初识表单

在 2.1 节中,我们介绍了 HTML 的<form>...</form>标签,此标签就是表单标签,它提供了数据输入、选项选择、下拉框选择、数据提交、数据验证等功能,同时可以通过 HTTP 将数据发送到 Web 服务器端进行处理,最后接收服务器端的响应结果。

<form>标签功能由以下属性和内嵌标签来实现。

- action:在 Django 中用于指定数据提交的 URL,可以是绝对 URL,也可以是相对 URL。
- method:指定提交方法——POST 或 GET。
- name:指定表单名称。
- 内嵌的<input>标签的 type 属性值"submit"指定提交按钮,"text"指定输入文本框,"password"指定密码输入框(带掩码),"radio"指定单选按钮,"checkbox"指定复选框。
- 内嵌的<input>标签的 value 属性提供了提交按钮上显示的文字、单选按钮提供的值、复选框的选择值。
- 内嵌的<input>标签的 name 属性用于指定该标签的名称。

表单只处理 HTTP 传递的 GET 方法、POST 方法。比如，提交数据给服务器端用 POST 方法，通过 URL 访问服务器端的资源用 GET 方法。

下面我们用<form>等标签建立一个纯 HTML 输入数据表单，然后让该表单被视图函数调用，展示在浏览器上，如【案例 7.1】所示。

【案例 7.1】 纯 HTML 输入数据表单（HelloThreeCoolCats 项目）

第一步：建立纯 HTML 表单模板。

在 background 应用的模板子路径下增加 formtest.html 模板，供表单视图函数调用。

```html
<!DOCTYPE html>
<html lang="en">
<head>
    <meta charset="UTF-8">
    <title>纯 HTML 模板测试</title>
</head>
<body>
    <form action={{Go}} method="post">
        姓名:<input type="text" name="Name" value="三酷猫！"><br>
        喜好:<input type="text" name="love" value="Python 编程"><br>
            <input type="submit" value="提交">
</form>
</body>
</html>
```

第二步：建立调用表单模板的视图函数。

在 background 应用的 views.py 文件中增加如下视图函数。

```python
def HTMLForm(request):
    if request.method=='GET':              #判断浏览器端访问方式，如果是 GET 方式，则执行下一条
        return render(request,'formtest.html',{'Go':request.path})   #调用带表单的模板
    else:
        return HttpResponse('触发了 POST 请求发送响应！')
```

第三步：配置应用路由。

在 background 应用的 urls.py 文件中配置如下路由。

```python
from . import views
from django.urls import path,re_path
urlpatterns = [
    path('hf/',views.HTMLForm)
    ]
```

第四步：配置根路由。

在根路由文件 urls.py 的路由列表中增加下列路由配置。

```
path('bg/',include('background.urls')),
#将访问 URL 的子路由信息转发到 background 应用的 urls 路由列表中
```

第五步：启动 Web 服务器，在浏览器中进行访问测试。

启动 Web 服务器，在浏览器的地址栏中输入 http://127.0.0.1:8000/bg/hf 并按下回车键，纯 HTML 表单界面如图 7.1 所示，然后单击"提交"按钮，POST 请求响应返回信息界面如图 7.2 所示。

图 7.1　纯 HTML 表单界面

图 7.2　POST 请求响应返回信息界面

当表单使用量变多时，纯 HTML 表单不能满足 Django 代码高度复用的要求，于是 Django 提供了更好的 Form、ModelForm 类，以便进行高效开发，提供更多的辅助功能。

7.2　Form 表单

Form 类是 Django 表单系统的核心功能实现对象之一，它的主要部分包括表单字段、字段小控件等，这些部分可以被表单类对应的表单模板所调用，而表单模板会被视图所调用。

7.2.1　创建 Form 表单

Form 类定义于 django.forms 模块文件中，其导入方式如下。

```
from django.forms import Form        #导入 Form 类
```

在 PyCharm 中打开 Form 类（单击鼠标右键）定义的源代码，发现其属性和方法都继承自 BaseForm

类和 DeclarativeFieldsMetaclass 类。

Form 类中常见的属性如下。

- as_table 属性：为表单字段提供<table>标签。
- as_p 属性：为表单字段提供<p>标签。
- as_ul 属性：为表单字段提供<ul>标签。

Form 类中常见的方法如下。

- is_valid()方法：验证绑定的表单数据是否正常，正常返回 True，异常返回 False。
- has_changed()方法：检查表单初始数据是否被更改，更改返回 True，没更改返回 False。

下面我们来看一个通过 Form 类实现表单功能的具体案例。

【案例 7.2】 通过 Form 类实现表单功能（HelloThreeCoolCats 项目）

第一步：建立 Form 类。

在 background 应用的路径下增加 form.py 文件，在其中增加如下 Form 类。

```
from django import forms
class FirstForm(forms.Form):                              #自定义表单类
    name=forms.CharField(label='MyName',max_length=20)    #仅有一个表单字段
```

第二步：建立 Form 类对应的模板。

在 background 应用的模板子路径下增加 firstForm.html 模板。

```
<!DOCTYPE html>
<html lang="en">
<head>
    <meta charset="UTF-8">
    <title>第一个 Form 模板测试</title>
</head>
<form action='' method="post">
    {% csrf_token %}
    <table>
        {{ form}}
    </table>
    <input type="submit" value="提交">
</form>
</body>
</html>
```

这里通过 form 变量传递 FirstForm 类实例，然后通过 Django 模板语言将{{form}}解包成 HTML

标记代码和相关数据。

第三步：建立调用表单模板的视图函数。

在 background 应用的 views.py 文件中增加如下视图函数。

```
from background.form import FirstForm                    #导入 firstForm 类
def ShowFirstForm(request):
    if request.method=='POST':                           #若浏览器端用表单的 POST 方式访问
        form=FirstForm(request.POST)                     #调用表单类，生成类实例
        if form.is_valid():                              #验证表单数据
            return HttpResponse('响应成功！')             #返回成功信息给访问的浏览器端
    else:
        form = FirstForm()                               #表单类实例化变量
    return render(request,'firstForm.html',{'form':form})   #将变量 form 传递给模板
```

这里需要注意，为了调用 FirstForm 类，需要先导入 form 模块。

第四步：配置应用路由。

在 background 应用的 urls.py 文件中配置如下路由。

```
from . import views
from django.urls import path,re_path
urlpatterns = [
    path('ff/',views.ShowFirstForm)
]
```

第五步：配置根路由。

在根路由文件 urls.py 的路由列表中增加下列路由配置。

```
path('bg/',include('background.urls')),
#将访问 URL 的子路由信息转发到 background 应用的 urls 路由列表中
```

第六步：启动 Web 服务器，在浏览器中进行访问测试。

启动 Web 服务器，在浏览器的地址栏中输入 http://127.0.0.1:8000/bg/ff 并按下回车键，通过 Form 类实现的表单功能展示结果如图 7.3 所示。

图 7.3　通过 Form 类实现的表单功能展示结果

该界面中的 "MyName" 由表单字段的 label 参数提供，输入框通过默认参数 type='text' 来设置。

7.2.2 表单字段

建立表单时,非常重要的部分就是建立各种表单字段,不同类型的表单字段对应不同的模板 HTML 元素组件,为模板提供界面操作功能,如输入框、选择下拉框、复选框等。在表单类中,表单字段的定义有点类似于模型字段,对应着不同的数据类型,并通过参数约束字段特性。

表单字段的功能包括验证输入数据、显示 Web 外观界面等表单字段内置默认小控件(Widgets)参数 widget,该参数用于实现界面显示外观。

1. 表单字段类

forms 库中定义了 Field 类,可用来提供表单字段,表 7.1 列出了部分常用的表单字段类。

表 7.1 部分常用的表单字段类

序号	表单字段类	自有参数	功能说明(含返回值)	默认小控件
1	BooleanField (布尔字段)	无	提供复选框功能,返回 True 或 False	CheckboxInput
2	CharField (文本字段)	max_length、min_length 用于指定文本最大、最小长度; strip=true 用来去掉值的前后空格; empty_value 指定表示空值的值	提供文本输入框功能,返回字符串	TextInput
3	ChoiceField (下拉选择字段)	choices 作为该字段选项的一个可选代对象(例如,列表或元组)或者一个可调用对象	提供下拉选择框功能,返回选中的字符串,默认值为空	Select
4	DecimalField (准确数值字段)	max_value、min_value 通过 decimal.Decimal 对象给输入值限定取值范围;max_digits 指定值允许的最大位数(小数点之前和之后的数字总共的位数,前导的零将被删除);decimal_places 指定允许的最大小数位	提供验证为精确数值的输入框	当 localize 为 False 时,该字段值为 NumberInput,否则为 TextInput
5	DateField (日期字段)	input_formats,一个格式的列表,用于将字符串转换为 datetime.date 的对象	提供验证为日期的选择框	DateInput
6	FloatField (浮点数字段)	max_value、min_value 指定输入值的最大、最小范围	提供验证为浮点数的输入框	当 Field.localize 是 False 时为 NumberInput,否则为 TextInput
...	...	...	...	...

2. 表单字段类公共参数

表 7.1 中的表单字段类中有一些公共参数，它们的使用方法如下。

- required：指定是否允许输入一个空字段，默认值为 True，表示不允许输入空字段，若输入空字段会报错；值为 False 时，表示可以输入空字段。
- label：字段映射到模板的<label>标签，用于指定一个易于阅读的标题，不指定时使用默认的字段变量名（第一个字母大写），如 fruits=forms.CharField()里的字段变量名 fruits。
- label_suffix：为<label>标签提供指定的后缀，默认情况下<label>的后缀是 ":"。
- initial：为表单字段提供初始值，initial 参数只用在未绑定的表单上。
- widget：指定表单字段在模板中渲染后展示的组件，如文本输入框、单选框、复选框、下拉框等。
- help_text：指定对字段的辅助描述文本。
- error_messages：字段触发异常时，设置自定义出错提示信息，是一个字典对象，其键为出错关键字，如'required'。
- validators：自定义验证规则列表，其中的元素为对字段进行验证的函数的函数名，即通过这个参数将字段和自定义的验证函数连接起来。
- localize：本地化时间参数，值为 True 时，不同时区自动显示当地时间。
- disabled：禁用字段组件参数，值为 True 时，无法操作字段对应的网页上的组件功能。

下面我们来看一个表单字段的实际使用案例。

【案例 7.3】 测试表单字段（HelloThreeCoolCats 项目）

第一步：建立表单类。

在 background 应用的 form.py 文件中增加如下自定义表单类。

```python
from django import forms
from django.utils.timezone import now

class ShowFormField(forms.Form):
    fruits=forms.CharField(label='水果名',max_length=20,min_length=2)
    number=forms.FloatField(label='销售数量',min_value=0,max_value=10000,initial=1)
    price=forms.DecimalField(label='销售单价', max_value=10000, min_value=0, initial=0, decimal_places=2)
```

```
    SaleDate=forms.DateField(label='销售日期',input_formats='%Y年%m月%d日',
disabled=True,initial=now)
```

第二步：建立表单类对应的模板。

在 background 应用的模板子路径下增加 ShowFormField.html 模板，其中的内容如下。

```html
<!DOCTYPE html>
<html lang="en">
<head>
    <meta charset="UTF-8">
    <title>显示表单字段效果</title>
</head>
<body>
    <form action='' method="post">
    {% csrf_token %}
    <table>
        {{form}}
    </table>
    <input type="submit" value="提交">
    </form>
</body>
</html>
```

第三步：建立调用表单模板的视图函数。

在 background 应用的 views.py 文件中增加如下视图函数，将表单类实例 form 传递给 ShowFormField.html 模板。

```
from background.form import ShowFormField
def ShowFormField1(request):
    if request.method=='POST':
        form=ShowFormField(request.POST)       #调用表单类，生成类实例
        if form.is_valid():
            return HttpResponse('表单字段提交响应成功！')
    else:
        form = ShowFormField()
    return render(request,'ShowFormField.html',{'form':form})
```

第四步：配置应用路由。

在 background 应用的 urls.py 文件中配置如下路由。

```
from . import views
from django.urls import path,re_path
urlpatterns = [
    path('sf/',views.ShowFormField1)        #通过路由地址调用视图函数
    ]
```

第五步：配置根路由。

在根路由文件 urls.py 的路由列表中增加下列路由配置。

```
path('bg/',include('background.urls')),
#将访问URL的子路由信息转发到background应用的urls路由列表中
```

第六步：启动 Web 服务器，在浏览器中进行访问测试。

启动 Web 服务器，在浏览器的地址栏中输入 http://127.0.0.1:8000/bg/sf 并按下回车键，表单字段显示效果如图 7.4 所示。

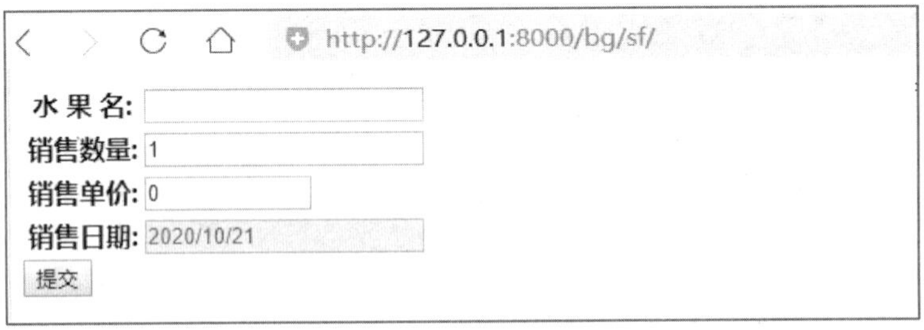

图 7.4　表单字段显示效果

7.2.3　小控件

准确地说，小控件是 Django 对 HTML 的输入元素（<input>标签）的表示，用于在 HTML 界面上展示文本框、选择框、下拉框、日期选择框等功能。

不同的表单字段可以采用默认的小控件提供字段在 HTML 显示时的可操作界面功能，也可以指定小控件并为小控件指定参数，用于设置外观 CSS 样式。

1. 指定小控件

为表单字段显式指定小控件需要通过 widget 参数来实现。如为文本字段指定一个小控件，其实现如下。

```
from django import forms
class WidgetForm(forms.Form):
    comment = forms.CharField(widget=forms.Textarea)  #指定一个大文本输入框（可以多行输入）
```

2. 指定小控件参数

不少小控件都提供了相应的参数，可以通过 PyCharm 在小控件名称处单击鼠标右键，选择"Go To"进行查看。比如，可以通过 years 参数为 SelectDateWidget 小控件提供初始值。

```
SetYear=[1000,2000,3000]
class WidgetForm(forms.Form):
    birth_year =forms.DateField(widget=forms.SelectDateWidget(years=SetYear))
```

3. 为小控件添加 CSS 样式

在默认情况下，表单字段的小控件所展示的外观风格是一样的，如统一的字体、字号、颜色，相对比较单调，可以通过 attrs 参数为小控件提供不同的外观风格。

```
class WidgetForm(forms.Form):
    name = forms.CharField(widget=forms.TextInput(attrs={'size':'30'}))
```

下面我们通过表单字段小控件实现一个表单输入界面，如【案例 7.4】所示。

【案例 7.4】 表单字段小控件的使用（HelloThreeCoolCats 项目）

第一步：建立自定义表单类。

在 background 应用的 form.py 文件中增加 WidgetForm(forms.Form)类，其中包括上面 3 个代码段中定义的 comment、birth_year、name 这 3 个字段。

第二步：建立表单类对应的模板。

在 background 应用的模板子路径下增加 ShowCustomField.html 模板，其中的内容如下。

```html
<!DOCTYPE html>
<html lang="en">
<head>
    <meta charset="UTF-8">
    <title>小控件调整个性化字段</title>
</head>
<body>
    <form action='' method="post">
    {% csrf_token %}
    <table>
        {{form}}
    </table>
    <input type="submit" value="提交">
    </form>
</body>
</html>
```

第三步：建立调用表单模板的视图函数。

在 background 应用的 views.py 文件中增加如下视图函数，将表单类实例 form 传递给 ShowCustomField.html 模板。

```
from background.form import WidgetForm
def CustomField(request):
    if request.method=='POST':
        form=WidgetForm(request.POST)         #调用表单类,生成类实例
        if form.is_valid():
            return HttpResponse('表单字段提交响应成功!')
    else:
        form = WidgetForm()
    return render(request,'ShowCustomField.html',{'form':form})
```

第四步:配置应用路由。

在 background 应用的 urls.py 文件中配置如下路由。

```
from . import views
from django.urls import path,re_path
urlpatterns = [
    path('cfd/',views.CustomField)
    ]
```

第五步:配置根路由。

在根路由文件 urls.py 的路由列表中增加下列路由配置。

```
path('bg/',include('background.urls')),
#将访问 URL 的子路由信息转发到 background 应用的 urls 路由列表里
```

第六步:启动 Web 服务器,在浏览器中进行访问测试。

启动 Web 服务器,在浏览器的地址栏中输入 http://127.0.0.1:8000/bg/cfd 并按下回车键,指定小控件后的表单显示效果如图 7.5 所示。

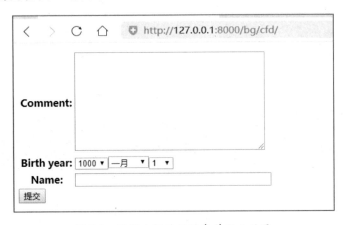

图 7.5 指定小控件后的表单显示效果

7.2.4 表单模板

表单必须借助模板来展示网页界面操作组件,除了可以通过表单变量{{ form }}、{{ form.as_table }}、{{ form.as_p }}、{{ form.as_ul }}渲染模板<form>内部的标签元素,还可以手动渲染表单字段、遍历表单字段、复用表单模板。

1. 手动渲染表单字段

这里主要利用传递表单变量的字段属性 id_for_label 来确定<label>标签的 id,使不同的表单字段指向不同的<label>标签,灵活安排表单字段在 HTML 中渲染的效果。

在 background 应用的模板子路径下增加 ManualField.html 模板,其中的内容如下。

```html
<!DOCTYPE html>
<html lang="en">
<head>
    <meta charset="UTF-8">
    <title>手动渲染表单字段</title>
</head>
<body>
    <table border="1">
      <tr>
        <td><label for='{{ form.name.id_for_label}}'>
        水果名:</label>{{ form.name }}</td>
        <td><label for='{{form.birth_year.id_for_label}}'>
        上市时间:</label>{{ form.birth_year }}</td>
      </tr>
      <tr>
        <td ><label for='{{ form.comment.id_for_label}}'>
        营养说明:</label>{{ form.comment }}</td>
        <td align="center">三酷猫水果店</td>
      </tr>
    </table>
</body>
</html>
```

上述代码中的{{ form.name.id_for_label }}用于将指定的表单字段 id 传递给指定位置的<label>标签。

将【案例 7.4】中的 CustomField(request)视图函数的最后一行返回代码修改如下。

```
return render(request, 'ManualField.html', {'form': form})
```

然后在启动 Web 服务器的前提下,在浏览器的地址栏中输入 http://127.0.0.1:8000/bg/cfd 并按下回车键,手动渲染表单字段的显示效果如图 7.6 所示。

图7.6 手动渲染表单字段的显示效果

然后，在显示的网页上单击鼠标右键，在弹出的菜单中选择"查看网页源代码"，这样就可以看到渲染后的 HTML 代码及<label>标签对应的 id 字段值。

2. 遍历表单字段

在表单字段比较多且可以统一风格的情况下，可以通过遍历表单字段的方式实现高效编程。

在 background 应用的模板子路径下增加 traverseField.html 模板，其中的内容如下。

```
<!DOCTYPE html>
<html lang="en">
<head>
    <meta charset="UTF-8">
    <title>遍历表单字段</title>
</head>
<body>
    <table border="1">
        {% for field in form %}
        <tr>
            <td>{{ field.label_tag }} {{ field }}</td>
        </tr>
        {% endfor %}
    </table>
</body>
</html>
```

其中，{{ field.label_tag }}为<label>标签提供名称，{{ field }}用于提供字段小控件的渲染结果。

将【案例7.4】中的 CustomField(request)视图函数的最后一行返回代码修改如下。

```
return render(request, 'traverseField.html', {'form': form})
```

然后在启动 Web 服务器的前提下，在浏览器的地址栏中输入 http://127.0.0.1:8000/bg/cfd 并按下回车键，遍历表单字段后的显示效果如图 7.7 所示。

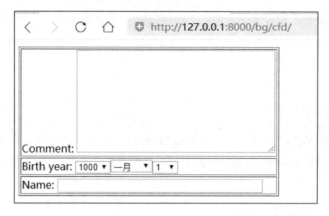

图 7.7　遍历表单字段后的显示效果

3. 复用表单模板

在网站项目中，若存在不同网页模板使用相同表单渲染内容的情况，可以将表单渲染部分独立保存到一个模板文件中，然后在其他模板中通过 include 标签调用该独立模板。

比如，可以将以下部分独立存放到 subT.html 模板中。

```
<table border="1">
    {% for field in form %}
    <tr>
        <td>{{ field.label_tag }} {{ field }}</td>
    </tr>
    {% endfor %}
</table>
```

然后，在 fatherT.html 模板中通过以下方法调用 subT.html 模板，达到表单模板复用的目的。

```
<!DOCTYPE html>
<html lang="en">
<head>
    <meta charset="UTF-8">
    <title>遍历表单字段</title>
</head>
<body>
    <h3>三酷猫！</h3>
    {% include "subT.html" %}
</body>
</html>
```

7.3 模型表单

当需要通过模型操作数据库表字段值时，Django 提供了更好的表单功能支持类 ModelForm（模型表单）。它可以直接将模型字段传递给模板，并将其渲染成需要的页面操作功能，省掉了 Form 类对表单字段的定义过程。

7.3.1 创建模型表单

ModelForm 类的属性和方法主要继承自 BaseModelForm、ModelFormMetaclass 或更上级的父类，可以在 PyCharm 中通过"Go To"菜单项功能查找对应的类定义代码。这里仅介绍一些常用的属性和方法。

ModelForm 类中有以下常用属性。

- model 属性：必选项，用于指定模型对象，以建立表单与数据库表之间的关系。
- fields 属性：用于指定表单显示的字段，其设置值包含以下 3 种情况。
  - '__all__'：表示表单使用模型中的所有字段。
  - —['模型字段 1', '模型字段 2', '模型字段 3',…]：列表指定的字段会被渲染成网页上的可操作组件。
  - 不指定 fields 属性：模板会使用表单变量传递的所有字段。

  为了保证网页安全，Django 官方强烈建议采用前两种情况。

- exclude 属性：通过列表指定需要排除的模型的字段名，如果设置 exclude = ['price']，则除了 price 字段不能使用，模型的其他字段都可以使用。
- labels 属性：指定表单字段的 label 参数值，值为字典类型，字典的键为模型字段名，值为网页上显示的信息。
- widgets 属性：指定表单字段的 widget 参数值，值为字典类型，字典的键为模型字段名，值为小控件对象。
- help_texts 属性：指定表单字段的 help_text 参数值，值为字典类型，字典的键为模型字段名，值为需要显示的帮助信息。

- localized_fields 属性：将指定的模型字段设置为本地化格式的表单字段，主要用于日期类型的模型字段。
- field_classes 属性：自定义表单实例化的字段类型，值为字典类型，字典的键为模型字段名，值为自定义字段对象。
- error_messages 属性：用于指定表单字段的 error_messages 参数，值为字典类型，字典的键为模型字段名，值为出错时需要提示的错误信息。

ModelForm 类中有以下常用方法。

- save()方法：用于通过表单对象将数据保存到数据库表中，其可选 commit 参数的值若为 True（默认值），则保存数据；若为 False，则返回一个尚未保存的对象实例。利用这个特点，我们可以继续对对象实例执行自定义操作，然后再通过对象实例的 save()反复将数据提交到数据库中保存。
- save_m2m()方法：将带有多对多关系的表单字段数据保存到数据库表中。
- is_valid()方法：检查表单所提交的数据是否合法，合法返回 True，否则返回 False。

下面我们来看一个创建模型表单的具体案例。

【案例 7.5】 创建模型表单（HelloThreeCoolCats 项目）

第一步：建立 ModelForm1 表单类。

在 background 应用的 form.py 文件中建立 ModelForm1 表单类。

```python
from django.forms import ModelForm                                #导入 ModelForm 表单类
from fruits.models import goods                                   #导入 goods 模型
class ModelForm1(ModelForm):                                      #自定义模型表单类
    class Meta:
        model=goods                                               #指定模型
        #fields='__all__'
        fields=['name','number','price']                          #指定模型字段
        labels= {'name':'水果名','number':'数量','price':'单价（元）'}  #指定 label 标签显示内容
        widgets={'name':forms.widgets.Textarea(attrs={'cols':80, 'rows':20}),  #指定显示组件
                }
        error_messages = {                                        #设置字段为空时的错误提示
            'name': {'required': "水果名不能为空", },
            'number': {'required': "数量不能为空", },
            'price': {'required': "单价不能为空", },
        }
```

> **注意**
>
> 在浏览器中运行表单网页时，若报错"ModelForm has no model class specified"，则意味着 ModelForm 中指定的模型不准确，或模型本身定义有问题。

第二步：建立调用表单模板的视图函数。

在 background 应用的 views.py 文件中增加如下视图函数。

```python
from fruits.models import goods                          #从 fruits 应用中导入 goods 模型
from background.form import ModelForm1
def ShowModelForm(request):
    result=goods.objects.all().count()                   #统计数据库表的记录条数
    obj = goods.objects.filter(id=result).first()        #获取一条数据库表记录对象
    print(result)
    if request.method=='GET':                            #浏览器端的 GET 访问情况
        if obj:                                          #有数据
            Mform = ModelForm1(instance=obj)             #指定 instance 参数，使数据可修改及可提交
        else:
            Mform = ModelForm1(instance=None)            #在数据库表中没有记录的情况下新增表单记录
        return render(request, 'ModelForm.html', {'Mform': Mform})
    else:                                                #request.method=='POST':
        Mform=ModelForm1(request.POST,instance=obj)      #调用表单类，生成类实例
        if Mform.is_valid():                             #提交数据验证通过
            Mform.save(commit=True)                      #将数据保存到数据库表中
            return HttpResponse('ModelForm 表单字段提交响应成功！')
```

第三步：建立纯 HTML 表单模板。

在 background 应用的模板子路径下建立 ModelForm.html 模板，其中的内容如下。

```html
<!DOCTYPE html>
<html lang="en">
<head>
    <meta charset="UTF-8">
    <title>调用 ModelForm 对象</title>
</head>
<body>
    <form action='' method="post">
    {% csrf_token %}
    <table border="1">
        {{Mform}}
    </table>
    <input type="submit" value="提交">
    </form>
</body>
</html>
```

第四步：配置应用路由。

在 background 应用的 urls.py 文件中配置如下路由。

```
from . import views
from django.urls import path,re_path
urlpatterns = [
    path('sm/',views.ShowModelForm)
    ]
```

第五步：配置根路由。

在根路由文件 urls.py 的路由列表中增加下列路由配置。

```
path('bg/',include('background.urls')),
#将访问 URL 的子路由信息转发到 background 应用的 urls 路由列表中
```

第六步：启动 Web 服务器，在浏览器中进行访问测试。

在启动 Web 服务器的前提下，在浏览器的地址栏中输入 http://127.0.0.1:8000/bg/sm 并按下回车键，模型表单显示结果如图 7.8 所示。将数量改为 5，然后单击"提交"按钮，会显示提交成功，然后便可以在对应的数据库表中发现"榴莲"的数量被改成了 5。当显示内容为空时，输入水果名、数量、单价（元），单击"提交"按钮，将新增数据。

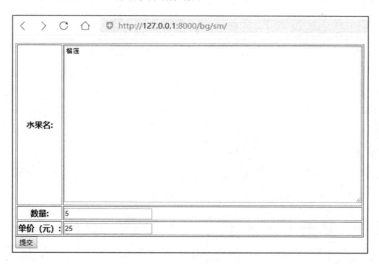

图 7.8　模型表单显示结果

7.3.2　将模型字段转换为表单字段

从【案例 7.5】中可以看出，ModelForm 提供的模型字段转换到模板上是自动进行的，并没有像

Form 类一样进行显式定义。Django 为模型字段自动转为表单字段提供了如表 7.2 所示的对应关系。

表 7.2 模型字段转换为表单字段的对应关系

编号	模型字段	表单字段
1	AutoField	不呈现在表单中
2	BigAutoField	不呈现在表单中
3	BigIntegerField	IntegerField 将 min_value 设置为-9223372036854775808，将 max_value 设置为 9223372036854775807
4	BinaryField	CharField，如果在模型字段上的 editable 被设置为 True，则不在表单中显示
5	BooleanField	BooleanField, 或 NullBooleanField（如果 null=True）
6	CharField	CharField 将 max_length 设置为模型字段的 max_length，如果模型中设置了 null=True，会将 empty_value 设置为 None
7	DateField	DateField
8	DateTimeField	DateTimeField
9	DecimalField	DecimalField
10	DurationField	DurationField
11	EmailField	EmailField
12	FileField	FileField
13	FilePathField	FilePathField
14	FloatField	FloatField
15	ForeignKey	ModelChoiceField
16	ImageField	ImageField
17	IntegerField	IntegerField
18	IPAddressField	IPAddressField
19	GenericIPAddressField	GenericIPAddressField
20	ManyToManyField	ModelMultipleChoiceField
21	NullBooleanField	NullBooleanField
22	PositiveIntegerField	IntegerField
23	PositiveSmallIntegerField	IntegerField
24	SlugField	SlugField
25	SmallAutoField	不呈现在表单中

续表

编号	模型字段	表单字段
26	SmallIntegerField	IntegerField
27	TextField	在 CharField 中设置 widget=forms.Textarea
28	TimeField	TimeField
29	URLField	URLField
30	UUIDField	UUIDField

表 7.2 中的 ForeignKey 和 ManyToManyField 模型字段是特殊的，因此在下面特别说明一下。

ForeignKey 由 django.forms.ModelChoiceField 表示，它是一个下拉菜单式的表单字段（ChoiceField），其选项为一个模型的 QuerySet 对象。

ManyToManyField 由 django.forms.ModelMultipleChoiceField 表示，它是一个多选项下拉式的表单字段（MultipleChoiceField），其选项为一个模型的 QuerySet 对象。

7.4 习题

1. 填空题

（1）网页的数据（   ）、（   ）、（   ）提交，及资源访问，需要表单功能的支持。

（2）Django 提供了（   ）类、（   ）类，可对表单进行处理。

（3）在网页中，表单的标志是（   ）标签。

（4）网页表单中 method 属性的数据提交方法分（   ）、（   ）。

（5）（   ）是 Django 对 HTML 的输入元素的表示，在 HTML 界面上展示各种操作功能。

2. 判断题

（1）Django 项目网页表单功能只能通过表单类实现。（   ）

（2）Form 类、ModelForm 类都支持将数据提交到 Web 后端，主要区别是后者无须自定义表单字段，与模型结合得更加紧密，代码编写更加简单。（   ）

（3）表单类实例变量可以直接通过上下文渲染传递给模板使用。（   ）

（4）表单提供了小控件、表单字段、表单模型。（   ）

（5）模型表单通过 model 来指定模型。（　　）

7.5 实验

实验一

通过 Form 类处理学生基本信息，以下为具体要求。

- 利用学生基本信息模型。
- 通过 Form 类建立学生基本信息输入界面。
- 输入学生本人的信息及两条其他同学的信息。
- 提交数据并在数据库中验证数据（截屏）。
- 形成实验报告。

实验二

通过 ModelForm 类修改学生的基本信息，以下为具体要求。

- 通过 ModelForm 类建立输入界面。
- 通过浏览器访问实验一中建立的数据。
- 对学生的班级、性别、专业进行修改并提交。
- 验证修改结果是否正确（截屏）。
- 形成实验报告。

第 8 章

Admin

Django 的 Admin 即网站后端管理系统,为网站后端信息管理提供了统一的数据输入、修改、删除、查找、统计等功能,并提供登录用户的权限管理、网站访问人数专题统计等功能,方便后端管理员对网站进行统一使用和维护,是网站日常管理的重要工具。

8.1 深入理解 Admin

3.6 节已经介绍了 Admin 注册及登录功能的实现,本节我们将继续介绍如何通过 Admin 实现中文界面显示、应用后端管理功能。

8.1.1 使用中文界面

默认情况下,Django 提供的 Admin 后端管理系统使用的是英文提示信息,为了方便国内用户使用,在 settings.py 文件的中间件列表中增加 django.middleware.Locale.LocaleMiddleware 可进行本地化设置,实现用中文显示界面信息。

第一步:设置中间件。

在 HelloThreeCoolCats 项目的根文件 settings.py 的 MIDDLEWARE 中进行如下设置。

```
MIDDLEWARE = [
    'django.middleware.security.SecurityMiddleware',
    'django.contrib.sessions.middleware.SessionMiddleware',
    'django.middleware.Locale.LocaleMiddleware',            #本地化设置
    'django.middleware.common.CommonMiddleware',
    …
]
```

注意，中间件设置存在顺序关系，不能打乱顺序，详细要求见 3.7 节。

第二步：启动 Web 服务器，登录 Admin。

在命令提示符中输入 python manage.py runserver 0.0.0.0:8000，启动 Web 服务器。然后，在浏览器的地址栏中输入 http://127.0.0.1:8000/admin/并按下回车键，中文 Admin 登录界面如图 8.1 所示。

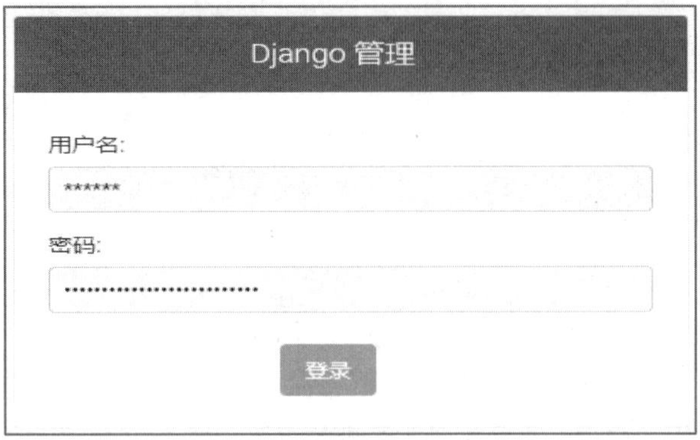

图 8.1 中文 Admin 登录界面

在图 8.1 的界面上利用 3.6 节中设置的超级用户名 1111、密码 88888888 进行登录，进入如图 8.2 所示的 Admin 后端管理主界面。默认情况下，该界面提供了用户、组信息管理功能，详细使用说明我们将第 9 章进行介绍。

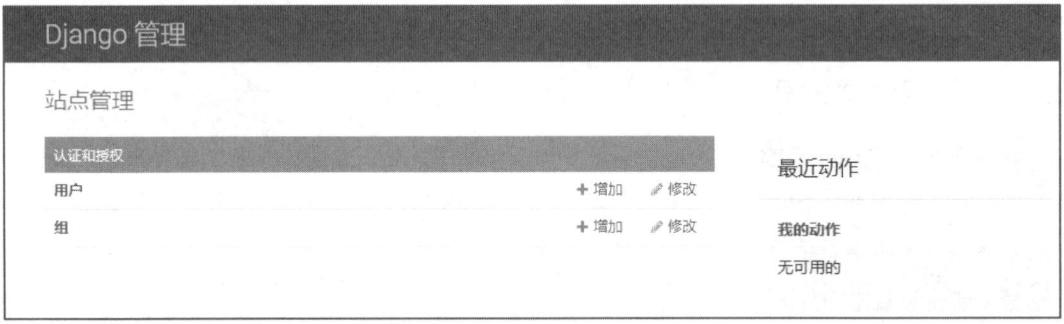

图 8.2 Admin 管理主界面

8.1.2 应用后端管理

Admin 中的一项重要管理功能是实现对每个应用模型数据的管理，这里包括应用模型注册、模型数据后端操作、后端管理功能完善等内容。

1. 应用模型注册

在用 django-admin.py startapp 应用名创建项目后,在其默认的子路径下会同步产生一个 admin.py 文件。在该文件中增加如下代码就可以完成对应应用模型的注册工作,同时可以在 Admin 主界面上对模型进行数据操作。

第一步:在项目 HelloThreeCoolCats 的 fruits 应用中打开 admin.py 文件,输入如下代码。

```
from django.contrib import admin
# Register your models here.
from .models import goods                    #导入模型 goods
admin.site.register(goods)                   #注册模型 goods
```

第二步:重新进入 Admin 后端管理主界面。

进入 Admin 后端管理主界面,此时会发现刚刚注册完成的 fruits 应用的 goods 模型,如图 8.3 所示。这里要说明一下,goods 模型注册成功后,Admin 后端系统的默认显示即为 Goodss,后面我们会进行处理。

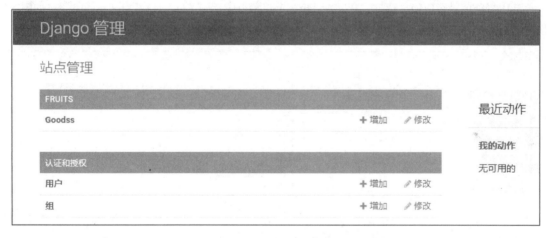

图 8.3 注册完成的 fruits 应用的 goods 模型

2. 模型数据后端操作

完成应用模型注册后,就可以在 Admin 中对模型数据进行删除、修改、增加操作了。

在图 8.3 所示的界面中单击 "Goodss" 进入如图 8.4 所示的 goods 模型记录选择界面。如果读者是按照本书介绍的先后顺序操作的,那么在图 8.4 所示的界面中将显示 4 条记录,每条记录左边都会有一个复选框,右边的 "goods object(n)" 表示一条记录,n 为 id 字段值。

图 8.4　goods 模型记录选择界面

（1）删除记录

选中每条记录对应的复选框，在"Action"下拉菜单中选中"Delete selected goodss"，如图 8.5 所示，单击"Go"按钮，在确认界面单击"Yes,I'm sure"按钮，这样就可以删除一条记录。

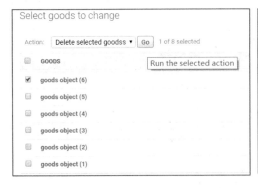 

图 8.5　删除记录界面

（2）修改记录

在图 8.4 中所示界面中通过鼠标左键单击一条记录名称，便会进入如图 8.6 所示的修改 goods 界面。该界面提供了模型记录修改功能，也包括删除、增加记录功能。比如，修改榴莲的数量为 6，单击"保存"按钮，便可以完成一条记录的修改操作。

图 8.6　修改 goods 界面

（3）增加记录

可以在图 8.3 中的 Goodss 右边单击"增加"按钮进入如图 8.7 所示的增加 goods 界面，依次输入水果名称、数量、单价，单击"保存"按钮，将一条记录增加到数据库表中。

图 8.7　增加 goods 界面

3. 后端管理功能完善

在上面的例子中，图 8.3 和图 8.4 中的显示其实都存在一些问题。比如，应用名是英文的"FRUITS"

（见图 8.3 中的显示标题）；模型名是英文的 Goodss（见图 8.3），其中多了一个 "s"；记录字段名无法很直观地查看（图 8.4 中的记录）。基于此，我们可以对后端管理功能进行完善。

（1）提供中文应用名

在每个应用子路径下都有一个 __init__.py 文件。在 fruits 应用下找到该文件，在文件中写入如下代码，这样就可以将 Admin 界面中的应用名称变为指定中文名称。

```
from django.apps import AppConfig
import os
default_app_config = 'fruits.FruitsConfig'         #值来自apps.py文件中的类名FruitsConfig
def get_current_app_name(_file):                    #获取当前App名称
    return os.path.split(os.path.dirname(_file))[-1]
class FruitsConfig(AppConfig):                      #重写FruitsConfig类
    name = get_current_app_name(__file__)
    verbose_name =u"水果信息管理"                    #优先显示该应用名称
```

在浏览器的地址栏中输入 http://127.0.0.1:8000/admin/ 并按下回车键，可以看到主界面上的 "FRUITS" 已经被改为 "水果信息管理"。

（2）提供中文模型名

在 fruits 应用的 modes.py 文件中修改 goods 模型，通过 __str__()方法的返回值可以改变 goods object 记录的显示结果，通过指定 verbose_name 值可以替换要显示的模型名称。

```
from django.db import models
class goods(models.Model):                          #定义goods模型
    id = models.AutoField(primary_key=True)
    name=models.CharField(max_length=20)
    number=models.FloatField()
    price=models.DecimalField(max_digits=10, decimal_places=3)
    def __str__(self):
        return str(self.name)                       #返回一个name值
    class Meta:
        verbose_name = '水果信息表'
        verbose_name_plural = '水果信息表'           #优先显示，去掉"s"
```

依次执行 python manage.py makemigrations fruits、python manage.py migrate 命令，更新表结构。在浏览器的地址栏中输入 http://127.0.0.1:8000/admin/ 并按下回车键，可以看到如图 8.8 所示的模型名称为中文的界面。单击 "水果信息表"，将看到如图 8.9 所示的 name 字段内容，新的内容替换了原先的 goods object(n)。

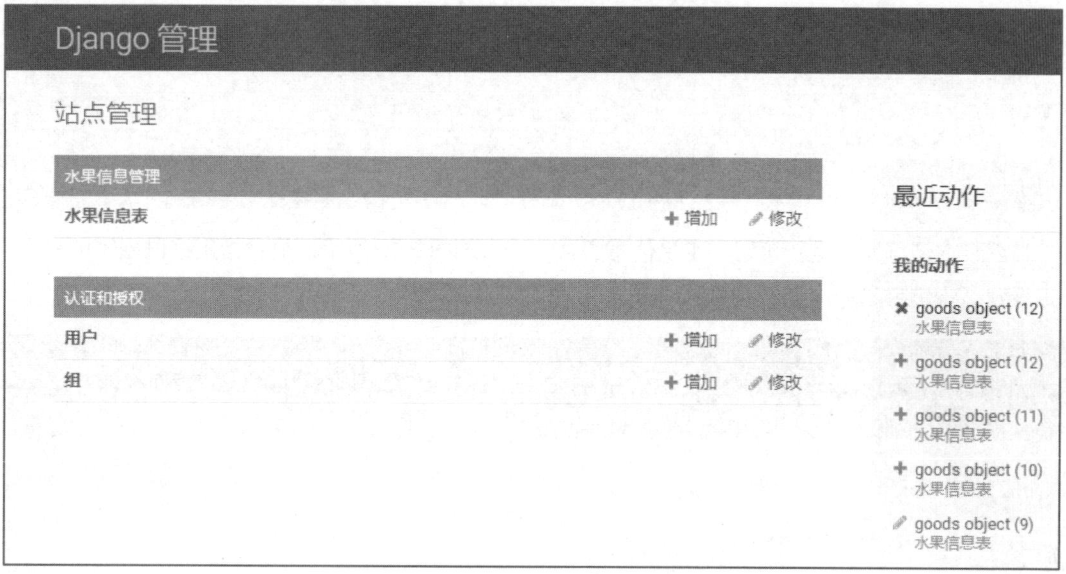

图 8.8　模型名称为中文的界面

图 8.9　name 字段内容

（3）提供指定字段内容

若需要显示所有字段内容或指定字段内容，可以在 fruits 应用的 admin.py 文件中采用如下方式注册模型。

```python
from django.contrib import admin
# Register your models here.
from .models import goods
#admin.site.register(goods)                              #注册模型 goods
class GoodsAdmin(admin.ModelAdmin):
    list_display = ('name', 'number', 'price',)         #通过该默认元组对象，指定需要显示的字段名称
admin.site.register(goods, GoodsAdmin)                  #注册参数，前者是模型名，后者是带字段的类名
```

然后，在浏览器中重新访问"水果信息表"，进入如图 8.10 所示的显示指定字段内容的界面。可以看到，指定字段的内容已经显示出来。

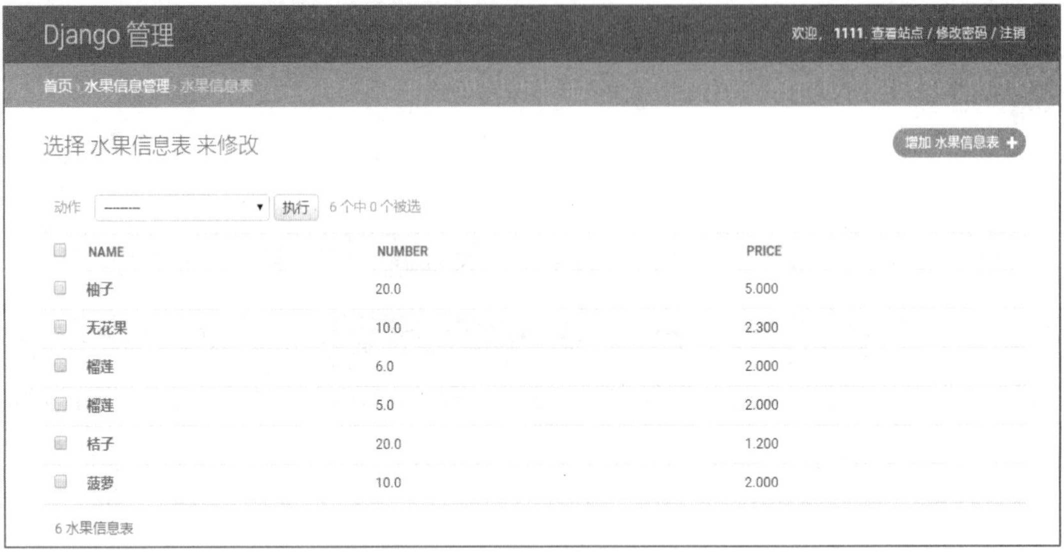

图 8.10　显示指定字段内容的界面

（4）提供后端管理系统名称

到目前为止，Admin 后端管理系统的名称都是默认的"Django 管理"，我们需要指定一个准确的应用系统名称将其替换。

在 fruits 应用的 admin.py 文件中增加如下两行代码，指定"Django 管理"的替代内容。

```
admin.site.site_header = '三酷猫后台管理系统'        #替换"Django 管理"
admin.site.site_title = '水果后台'                   #浏览器网页名称替换，在浏览器最顶端
```

重新访问 Admin 后端管理主界面，指定名称的后端管理系统界面如图 8.11 所示。经过一番设置，后端具有了表单信息处理功能，而且操作界面友善。

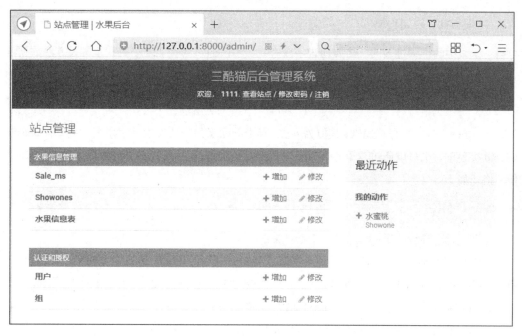

图 8.11 指定名称的后端管理系统界面

8.2 ModelAdmin

如果只是在 Admin 后端中简单展示及管理模型，那么使用 8.1 节提供的 admin 类就可以了。但是很多时候这远远不够，我们需要对 Admin 的后台功能进行各种深度定制以满足我们的需求。于是，Django 提供了功能更加强大的 ModelAdmin 类。

ModelAdmin 类支持非常多的属性和方法，为后端管理系统提供了强大的二次开发能力。ModelAdmin 主要在各应用的 admin.py 文件中被使用，在该文件中增加如下代码，然后通过 PyCharm 的 "Go To" 选择项就可以找到源代码定义文件 options.py，进而了解该类属性和方法的相关源代码。

```
from django.contrib import admin        #文件生成时已经存在
admin.ModelAdmin                        #在 ModelAdmin 中选取 "Go To" 选项
```

8.2.1 ModelAdmin 属性

ModelAdmin 类提供了丰富的属性设置功能，可以使后端管理更加强大且人性化。关于 ModelAdmin 属性的详细功能清单见附录 C，这里仅列举几个常用功能及属性。

1. 字段查找、过滤功能

当一张表中的记录过多时，需要通过字段查找、字段值过滤功能缩小查找范围，方便数据处理。ModelAdmin 类的 search_fields 属性提供了字段查找功能，list_filter 属性提供了字段值过滤功能。

（1）search_fields 属性

search_fields 是字段查找属性，其值为列表，其中的元素为需要搜索的字段名，可以是 CharField、TextField 类型的，也可以通过双下画线进行 ForeignKey、ManyToManyField 查询。search_fields 属性的使用格式如下。

```
search_fields=['name', 'foreign_key__related_fieldname']
```

（2）list_filter 属性

list_filter 是字段值过滤属性，其值为列表或元组，其中的元素为需要过滤的字段名，可以过滤的字段类型为 BooleanField、CharField、DateField、DateTimeField、IntegerField、ForeignKey、ManyToManyField、FloatField，list_filter 属性使用格式如下。

```
list_filter =('name',)
```

在 admin.py 文件中增加如下代码，可以实现带字段查找、字段值过滤功能的界面，如图 8.12 所示。在界面右侧的过滤器中选择"以 name"中的"全部"，再选择"以 number"中的"10.0"，这样就可以过滤出相关的两条记录。

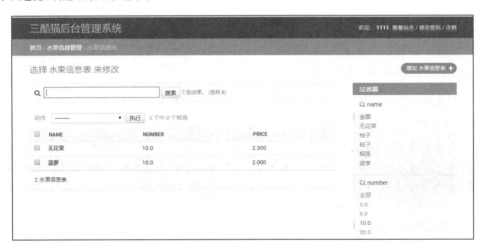

图 8.12 带字段查找、字段值过滤功能的界面

```
class GoodsAdmin(admin.ModelAdmin):
    list_display = ('name', 'number', 'price',)          #列表显示字段
```

```
    search_fields =['name',]                          #在列表上方增加一个搜索框
    list_filter =('name', 'number',)                   #过滤字段值范围
admin.site.register(goods, GoodsAdmin)                  #注册 goods 模型到 Admin
```

2. 一对多表编辑功能

inlines 属性提供了关联从表的功能,该属性用列表方式指定一个 admin.TabularInline 继承类,此类可指定从表模型。

我们在 4.5.2 节已经定义了一个一对多的实例,Sale_M 为主表模型,Sale_Detail 为从表模型,同时向这两个模型所对应的数据库表里面插入了若干条记录。本节我们将在后端的一个界面上显示主表、从表,并编辑这两个表。

在 fruits 应用的 admin.py 文件中增加如下内容,启动 Web 服务器,在浏览器中访问,可以看到主表和从表显示在一个界面中,如图 8.13 所示,这样方便连续编辑数据。

```
@admin.register(Sale_M)                              #用修饰器方式注册主表模型,作用等同 admin.site.register
class SaleMainAdmin(admin.ModelAdmin):                #主表关联从表类
    class SaleDetailInline(admin.TabularInline):      #关联销售从表类
        model = Sale_Detail                           #从表模型
        extra = 5                                     #默认显示条目的数量
    inlines = [SaleDetailInline]                      #通过 inline 属性可以将 SaleDetailInline 关联进来
    list_display = ('shopname', 'call','cashier','saletime')
```

图 8.13 主表和从表显示在一个界面中

8.2.2　ModelAdmin 方法

ModelAdmin 提供的方法可以为模型提供额外的操作功能，具体清单详见附录 D，这里仅列举几个比较实用的方法。

1. save_model()方法

save_model()方法为 Admin 界面用户模型对应的表单记录提供触发保存行为。重写该方法可以在保存过程中增加一些业务处理内容。

save_model()方法中的参数说明如下。

- request 为 HttpRequest 实例，即当前登录用户的请求对象；其中的 user.is_superuser 属性用于判断登录用户是否是超级用户，是则返回 True，否则返回 False；user.username 属性用于读取登录用户名。
- obj 为 model 实例，可以用 obj.fieldname 形式给指定字段赋值。
- form 为 ModelForm 实例，指需要修改或新增的表单对象。
- change 为 bool 值，用于判断 model 实例是新增的还是修改的，如果值为 True 则为修改状态，为 False 则为新增状态。

在实际项目中，不同后端管理员的操作范围是受到严格限制的。比如，普通登录人员在界面上做了任何操作都要具有可跟踪性。如果采购员向系统中输入并保存了一条记录，则其登录用户名必须随这条记录一起保存，并且不可修改。为了实现该功能，可以在应用的 admin.py 文件中修改表单模型操作功能。

如在 fruits 应用的 admin.py 文件的 SaleMainAdmin 类中增加不可修改字段'cashier'，然后在保存时自动增加登录用户名，具体实现如下。

```
from django.contrib import admin
#一对多主从表注册，将在后台显示及可编辑
from .models import Sale_M,Sale_Detail

@admin.register(Sale_M)                #用修饰器方式注册主表模型，作用等同于admin.site.register
class SaleMainAdmin(admin.ModelAdmin):                      #主表关联从表类
    class SaleDetailInline(admin.TabularInline):            #关联销售从表类
        model = Sale_Detail
        extra = 5                                           #默认显示条目的数量
    inlines = [SaleDetailInline]    #通过inlineS属性可以将SaleDetailInline 关联进来
    list_display = ('shopname', 'call','cashier','saletime')
    readonly_fields = ['cashier']                           #不能修改该字段
```

```
def save_model(self, request, obj, form, change):      #重写保存操作方法
    if request.user.is_superuser:
        obj.cashier ="超级用户"                         #指定收银员默认用户名
    else:
        obj.cashier=request.user.username              #指定收银员实际用户名
    super().save_model(request, obj, form, change)     #继承并执行保存
```

启动 Web 服务器，在浏览器中登录 Admin，在后台主界面单击"Sale_ms"右边的"+增加"按钮，跳转到如图 8.14 所示的重写 save_model()方法后的修改字段界面，在界面中依次输入新字段内容，然后单击"保存并继续编辑"按钮。cashier 字段的值是无法修改的，在该界面中输入其他字段并保存后，cashier 字段会自动获取登录用户信息。

图 8.14　重写 save_model()方法后的修改字段界面

2. get_ordering()方法

get_ordering()方法通过指定排序字段重新对列表记录进行排序。其中的参数 request 为 HttpRequest 实例，表示当前登录用户的请求对象。

在实际项目中，当一个表中的记录数量过多时，可以采用合理的排序方式，方便使用人员对数据进行查找和其他操作。

以下代码利用 get_ordering()方法实现对 Admin 后端显示的模型列表记录的重排序。

```python
from django.contrib import admin

from .models import goods

class GoodsAdmin(admin.ModelAdmin):
    list_display = ('name', 'number', 'price',)
    search_fields =['name',]                    #在列表上方增加一个搜索框
    list_filter =('name', 'number',)            #过滤字段值范围
    def get_ordering(self, request):            #重写排序方法
        if request.user.is_superuser:           #判断是不是超级用户
            return ['-name', 'number']  #name 字段值按照降序排列,number 字段值按照升序排列
        else:
            return ['name']

admin.site.register(goods, GoodsAdmin)
```

执行上述代码,先根据 name 字段值的 DBCS[①] (中文一般用 GB2312、GBK、Unicode) 编码从大到小排序(降序),在 name 字段值相同的情况下,再根据 number 字段值从小到大排序(升序)。通过 get_ordering()方法重新排序后,列表中记录的显示结果如图 8.15 所示。

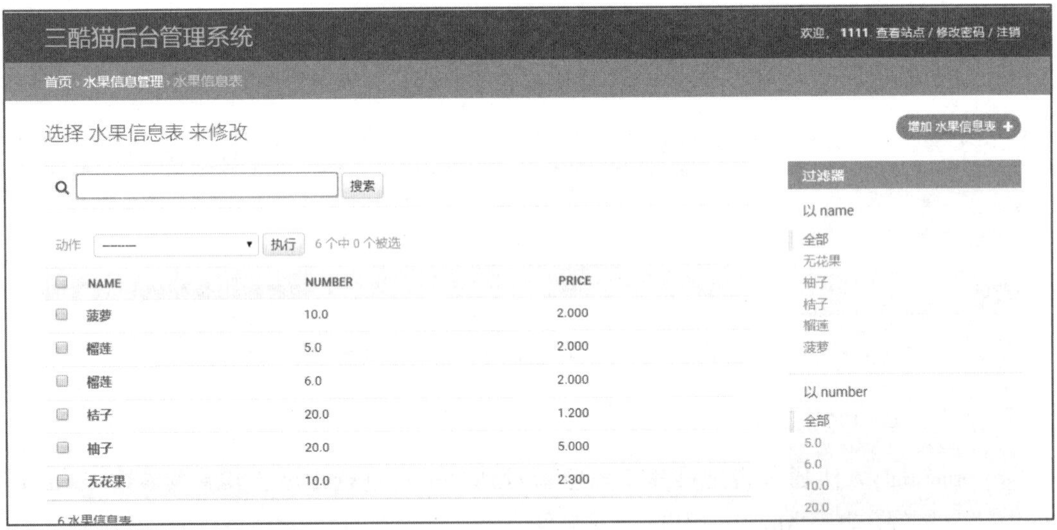

图 8.15 通过 get_ordering()方法重新排序后的显示结果

3. get_queryset()方法

get_queryset()方法可以返回所有模型实例的查询结果集,该模型实例可以由管理站点编辑。其

---

① DBCS,Double-Byte Character Set,双字节字符集。

中的参数 request 为 HttpRequest 实例，表示当前登录用户的请求对象。

不同的后端访问者只能访问自己处理过的数据，这是提高数据安全性的一个好思路。为了实现不同登录者只能访问自己数据的要求，可以在 SaleMainAdmin 类中增加 get_queryset()方法（代码如下）。用 get_queryset()获取模型数据，用 filter()获取指定用户的数据，然后再根据登录者用户名的不同返回对应的数据，在列表中显示。图 8.16 显示的是超级用户权限下的所有数据记录。

```
class SaleMainAdmin(admin.ModelAdmin):            #主表关联从表类
    …
    def get_queryset(self, request):
        qs = super().get_queryset(request)
        if request.user.is_superuser:             #超级用户查看所有用户信息
            return qs
        return qs.filter(author=request.user)     #普通用户只能查看自己权限范围内的数据
```

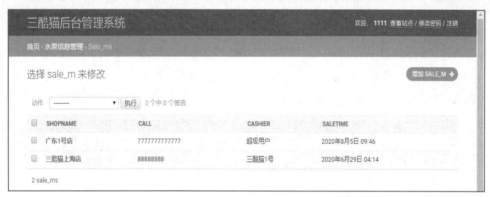

图 8.16　超级用户权限下的所有数据记录

4．message_user(request, level, message, extra_tags=''，fail_silently=False)方法

该方法使用 settings.py 文件的 INSTALLED_APPS 中设置的 django.contrib.messages 向 Django 后端用户发送信息，其中的参数说明如下。

- request 参数：必选参数，为 HttpRequest 实例，表示当前登录用户的请求对象。
- message 参数：常用参数，表示传递的消息内容。
- level=messages.INFO 参数：常用参数，内置消息级别，其中 messages.DEBUG 对应 10，messages.INFO 对应 20，messages.SUCCESS 对应 25，messages.WARNING 对应 30，messages.ERROR 对应 40。
- extra_tags=''参数：不常用参数，可以指定要添加的自定义消息的 CSS 样式。

- fail_silently=False 参数：不常用参数，值为 False 时，发送消息（send_mail）失败会引发 smtplib.SMTPException 异常，所有可能出现的异常都属于 smtplib.SMTPException 子类的异常。

在实际应用中，对指定列表记录内容进行统计是经常要用到的一项功能，可以自定义统计方法，并加载到下拉框内。

```
from decimal import *
class GoodsAdmin(admin.ModelAdmin):
    ...
    def statis(self, request, queryset):
        total = 0.0
        for record in queryset:
            total +=record.number *float(record.price)
        message = "总金额为(%f)元" % total
        self.message_user(request, message)
    statis.short_description ='统计金额'
    actions =[statis]
```

执行上述代码，通过 message_user()方法提供统计信息，此时的界面显示结果如图 8.17 所示。先选中 NAME 一列左边的所有复选框，然后在"动作"右边的下拉菜单中选择"统计金额"，单击"执行"按钮，这样就可以在上面显示统计的总金额。

图 8.17　通过 message_user()方法提供统计信息的界面显示结果

8.2.3 ModelAdmin 资产

ModelAdmin 资产主要是指为网页提供额外功能的 CSS 文件、JS 文件，它们为 Admin 后端管理系统提供了统一的渲染界面和修改操作功能。通过 ModelAdmin 中的 Media 类可实现对指定 CSS 文件和 JS 文件的设置。

1. 对指定 CSS 文件进行设置

下面通过改变 HTML 网页标签颜色值的 CSS 文件与 ModelAdmin 的关联设置，实现后台界面颜色的调整。

【案例 8.1】 在静态路径下为应用提供 CSS 文件（HelloThreeCoolCats 项目）

第一步：确认应用下存在存放 CSS 文件的路径。

要确认应用下是否存在可以存放 CSS 文件的路径，若没有则需要通过 PyCharm 在 fruits 应用下建立 static 子路径，在该路径下存放 CSS 文件。注意，该目录名是固定的，不能设为其他名称。

第二步：确保 settings.py 文件中设置了 STATIC_URL = '/static/'。

第三步：在 static 子路径下存放 CSS 文件。

在 fruits 应用的 static 子路径下增加 head.css 文件，其中的内容如下，代码中主要设置了标题 h1 的颜色，使标题位置居中，改变了 body 的背景色，同时将列表值的颜色改为红色。

```
h1
{
   color:#FF00FF;
   text-align:center;
}
body{
   background-color: BlueViolet;
   color: red;
}
```

第四步：调用 CSS 文件。

在 fruits 应用的 admin.py 文件的 GoodsAdmin 类中增加如下代码。

```
class GoodsAdmin(admin.ModelAdmin):
   …
   class Media:
      css={"all":('head.css',)}     #调用 head.css 文件
```

第五步：启动 Web 服务器，在浏览器中进行访问测试。

启动 Web 服务器，在浏览器的地址栏中输入 http://127.0.0.1:8000/admin/ 并按下回车键，进入"水果信息表"，改变了样式的界面如图 8.18 所示。

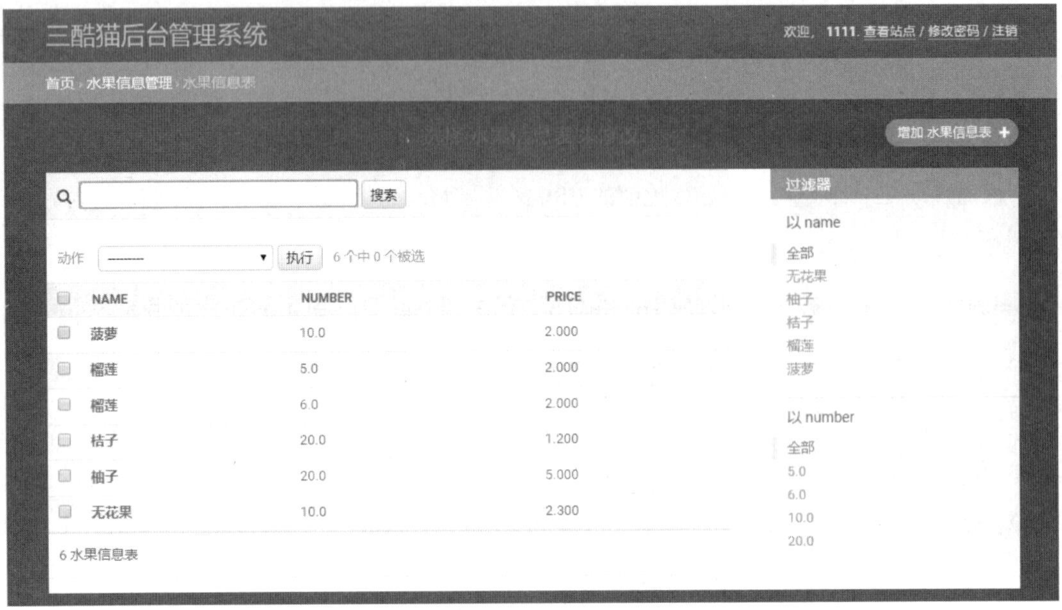

图 8.18　改变了样式的界面

> 📖 说明
>
> 为了有针对性地对界面元素进行 CSS 渲染，可以事先在执行的后端网页上单击鼠标右键，在弹出的菜单中选择"查看网页源代码"，查看网页的 HTML 属性。

2．对指定 JS 文件进行设置

Django 为 Admin 后端管理系统使用 JS 代码提供了专门的 jQuery 库。在 ModelAdmin 中调用 JS 文件的实现步骤同【案例 8.1】。不同之处是，CSS 文件变成了 JS 文件，CSS 文件调用方式变成了 JS 文件调用方式。

将编写完成的 JS 文件存放到 fruits 应用的 static 子路径下，然后在 admin.py 文件的 GoodAdmin 类中增加如下代码，使 ModelAdmin 类具有在后端使用 JS 文件的功能。

```
class GoodsAdmin (admin.ModelAdmin):
    ...
    class Media:
        js = ("do.js",)
```

8.3　AdminSite 模板

Django 安装完成时，会自动为 Admin 后端提供大量默认的界面显示模板，供业务人员使用。当业务需求复杂（如需要统计金额、增加额外的输入组件、设置复杂的使用权限等）时，为了更好地契合需求，一个比较好的解决办法就是对现有模板进行定制。

8.3.1　使用 Admin 模板原理

Admin 后端站点的页面显示效果是通过 Django 提供的模板来展示的，同时程序员提供了大量现成的操作界面，其模板存储路径在 django\contrib\admin\templates\admin（Django 安装位置在 Python 的安装路径 Lib\site-packages\下）下，打开该路径，可以发现如图 8.19 所示的 Admin 后端管理主界面模板文件。

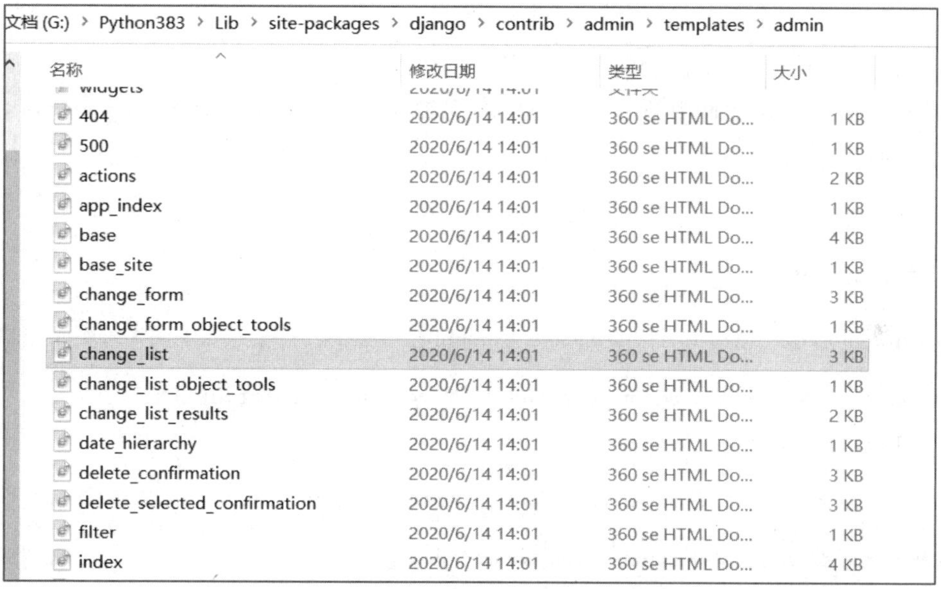

图 8.19　Admin 后端管理主界面模板文件

这些模板的名字非常熟悉，大家应该可以猜到，change_list 就是修改列表字段值的模板，actions 就是列表最上面的下拉框模板，filter 就是过滤功能模板……用文本编辑器（写字板等）打开这些文件查看里面的内容，可以进一步确认是否是相应模板。

📖 说明

建议不要修改默认的模板文件，否则同一台计算机中的其他项目也会受到影响。

1. 重写模板的环境要求

前面我们提到，要想更好地完成业务需求，可以定制模板，即重写模板的内容。重写模板内容时对开发环境也有一定的要求，具体来说有以下几点。

- 在项目根路径下建立 templates 子目录。
- 在 templates 子目录下再建立 admin 子目录。
- 对于需要改造界面功能的应用，再在 admin 子目录下建立应用同名子目录，如 fruits（需要小写）。
- 在应用子目录下建立模型层子目录，如 sale_m（必须是模型名称，小写）。
- 把需要继承的默认模板复制到指定的 sale_m 目录下。
- 确保 settings.py 文件中的 TEMPLATES 列表的 DIRS 参数中有[os.path.join(BASE_DIR, 'templates')]设置项。

上述环境配置好以后，才可以进行指定应用下的模板重写。

2. 模板识别过程

启动 Admin 后端管理系统后，以 change_list.html 模板为例，将按照如下优先级顺序加载模板。

- templates 子目录下存在 admin/<app_lable>/<object_name>/ change_list.html 的情况下，模板优先加载。
- templates 子目录下存在 admin/<app_lable>/ change_list.html。
- templates 子目录下存在 admin/ change_list.html。
- templates 子目录下存在指定的 change_list.html。
- 默认安装路径下存在指定模板 change_list.html。

下面我们通过【案例 8.2】来验证模板加载的优先级顺序。

【案例 8.2】 验证模板加载优先级顺序（HelloThreeCoolCats 项目）

本案例计划修改 fruits 应用的 Sale_M 模型字段值，通过建立自定义模板 change_list.html 实现。

第一步：指定模板路径。

在根模板路径下建立自定义模板路径，即 admin\fruits\sale_m 路径，如图 8.20 所示。

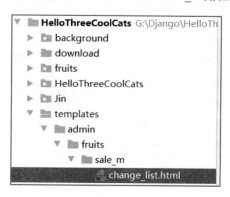

图 8.20　建立自定义模板路径

第二步：复制 change_list.html 到自定义模板路径下。

从 django\contrib\admin\templates\admin 路径下找到 change_list.html 模板文件（可参考图 8.19），将该文件复制到上一步建立的自定义模板路径下，用 PyCharm 或写字板打开 change_list.html 模板文件。为了验证 Admin 后端管理系统启动后调用的是哪个模板，这里在打开的模板中修改代码，修改后的代码如下。

```
<div class="breadcrumbs">
<a href="{% url 'admin:index' %}">{% trans 'Home' %}</a>
&rsaquo; <a href="{% url 'admin:app_list' app_label=cl.opts.app_label %}">
{{ cl.opts.app_config.verbose_name }}T1</a>&rsaquo;
{{ cl.opts.verbose_name_plural|capfirst }}
</div>
```

在经过修改的应用名称后面加上"T1"，以便与默认模板区分。

第三步：启动 Web 服务器，进行验证。

启动 Web 服务器，打开 Admin 后端管理系统，进入 sale_m 修改界面，会发现 Admin 调用的是自定义路径下的 change_list.html 模板，如图 8.21 所示。

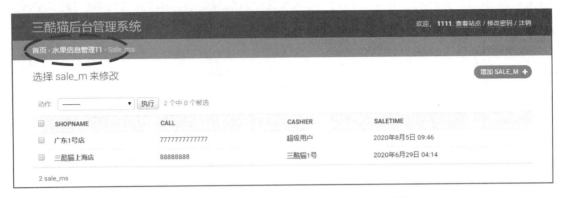

图 8.21　调用自定义路径下的 change_list.html 模板

通过图 8.21 可以发现，虚线椭圆中的"水果信息管理"后面有"T1"标记，由此证明 Admin 寻找模板的顺序是先寻找自定义路径下的模板，再寻找默认安装路径下的模板。

8.3.2　定制 Admin 模板

本节我们将定制 Admin 模板，在 change_list.html 模板中增加输入查找内容的输入框，详见【案例 8.3】。

【案例 8.3】　定制 change_list.html 模板（HelloThreeCoolCats 项目）

在案【例 8.2】的基础上打开 change_list.html 模板文件，在其中增加如下代码。

```
{% block content %}
  <div id="content-main">
    ...
    {% block date_hierarchy %}{% if cl.date_hierarchy %}{% date_hierarchy cl %}{% endif %}
{% endblock %}
    <p id="f1">
      <form action="">
        输入查找内容：<input type="text" name="Find1" /><br>
        <input type="submit" value="查找…">
      </form>
    </p>
```

上述代码中主要增加了<p></p>标签内容，通过定制 change_list.html 模板实现带有输入框、查找按钮的后台管理系统界面，如图 8.22 所示。

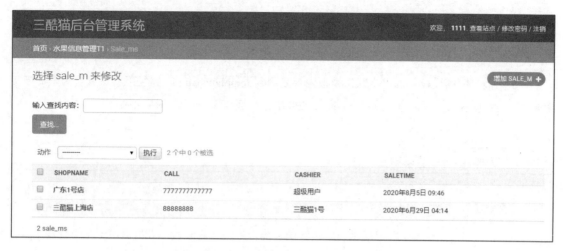

图 8.22 带有输入框、查找按钮的后台管理系统界面

定制的模板是可以继承的，Django 不同应用下的可定制模板是有一定限制的，下列模板允许定制。

- actions.html
- app_index.html
- change_form.html
- change_form_object_tools.html
- change_list.html
- change_list_object_tools.html
- change_list_results.html
- date_hierarchy.html
- delete_confirmation.html
- object_history.html
- pagination.html
- popup_response.html
- prepopulated_fields_js.html

- search_form.html
- submit_line.html

对于不能定制的模板,可以将默认模板内容复制到 templates\admin 路径下,将其作为全局模板为整个项目提供模板改造功能,如定制 404、500 出错页面模板,以统一界面风格。

8.4 习题

1. 填空题

(1)(　　)是 Django 框架提供的后台管理系统,为网站业务管理人员提供了统一管理工具。

(2)Django 后台管理系统默认采用(　　)提示信息界面,可以通过本地化设置,以便使用(　　)显示界面信息。

(3)在 Admin 中可以实现模型数据的(　　)、(　　)、(　　)、(　　)等操作。

(4)(　　)提供了功能更加丰富的属性、方法,为模型操作提供了方便的二次开发功能。

(5)Admin 的自定义模板需要存放在指定模板(　　)下,系统使用时存在加载模板的(　　),最后的顺序是加载(　　)下的模板。

2. 判断题

(1)Admin 是 Django 自带的默认后台功能系统,所以安装 Django 后就可以直接使用它。(　　)

(2)自定义模型都需要注册才能被 Admin 使用。(　　)

(3)ModelAdmin 为关联表数据操作提供了方便的开发功能。(　　)

(4)ModelAdmin 资产通过 Media 类实现后端界面统一渲染的外观显示效果。(　　)

(5)程序员可以用定制模板来替代 Admin 的默认模板。(　　)

8.5 实验

实验一

建立一个新项目,实现以下功能。

- 自定义一个模型。
- 实现 Admin 中模型数据操作功能。
- 在后端显示该模型中的所有字段。
- 用中文显示所有信息。
- 形成实验报告。

实验二

用 ModelAdmin 实现如下功能。

- 一对多模型的数据操作。
- 输入多条记录。
- 提供至少 2 个字段的条件过滤功能。
- 提供至少 2 个字段的查询功能。
- 形成实验报告。

第 9 章 用户认证系统

一款严格的商业软件，必须考虑使用安全问题。为用户提供安全的身份验证和合理的访问权限，是软件开发工程师必须考虑的功能之一。Django 在安装完成后，自动提供了用户认证系统，用户可以直接使用，也可以在此基础上进行二次开发。

9.1 初识用户认证

其实，进入 Admin 后端管理系统后就能看见"认证和授权"功能栏，本节我们将介绍如何使用这一功能。

9.1.1 内置功能

我们在 3.6 节中已经介绍了 Admin，通过 python manage.py createsuperuser 命令创建了超级用户 1111，设置了密码 88888888。利用该信息进行登录，进入如图 9.1 所示的三酷猫后台管理系统主界面，可以发现"认证和授权"功能栏，其下分"用户""组"两个项目，右边提供了"增加""修改"功能按钮。

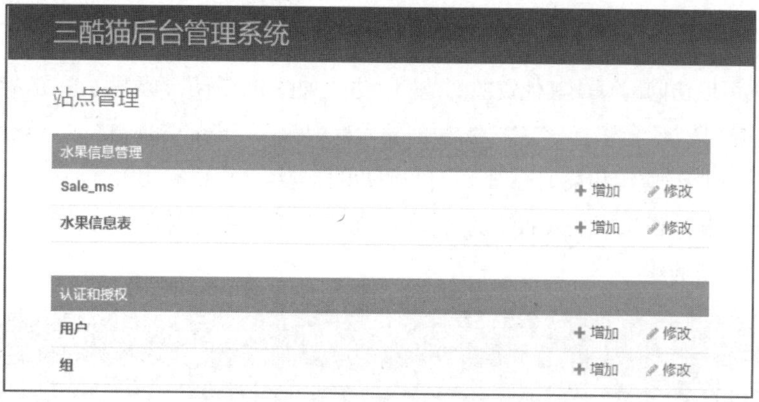

图 9.1　三酷猫后台管理系统主界面

1．用户（User）

用户主要为登录该后端系统的使用者提供基本的登录访问信息，包括用户名、电子邮箱地址、名字、姓氏、人员状态。超级用户可以单击图 9.1 中的"用户"选项，进入如图 9.2 所示的用户信息修改界面，然后在该界面对用户信息进行编辑、增加、删除、查找等操作。该界面功能主要针对数据库表 auth_user 中的相关内容，可以通过 MySQL Workbench 工具查看。

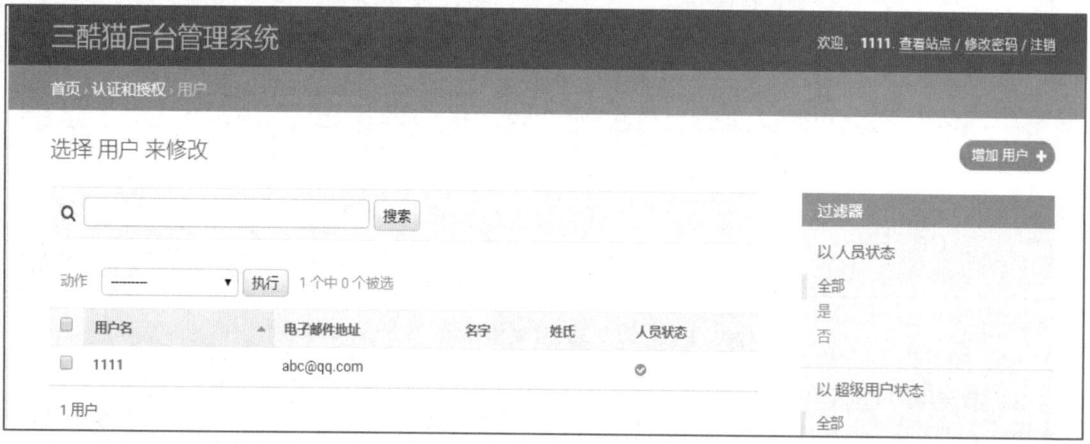

图 9.2　用户信息修改界面

为了方便演示后续功能，这里通过图 9.2 右上角的"增加用户 +"按钮增加用户名为 user2222、密码为 abcd2222 的普通用户。

2. 组（Group）

组用于提供可以访问网页或其他资源的范围。进入如图 9.1 所示的界面，单击"组"即可进入如图 9.3 所示的新建组界面。先在"名称"右边的输入框中输入"fruit 管理组"，然后在"可用权限"列表中选择所有与 fruit 应用相关的选项（可以通过鼠标连续选中所有相关选项），在界面中间位置单击"右箭头"，将选中选项加入右边的"选中的权限"列表框，最后单击"保存"按钮，完成一个带权限范围的新组的建立。

图 9.3　新建组界面

3. 指定用户的使用权限

前面提到，为了方便演示，我们新增了用户名为 user2222 的普通用户，在用户信息修改界面单击"user2222"用户名，可以进入如图 9.4 所示的用户权限设置界面。

勾选"人员状态"，在"可用组"中选择"fruit 管理组"并将其添加至"选中的组"列表，这意味着"fruit 管理组"的所有授权范围都许可给了"user2222"用户，最后单击"保存"按钮，完成指定权限设置。

然后退出该后端系统，用"user2222"用户名重新登录，登录后会发现，该用户只能操作与 fruit 应用相关的功能。

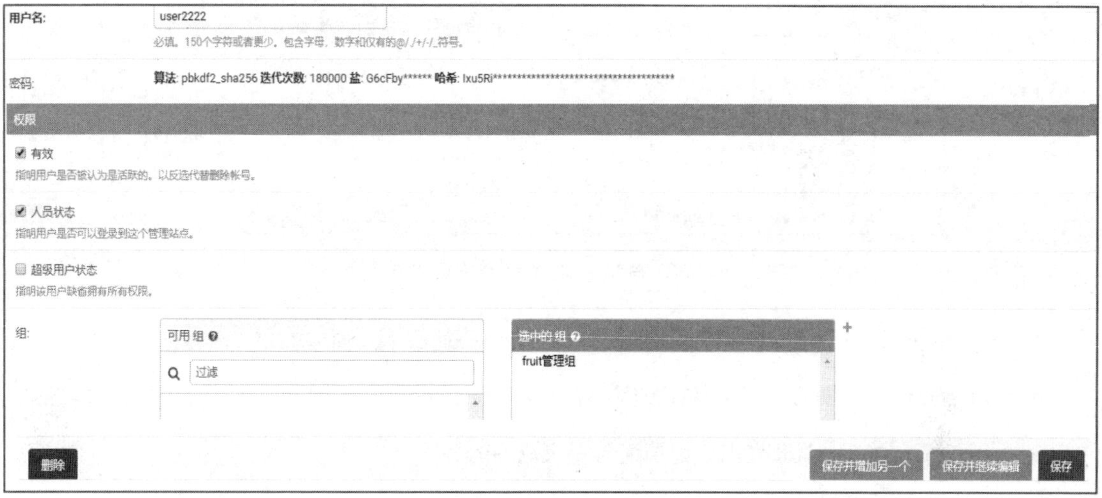

图 9.4　用户权限设置界面

9.1.2　运行基础

Django 的授权系统已经提供了一些基础功能，若用户需要在此基础上增加额外功能，则需要了解用户认证系统的运行基础。在 3.5.1 节中，我们创建了一个项目，在项目的 settings.py 文件中默认配置了如下运行参数。

在 INSTALLED_APPS 列表中设置了'django.contrib.auth'参数和'django.contrib.contenttypes'参数：'django.contrib.auth'参数包含认证框架的核心及默认模型；'django.contrib.contenttypes'参数为内容类型系统，用于为模型关联许可。

在 MIDDLEWARE 列表中设置了 'SessionMiddleware'参数，以便通过请求管理会话；设置'AuthenticationMiddleware'参数，将会话和用户关联。

上述配置必须正确，否则无法启动用户认证功能。

另外，在将数据迁移到 MySQL 数据库后，MySQL 数据库中会自动生成如图 9.5 所示的与用户认证相关的数据库表。

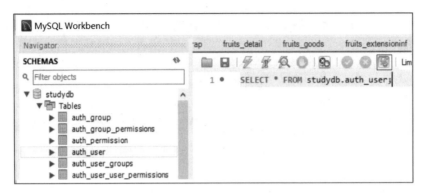

图 9.5　与用户认证相关的数据库表

- auth_group 表用于记录组基本信息。
- auth_permission 表用于记录授权范围。
- auth_group_permission 表用于记录组与授权范围的关联。
- auth_user 表用于记录用户基本信息。
- auth_user_groups 表用于记录用户与组的关联。
- auth_user_user_permissions 表用于记录用户与特定授权范围的关联。

9.2　用户对象

用户对象是 Django 用户认证系统的核心，通过内置的 User 模型来实现。其功能包括创建用户、更改密码、删除注册用户。本节我们将介绍 User 模型的使用方法，辅以案例进一步说明，同时介绍扩展 User 模型的方法。

9.2.1　内置 User 模型使用基础

User 模型定义于 django.contrib.auth.models 中，可以直接被调用。

1. 使用环境设置

为了演示方便，这里我们在命令提示符中执行如下命令，新增 use 应用。

```
G:\Django\HelloThreeCoolCats>python
G:\Python383\Lib\site-packages\django\bin\django-admin.py startapp use
```

然后按照以下步骤进行环境设置。

在 settings.py 文件的 INSTALLED_APPS 列表中新增 "use" 应用设置。

在根路径下的 urls.py 文件的 urlpatterns 列表中新增 path('use',include('use.urls')) 路由设置。

在 use 下新建子路径 templates，用于存放 userlogin.html 模板。

在 settings.py 文件的 TEMPLATES 列表中新增 os.path.join(BASE_DIR,'use/templates')配置，用于指定 use 应用子路径模板查找路径。

在 use 应用的 views.py 文件中增加如下导入语句，导入 User 模型。

```
from django.contrib.auth.models import User             #导入User模型
```

用 PyCharm 的 "Go To" 选择项打开 User 模型的定义文件，可以查看到其继承自 AbstractUser 父类，该父类又继承自 AbstractBaseUser、PermissionsMixin 父类。User 模型的各级父类为它提供了所有的属性和方法。

2. User 属性

User 模型具有许多属性，具体属性及其功能如下。

- password 属性：登录密码，对应 auth_user 数据库表中的 password 字段。

- last_login 属性：记录最后一次登录时间，对应 auth_user 数据库表中的 last_login 字段。

- is_superuser 属性：标记用户是否是超级用户，值为 1 时用户是超级用户，对应 auth_user 数据库表中的 is_superuser 字段。

- username 属性：登录用户名，对应 auth_user 数据库表中的 username 字段。

- first_name 属性：英文人名，对应 auth_user 数据库表中的 first_name 字段。

- last_name 属性：英文姓氏，对应 auth_user 数据库表中的 last_name 字段。

- email 属性：邮箱地址，对应 auth_user 数据库表中的 email 字段。

- is_staff 属性：标记用户是否可以登录 Admin，值为 1 时表示可以登录，对应 auth_user 数据库表中的 is_staff 字段。

- is_active 属性：记录用户是否处于激活状态，值为 1 时代表已激活，对应 auth_user 数据库表中的 is_active 字段。

- date_joined 属性：账号的创建日期，对应 auth_user 数据库表中的 date_joined 字段。

3. User 方法

User 模型具有许多方法，具体方法及其功能如下。

- clean()方法：在表单上自定义验证相互依赖的字段。
- get_full_name()方法：返回 first_name 和 last_name 字段的内容。
- get_short_name ()方法：返回 first_name 字段的内容。
- email_user ()方法：为指定用户发送邮件。
- save ()方法：提交保存 User 模型字段的值。
- delete ()方法：删除 User 模型字段的值。
- set_password ()方法：设置 password 字段的值。
- check_password ()方法：检查加密前后的 password 值是否一致。

9.2.2 内置功能应用案例

本节我们将介绍一个内置功能应用案例，【案例 9.1】利用自定义模板、ModelForm 表单、User 模型对象创建了新的用户。

【案例 9.1】 创建新用户（HelloThreeCoolCats 项目）

第一步：建立用于模板调用及数据（新用户信息）保存的视图函数。

在 use 应用的 views.py 文件中建立 Login1 视图函数。

```python
from django.shortcuts import render
# Create your views here.
from django.contrib.auth.models import User          #Django 提供的 User 模型
from django.http import HttpResponse
from use.form import NewUser                          #导入自定义表单对象
import datetime                                       #导入日期时间对象
from django.contrib.auth.hashers import make_password  #提供密码加密算法

def Login1(request):
    if request.method=='POST':                        #表单网页通过 POST 提交数据
        u=request.POST.get('username','')             #获取提交的用户名
        p= make_password(request.POST.get('password','') )  #获取提交的密码，带默认加密算法
        s=request.POST.get('is_superuser','')         #获取提交的超级用户状态
```

```
            e=request.POST.get('email','')                    #获取提交的邮箱
            nowDate=datetime.datetime.now()                   #当前时间
            if s=='on':                                       #如果是超级用户
                newD=dict(username=u,password=p,is_staff=1,is_superuser=1,
last_login=nowDate,
email=e)
            else:
                newD=dict(username=u,password=p,is_staff=1,is_superuser=0,
last_login=nowDate,
email=e)
            use1=User.objects.create_user(**newD)             #插入新用户数据记录
            use1.save()                                       #保存到数据库表中
            return HttpResponse("用户信息创建成功！")
        else:
            user=NewUser(instance=None)                       #需要传递给模板的表单模型
            return render(request, 'newuser.html', locals())  #转向模板调用
```

上述代码中的 request.POST.get('password','')获取的是明码，需要通过 make_password()函数给此密码加密。

第二步：自定义输入信息模板。

在 use 应用的模板子路径下增加 newuser.html 模板，其中的内容如下。

```
<!DOCTYPE html>
<html lang="en">
<head>
    <meta charset="UTF-8">
    <title>创建新用户</title>
</head>
<body>
    <form method="post">{% csrf_token %}
        <div>用户名：{{ user.username}}</div><br>
        <div>密码：{{ user.password}}</div><br>
        <div>邮箱：{{ user.email}}</div><br>
        <div>名字：{{ user.first_name}}</div><br>
        <div>姓氏：{{ user.last_name}}</div><br>
        <div>是否是超级用户：{{ user.is_superuser}}</div><br>
        <input type="submit" value="新用户注册">
    </form>
</body>
</html>
```

第三步：建立模型表单。

在 use 应用下新建 form.py 文件，在其中增加如下模型表单代码。

```python
from django import forms
from django.utils.timezone import now
from django.forms import ModelForm
from django.contrib.auth.models import User            #导入 User 模型
class NewUser(ModelForm):                              #自定义模型表单类
    class Meta:
        model=User                                     #指定模型
        fields='__all__'                               #所有字段
        error_messages = {
            'usename': {'required': "用户名不能为空", },
            'password': {'required': "密码不能为空", },
            'first_name': {'required': "名字不能为空", },
            'last_name': {'required': "姓氏不能为空", },
            'email': {'required': "邮箱不能为空", },
        }
```

第四步：设置应用路由。

在 use 应用下建立 urls.py 文件，在其中设置如下路由。

```python
from . import views
from django.urls import path,re_path
urlpatterns = [
    path('newuser.html',views.Login1)                  #调用创建新用户界面的视图函数
]
```

第五步：设置根路由。

在根路由文件 urls.py 的路由列表中增加下列路由配置。

```python
path('use/',include('use.urls'))
#将访问 URL 的子路由信息转发到 use 应用的 urls 路由列表中
```

第六步：启动 Web 服务器，在浏览器中进行访问测试。

启动 Web 服务器，在浏览器的地址栏中输入 127.0.0.1:8000/use/newuser.html 并按下回车键，新用户注册界面如图 9.6 所示，在该界面上依次输入新用户信息，单击"新用户注册"按钮，若出现"用户信息创建成功！"的提示，则表示已完成一条记录的保存。

图 9.6　新用户注册界面

【案例 9.2】将修改密码的视图函数、自定义模板、User 模型、路由设置功能结合，实现了项目用户密码的修改功能。

【案例 9.2】　修改密码（HelloThreeCoolCats 项目）

第一步：建立用于模板调用及密码修改的视图函数。

在 use 应用的 views.py 中建立 updatePassword 视图函数。

```
def updatePassword(request):
    if request.method == 'POST':                            #表单网页通过 POST 提交数据
        u = request.POST.get('username', '')                #获取提交的用户名
        p = request.POST.get('password', '')                #获取提交的密码
        newP=User.objects.filter(username=u).first()        #查记录
        if newP :                                           #判断是否存在用户名记录
            newP.set_password(p)                            #修改密码
            newP.save()                                     #保存到数据库表中
            return HttpResponse("密码修改成功！")
        else:
            return HttpResponse("查无此用户！"+u)
    else:
        user = NewUser(instance=None)                       #需要传递给模板的表单模型
        return render(request, 'updatePassword.html', locals())  #转向模板调用
```

第二步：自定义输入信息模板。

在 use 应用的模板子路径下增加 updatePassword.html 模板，其中的内容如下。

```
<!DOCTYPE html>
<html lang="en">
```

```html
<head>
    <meta charset="UTF-8">
    <title>修改密码</title>
</head>
<body>
<form method="post">{% csrf_token %}
        <div>用户名: {{ user.username}}</div><br>
        <div>密码: {{ user.password}}</div><br>
        <input type="submit" value="修改密码">
    </form>
</body>
</html>
```

第三步：建立模型表单。

这里可以直接利用【案例 9.1】中的模型表单，不再赘述。

第四步：设置应用路由。

在 use 应用下建立 urls.py 文件，在其中设置如下路由。

```
from . import views
from django.urls import path
urlpatterns = [
    path('newuser.html',views.Login1),                      #调用创建新用户界面的视图函数
    path('updatePassword.html',views.updatePassword),       #调用修改密码界面的视图函数
]
```

第五步：设置根路由。

在根路由文件 urls.py 的路由列表中增加下列路由配置。

```
path('use/',include('use.urls'))
#将访问 URL 的子路由信息转发到 use 应用的 urls 路由列表中
```

第六步：启动 Web 服务器，在浏览器中进行访问测试。

启动 Web 服务器，在浏览器的地址栏中输入 127.0.0.1:8000/use/updatePassword.html 并按下回车键，修改密码界面如图 9.7 所示，在该界面依次输入用户名、需要修改的密码，单击"修改密码"按钮，若提示"密码修改成功！"，则表示完成了密码修改操作。

图 9.7 修改密码界面

【案例 9.3】将删除注册用户的视图函数、自定义模板、User 模型、路由设置功能结合，实现了项目注册用户的删除功能。

【案例 9.3】 删除注册用户（HelloThreeCoolCats 项目）

第一步：建立用于模板调用及注册用户删除的视图函数。

在 use 应用的 views.py 文件中建立 DeleteRegister 视图函数。

```python
def DeleteRegister(request):
    if request.method == 'POST':                                    #表单网页通过 POST 提交数据
        u = request.POST.get('username', '')                        #获取提交的用户名
        newP = User.objects.filter(username=u).first()
        if newP :
            newP.delete()                                           #删除指定用户注册记录
            return HttpResponse("删除注册用户%s 成功！"%(u))
        else:
            return HttpResponse("没有查到此用户名！"+u)
    else:
        user = NewUser(instance=None)                               #需要传递给模板的表单模型
        return render(request, 'deleteRegister.html', locals())    # 转向模板调用
```

第二步：自定义输入信息模板。

在 use 应用的模板子路径下增加 deleteRegister.html 模板，其中的内容如下。

```html
<!DOCTYPE html>
<html lang="en">
<head>
    <meta charset="UTF-8">
    <title>删除指定注册信息</title>
</head>
<body>
    <form method="post">{% csrf_token %}
        <div>用户名：{{ user.username }}</div><br>
        <input type="submit" value="删除注册记录">
```

```
            </form>
        </body>
        </html>
```

第三步：建立模型表单。

这里可以直接利用【案例 9.1】中的模型表单，不再赘述。

第四步：设置应用路由。

在 use 应用下建立 urls.py 文件，在其中设置如下路由。

```
from . import views
from django.urls import path,re_path
urlpatterns = [
    path('newuser.html',views.Login1),             #调用创建新用户界面的视图函数
    path('updatePassword.html',views.updatePassword),  #调用修改密码界面的视图函数
    path('deleteRegister.html',views.DeleteRegister),  #调用删除注册信息界面的视图函数
]
```

第五步：设置根路由。

在根路由文件 urls.py 的路由列表中增加下列路由配置。

```
path('use/',include('use.urls'))
#将访问 URL 中的子路由信息转发到 use 应用的 urls 路由列表中
```

第六步：启动 Web 服务器，在浏览器中进行访问测试。

启动 Web 服务器，在浏览器的地址栏中输入 127.0.0.1:8000/use/deleteRegister.html 并按下回车键，删除注册用户界面如图 9.8 所示。在该界面中输入用户信息，单击"删除注册记录"按钮，若提示"删除注册用户 3333 成功！"，则表示已完成一条记录的删除。

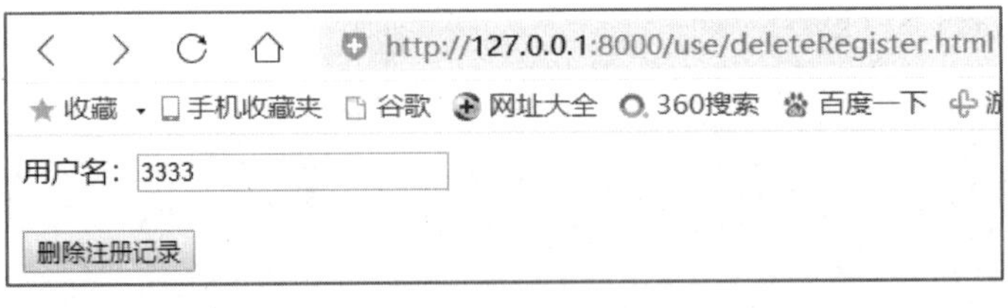

图 9.8　删除注册用户界面

9.2.3　扩展 User

当内置的 User 模型字段满足不了实际业务需要时，可以对该模型进行继承扩展，以增加实际业

务需要的额外字段。

> **注意**
>
> 为了避免对 HelloThreeCoolCats 项目的干扰,这里要求新建一个项目,名为 mice,创建过程见 3.5.1 节。

1. 新建项目 mice 及应用 use

新建项目 mice,在项目中新建应用 use,过程如图 9.9 所示。

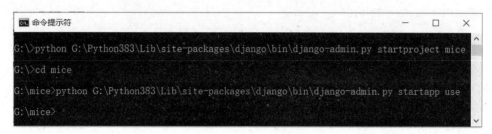

图 9.9　新建项目及应用的过程

在 settings.py 文件的 INSTALLED_APPS 列表中新增 use 应用,并在 DATABASES 中设置 MySQL 数据库链接参数。

```
DATABASES = {
    'default': {
        'ENGINE': 'django.db.backends.mysql',   #MySQL 数据库引擎
        'NAME': 'usertest',         #数据库名称,事先用 MySQL Workbench 工具建立 usertest 数据库
        'HOST': '127.0.0.1',                    #数据库地址(127.0.0.1 为本机)
        'PORT': 3306,                           #安装时的默认端口号
        'USER': 'root',                         #数据库超级用户名
        'PASSWORD': 'cats123.',                 #数据库密码
        'ATOMIC_REQUESTS': True,                #全局开启事务
    }
}
```

在 mice 路径的 __init__.py 文件中增加如下内容,以确保可以使用 MySQL 链接。

```
import pymysql
# django.core.exceptions.ImproperlyConfigured: mysqlclient 1.3.13 or newer is required;
you have 0.9.3.---出错修改提示
pymysql.version_info = (1, 4, 6, 'final', 0)    #指定 mysqlclient 驱动版本,高于 1.3.13
pymysql.install_as_MySQLdb()                    #启用 pymysql 驱动模式,否则 Django 无法支持
```

2. 扩展 User

Django 自带的 auth.models 提供了 AbstractUser 模型类，为只扩展 User 字段而保留的 User 相关内置方法提供继承支持。在【案例 9.4】中，UserInfo 类继承了 AbstractUser 类，扩展了用户模型的地址、联系电话两个字段。

【案例 9.4】 扩展 User 案例（HelloThreeCoolCats 项目）

第一步：在 use 应用的 models.py 文件中增加如下模型扩展代码。

```python
from django.db import models

# Create your models here.
from django.contrib.auth.models import AbstractUser
class UserInfo(AbstractUser):
    address= models.CharField(max_length=50, null=True)              #增加地址字段
    call= models.CharField(max_length=11, null=True, unique=True)    #增加联系电话字段
    def __str__(self):
        return self.username
```

第二步：在 settings.py 文件中指定认证模型。

在 settings.py 配置文件中增加如下配置，告诉 Django 用新的 UserInfo 表来进行用户认证。

```
AUTH_USER_MODEL = "use.UserInfo"
```

第三步：迁移模型。

在命令提示符中的 mice 路径下依次执行如下模型迁移命令。

```
python manage.py makemigrations use
python manage.py migrate
```

第四步：检查迁移结果。

用 MySQL Workbench 工具可以看到新生成的扩展数据库表，里面包括 use_userinfo（用户认证表）、user_userinfo_groups、user_userinfo_user_permissions，如图 9.10 所示。单击 use_userinfo，选择 Columns，会发现其中增加了 address、call 字段，如图 9.11 所示，实现了用户注册表扩展字段的目的。

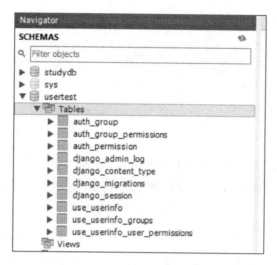

图 9.10　新生成的扩展数据库表

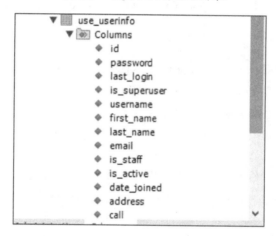

图 9.11　新增 address、call 两个字段

第五步：进入 Admin 后端管理系统。

在命令提示符中执行 python manage.py createsuperuser 命令，新增超级用户 999999，设置密码 user999999，然后启动 Web 服务器，用浏览器访问 127.0.0.1:8000/admin，进入 Admin 后端管理系统。

第六步：在 Admin 后端管理系统中显示 use_userinfo。

要使 use_userinfo 在 Admin 后端管理系统中显示，可以在 use 应用的 admin.py 文件中注册 UserInfo 模型，然后重新进入 Admin 后端管理系统，查看该表。

```
from django.contrib import admin
# Register your models here.
from .models import UserInfo              #导入模型 UserInfo
admin.site.register(UserInfo)             #注册模型 UserInfo
```

9.3 权限与认证

Django 在安装时提供了简单的权限认证系统，并通过 Admin 后端管理系统进行统一操作，这些功能也可以通过自定义代码进行调用。在默认的安装环境中，每个数据库表对应的模型都有增加、修改、删除、查找操作权限。

在 INSTALLED_APPS 列表中设置了 'django.contrib.auth' 参数，为 Django 提供了权限与认证系统功能，该功能里的权限与认证模型（django.contrib.auth.models）模块提供了 Group 模型、Permission 模型、User 模型，分别对应数据库表中的 auth_group、auth_permission、auth_user 这 3 个表。

1. Group 模型

Django 提供的 Group 模型用于为不同用户权限提供通用方法，其中包含两个属性：name 属性用于指定组名；permissions 属性用于为多对多字段的 Permission 模型提供 set（新设置）、add（增加）、remove（移除）、clear（全部清除）操作方法。

2. Permission 模型

该模型用于记录授权操作范围约束信息，供不同用户访问不同应用，其中包含三个属性：name 属性用于指定授权权限名称，如 "Can add user" "Can change user" "Can delete user" "Can view user" "Can add goods" "Can change goods" 等，详细内容可以通过 MySQL Workbench 工具打开 auth_permission 表查看；content_type 属性用于记录权限的类型，用整数 1、2、3……区别不同的权限；codename 属性用于说明类型的名称。

3. User 模型

我们已经在 9.2.1 节中介绍过 User 模型的功能、部分属性、方法，其中用户授权的方法继承自 PermissionsMixin 父类。

- get_user_permissions(self, obj=None)方法：以列表形式获取指定用户的授权信息，obj 为授权的用户对象。

- get_group_permissions (self, obj=None)方法：以列表形式获取用户所在组的授权信息，obj 为

授权的用户对象。

- get_all_permissions(self, obj=None)方法：以列表形式获取用户所有授权信息，obj 为授权的用户对象。

- has_perm(self, perm, obj=None)方法：判断用户是否具有指定权限，若用户具有指定权限，则返回 True，否则返回 False。

- has_perms(self, perm_list, obj=None)方法：判断用户是否具有多个权限，参数 perm_list 用列表形式指定多个权限信息对象。

- has_module_perms(self, app_label)方法：判断用户是否具有项目应用的所有权限，参数 app_label 为指定应用名称。

user_permissions 对象用于为多对多字段的 Permission 模型提供 set（新设置）、add（增加）、remove（移除）、clear（清空）操作方法，示例如下。

```
user_permissions.set(permission_list)                    #新设置一个权限列表
user_permissions = [permission_list]                     #增加权限列表
user_permissions.add(permission, permission, ...)        #增加指定权限
user_permissions.remove(permission, permission, ...)     #移除指定权限
user_permissions.clear()                                 #清空权限
```

上述代码中的 permission 属性定义如下。

```
from django.contrib.contenttypes.models import ContentType
content_type = ContentType.objects.get_for_model(UserInfo)    #指定UserInfo模型对象
permission = Permission.objects.get(
    codename='change_ UserInfo ',                             #修改UserInfo模型字段值
    content_type=content_type,                                #记录权限的类型
)
```

前面我们介绍了 Group 模型、Permission 模型、User 模型的功能及其支持的方法与属性，下面我们以 Group 模型为例，介绍其应用。

为了测试授权范围，这里先利用 Admin 后端管理系统新增用户名为 user2222 的普通权限用户，不能是超级用户，否则下面的测试代码无法实现正确的授权过程。

这里利用 PyCharm 的 Terminal 功能，执行 Django shell 环境，交互式验证授权过程。在 Terminal 中执行 shell 启动命令。

```
G:\Django\HelloThreeCoolCats>python manage.py shell
```

在 shell 提示符上查看 auth_user 注册用户信息。

```
>>> from django.contrib.auth.models import Group,Permission    #导入模型 Group、Permission
>>> from use.models import UserInfo                            #导入模型 UserInfo
>>> user= UserInfo.objects.filter(username='user2222')[0]
#事先必须注册 user2222 为普通权限用户
>>> user
<User: user2222>                                               #最后一条注册用户是 user2222
```

继续查看 user2222 用户有没有对 UserInfo 模型增加记录的权限。"add_userinfo"记录来自 auth_permission 表的 codename 字段。

```
>>> user.has_perm('use. add_userinfo')     #查看用户对 UserInfo 模型是否有增加记录的权限
False                                      #显示没有权限
```

为 user2222 用户增加对 UserInfo 模型的增加记录权限。

```
>>> p1=Permission.objects.filter(codename='add_userinfo')
#获取 Permission 模型的 add_userinfo 对象
>>> p1
<QuerySet [<Permission: use | user | Can add user>]>    #<应用名称|用户指向模型|权限代码>
>>> user.user_permissions.add(p1[0])                    #为 user2222 用户增加 add_userinfo 权限
```

查看 user2222 用户的 add_userinfo 权限是否存在。

```
>>> user1=UserInfo.objects.filter(username='user2222')[0]
#重新获取 user222 用户的 UserInfo 模型数据
>>> user1.has_perm('use.add_userinfo')    #查看 add_userinfo 权限是否存在
True                                      #存在
```

通过 MySQL Workbench 工具可以查看 use_userinfo_user_permissions 表，其中显示了 user2222 用户与 add_userinfo 权限的关联关系，如图 9.12 所示。其中，userinfo_id 值来自 use_userinfo 表，permission_id 值来自 auth_permission 表。利用 user2222 账号登录 Admin 后端管理系统就可以看到 User 模型操作权限的变化。

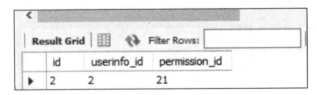

图 9.12　user2222 用户与 add_userinfo 权限的关联关系

9.4 在视图中认证用户

Django 提供了可以处理登录、注销、密码管理操作的视图，方便读者通过代码调用快速使用。django.contrib.auth.views 中定义了 LoginView（登录类视图）、LogoutView（注销类视图）、PasswordChangeView（密码更改类视图）、PasswordResetView（密码重置类视图），在自定义登录界面时可以快速调用这些视图。下面我们以 LoginView 和 LogoutView 为例为各位读者进行介绍。

9.4.1 LoginView

登录类视图 LoginView 提供了用户登录身份验证功能，若验证成功，则重定向到指定网页（一般进入项目的主网页界面），若验证不成功则会给出出错提示。

LoginView 中含有许多属性，以下是具体属性及其功能。

- template_name 属性：用户登录视图所使用的模板名称，默认指向 registration/login.html。
- redirect_field_name 属性：GET 字段包含的登录后跳转 URL 的参数名称，默认是 next。
- authentication_form 属性：用于调用用户登录认证表单，默认是 AuthenticationForm。
- extra_context 属性：上下文数据字典，通过模板添加到默认上下文数据中。
- redirect_authenticated_user 属性：值默认为 False，用来控制已验证的用户访问登录页面是否像用户刚刚成功登录时一样。
- success_url_allowed_hosts 属性：默认值为空集，表示除 request.get_host()之外的主机 IP 地址或域名集合，若登录成功，则登录后能安全地重定向到新的网页界面。

【案例 9.5】利用登录类视图，实现了项目自定义登录界面操作功能。

【案例 9.5】 自定义登录界面操作（mice 项目）

我们将利用 mice 项目的 use 应用实现该案例。在根路径下建立 templates 子路径，用于存放登录成功后的首页面 Hello.html；在 use 应用下建立 templates 子路径，用于存放登录模板。

第一步：设置模板路径。

在 settings.py 文件的 TEMPLATES 列表的 DIRS 参数中进行如下设置。

```
'DIRS': [os.path.join(BASE_DIR,'templates'),        #配置根路径模板查找路径
    os.path.join(BASE_DIR,'use/templates'),         #配置 use 应用子路径模板查找路径
```

第二步：自定义登录视图。

在 use 应用的 views.py 文件中增加自定义登录视图类。

```
from django.contrib.auth.views import LoginView
class MyLogin(LoginView):                    #继承 LoginView 视图类
    template_name='Login.html'               #重新指定登录模板
    redirect_field_name='Hello'              #重新指定登录成功后的模板 URL
```

第三步：自定义登录模板。

用模板继承的方式自定义登录模板，以下为具体的步骤。

（1）建立基础模板 base.html。

在 use 应用的 templates 子路径下新建 base.html 基础模板，以下为具体内容。

```
<!DOCTYPE html>
<html lang="en">
<head>
    <meta charset="UTF-8">
    <title></title>
</head>
<body>
    {% block content %}
        <h1>可替换部分内容 1</h1>
    {% endblock %}
</body>
</html>
```

（2）建立登录模板。

在 use 应用的 templates 子路径下新建 Login.html 模板，以下为具体内容。

```
{% extends "base.html" %}
{%form.errors %}
<p>你输入的用户名或 block content %}
{% if
密码有误．请重试.</p>
{% endif %}
{% if next %}
    {% if user.is_authenticated %}
        <p>你的账户无法访问该页面．请换一个账户再登录.</p>
    {% else %}
        <p>请登录后查看此页</p>
    {% endif %}
{% endif %}
<h1>三酷猫登录界面</h1>
```

```html
<form method="post" action="{% url 'login' %}">       <!--login 为路由命名-->
{% csrf_token %}
<table>
<tr>
    <td>用户名：</td>
    <td>{{ form.username }}</td>
</tr>
<tr>
    <td>密　码：</td>
    <td>{{ form.password }}</td>
</tr>
</table>
<input type="submit" value="登录">
<input type="hidden" name="next" value="{{ next }}">
</form>
{% endblock %}
```

第四步：自定义登录路由。

在 use 应用的 urls.py 文件中设置新的路由，如下。

```python
from django.contrib import admin
from django.urls import path
from use.views import MyLogin
urlpatterns = [
    path('login/',MyLogin.as_view(),name='login'),
]
```

第五步：设置根路由。

在根路由文件 urls.py 的路由列表中增加下列路由配置。

```python
path('',include('use.urls')),                    #根路由指向use子路由
path('Hello/',ShowHome,name='Hello'),            #为模板next变量指定访问主网页的路由
```

第六步：设置 next 接收的 URL。

在 settings.py 文件中设置登录成功后重定向的 URL。

```python
LOGIN_REDIRECT_URL='Hello'
```

第七步：提供主网页模板。

在 templates 路径下新建 Hello.html 模板，以下为具体内容。

```html
<!DOCTYPE html>
<html lang="en">
<head>
```

```
    <meta charset="UTF-8">
    <title>Title</title>
</head>
<body>
    <h>Hello!三酷猫首页! </h>
</body>
</html>
```

第八步：启动 Web 服务器，在浏览器中进行访问测试。

启动 Web 服务器，在浏览器的地址栏中输入 127.0.0.1:8000/login 并按下回车键，登录功能实现，界面如图 9.13 所示，在该界面上输入用户名、密码，单击"登录"按钮，若账号验证成功，则会进入"Hello!三酷猫首页！"欢迎界面。

图 9.13　登录界面

9.4.2　LogoutView

Django 的 LogoutView 视图类为网站提供了注销登录的功能。通过注销已登录用户，可以保证网站已登录用户的账户安全，避免人员离开而账户还登录在网站系统上的问题发生。

LogoutView 视图类中含有许多属性，以下是具体属性及其功能。

- next_page 属性：设置注销后将要跳转的 URL，默认值为 settings.LOGOUT_REDIRECT_URL。

- template_name 属性：设置注销后显示的模板地址，默认值为 registration/logged_out.html。

- redirect_field_name 属性：设置注销后包含重定向 URL 的 GET 字段名称，默认值为 next，如果传递给定的 GET 参数，则会覆盖 next_page 的 URL。

- extra_context 属性：以字典形式为模板提供变量对象及值。

- success_url_allowed_hosts 属性：默认值为空集，可以设置除 request.get_host()之外的主机名集合（set）里的地址，登录后能安全重定向这些允许访问的主机地址（域名访问设置见 settings.py

里的 ALLOWED_HOSTS = ['*']）。

【案例 9.6】通过自定义注销类视图、自定义模板等实现了项目登录后注销功能。

【案例 9.6】 自定义登录注销功能

第一步：自定义注销类视图。

在 use 应用的 views.py 文件中增加自定义注销视图类。

```
from django.contrib.auth.views import LogoutView
class MyLogout(LogoutView):                       #继承 LogoutView 视图类
    template_name = 'Logout.html'                 #注销模板
```

第二步：自定义登录模板。

在 use 应用的 templates 子路径下新建 Logout.html 模板，以下为具体内容。

```
{% extends "base.html" %}
{% block content %}
<p>点击下面，注销登录</p>
<a href="{% url 'login'%}">重新登录</a>
{% endblock %}
```

◆ 注意

要运行该模板，必须在【案例 9.5】中建立的 base.html 模板的基础上进行。标签变量 login 是指【案例 9.5】中 use 应用中的 login 路由名。

第三步：自定义登录路由。

在 use 应用的 urls.py 文件中设置如下路由。

```
from django.urls import path
from use.views import MyLogin,MyLogout
urlpatterns = [
    path('login/',MyLogin.as_view(),name='login'),
    path('logout/',MyLogout.as_view(),name='logout'),
]
```

第四步：设置根路由。

在根路由文件 urls.py 的路由列表中增加下列路由配置。

```
path('',include('use.urls')),
```

第五步：启动 Web 服务器，在浏览器中进行访问测试。

启动 Web 服务器，在浏览器的地址栏中输入 127.0.0.1:8000/logout 并按下回车键，注销界面如图 9.14 所示，单击"重新登录"处便可以注销已登录账户，同时返回登录界面。

图 9.14　注销界面

9.5　习题

1. 填空题

（1）（　　）为登录该后端系统的使用者提供基本的登录访问信息，包括（　　）、（　　）、名字、姓氏、人员状态、权限等。

（2）（　　）用于设置登录用户的访问范围。

（3）用户对象是（　　），在 django.contrib.auth.models 中定义。

（4）组和授权之间是（　　）关系。

（5）用内置功能自定义用户信息时，需要通过 make_password()方法给密码（　　）。

2. 判断题

（1）对于用 createsuperuser 命令建立的超级用户，在 User 中可以看到对应的记录，但是由于密码被加密，因此无法在 User 修改界面中重新设置密码。（　　）

（2）用户的权限可以在组中设置。（　　）

（3）当 User 模型满足不了实际使用需求时，可以扩展该模型。（　　）

（4）可以通过交互方式测试用户的使用权限。（　　）

（5）Django 提供了在视图中认证用户的功能。（　　）

9.6 实验

实验一

用内置 User 模型实现用户密码的修改，以下为具体要求。

- 利用现有的 User 模型。
- 提供自定义的修改视图，要求先查询，确认用户名存在后再修改。
- 验证修改后或新建后可登录后台成功（可以截取操作界面）。
- 形成实验报告。

实验二

给指定用户授权，以下为具体要求。

- 新建一个应用，一个模型。
- 注册一个新用户。
- 通过编程为该用户指定授权范围，只能访问新建的应用（自定义提供授权设置界面）。
- 形成实验报告。

第 10 章
其他常用 Web 功能

为了满足更多的用户业务需求，提高网站的使用效率，Django 在基本的 Web 网站使用功能基础上，提供了更多其他常用的 Web 功能，包括 Ajax、会话、日志、缓存、分页功能。

10.1 Ajax

到目前为止，前端通过浏览器访问网页的实质都是执行一次网页操作任务（如提交表单），从服务器端将整个网页加载到浏览器端。为了提高网页加载效率，业界提出了部分加载网页的技术，即 Ajax 技术。Ajax 是 Asynchronous JavaScript And XML 的英文缩写，中文意思是"异步 JavaScript 和 XML"，其工作原理是通过与服务器端进行少量数据交换实现网页异步更新。这样一来，无须重新加载整个网页即可对网页的局部内容进行更新。

10.1.1 Ajax 使用基础

Django 使用 Ajax 技术的方式有两种，一种是编写原生的 JS 文件，另外一种是使用 jQuery 封装完成的 Ajax 模块。这里选择使用 jQuery，其使用环境设置如下。

第一步：在 Django 项目的根路径下建立静态资源路径。

在 mice 项目的根路径下建立 static 子路径，然后再在其下分别建立 css 子路径、js 子路径，如图 10.1 所示。

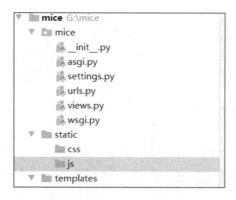

图 10.1　建立静态资源路径

第二步：设置静态资源路径。

在 settings.py 配置文件中进行如下设置。

```
STATIC_URL = '/static/'                            #设置静态资源路径
STATICFILES_DIRS = [
    os.path.join(BASE_DIR,'static'),
]
```

第三步：下载 jQuery 文件。

各位读者可以在 jQuery 官方网站下载[①]，国内有网友提供了自己的下载地址[②]，为国内用户带来了方便。

第四步：测试 jQuery。

（1）建立 Django 调用网页模板的视图函数。

在 mice 项目根路径下的 views.py 文件中建立 index 视图函数，用于调用 index.html 模板。

```
def index(request):
    return render(request,'index.html')
```

（2）建立含 jQuery 测试功能的网页模板。

在根模板路径下建立 index.html 模板，以下为具体内容。

```
<!DOCTYPE html>
<html lang="en">
```

---

① 参见链接 10。
② 参见链接 11。

```
<head>
    <meta charset="UTF-8">
    <title>Title</title>
</head>
<body>
    <h1>测试 JQuery</h1>
    <script src="static/jquery-3.4.1.js"></script>
    <script>
        alert('ok')
        $('h1').css('color','red')
    </script>
</body>
</html>
```

上述模板通过<script>标签调用程序中的 jquery 功能，运行后，网页上会跳出一个"OK"提示。

（3）在根路由文件 urs.py 中设置如下的访问路由。

```
path('index/',index,name='index'),
```

（4）启动 Web 服务器，在浏览器中进行访问测试。

启动 Web 服务器，在浏览器的地址栏中输入 127.0.0.1:8000/index 并按下回车键，执行结果如图 10.2 所示，我们会看到带"OK"提示的界面。

图 10.2 带"Ok"提示的界面

上述代码测试通过，为使用 Ajax 提供了前提条件。

10.1.2 Ajax 使用案例

本节我们将通过一个具体的案例来介绍 Ajax 的使用。实现的功能是，输入被乘数、乘数和乘积，比较被乘数与乘数相乘的结果与所输入乘积是否相等，同时给出正确或出错的提示。要求使用 Ajax 进行局部页面刷新。

【案例 10.1】 利用 Ajax 比较乘积结果

第一步：建立提供输入被乘数、乘数、积及提交按钮的模板。

在 mice 项目的根模板路径下建立带 Ajax 功能的模板 add.html，以下为具体内容。

```html
<!DOCTYPE html>
<html lang="en">
<head>
    <meta charset="UTF-8">
    <title>比较两数乘积与所输入乘积是否相等</title>
</head>
<body>
{% csrf_token %}
<input type="text" id="i1">*<input type="text" id="i2">=<input type="text" id="i3">
<input type="button" value="提交计算" id="b1">
<p><span id="m1"></span></p>

<script src="/static/js/jquery-3.4.1.min.js"></script>
<script>
    //设置b1点击事件
    $("#b1").click(function () {
        $.ajax({
            url: "/add/",              //发送请求的URL
            type: "post",              //发送请求的方法
            data: {
                "i1": $("#i1").val(),        //val()表示取value属性的值，这里获得id为i1的值
                "i2": $("#i2").val(),
                "i3": $("#i3").val(),
                "csrfmiddlewaretoken": $("[name='csrfmiddlewaretoken']").val()
            },
            success: function (res) {
                                        //请求被正常响应，自动调用执行这个函数
                console.log(res);
                if (res) {
                    $("#m1").text(res);  //设置计算结果提示
                }
            },
            error: function (err) {
                                        //未被正常响应，执行这个函数
                console.log(err);
            }
        })
    })
</script>
</body>
</html>
```

第二步：建立乘积比较处理视图函数。

在 mice 项目的根文件 views.py 中建立 index1 视图函数。

```python
def index1(request):
    return render(request,'add.html')        #调用带 Ajax 的模板 add.html

def add(request):                            #乘法运算结果的判断视图，被模板 Ajax 代码所调用
    print(request.POST)
    if request.method=='POST':               #Ajax 发送 POST 请求
        i1 = int(request.POST.get("i1"))     #获取第一个输入数值
        i2 = int(request.POST.get("i2"))     #获取第二个输入数值
        i3 = int(request.POST.get("i3"))     #获取第三个输入数值
        if i1*i2 == i3:                      #判断乘积是否正确
            return HttpResponse("正确")
        else:
            return HttpResponse("错误")
    return HttpResponse("错误!")
```

第三步：设置根路由。

在根路由文件 urls.py 的路由列表中增加下列路由配置。

```
path('index1/',index1,name='index1'),
path('add/',add,name='add'),
```

第四步：启动 Web 服务器，在浏览器中进行访问测试。

启动 mice 项目，在浏览器的地址栏中输入 127.0.0.1:8000/index1 并按下回车键验证乘积，执行结果如图 10.3 所示，我们将看到该界面是局部刷新的。

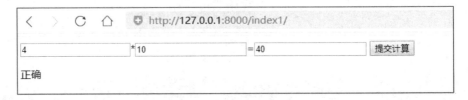

图 10.3　验证乘积的结果

在该界面依次输入被乘数、乘数和积，单击"提交计算"按钮，服务器端会根据计算正确与否给出正确或错误提示。该操作过程与网页全部重新加载刷新的不同之处是，该操作让人感觉不到界面的提交过程，返回结果速度更快。这在需要在网页上频繁输入的场景下非常有用。

10.2 会话

当浏览器端的一个用户访问一个网站时,服务器端怎么能准确地知道该用户的身份信息呢?如用户名、密码、登录时间、IP 地址等。知道用户身份信息对电子商务平台来说非常重要,平台可以通过这些信息第一时间知道用户是谁、用户喜欢购买什么商品等,为针对性进行商品推荐提供了第一手资料。

会话(Session)是网站服务器端的一种内部信息共享机制,用于接收访问浏览器的用户信息(表单信息、Cookie[①]信息等)。用户使用网站期间,Session 信息在服务器端处于使用状态,一直到该用户退出登录并停止使用。这种共享用户信息的方式,为网站通过用户的 Session 对象在不同网页之间共享数据提供了方便。

Session 把用户信息保存在服务器端,这样比单纯用 Cookie 在本地存储用户数据要安全、方便、快速。在使用 Session 的情况下,仅需要用户端 Cookie 提供非明文身份识别 ID 即可。

10.2.1 会话配置与使用

Django 的会话机制为:第一次访问一个网站时,Session 会借助表单、Cookie 等获取用户基本信息并将其传递给服务器端 Django,Django 通过配置文件中的中间件和应用把用户数据存储到指定地点(默认为数据库),同时 Session 信息会驻留在服务器端内存上,供网站页面访问使用;第二次访问这个网站时,服务器端 Django 将客户端信息与存储的信息进行比较,以确定用户准确的信息。

为了准确理解 Session 信息的获取过程,这里借助【案例 9.2】中实现的功能来验证 Session 传递的基本信息。

启动 HelloThreeCoolCats 项目,在浏览器的地址栏中输入 127.0.0.1:8000/use/updatePassword.html 并按下回车键,在显示界面的用户名、密码输入框中依次输入网站中并不存在的用户信息,单击"修改密码"按钮,转向报错页面。接着,下拉该页面到"Request information"开始部分,可以看到传递给服务器端的用户基本信息(部分),如图 10.4 所示。这里的主要信息包括 POST 对应的表单记录信息(主要 Session 对象记录的数据)、COOKIES 中记录的加密的_guid 身份信息、META 用户使用的本地计算机信息。

---

① Cookie,存储在用户本地终端上的数据,为网站提供用户访问信息,由于存储在本地,因此容易受攻击。

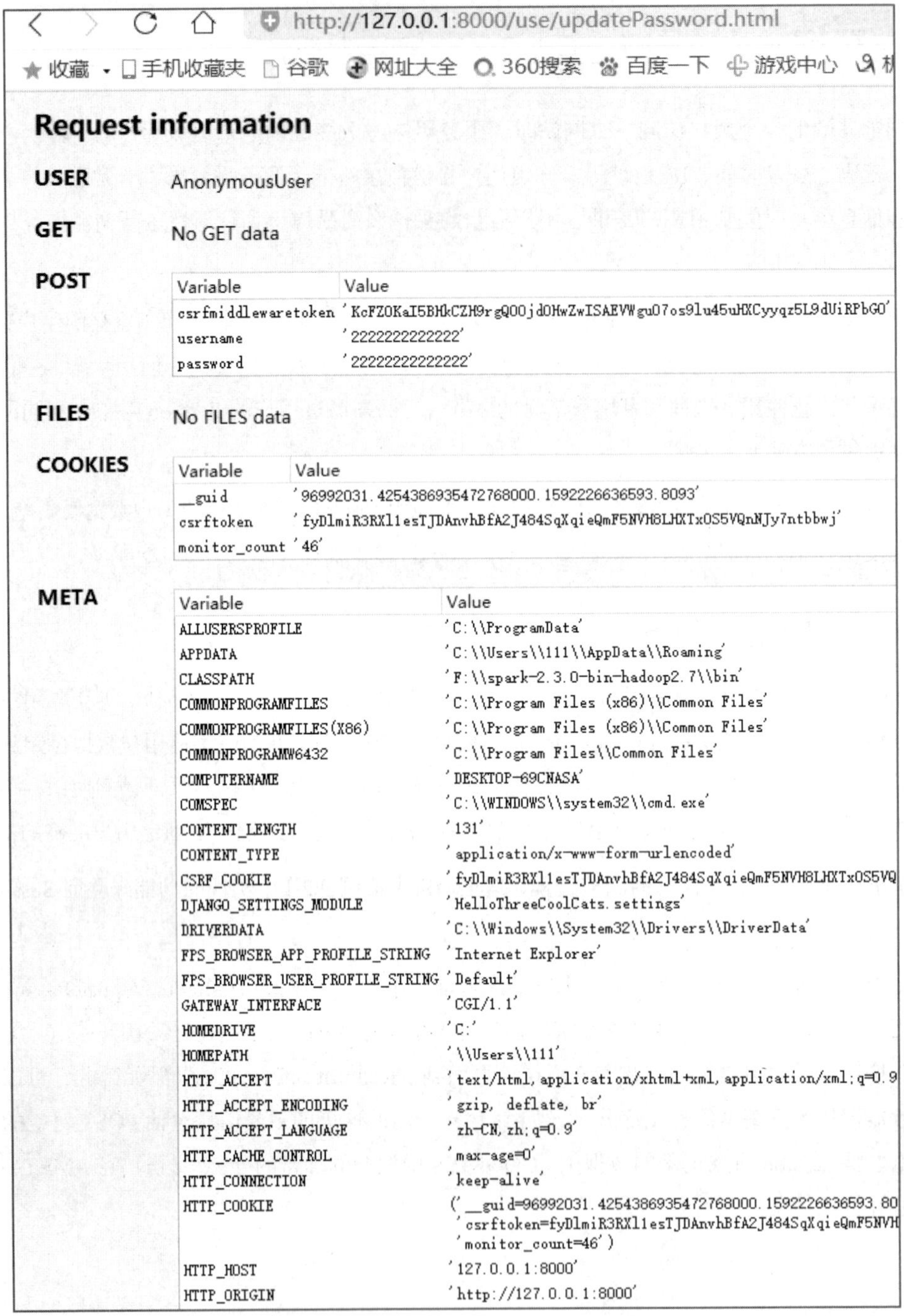

图 10.4 传递给服务器端的用户基本信息（部分）

要实现 Django 对用户信息的收集和判断，首先要保证 settings.py 文件中信息的正确配置。这里我们将介绍 Django 使用 Session 时进行的配置。

第一步：启动 Session 功能。

为了保证网站启动时同步启动 Session 功能，需要在 MIDDLEWARE 列表中设置如下内容。

```
'django.contrib.sessions.middleware.SessionMiddleware',    #默认已经存在
```

可以使用该中间件处理用户访问信息，判断用户信息是否存在，在 Django 默认安装的情况下，该配置项已经存在。若禁用 Session 功能，去掉该配置项即可。

第二步：配置 Session 应用。

在 INSTALLED_APPS 列表中增加如下配置内容。

```
'django.contrib.sessions',                                 #默认已经存在
```

当 SessionMiddleware 中间件将创建、读取、修改、删除用户信息的任务传递给 Session 对象后，Session 应用会选择指定的 Session 引擎并负责具体的操作实现过程。

第三步：保存数据。

Sesion 保存数据的方式有 5 种：保存到数据库（默认）、保存到缓存、保存到指定文件、保存到缓存和数据库、保存到加密 Cookie。

上述用户信息存储方式通过 settings.py 配置文件的 SESSION_ENGINE 参数予以指定，其 Session 引擎的设置分别如下。

```
SESSION_ENGINE="django.contrib.sessions.backends.db"            #数据库，默认
SESSION_ENGINE="django.contrib.sessions.backends.cache"         #缓存
SESSION_ENGINE="django.contrib.sessions.backends.file"          #指定文件
SESSION_ENGINE="django.contrib.sessions.backends.cached_db"     #缓存、数据库
SESSION_ENGINE="django.contrib.sessions.backends.signed_cookies" #加密 Cookie
```

本书采用默认的数据库保存 Session 信息，用 MySQL Workbench 工具打开数据库，左边列表中的 django_session 就是用来保存用户登录基本信息的表。可以在表名处单击鼠标右键，选择"Select Rows"选项进行查看。

进行 Session 配置后，我们就可以使用 Session 功能了。Django 视图函数的第一个参数 request 提供了 Session 对象的操作属性和方法。这里利用 HelloThreeCoolCats 项目的 use 应用来测试 Session 的使用方法，详见【案例 10.2】。

【案例 10.2】 测试 Session 的使用方法（HelloThreeCoolCats 项目）

第一步：建立测试视图函数。

在 use 应用的 views.py 文件中建立 testSession 视图函数。

```python
def testSession(request):
    #获取，设置 Session 指定键的值
    request.session['username'] = 9999                      #设置指定键的值，不管键存在不存在
    request.session.setdefault('username', 9999)            #设置键值，键存在则不设置值
    print(request.session['username'])                      #输出指定键的值
    print(request.session.get('username',''))               #输出指定键的值

    #获取 Session 字典键、值、键值对
    print(request.session.keys())                           #输出所有键名
    print(request.session.values())                         #输出所有值
    print(request.session.items())                          #输出所有键值对

    #在 django_session 表中获取用户 Session 的随机字符串
    print(request.session.session_key)                      #输出随机字符串

    #将所有 Session 失效日期小于当前日期的数据删除
    request.session.clear_expired()

    #检查用户 Session 的随机字符串是否在数据库中
    request.session.exists("session_key")

    request.session.set_expiry(1000)                        #设置 Session 过期的时间
    request.session.get_expiry_age()                        #返回该 Session 过期的秒数
    request.session.get_expiry_date()                       #返回该 Session 的到期日期

    #删除 Session 指定键数据
    del request.session['username']

    #删除当前用户的所有 Session 数据
    request.session.delete("session_key")
    request.session.clear()
    return HttpResponse('OK')
```

第二步：设置应用路由。

在 use 应用的 urls.py 文件中增加如下路由。

```python
path('testsession',views.testSession)                       #测试 Session
```

第三步：设置根路由。

在根路由文件 urls.py 的路由列表中增加下列路由配置。

```
path('use/',include('use.urls'))                    #URL 转向 use 应用的 urls 路由列表
```

第四步：启动 Web 服务器，在浏览器中进行访问测试。

启动 Web 服务器，在浏览器的地址栏中输入 127.0.0.1:8000/use/testsession 并按下回车键，Session 测试输出结果如图 10.5 所示。

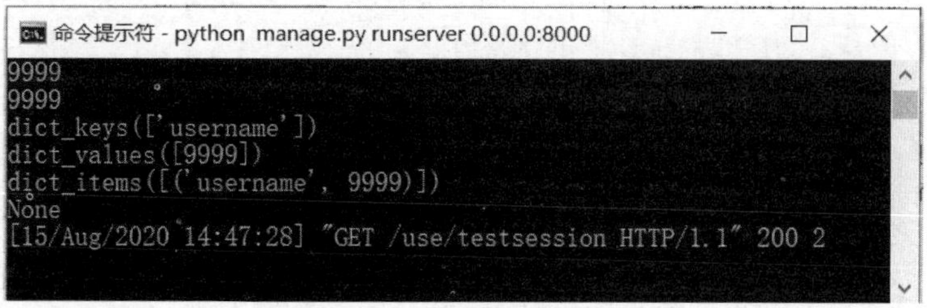
命令提示符 - python manage.py runserver 0.0.0.0:8000
9999
9999
dict_keys(['username'])
dict_values([9999])
dict_items([('username', 9999)])
None
[15/Aug/2020 14:47:28] "GET /use/testsession HTTP/1.1" 200 2

图 10.5 Session 测试输出结果

10.2.2 会话使用案例

作为网站管理者，对来访用户数量是很关心的，他需要知道每天有多少用户访问了哪些网页，用户分布情况怎么样等。这里我们通过一个案例来说明 Session 的具体使用，根据用户登录的 Session 记录统计网站访问用户信息。

【案例 10.3】 统计网站访问用户信息（HelloThreeCoolCats 项目）

本案例在 HelloThreeCoolCats 项目中实现。

第一步：建立记录访问用户信息的模型。

在 use 应用的 models.py 文件中建立如下记录访问用户信息的模型。

```
from django.db import models
import datetime
# Create your models here.
class VisiterRecord(models.Model):              #建立记录访问用户信息的模型
    day = models.DateField(verbose_name='日期', default=datetime.timezone.now)
    ip=models.CharField(verbose_name='IP 地址',max_length=30)
    page = models.CharField(verbose_name='访问页面',max_length=100)
    class Meta:
        verbose_name = '访问用户信息'
        verbose_name_plural = verbose_name
    def __str__(self):
        return self.ip
```

然后，在命令提示符中执行数据迁移命令。

```
G:\Django\HelloThreeCoolCats>python manage.py makemigrations use
G:\Django\HelloThreeCoolCats>python manage.py migrate
```

第二步：建立记录访问用户信息的视图函数。

在 use 应用的 views.py 文件中增加如下记录，当浏览器端用户访问服务器端时，Django 通过路由访问 VisitorInf 视图函数，该视图函数通过调用记录访问用户信息的 VisiterRecord 模型，保存访问 IP 地址的数据库表记录，为后续的统计提供原始数据。

```
from use.models import VisiterRecord
def VisitorInf(request):                                    #建立视图函数
    try:
        if 'HTTP_X_FORWARDED_FOR' in request.META:          #获取 IP 地址
            current_ip = request.META.get('HTTP_X_FORWARDED_FOR')
        else:
            current_ip = request.META.get('REMOTE_ADDR')
        current_page = request.get_full_path()              #获取当前网页地址
        VisiterRecord.objects.create(ip=current_ip,page=current_page)  #增加一条访问记录
    except Exception as e:
        print("访问者基本信息存在错误%s" % str(e))
```

第三步：在访问页面增加 VisitorInf 视图函数。

这里利用【案例 9.2】实现的功能更改用户密码，验证访问用户信息。在 use 应用的 views.py 文件中修改视图函数 updatePassword，在其中增加 VisitorInf(request) 函数，用于记录访问更改密码页面的用户信息。注意，VisitorInf 函数一定要定义在 updatePassword 前面，否则无法调用。

```
def updatePassword(request):
    VisitorInf(request)                                     #访问便记录
    if request.method == 'POST':                            #表单网页通过 POST 提交数据
        …
    else:
        …
        return render(request, 'updatePassword.html', locals())  #转向模板调用
```

第四步：启动 Web 服务器，在浏览器中进行访问测试。

启动 HelloThreeCoolCats 项目，在浏览器的地址栏中输入 127.0.0.1:8000/use/updatePassword.html 并按下回车键，在数据库表 use_visiterrecord 中会增加网页访问记录，如图 10.6 所示。

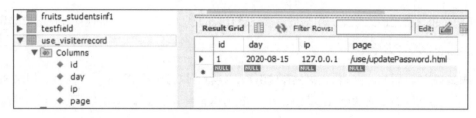

图 10.6　网页访问记录

我们可以利用该表中的记录对用户信息进行进一步的统计，以满足业务使用需要。

10.3　日志

对于重要或复杂的网站项目，需要建立日志以跟踪系统运行异常的情况。日志中的内容可以为网站技术运维人员提供帮助。

10.3.1　日志对象与配置

传统的应用系统日志是以文件形式存放在指定路径下的。Django 使用了 Python 内置的 logging 框架功能处理系统日志。

1. 日志框架的组成

Python logging 框架由 Loggers、Handlers、Filter、Formatter 这 4 部分组成。

（1）Loggers

Loggers 是日志系统的入口，用于接收应用系统的日志信息，将其写入指定命名的桶（Bucket）中，并提供某一日志级别的配置功能。日志级别包括以下几种。

- DEBUG：排查故障时使用的低级别。
- INFO：一般级别。
- WARNING：系统警告级别。
- ERROR：系统一般故障级别。
- CRITICAL：系统严重问题级别。

每一条写入 Loggers 的信息都是一条日志记录，其中包含日志级别，代表对应信息的严重程度。

日志记录中还包含有用的元数据,用来描述被记录日志的事件细节,例如堆栈跟踪情况或错误码。

(2)Handlers

Handlers 为接收的 Loggers 信息提供存储引擎,这里可以指定输出到屏幕、文件、网络 Socket。一个 Loggers 设置中可以有多个 Handlers,每一个 Handlers 可以对应不同的日志级别,这样就可以根据信息重要性的不同提供不同格式的输出。

(3)Filter

在日志信息从 Loggers 传到 Handlers 的过程中,可以使用 Filter 来做额外的筛选控制。如果只想针对某一具体的出错信息进行存储,就可以通过 Filter 来筛选。Filter 还被用来在日志输出之前对日志信息进行修改。

(4)Formatter

日志信息记录最终是需要以文本的形式呈现给用户的。Formatter 描述了文本的格式,一个 Formatter 通常由包含 LogRecord attributes[①]的 Python 格式化字符串组成。

2. 日志配置

要想使用日志,首先需要在 HelloThreeCoolCats 项目的 setttings.py 文件中进行日志配置,具体内容如下。

```
import os
LOGGING = {
    'version': 1,                                          #日志版本号
    'disable_existing_loggers': False,
    #值为True,则禁用Django默认日志;值为False,则自定义日志与默认日志并存
    'handlers': {                                          #指定信息处理引擎
        'file': {                                          #这里指定为文本记录
            'level': 'DEBUG',                              #接收消息的日志级别,这里为DEBUG
            'class': 'logging.FileHandler',                #这是处理程序类的完全限定名
            'filename': '/path/to/django/debug.log',#指定消息存储的文件,路径要改为实际可用路径
        },
    },
    'loggers': {                                           #Loggers入口
        'django': {
            'handlers': ['file'],                          #指向Handlers消息存储引擎,这里为文件
            'level': 'DEBUG',                              #指定消息级别,这里为DEBUG
            'propagate': True,                             #True表示消息允许向更高层级Handlers传播
        },
```

[①] 默认的日志格式定义。

```
    },
}
```

3. 调用日志记录

在 settings.py 文件中进行日志配置后,可以通过建立 logging 日志模块来记录日志信息。

```
import logging
logger = logging.getLogger('__name__')
try:
…
except Exception as e:
    logger.error('访问者基本信息存在错误'+str(e))      #将出错的日志信息记录到指定文件中
    print("访问者基本信息存在错误%s" % str(e))
```

日志模块 logging 中提供了 7 种日志信息的记录方法。

- logger.debug()方法:记录 DEBUG 级别日志信息。

- logger.info()方法:记录一般级别日志信息。

- logger.warning()方法:记录警告级别日志信息。

- logger.error()方法:记录一般故障级别日志信息。

- logger.critical()方法:记录严重问题级别日志信息。

- logger.log()方法:用于手动输出一条指定级别的日志信息。

- logger.exception()方法:用于创建一个包含当前异常堆栈帧的 ERROR 级别的日志信息。

10.3.2 日志使用案例

本节我们将通过一个具体的案例带大家进一步了解日志的使用方式,实现的具体功能是,为登录界面提供日志记录功能,以方便网站技术运维人员跟踪登录异常情况。在【案例 9.2】修改登录密码代码的基础上实现【案例 10.4】的日志记录功能。

【案例 10.4】实现登录日志记录功能(HelloThreeCoolCats 项目)

第一步:配置日志参数。

在 settings.py 文件中增加如下日志配置。

```
import time
cur_path = os.path.dirname(os.path.realpath(__file__))      # log_path 是存放日志的路径
log_path = os.path.join(os.path.dirname(cur_path), 'logs')
```

```python
if not os.path.exists(log_path): os.mkdir(log_path)  #如果不存在 logs 目录，就自动创建一个
LOGGING = {
    'version': 1,
    'disable_existing_loggers': True,
    'formatters': {                          #定义输出信息格式
        'verbose': {                         #详细日志格式
            'format': '{levelname} {asctime} {module} {process:d} {thread:d} {message}',
            'style':'{',},
        'simple': {                          #简单格式
            'format': '{levelname} {message}',
            'style':'{',
        },
    },
    'filters': {                             #过滤
        'require_debug_true': {'()': 'django.utils.log.RequireDebugTrue',},
    },
    'handlers': {                            #指定日志处理引擎
        'default': {                         #默认记录所有日志
            'level': 'INFO',                 #指定日志记录级别
            'class': 'logging.handlers.RotatingFileHandler',
            'filename': os.path.join(log_path,
'all-{}.log'.format(time.strftime('%Y-%m-%d'))),
            'maxBytes': 1024 * 1024 * 5,     #文件大小
            'backupCount':2,                 #备份数
            'formatter': 'simple',           #输出格式
            'encoding': 'utf-8',             #设置编码，支持中文编码
        },
        'error': {                           #错误日志
            'level': 'ERROR',                #指定错误日志级别
            'class': 'logging.handlers.RotatingFileHandler',
            'filename': os.path.join(log_path,
'error-{}.log'.format(time.strftime('%Y-%m-%d'))),
            'maxBytes': 1024 * 1024 * 5,     #文件大小
            'backupCount': 2,                #备份数
            'formatter': 'verbose',          #输出格式
            'encoding': 'utf-8',             #设置默认编码
        },
        'console': {                         #控制台输出
            'level': 'DEBUG',
            'class': 'logging.StreamHandler',
            'formatter': 'verbose'
        },
        'info': {                            #输出 info 日志
            'level': 'INFO',
            'class': 'logging.handlers.RotatingFileHandler',
            'filename': os.path.join(log_path,
'info-{}.log'.format(time.strftime('%Y-%m-%d'))),
```

```
            'maxBytes': 1024 * 1024 * 5,
            'backupCount':2,
            'formatter': 'verbose',
            'encoding': 'utf-8',                 #设置默认编码
        },
    },
    'loggers': {                          #配置用哪几种 Handlers 来处理日志
                                          #类型为django,则处理所有类型的日志,日志实例默认调用该类型
        'django': {
            'handlers': ['error','console'],     #指向'handlers'的'error','console'输出引擎
            'level': 'DEBUG',                    #日志级别为 DEBUG
            'propagate': False
        },
        'log': {                                 #类型为log,则需要传入getLogger('log')作为参数
            'handlers': ['error', 'info', 'default'],
            'level': 'INFO',
            'propagate': True
        },
    }
}
```

第二步：在应用中调用日志实例。

在 use 应用的 views.py 文件中增加如下内容，并改造 VisitorInf 视图函数。

```
import logging
logger = logging.getLogger(__name__)      #另外一种日志实例化 logger = logging.getLogger('log')
def VisitorInf(request):
    try:
        if 'HTTP_X_FORWARDED_FOR' in request.META:              #获取IP地址
            current_ip = request.META.get('HTTP_X_FORWARDED_FOR')
        else:
            current_ip = request.META.get('REMOTE_ADDR')
        current_page = request.get_full_path()                  #获取当前网页地址
        VisiterRecord.objects.create(day=now(),ip=current_ip,page=current_page)
        #增加一条访问记录
        logger.info('插入一条来访记录！')                         #定向输出日常操作信息
    except Exception as e:
        logger.error("访问者基本信息存在错误%s" % str(e))          #定向输出出错信息
        print("访问者基本信息存在错误%s" % str(e))
```

第三步：启动 Web 服务器，在浏览器中进行访问测试。

启动 HelloThreeCoolCats 项目，在浏览器的地址栏中输入 127.0.0.1:8000/use/updatePassword.html 并按下回车键，然后在修改密码界面输入用户名、密码，保存修改。接着，在 PyCharm 项目列表中将看见如图 10.7 所示的日志路径和文件。

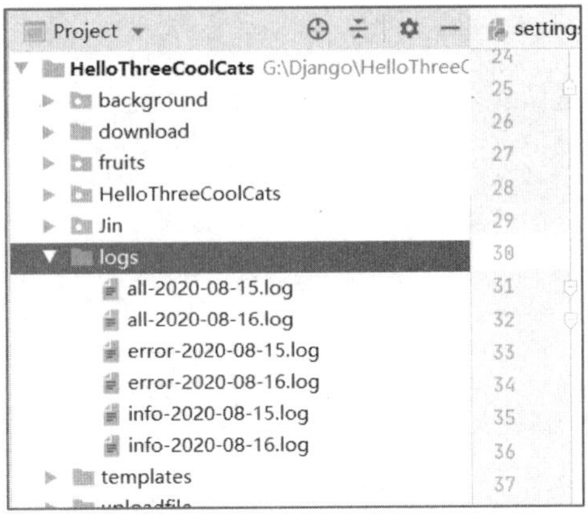

图 10.7　日志路径和文件

用鼠标左键双击日志文件，将看到对应的自动记录的日志信息。同时在命令提示符（又叫控制台）中可以显示传输过来的日志记录，如图 10.8 所示，这说明日志功能配置成功。

图 10.8　命令提示符中显示的日志记录

10.4　缓存

与静态网站相比，动态网站从数据库查询、模板渲染、视图业务逻辑的处理，到最后将结果展示在浏览器端，整个过程的计算量将明显增加。

当一个网站的访问量很大时，对动态网站来说，这将产生很大的计算压力，严重时会导致网站访问响应缓慢，甚至产生网页无法打开的问题。对于那些需要频繁访问及计算量很大的网站，将计算结果放到计算机指定的区域（如内存的一部分空间里）供用户自己调用，可以提高网页响应速度，这种情况下涉及的技术就是缓存（Cache）。

10.4.1 配置缓存

Django 提供了一个强大的缓存系统,可以缓存一个网页、一个视图,甚至整个网站。本节我们将介绍缓存的分类,以及使用缓存时需要进行的设置。

1. 缓存分类

Django 提供的缓存主要分为以下 6 类。

- Memcached:完全基于计算机内存的缓存,优点是速度快、效率高、支持多计算机共享内存资源,缺点是占用内存空间、容易丢失数据。
- 数据库缓存:这是一种兼顾效率和数据安全性的、比较好的缓存方案,支持多数据库缓存。
- 文件系统缓存:基于后端序列化文件的缓存,与数据库缓存相比适用性较差。
- 本地内存缓存:Django 开发环境下的默认缓存方式,采用开发计算机的本地内存作为缓存后端,这种缓存使用最近最少使用(LRU)的淘汰策略,在开发环境下表现很好,在生产环境下不是一种好的选择。
- 虚拟缓存:仅适用于项目开发模式,只用来实现缓存接口,并不会执行其他操作。
- 使用自定义缓存后端:为专业技术人员开发自定义缓存功能提供了设置接口。

2. 缓存基本配置

使用缓存前,需要先对缓存进行配置。Django 的缓存需要在项目的 settings.py 文件中进行配置才能被调用。

(1) Memcached 配置

```
CACHES = {
  'default': {
      'BACKEND': 'django.core.cache.backends.memcached.MemcachedCache',  #内存缓存引擎
      'LOCATION': ['127.0.0.1:88888', '202.20.7.100:60000']         #服务器的 IP 地址、端口号
  }
}
```

注意,端口号范围是 0~65535,若超过这个范围则无法运行网站。在 UNIX 环境下也可以采用'LOCATION': 'unix:/tmp/memcached.sock'或'LOCATION': '/tmp/memcached.sock'绑定不同的服务器。

(2) 数据库缓存配置

```
CACHES = {
```

```
    'default': {
        'BACKEND': 'django.core.cache.backends.db.DatabaseCache',    #数据库缓存引擎
        'LOCATION': 'my_cache_table',                                 #数据库缓存表名
    }
}
```

完成数据库缓存配置后,需要在对应项目路径下执行以下命令,生成数据库缓存表,生成的表名同 LOCATION 指定的名称。

```
python manage.py createcachetable
```

(3)文件系统缓存配置

```
CACHES = {
    'default': {
        'BACKEND': 'django.core.cache.backends.filebased.FileBasedCache', #文件系统缓存引擎
        'LOCATION': 'E:/ FileCache',                                       #指向具体硬盘绝对路径
    }
}
```

在 UNIX 下使用'LOCATION': '/var/tmp/django_cache'方式设置文件路径,要确保指定的路径存在并具有读写操作权限。

(4)本地内存缓存配置

```
CACHES = {
    'default': {
        'BACKEND': 'django.core.cache.backends.locmem.LocMemCache',   #本地内存缓存引擎
        'LOCATION': 'unique-snowflake',
    }
}
```

若在 settings.py 文件中没有进行任何缓存配置,则默认按照上述方法进行配置。

(5)虚拟缓存配置

```
CACHES = {
    'default': {
        'BACKEND': 'django.core.cache.backends.dummy.DummyCache',    #虚拟缓存引擎
    }
}
```

(6)使用自定义的缓存后端配置

```
CACHES = {
    'default': {
        'BACKEND': 'path.to.backend',    #自定义缓存引擎
```

```
    }
}
```

3. 可选缓存配置参数

每种缓存配置都可以通过一些可选的参数进一步控制缓存行为，以下为具体参数说明。

- TIMEOUT：设置缓存的过期时间，默认值为 None，表示永远不过期，值为 0 时表示立刻过期，值为具体数字时指出具体过期时间，单位为秒（如值为 300，表示 300 秒后过期）。

- OPTIONS：实现自有淘汰策略的缓存后端，其有两个子参数，MAX_ENTRIES 用于确定一次性缓存的最多条目数，默认值为 300，超过该值后将淘汰旧条目，CULL_FREQUENCY 表示当一次性缓存条目数达到 MAX_ENTRIES 时被淘汰的部分条目（其中的淘汰比例具体为 1/CULL_FREQUENCY），默认值为 3，值为 0 时整个缓存都被清空。

- KEY_PREFIX：统一提供缓存 key 的前缀字符串（默认为空值）。

- KEY_FUNCTION：通过指定函数定义如何将前缀、版本号和键组合成最终的缓存键，并以包含点分隔符（.）的字符串形式返回。

- VERSION：缓存键的默认版本号。

部分可选缓存配置参数的使用示例如下。

```
CACHES = {                                                          #设置缓存参数
    'default': {
        'BACKEND': 'django.core.cache.backends.filebased.FileBasedCache',  #指定缓存引擎
        'LOCATION': ' E:/ FileCache ',                              #指向具体硬盘绝对路径
        'TIMEOUT': 100,                                             #设置缓存的过期时间
        'OPTIONS': {
            'MAX_ENTRIES': 1000,                                    #设置最多缓存条目数
            CULL_FREQUENCY:5,                    #缓存到达最多条目数之后,淘汰缓存条目数的比例
        }
    }
}
```

10.4.2 缓存使用案例

缓存配置完成后，我们就可以决定如何使用缓存了。Django 提供了 5 种缓存使用方式。

- 站点缓存：将整个网站中的所有网页都放入缓存，一般不推荐使用该方式，主要原因在于，将所有网页数据进行缓存会给缓存引擎调用造成很大的压力。

- 视图缓存：为指定视图提供缓存，这是一种常用的缓存策略。

- 模板片段缓存：为指定模板的部分内容提供缓存功能，适合模板内容变化较少的情况。
- 底层缓存：利用 Django 提供的底层 API 缓存功能，实现指定的、可以安全系列化（Pickle[①]）的 Python 对象缓存操作。
- 下游缓存：通过 ISP（Internet Service Provider，互联网服务提供商）、浏览器、代理缓存等方式提供网页快速访问功能，存在一些安全隐患。

接下来我们以站点缓存和视图缓存为例，为大家介绍缓存的具体使用方法。

1. 站点缓存的使用

站点缓存的使用最为简单，在 settings.py 文件的 MIDDLEWARE 中增加如下设置内容即可。

```
MIDDLEWARE = [
'django.middleware.cache.UpdateCacheMiddleware',      #必须设置在列表的第一行
…
   'django.middleware.common.CommonMiddleware',
…
'django.middleware.cache.FetchFromCacheMiddleware',   #必须设置在列表的最后一行
]
```

站点缓存中间件 cache.UpdateCacheMiddleware 必须设置在列表的第一行，而 cache.FetchFromCacheMiddleware 必须设置在列表的最后一行，不能打乱次序。另外，还需要在 settings.py 文件中继续设置以下的必要内容。

- CACHE_MIDDLEWARE_ALIAS：缓存别名。
- CACHE_MIDDLEWARE_SECONDS：每个页面的缓存秒数。
- CACHE_MIDDLEWARE_KEY_PREFIX：缓存中间件生成的缓存键的前缀，其值为字符串，为项目提供全局性的唯一字符串值。如将一个项目部署于不同服务器上并通过多站点进行缓存共享，需要为安装的项目指定站点名称，或者设置成 Django 实例中唯一的其他字符串，以防止键冲突。这是进行大型网站分布式部署时需要预先想到的使用场景。

◁)) 注意

启动 Web 服务器后，若出现 ModuleNotFoundError: No module named 'memcache' 错误提示，则需要在命令提示符中执行 pip3 install python3-memcached 命令，安装 memcached 库。

[①] Pickle 是将 Python 对象层次结构转换为字节流的过程。

2. 视图缓存的使用

在 mice 项目的 settings.py 文件中已进行缓存设置的前提下，可以在根目录的 view.py 文件中对 ShowHome 视图函数设置视图缓存。

```
from django.views.decorators.cache import cache_page
@cache_page(1000)            #缓存视图 1000 秒
def ShowHome(request):
    return render(request,'Hello.html')
```

启动 Web 服务器，在浏览器中输入 127.0.0.1:8000/Hello 访问对应的网页，该网页具有在缓存环境下被快速访问的功能。

10.5 分页

当网页上的栏目记录行数超过一定数值时，我们往往希望提供分页功能，方便用户通过前翻、后翻的形式查看内容。本节我们就来介绍实现分页功能的类，以及具体的分页案例。

10.5.1 分页器类

为了实现网页栏目分页功能，Django 提供了 Paginator（分页器）类，其导入方式如下。

```
from django.core.paginator import Paginator            #导入 Paginator 类
```

Paginator 类为实现分页功能提供了必要的属性、方法。

- count 属性：返回列表数据的长度。
- num_pages 属性：返回总页数。
- page_range 属性：返回页码列表。
- validate_number(number)方法：验证当前页数是否大于或等于 1。
- get_page(number)方法：返回参数 number 指定的有效页对象，若 number 指定的不是数值，则返回第一页，超出页数范围则返回最后一页。
- page(number)方法：number 为页顺序码，根据参数 number 指定的数值返回某一页数据对象 page（用于确定当前页显示记录条数和记录内容）。

数据对象 page 本身也提供了对应的属性、方法。

- object_list 属性：获取当前页面的对象列表。
- number 属性：获取当前页面的页码。
- paginator 属性：表示对应的分页器实例化对象。
- has_next()方法：判断是否有下一页，若有则返回 True，否则返回 False。
- has_previous()方法：判断是否有上一页，若有则返回 True，否则返回 False。
- has_other_pages()方法：判断是否有相邻页（下一页或上一页），若有则返回 True，否则返回 False。
- next_page_number()方法：返回下一页的页码，没有下一页则引发 InvalidPage 出错。
- previous_page_number()方法：返回上一页的页码，没有上一页则引发 InvalidPage 出错。
- start_index()方法：返回当前页面第一行数据在整个数据列表中的索引值，例如，第一页第一行数据的索引值为 1。
- end_index()方法：返回当前页面最后一行数据在整个数据列表中的索引值。

10.5.2 分页案例

我们在前面的章节中设计了三酷猫水果销售网站，如果销售水果的记录一天超过 1000 条，则必须采用分页方式进行显示。本节我们将通过这个案例更深入地介绍分页功能的实现。

【案例 10.5】 销售记录分页显示案例（mice 项目）

第一步：建立销售记录模型。

在 mice 项目的 use 应用的 models.py 文件中增加 Sale 模型。

```
class Sale(models.Model):
    name=models.CharField(verbose_name='水果名称',max_length=50)
    number=models.FloatField(verbose_name='销售数量')
    unit=models.CharField(verbose_name='销售单位',max_length=8)
    price=models.DecimalField(verbose_name='销售单价')
    STime=models.DateTimeField(verbose_name='销售时间')
```

在命令提示符中执行如下数据模型迁移命令。

```
G:\mice>python manage.py makemigrations use
G:\mice>python manage.py migrate
```

第二步：模拟插入 20 条销售记录。

在 MySQL Workbench 中的 use_sale 处单击鼠标右键，在弹出的菜单上依次选择"Send to SQL Editor""Insert Statement"选项，在最后选项提供的 SQL 代码编辑执行界面执行如下代码 20 次（每次执行时要修改第一个 id 字段的数字，从 1 到 20）。

```
INSERT INTO usertest.use_sale VALUES(20,'橘子',233,'斤',1.2,now())
```

第三步：建立获取业务数据的视图函数。

在 use 应用的 views.py 文件中增加 ShowPage 视图函数。

```
from django.core.paginator import Paginator
from use.models import Sale                              #导入 Sale 模型
def ShowPage (request):
    Sale_list = Sale.objects.all()                       #获取模型对象的所有数据
    paginator = Paginator(Sale_list,5)                   #建立分页器实例，可显示 5 条记录
    page_number = request.GET.get('page')                #获得 URL 传递的 page 参数的页号
    page_obj = paginator.get_page(page_number)           #生成指定页的 page 对象
    return render(request, 'Pages.html', {'page_obj': page_obj})
    #将 page 对象传递给 Page.html 模板
```

第四步：设置应用路由。

在 use 应用的 urls.py 文件中设置如下路由。

```
from django.urls import path
from use.views import ShowPage
urlpatterns = [
    path('',ShowPage,)                                   #调用 ShowPage 视图函数
]
```

第五步：设置根路由。

在根路由文件 urls.py 的路由列表中增加下列路由配置。

```
path('',include('use.urls',)),
```

第六步：建立分页显示模板。

在 use 应用的模板子路径下新建 Pages.html 模板，以下为具体内容。

```
<!DOCTYPE html>
<html lang="en">
<head>
    <meta charset="UTF-8">
    <title>三酷猫水果销售记录</title>
```

```html
</head>
<body>
<h2>三酷猫水果销售记录</h2>

<table border="1">
    <tr>
        <td width="120px">序号</td>
        <td width="150px"><a href="" style="color: #0f0f0f">水果名称</a></td>
        <td width="120px">销售数量</td>
        <td width="120px">销售单位</td>
        <td width="120px">销售单价（元）</td>
        <td width="120px">销售时间</td>
    </tr>
    {% for sale in page_obj %}
    <tr>
        <td width="120px">{{forloop.counter}}</td>
        <td width="150px"><a href="" style="color: #0f0f0f">{{sale.name}}</a></td>
        <td width="120px">{{sale.number}}</td>
        <td width="120px">{{sale.unit}}</td>
        <td width="120px">{{sale.price}}</td>
        <td width="120px">{{sale.STime}}</td>
    </tr>
    {% endfor %}
</table>

<div class="pagination">
    <span class="step-links">
        {% if page_obj.has_previous %}
            <a href="?page=1">&laquo; first</a>
            <a href="?page={{ page_obj.previous_page_number }}">previous</a>
        {% endif %}
        <span class="current">
            Page {{ page_obj.number }} of {{ page_obj.paginator.num_pages }}.
        </span>
        {% if page_obj.has_next %}
            <a href="?page={{ page_obj.next_page_number }}">next</a>
            <a href="?page={{ page_obj.paginator.num_pages }}">last &raquo;</a>
        {% endif %}
    </span>
</div>
</body>
</html>
```

模板中的 page_obj.has_previous 部分用于实现前翻功能，<span class="current">部分用于实现当前页的页码和总页数的链接（可以用鼠标单击），page_obj.has_next 部分用于实现后翻功能。

第七步：启动 Web 服务器，在浏览器中进行访问测试。

启动 mice 项目，在浏览器的地址栏中输入 127.0.0.1:8000 并按下回车键，带分页功能的界面如图 10.9 所示。在该界面上单击“next”可进入下一页进行查看，单击“last”将直接进入最后一页。

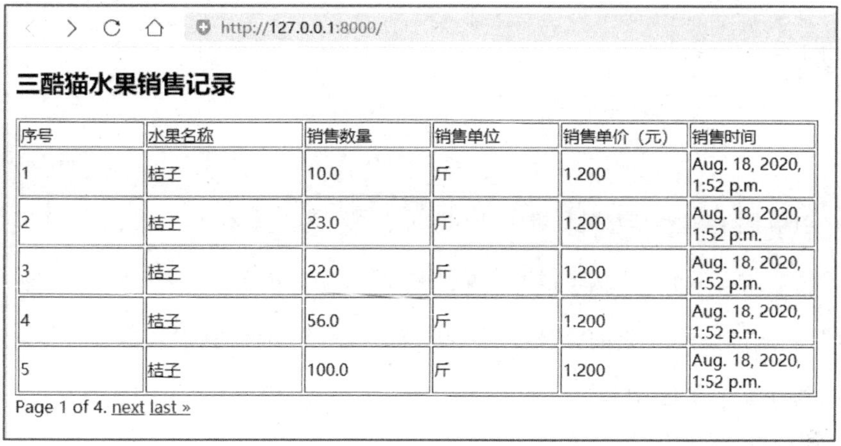

序号	水果名称	销售数量	销售单位	销售单价（元）	销售时间
1	桔子	10.0	斤	1.200	Aug. 18, 2020, 1:52 p.m.
2	桔子	23.0	斤	1.200	Aug. 18, 2020, 1:52 p.m.
3	桔子	22.0	斤	1.200	Aug. 18, 2020, 1:52 p.m.
4	桔子	56.0	斤	1.200	Aug. 18, 2020, 1:52 p.m.
5	桔子	100.0	斤	1.200	Aug. 18, 2020, 1:52 p.m.

Page 1 of 4. next last »

图 10.9　带分页功能的界面

10.6　习题

1. 填空题

（1）网页可以通过（　　）技术实现部分内容的更新。

（2）用户通过浏览器登录网站时，可以用（　　）记录登录信息。

（3）Django 提供了 Python 内置模块（　　），用以处理应用系统日志。

（4）Django 为提高动态网站的运行和访问效率提供了（　　）技术。

（5）当一个列表中显示的记录过多时，可以用（　　）提供前后翻页功能，以方便操作。

2. 判断题

（1）Ajax 是 JavaScript 技术的封装，可以直接在网页中嵌入使用。（　　）

（2）Session 可以在客户端记录用户信息。（　　）

（3）应用系统日志主要记录系统访问信息，供后端管理人员在业务分析时使用。（　　）

（4）Django 提供的 6 种缓存使用方法都适合商业网站使用。（　　）

（5）利用 Paginator 类可以实现列表记录分页显示，该类提供了前翻一页、后翻一页、前翻到首页、后翻到末页的功能。（　　）

10.7　实验

实验一

用 Ajax 实现对学生基本信息的局部更新和读取，以下为具体要求。

- 新建项目，建立学生基本信息模型（可利用前面章节的案例），插入 5 条学生基本信息记录。
- 利用带 Ajax 的模板，按照指定输入学号从指定视图中读取学生基本信息。
- 在浏览器中显示读取结果。
- 形成实验报告。

实验二

在实验一的基础上增加如下功能。

- 对查询内容进行记录。
- 在页面中统计查询次数（用 Ajax 实现）。
- 形成实验报告。

第 11 章

Django Rest Framework

Django Rest Framework，简称 DRF，中文意思是"Django 表述状态转化框架"，是一款功能强大、基于 Django 框架开发的、用于构建符合 RESTful 风格 Web API 的、前后端分离的商业化开发工具包。它是免费开源的，被一些大型 IT 企业所使用，是目前非常流行的商业级技术框架之一。本章我们将从前后端分离、安装及配置、序列化等方面介绍 DRF 相关内容。

11.1 前后端分离

前后端分离主要是指，随着 Web 技术的发展，采用前端、后端各自独立开发的模式，解决前端后端一体化开发所带来的互相制约问题，提高网站项目开发效率和后续的可维护性，同时可以通过标准化的 Web API 为前后端传递标准化数据，如 JSON、XML 格式的数据。

11.1.1 前后端分离原理

Django 的 Rest Framework 前后端分离实现原理如图 11.1 所示。

浏览器端，采用自有客户端技术框架（如 Vue.js[1]、ExtJS[2]、EasyUI[3]、DWZ[4]等）实现独立开发，并与服务器端进行资源调用。

---

[1] Vue.js：客户端渐进式 JavaScript 框架。
[2] ExtJS：一种完全用 JavaScript 编写的客户端用户界面框架。
[3] EasyUI：一组基于 jQuery 插件的集合体。
[4] DWZ：国人开发的基于 jQuery 的 Ajax RIA 客户端开源框架。

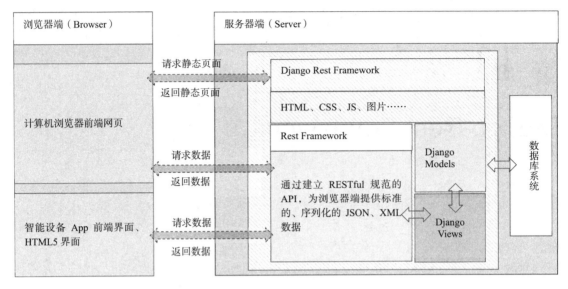

图 11.1　前后端分离实现原理

服务器端，整体框架建立在 Django 框架基础上，借助 DRF 技术实现数据、文件的交换使用。DRF 的核心是提供 RESTful 规范的 API 接口，为浏览器端提供数据和文件访问支持。这里的数据和文件统称为数据资源。为了让浏览器端接收 JSON 或 XML 格式的数据，该框架事先需要进行数据序列化处理。接收到浏览器端发送过来的数据后，需要对其进行反序列化处理才能使用。

前后端分离方式与前后端不分离方式之间的一个重要的区别是，前者不进行模板渲染便将其返回给浏览器，仅提供标准结构的数据资源。

11.1.2　RESTful

REST 的全称为 Representational State Transfer，中文意思是"表述状态转化"。REST 于 2000 年在 Roy Fielding 的博士论文中首次出现，Roy Fielding 是 HTTP 规范的主要编写者之一。在目前主流的 3 种 Web 服务交互方案中，REST 相比于 SOAP（Simple Object Access Protocol，简单对象访问协议）及 XML-RPC 更加简单明了，无论是对 URL 进行处理还是对 Payload 进行编码，REST 都倾向于用更加简单、轻量的方法进行设计和实现。值得注意的是，REST 并不是一个明确的标准，而更像一种设计风格。[1]符合 REST 风格的架构方式就是 RESTful。

---

[1] 引用自 *Architectural Styles and the Design of Network-based Software Architectures*.

1. 数据资源与 URL

REST 需要表述的是数据资源，包括数据库中的记录、各种文件等。要让数据资源被浏览器访问，需要提供一个唯一标识。在 Web 中，这个唯一标识就是 URL（Uniform Resource Locator，统一资源定位符）。比如，假设 127.0.0.1:8000/use/1 中的 1 指向应用 use 下的某一条数据记录，则整个 URL 就是一个数据资源地址。

2. 统一资源接口

有了数据资源和访问地址后，RESTful 为浏览器端的访问提供了 4 种常用 HTTP 标准访问方式，用于传递数据。

- GET：从服务器端获取数据资源。
- POST：在服务器端建立一个数据资源。
- PUT：在服务器端更新数据资源。
- DELETE：从服务器端删除指定的数据资源。

3. 常用返回状态码

HTTP 的返回状态码是纯数字的，如 404、200 等，不太容易理解，RESTful 提供了统一标准的文字标识符，如表 11.1 所示，更有助于使用人员理解。

表 11.1 常用返回状态码对应的文字识别符

序号	返回状态码	文字标识符	说明
1	200	HTTP_200_OK	服务器成功返回用户请求的数据
2	201	HTTP_201_CREATED	用户新建或修改数据成功
3	202	HTTP_202_ACCEPTED	请求已经进入后端排队（异步任务）
4	204	HTTP_204_NO_CONTENT	用户删除数据成功
5	400	HTTP_400_BAD_REQUEST	用户发出的请求有错误，服务器没有执行新建或修改数据的操作
6	401	HTTP_401_UNAUTHORIZED	用户没有权限（令牌、用户名、密码错误）
7	403	HTTP_403_FORBIDDEN	用户得到授权（与 401 错误相对），但是访问是被禁止的

续表

序号	返回状态码	文字标识符	说明
8	404	HTTP_404_NOT_FOUND	用户发出的请求针对的是不存在的记录,服务器没有进行操作,该操作是幂等的
9	406	HTTP_406_NOT_ACCEPTABLE	用户请求的格式不可得(比如,用户请求JSON格式,但是只有XML格式)
10	410	HTTP_410_GONE	用户请求的资源被永久删除且不会再恢复
11	422	HTTP_422_UNPROCESSABLE_ENTITY	创建一个对象时发生验证错误
12	500	HTTP_500_INTERNAL_SERVER_ERROR	服务器发生错误,用户无法判断发出的请求是否成功

11.2 安装及配置

安装 DRF 的前提条件是已经安装了相应的 Python、Django。安装这三者时,必须注意版本要求。目前,DRF 已经支持 Python3.8、Django3.0 版本,详细情况可以参考 DRF 官方网站。建议安装正式发布的、稳定性最高的版本,而非测试版本。

1. 安装 DRF

本书的安装版本是 Python3.8.3、Django3.0.7,接下来安装 DRF。最简单的安装方式是使用 pip 在线安装,在命令提示符中执行如下安装命令,执行结果如图 11.2 所示,本书安装的是 DRF 3.11.1 版本。

```
pip install djangorestframework                    #在线安装
```

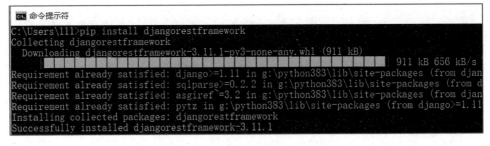

图 11.2 DRF 安装命令执行结果

另外一种方式是下载源代码包进行本地安装。[①]

2. 配置使用环境

下面通过建立 dogs 项目，对 DRF 使用环境配置进行介绍。

（1）新建项目

这里新建 dogs 项目作为 DRF 学习环境，在命令提示符中执行如下命令。

```
G:\>python G:\Python383\Lib\site-packages\django\bin\django-admin.py startproject dogs
```

接下来，在 dogs 项目中建立 first 应用，在命令提示符中执行如下命令。

```
G:\ dogs>python G:\Python383\Lib\site-packages\django\bin\django-admin.py startapp first
```

用 PyCharm 开发工具打开 dogs 项目，会发现其中已经包含 first 应用，如图 11.3 所示。在 settings.py 文件中配置数据库、应用，代码如下。

```
INSTALLED_APPS = [
…
'first',                                    #新增应用
]
DATABASES = {
    'default': {
        'ENGINE': 'django.db.backends.mysql',   #MySQL 数据库引擎
        'NAME': 'rest',                         #数据库名称，事先用 MySQL Workbench 工具建立
        'HOST': '127.0.0.1',                    #数据库地址(127.0.0.1 为本机)
        'PORT': 3306,                           #安装时的默认端口号
        'USER': 'root',                         #数据库超级用户名
        'PASSWORD': 'cats123.',                 #数据库密码
        'ATOMIC_REQUESTS': True,                #全局开启事务
    }
}
```

[①] 参见链接 12。

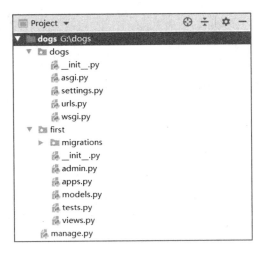

图 11.3 dogs 项目（包含 first 应用）

在 dogs 项目的 __init__.py 文件中增加如下代码，避免调用 MySQL 驱动接口时出错。

```
import pymysql
pymysql.version_info = (1, 4, 6, 'final', 0)  #指定 mysqlclient 驱动版本高于 1.3.13 或更高
pymysql.install_as_MySQLdb()                  #启用 pymysql 的驱动模式，否则 Django 无法使用
```

在 first 应用的 models.py 文件中增加一对多的主从表模型，主表模型为 PurchaseM（对应采购主表），从表模型为 PurchaseDetail（对应采购明细表）。

```
from django.db import models
# Create your models here.
class PurchaseM(models.Model):                          #主表模型
    id=models.AutoField(primary_key=True)               #采购单号，自动生成
    title=models.CharField(max_length=60)               #采购单名称
    buyer=models.CharField(max_length=12)               #采购员
    supplier=models.CharField(max_length=60)            #供货商
    call=models.CharField(max_length=20)                #联系电话
    time=models.DateTimeField()                         #采购时间
    def __str__(self):
        return self.supplier+str(self.time)
    class Meta:
        verbose_name = '采购主表'
        verbose_name_plural = '采购主表'                 #优先显示，去掉"s"

class PurchaseDetail(models.Model):                     #从表模型
    id=models.AutoField(primary_key=True)               #入单顺序号，自动生成
    name=models.CharField(max_length=60)                #采购水果名称
    number=models.FloatField()                          #采购数量
    unit=models.CharField(max_length=6)                 #采购单价
    price=models.DecimalField(max_digits=10,decimal_places=3)  #采购单价
```

```
Mid=models.ForeignKey(PurchaseM,on_delete=models.Case)    #关联主表的id字段
def __str__(self):
    return self.name
class Meta:
    verbose_name_plural = '采购明细表'        #优先显示, 去掉 "s"
```

接着在命令提示符中进行模型数据迁移, 使用以下命令。

```
G:\dogs>python manage.py makemigrations
G:\dogs>python manage.py migrate
```

为了在 Admin 后端管理系统操作采购主表和采购明细表, 需要在 first 应用的 admin.py 文件中注册上述两表。

```
from django.contrib import admin
from first.models import PurchaseM,PurchaseDetail
class PurchaseMAdmin(admin.ModelAdmin):
    list_display =['title','buyer','supplier','call','time']    #在后端显示字段

admin.site.register(PurchaseM,PurchaseMAdmin)                  #注册采购主表
class PurchaseDAdmin(admin.ModelAdmin):
    list_display =('name','number','unit','price','Mid_id')     #在后端显示字段
admin.site.register(PurchaseDetail,PurchaseDAdmin)             #注册采购明细表
admin.site.site_header = '三酷猫后端管理系统'
admin.site.site_title = '水果后端'
```

在命令提示符中设置 Admin 后端登录的超级用户, 然后即可在 Admin 中为采购主表、采购明细表增加若干记录。

```
G:\dogs>python manage.py createsuperuser        #用户名为 dogs, 密码为 dogs1111
```

（2）配置 DRF 环境

在 settings.py 文件的 INSTALLED_APPS 列表中增加如下应用, 启动该应用。

```
'rest_framework',
```

执行 G:\dogs>python manage.py runserver 命令, 启动 dogs 项目, 然后在浏览器的地址栏中输入 http://127.0.0.1:8000/admin, 若能正常显示后端登录界面, 则意味着项目搭建成功, 且 DRF 使用环境配置成功。

11.3 序列化器

序列化（Serialization）是将数据对象的状态信息形式转换为可存储或可传输形式的过程, 转换后的数据可供其他应用程序使用。

Django Rest Framework 提供的序列化器（Serializer）可以将复杂的数据（如查询集、模型实例、普通类实例）转换为可供前端使用的 JSON、XML 等格式的数据。同时，序列化器提供了反序列化功能，可以将前端发送的 JSON、XML 等格式的复杂数据转换为后端能接受的数据，并对发送的数据进行合法性验证。

DRF 的序列化器主要通过 Serializer 类和 ModelSerializer 类来实现，是 DRF 的核心功能。

11.3.1 序列化器对象

序列化器通过类来实现，其基本的子类（序列化类、序列化字段类）需要我们重点了解，这可以为后续的详细使用提供基础。为了直观了解序列化器，我们在 dogs 项目的 first 应用下建立 Serial.py 文件，并在其中增加序列化器对象 serializers 的导入代码。

```
from rest_framework import serializers
```

然后，用 PyCharm 的 "Go To" "Implementations" 选项定位该对象的定义源代码文件，了解其子类。序列化器对象的使用方法类似于表单（Form）、模型表单（ModelForm）。

1. 序列化字段类

从 serializers.py 定义源代码文件中可以知道，序列化器对象提供了大量的序列化字段类，用于将数据对象属性转为对应的字典对象键值对，这是序列化操作的第一步。这些字段类的使用方法非常类似于表单字段类的使用方法，这里不再详细介绍，大家了解即可。

具体的序列化字段类有：BooleanField（逻辑字段类）、CharField（字符字段类）、ChoiceField（单选下拉框字段类）、DateField（日期字段类）、DateTimeField（日期时间字段类）、DecimalField（固定精度的数值字段类）、DictField（字典字段类）、DurationField（持续时间字段类）、EmailField（邮箱字段类）、Field（可自定义字段类）、FileField（文件字段类）、FilePathField（文件路径字段类）、FloatField（浮点数字段类）、HiddenField（隐含值字段类）、HStoreField（兼容 PostgreSQL 数据库的字段类）、IPAddressField（IP 地址字段类）、ImageField（图片字段类）、IntegerField（整数字段类）、JSONField（JSON 格式字段类）、ListField（列表字段类）、ModelField（模型字段类）、MultipleChoiceField（多选下拉框字段类）、NullBooleanField（含 Null 值的逻辑字段类）、ReadOnlyField（只读字段类）、RegexField（正则字段类）、SerializerMethodField（序列化方法字段类）、SlugField（Slug 字段类）、TimeField（时间字段类）、URLField（URL 字段类）、UUIDField（通用唯一识别码字段类）。

2. 序列化字段类的公共参数

序列化字段类具有如下公共参数。

- read_only：指定序列化字段类仅用于序列化输出，默认值为 False。
- write_only：指定序列化字段类仅用于反序列化输入，默认为 False。
- required：确定序列化字段类在反序列化时是否需要该字段，默认为 True。
- default：指定序列化字段类在进行反序列化时使用的默认值。
- initial：指定序列化字段类的初始值。
- source：为序列化字段类设置一个模型字段来源。
- label：指定序列化字段类在网页 Label 标签上生成的内容。
- help_text：指定序列化字段类在网页上显示的提示信息。
- style：指定序列化字段类在网页上的显示风格，以字典形式表示。
- error_messages：指定序列化字段类出错时设置的提示信息，以字典形式表示。
- allow_empty：确定序列化字段类的值能否为空。
- data：指定序列化字段类设置字典对象值。
- allow_null：验证序列化字段类的值是否为 null。

3. 序列化器的常用序列化类

列化器的常用序列化类有以下 4 种。

- Serializer(BaseSerializer, metaclass=SerializerMetaclass)：序列化类。
- ListSerializer(BaseSerializer)：列表序列化类。
- ModelSerializer(Serializer)：模型序列化类。
- HyperlinkedModelSerializer(ModelSerializer)：超链接模型序列化类。

11.3.2 序列化类 Serializer

序列化类 Serializer 可以对复杂数据对象的状态信息进行序列化转换，使其变成 JSON、XML 等标准格式的数据对象，也可以将 JSON、XML 等格式数据反序列化为 Python 能接受的格式数据。

Serializer 类实例的常用属性如下。

- data 属性：读取经过序列化的字典数据。
- errors 属性：在进行反序列化验证时，若调用 is_valid()方法验证失败，可以通过该属性获取错误信息，返回字典类型结果。
- validated_data 属性：在进行反序列化验证时，若调用 is_valid()方法验证成功，可以通过该属性获取验证成功的数据。

Serializer 类实例的常用方法如下。

- is_valid()方法：验证前端发送到服务器端的数据是否符合要求，符合要求则返回 True，否则返回 False。
- save()方法：进行反序列化操作后，保存反序列化的数据对象，返回基于验证数据的完整对象实例。
- create()方法：在进行反序列化操作时，将验证通过的数据对象保存到数据库表中。
- update()方法：在进行反序列化操作时，将验证通过的数据对象更新到数据库表中。

下面我们通过一个案例进一步介绍 Serializer 类的使用，这里我们通过 Serializer 类对 11.2 节中实现的主表模型、从表模型中的数据进行序列化处理。

【案例 11.1】 以函数形式序列化模型数据（dogs 项目）

第一步：建立自定义序列化类。

在 dogs 项目的 first 应用下建立 Serial.py 文件，在文件中自定义 PurchaseMSerializer 类，用于对模型数据进行序列化处理。

```
from rest_framework import serializers

class PurchaseMSerializer(serializers.Serializer):
    id = serializers.IntegerField(read_only=True)      #采购单号，自动生成
    title =serializers.CharField(max_length=60)        #采购单名称
    buyer =serializers.CharField(max_length=12)        #采购员
    supplier =serializers.CharField(max_length=60)     #供货商
    call = serializers.CharField(max_length=20)        #联系电话
    time = serializers.DateTimeField()                 #采购时间
```

这里针对 PurchaseM（主表）模型建立对应的序列化类，要求序列化类中的字段与模型字段一一对应且字段名称一致，序列化类字段数量可以少于模型字段数量。

📖 说明

可以将在 models.py 文件中定义的字段复制到 Serial.py 文件中,将 models 修改为 serializers。唯一需要调整的是,模型里的 AutoField 字段需要用 IntegerField 字段来代替。

第二步:在视图中序列化模型数据。

在 first 应用的 views.py 文件中增加 GetPurchaseM 视图函数,用于序列化模型数据,并将结果返回给浏览器。

```python
from django.shortcuts import render

# Create your views here.
from first.models import PurchaseM,PurchaseDetail       #导入需要序列化的模型
from first.Serial import PurchaseMSerializer            #导入主表序列化类
from rest_framework.renderers import JSONRenderer       #导入JSON格式渲染对象
from django.http import HttpResponse                    #导入返回响应结果函数
def GetPurchaseM(request):                              #自定义带序列化处理的响应返回视图函数
    if request.method=="GET":                           #为前端访问提供GET响应方式
        purchaseM=PurchaseM.objects.get(id=1)           #从模型获取id=1的一条记录
        serial=PurchaseMSerializer(instance=purchaseM,many=False)   #序列化模型实例
        print(serial.data)                              #将序列化数据输出到命令提示符中
        json=JSONRenderer().render(serial.data)         #将序列化数据渲染成JSON格式
        return HttpResponse(json, content_type='application/json')
        #将序列化数据返回浏览器端
```

🔊 注意

经过序列化的数据返回浏览器端前必须先进行渲染,否则会报错"accepted_renderer not set on Response"。

第三步:设置应用路由。

在 first 应用的 urls.py 文件中设置如下路由。

```python
from django.urls import path,include
from first.views import GetPurchaseM
urlpatterns = [
    path('',GetPurchaseM)                               #路由访问调用序列化数据视图
]
```

第四步:设置根路由。

在根路由文件 urls.py 的路由列表中增加下列路由配置。

```python
path('',include('first.urls'))
```

第五步:启动 Web 服务器,在浏览器中进行访问测试。

启动 dogs 项目，在浏览器的地址栏中输入 127.0.0.1:8000 并按下回车键，执行结果如图 11.4 所示，可以看到从数据库表中获取的一条记录，返回的是经过序列化处理的 JSON 数据。

```
["id":1,"title":"三酷猫公司采购单","buyer":"黑狗","supplier":"越南国际贸易公司","call":"220029393939","time":"2020-08-20T19:14:33+08:00"]
```

图 11.4　返回 JSON 数据

该 JSON 格式数据可以供前端其他应用框架使用，即实现了前后端分离开发，前后端仅通过标准化的数据进行交互。

【案例 11.1】给出了模型数据序列化代码实现内容。接着我们建立新的【案例 11.2】，通过在视图里自定义一个信息发送类来模拟聊天发送信息场景，然后将信息进行序列化处理，最后在浏览器端展示处理后的结果。

【案例 11.2】 序列化自定义结构数据（dogs 项目）

第一步：自定义信息发送类。

在 dogs 项目 first 应用的 views.py 文件中，自定义信息发送类 Message。

```
from datetime import datetime
class Message(object):                    #假设三酷猫需要与公司内部人员进行沟通，发送消息
    def __init__(self,author,title, content,Buildtime=None):
        self.author=author                #发送信息人员
        self.title = title                #信息题目
        self.content = content            #信息内容
        self.Buildtime = Buildtime or datetime.now()    #信息记录时间
msg1=Message(author='三酷猫',title='采购水果任务', content='采购1000斤海南椰子')
msg2=Message(author='三酷猫',title='采购水果任务', content='采购1000斤新疆苹果')
msg=[msg1,msg2]
```

第二步：建立对应的序列化类。

在 first 应用的 Serial.py 文件中建立 Message 对应的序列化类。

```
from rest_framework import serializers
class MsgSerializer(serializers.Serializer):
    author=serializers.CharField(max_length=20,required=True,label='信息发送人员')
    title=serializers.CharField(max_length=40,required=True,label='信息发送题目')
    content= serializers.CharField(max_length=100, required=True, label='信息发送内容')
```

第三步：在视图中序列化自定义结构数据。

在 first 应用的 views.py 文件中建立 GetMsg()视图函数，用于序列化自定义结构数据 msg。

```
from first.Serial import MsgSerializer
from rest_framework.renderers import JSONRenderer    #导入JSON格式渲染函数
from django.http import HttpResponse                  #导入返回响应结果函数
def GetMsg(request):
    if request.method == "GET":                       #响应前端GET访问
        Msg=MsgSerializer(instance=msg,many=True)     #序列化消息类实例
        print(Msg.data)
        msgs=JSONRenderer().render(Msg.data)          #把序列化数据渲染成JSON格式数据
        return HttpResponse(msgs, content_type='application/json')
```

第四步：设置应用路由。

在 first 应用的 urls.py 文件中设置如下路由。

```
from django.urls import path,include
from first.views import GetPurchaseM
urlpatterns = [
    path('msg/',GetMsg)
]
```

第五步：设置根路由。

在根路由文件 urls.py 的路由列表中增加下列路由配置。

```
path('',include('first.urls'))
```

第六步：启动 Web 服务器，在浏览器中进行访问测试。

启动 dogs 项目，在浏览器的地址栏中输入 127.0.0.1:8000/msg 并按下回车键，执行结果如图 11.5 所示，我们可以在界面中看到自定义结构的两条数据。

```
[{"author":"三酷猫","title":"采购水果任务","content":"采购1000斤海南椰子"},{"author":"三酷猫","title":"采购水果任务","content":"采购1000斤新疆苹果"}]
```

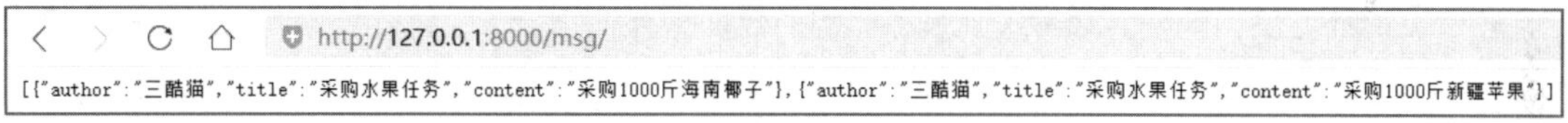

图 11.5　自定义结构的两条数据

11.3.3　模型序列化类 ModelSerializer

通过上一节的学习，我们知道可以通过 Serializer 类来序列化数据对象，要求序列化类中的字段与模型字段一一对应，且字段名称保持一致，这样显然有点麻烦。为此，DRF 提供了模型序列化类 ModelSerializer，通过 ModelSerializer 类，我们可以更加方便地对数据对象进行序列化处理。

使用 ModelSerializer 类的好处是，可以自动创建具有与模型字段一一对应的字段的 Serializer 类，省掉了序列化类字段的定义过程。ModelSerializer 类的使用方法类似于 ModelForm。

ModelSerializer 类中包含很多属性，以下为具体属性及其功能。

- model 属性：指定模型名称。
- fields 属性：指定模型对应的字段列表或元组，fields='__all__'表示指定所有字段。
- exclude 属性：以列表形式排除指定的字段。
- depth 属性：用整数表示嵌套的层级数，用于关联关系模型（详见 11.3.4 节）。
- read_only_fields 属性：指定只读字段，模型中已经设置 editable=False 的字段和默认被设置为只读的 AutoField 字段不需要添加到 read_only_fields 选项中。
- extra_kwargs 属性：为自动生成的序列化类字段新增或修改参数，如 extra_kwargs={'password': {'write_only': True}}。
- data 属性：读取经过序列化转换的字典数据；
- errors 属性：在进行反序列化验证时，调用 is_valid()方法验证失败，可以通过该属性获取错误信息，返回字典类型结果；
- validated_data 属性：在进行反序列化验证时，调用 is_valid()方法验证成功，可以通过该属性获取验证成功的数据。

上述属性中的 model、exdude、depth、read_only_fields、extra_kwargs 属性通过 ModelSerializer 类的内嵌子类 classMeta 来调用。

ModelSerializer 类支持许多方法，常用方法及其功能同 Serializer 类，具体如下。

- is_valid()方法：验证前端发送到服务器端的数据是否符合要求，符合要求则返回 True，否则返回 False。
- save()方法：进行反序列化操作后，保存反序列化的数据对象，返回基于验证数据的完整对象实例。
- create()方法：在进行反序列化操作时，将验证通过的数据保存到数据库表中。
- update()方法：在进行反序列化操作时，将验证通过的数据更新到数据库表中。

这里继续将采购主表模型（PurchaseM）作为序列化对象，通过继承自 ModelSerializer 类的自定义 PurchaseMModelSerial 类，实现更加简单的数据序列化处理，见【案例 11.3】。

【案例 11.3】 通过模型序列化类序列化模型数据（dogs 项目）

第一步：用模型序列化类建立指定模型对应的序列化类。

在 first 应用的 Serial.py 文件中建立 PurchaseM 模型对应的序列化类 PurchaseMModelSerial。

```
from rest_framework import serializers

from first.models import PurchaseM,PurchaseDetail      #导入需要序列化的模型
class PurchaseMModelSerial(serializers.ModelSerializer):
    class Meta:
        model=PurchaseM                                 #设置需要序列化的模型
        fields='__all__'                                #对模型中的所有字段进行序列化
        extra_kwargs = {                                #在 APIView 视图调用时，将每个字段设为只读
                'title': {'write_only': False },
                'buyer': {'write_only': False },
                'supplier': {'write_only': False },
                'call': {'write_only': False },
                'time': {'write_only': False },
}
```

第二步：实例化模型数据。

在 first 应用的 views.py 文件中增加 APIView 视图类，通过该视图类实例化模型数据。

```
from first.Serial import PurchaseMModelSerial
from rest_framework.views import APIView
class PurchaseMV(APIView):                              #APIView 的基本使用方法和 View 类似
    def get(self, request):                             #重写 get()方法
        MM=PurchaseM.objects.all()                      #获取模型对象数据
        for one in MM:                                  #循环输出模型获取的字段值
            print(one)
        Sdetail=PurchaseMModelSerial(instance=MM,many=True)   #模型数据序列化
        return Response(Sdetail.data)                   #序列化后的数据，将响应返回给浏览器
```

第三步：设置应用路由。

在 first 应用的 urls.py 文件中设置如下路由。

```
from django.urls import path,include
from first.views import GetPurchaseM
urlpatterns = [
    path('main/',PurchaseMV.as_view(),)                 #调用序列化视图类
]
```

第四步：设置根路由。

在根路由文件 urls.py 的路由列表中增加下列路由配置。

```
path('',include('first.urls'))
```

第五步：启动 Web 服务器，在浏览器中进行访问测试。

启动 dogs 项目，在浏览器的地址栏中输入 127.0.0.1:8000/main 并按下回车键，执行结果如图 11.6

所示，我们可以看到通过 ModelSerializer 类序列化的返回数据。

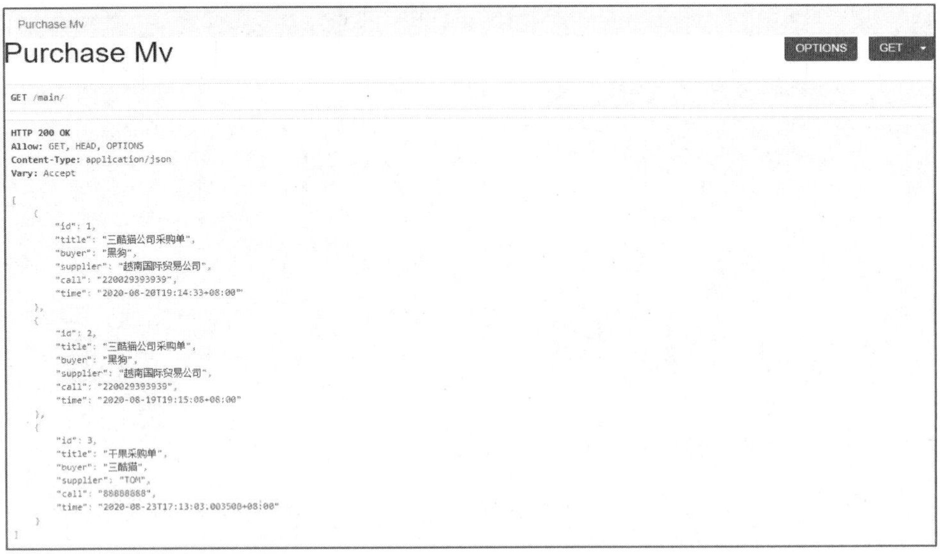

图 11.6　通过 ModelSerializer 类序列化的返回数据

11.3.4　处理嵌套对象

当模型中存在一对一、一对多、多对多关系时，可以对数据对象进行嵌套调用。这里通过【案例 11.4】介绍嵌套调用数据对象的代码实现过程。

【案例 11.4】　嵌套调用数据对象（dogs 项目）

第一步：建立模型对应的序列化类。

在 first 应用的 Serial.py 文件中建立 PurchaseDetail 模型对应的序列化类 PDMSerializer。

```
from first.models import PurchaseDetail        #导入需要序列化的模型
class PDMSerializer(serializers.ModelSerializer):
    class Meta:
        model = PurchaseDetail                  #与 PurchaseDetail 表对应
        fields = "__all__"
        depth = 1                               #一层嵌套
```

第二步：自定义序列化模型数据获取视图类。

在 first 应用的 views.py 文件中增加如下视图类。

```
from first.Serial import PDMSerializer
from first.models import PurchaseDetail
```

```
class PDM(APIView):                                    #APIView 的基本使用方法和 View 类似
    def get(self, request):                            #GET 方式获取数据
        MM=PurchaseDetail.objects.all()                #获取模型对象数据
        Sdetail=PDMSerializer(instance=MM,many=True)   #模型数据序列化
        return Response(Sdetail.data)
```

第三步：设置应用路由。

在 first 应用的 urls.py 文件中设置如下路由。

```
from django.urls import path,include
from first.views import PDM
urlpatterns = [
    path('JSON/',PDM.as_view()),
]
```

第四步：设置根路由。

在根路由文件 urls.py 的路由列表中增加下列路由配置。

```
path('',include('first.urls'))
```

第五步：启动 Web 服务器，在浏览器中进行访问测试。

启动 dogs 项目，在浏览器的地址栏中输入 127.0.0.1:8000/JSON 并按下回车键，执行结果如图 11.7 所示，我们可以看到返回的嵌套数据。

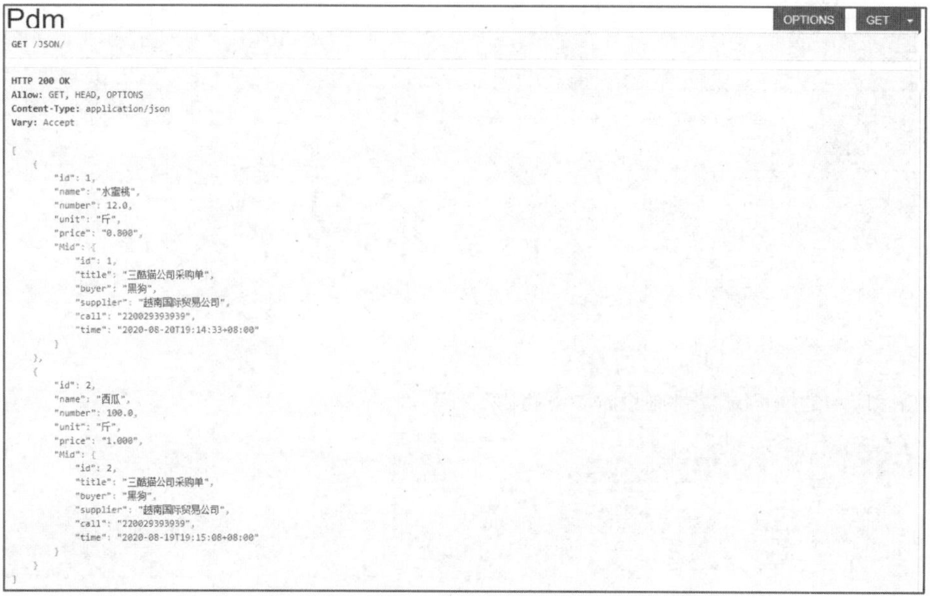

图 11.7　返回的嵌套数据

11.3.5 反序列化

反序列化（Deserializing）就是将浏览器端传递给服务器端的序列化数据转为 Python 原生数据的过程，比如把 JSON 数据转为字典数据。这里通过【案例 11.5】实现对数据的反序列化测试功能。

【案例 11.5】反序列化测试（dogs 项目）

第一步：建立模型对应的序列化类。

在 first 应用的 Serial.py 文件中增加 PurchaseMDModelSerial 序列化类。

```python
from first.models import PurchaseM,PurchaseDetail      #导入需要序列化的模型
class PurchaseMDModelSerial(serializers.ModelSerializer):
    class Meta:
        model=PurchaseDetail                            #设置需要序列化的模型
        fields='__all__'                                #对模型中的所有字段进行序列化
```

第二步：建立测试序列化、反序列化的视图函数。

在 first 应用的 views.py 文件中增加 ShowDModelSerial 视图函数。

```python
from first.models import PurchaseDetail                 #导入需要序列化的模型
from first.Serial import PurchaseMDModelSerial          #导入采购明细表序列化类
from rest_framework.parsers import JSONParser           #导入JSONParser，用于反序列化处理
from io import BytesIO
def ShowDModelSerial(request):
    if request.method=='GET':
        Detail=PurchaseDetail.objects.filter(id__gte=1)     #获取 id>=1 的记录
        detail=PurchaseMDModelSerial(instance=Detail,many=True) #序列化实例
        sdata= JSONRenderer().render(detail.data)           #将序列化数据渲染成JSON格式数据
        print('输出 JSON 数据：')
        print(sdata)                                        #序列化且渲染后的数据
        data=JSONParser().parse(BytesIO(sdata))             #反序列化
        print('输出 python 原生数据：')
        print(data)                                         #反序列化后的数据
        return HttpResponse(sdata, content_type='application/json')
```

第三步：设置应用路由。

在 first 应用的 urls.py 文件中设置如下路由。

```python
from django.urls import path,include
from first.views import GetPurchaseM
urlpatterns = [
    path('detail/',ShowDModelSerial)                    #调用序列化视图函数
]
```

第四步：设置根路由。

在根路由文件 urls.py 的路由列表中增加下列路由配置。

```
path('',include('first.urls'))
```

第五步：启动 Web 服务器，在浏览器中进行访问测试。

在 PyCharm 的命令终端启动 dogs 项目，在浏览器的地址栏中输入 127.0.0.1:8000/detail 并按下回车键，显示命令终端，我们可以看到输出的 JSON 和 Python 原生数据，如图 11.8 所示。以 "b'[{" 开头的数据为 JSON 数据，以 "[{" 开头的数据为 Python 原生数据。

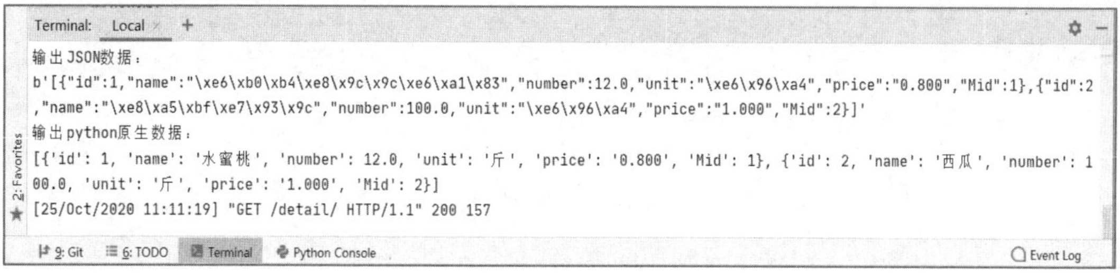

图 11.8　输出的 JSON 和 Python 原生数据

11.4　验证和保存

从前端传递到服务器端的数据需要经过验证（Validation）和保存（Saving）。

验证的主要目的是确认接收的数据格式完整。前面介绍过，验证序列化数据的正确性通过序列化类实例的 is_valid() 方法实现，验证正确返回 True，否则返回 False，可以通过序列化对象的 errors 属性获知出错信息。

对于经过验证的数据，可以用序列化对象的 save() 方法生成数据实例对象，也可以通过在序列化模型定义类中重写 create()、update() 方法，使得序列化对象在接收经过验证的数据时可以利用重写的方法将数据保存或更新到数据库表中。

下面我们通过一个具体案例来模拟在服务器端验证和保存数据的操作。在前后端分离的运行环境下，前端通过 POST 方式发送 JSON 数据给服务器端，服务器端对数据进行验证和保存。这里先模拟一条服务器端已经接收的字典数据（注意，不是 JSON 数据），然后对数据进行验证并将其保存到数据库表中。

【案例 11.6】在服务器端验证和保存数据（dogs 项目）

第一步：建立模型对应的序列化类。

在 first 应用的 Serial.py 文件中建立 PurchaseMDModelSerialDB 类，该类提供 create()、update() 方法。

```python
from first.models import PurchaseM                    #导入需要序列化的模型

class PurchaseMDModelSerialDB(serializers.Serializer):
    id = serializers.IntegerField(read_only=True)     #采购单号，自动生成
    title = serializers.CharField(max_length=60)      #采购单名称
    buyer = serializers.CharField(max_length=12)      #采购员
    supplier = serializers.CharField(max_length=60)   #供货商
    call = serializers.CharField(max_length=20)       #联系电话
    time = serializers.DateTimeField()                #采购时间
    def create(self, validated_data):                 #不传递实例时，新建数据库记录
        """新建"""
        return PurchaseM.objects.create(**validated_data)

    def update(self, instance, validated_data):       #传递实例时，更新数据
        """更新, instance 为要更新的对象实例"""
        instance.title = validated_data.get('title', instance.title)    #把新值赋给实例字段
        instance.buyer= validated_data.get('buyer', instance.buyer)
        instance.supplier=validated_data.get('supplier', instance.supplier)
        instance.call = validated_data.get('call', instance.call)
        instance.time= validated_data.get('time', instance.time)
        instance.save()                               #更新数据到数据库表中
        return instance
```

第二步：建立模拟验证和保存数据的视图函数。

在 first 应用的 views.py 文件中新增 TestPMDB 视图函数。

```python
from rest_framework.response import HttpResponse
from first.Serial import PurchaseMDModelSerialDB

def TestPMDB(request):                                #模拟从客户端以 POST 方式获取需提供的数据
data={'id':10,'title':'千果采购单','buyer':'三酷猫','supplier':'TOM','call':'88888888',
'time':datetime.now()}                                #模拟已经获取数据对象，这里是字典形式
    dbData = PurchaseM.objects.filter(id=data['id'])  #获取数据库表中的数据对象
    DBS = PurchaseMDModelSerialDB(data=data)          #没有为 instance 参数提供模型数据
    if DBS.is_valid():                                #验证数据
        if dbData:                                    #有记录，修改记录
            DBS.update(instance=dbData, validated_data=data)
        else:
            DBS.save()                                #自动调用 create()方法
        return HttpResponse(data)
```

```
        else:
            return HttpResponse(data)
        return HttpResponse(DBS.errors, status=404)        #验证失败,给出出错信息
```

第三步:设置应用路由。

在 first 应用的 urls.py 文件中设置如下路由。

```
from django.urls import path,include
from first.views import TestPMDB

urlpatterns = [
    path('test/',TestPMDB)                                 #调用视图函数
]
```

第四步:设置根路由。

在根路由文件 urls.py 的路由列表中增加下列路由配置。

```
path('',include('first.urls'))
```

第五步:启动 Web 服务器,在浏览器中进行访问测试。

启动 dogs 项目,在浏览器的地址栏中输入 127.0.0.1:8000/test 并按下回车键。通过 MySQL Workbench 数据库工具打开 first_purchasem 表,我们将看到其中显示一条新增的记录,如图 11.9 所示。

图 11.9　显示一条新增的记录

根据以上案例,在 dogs 项目的 first 应用的 views.py 文件中可以用 ModelSerializer 类验证和保存数据。与 serializers.Serializer 的主要区别是,ModelSerializer 类会自动提供 create()、update()方法,无须重写。

```python
class PurchaseDM(APIView):                          #APIView的基本使用方法与View类似
    def get(self, request):                         #使用GET方式获取数据
        MM=PurchaseM.objects.all()                  #获取模型对象数据
        Sdetail=PurchaseMModelSerial(instance=MM,many=True)  #模型数据序列化
        return Response(Sdetail.data)
    def post(self,request):                         #使用POST方式从客户端获取数据，验证保存数据
        id=request.data.get(id=10)
        dbData=PurchaseM.objects.filter(id=id).first()
        sdata=PurchaseMModelSerial(data=dbData)
        if sdata.is_valid():
            if dbData :                             #存在数据库记录，更新记录
                sdata.update(instance=dbData,data=request.data)
            else:
                sdata.save()                        #不存在数据库记录，新建记录
            return HttpResponse(request.data)
        return HttpResponse(sdata.errors, status=404)  #验证失败，给出出错信息
```

上述代码实现了后端视图的 get()、post() 方法。get() 方法可以为前端提供数据，post() 方法可以将前端发送给后端的数据保存到数据库表中。

11.5 习题

1. 填空题

（1）（　　）用于构建符合 RESTful 风格 Web（　　）的、前后端分离的商业化开发工具包。

（2）Django Rest Framework 的核心是，提供了符合 RESTful 规范的（　　）接口，为浏览器端提供了（　　）和（　　）访问支持。

（3）（　　）是将数据对象的状态信息转换为可（　　）或可（　　）形式的过程，可供其他（　　）使用。

（4）序列化器对象提供了大量的（　　），用于将数据对象属性转为对应的（　　），这是序列化的第一步。

（5）序列化类对复杂数据对象进行（　　）转换，将其转换成（　　）、（　　）等标准格式的数据对象。

2. 判断题

（1）前后端分离是通过 Web API 技术实现前端项目、后端项目独立开发和运行的一种技术实现方式。（　　）

(2) REST 是数据交换标准。(   )

(3) 只有在安装了 Python、Django 的基础上,才能安装并使用 DRF。(   )

(4) 反序列化(Deserializing)就是将浏览器端传递给服务器端的序列化数据转为 Python 原生数据的过程,如将 JSON 格式数据转为字典数据。(   )

(5) 从前端传递到服务器端的数据需要经过验证(Validation)和保存(Saving)。(   )

11.6 实验

实验一

对学生基本信息模型进行序列化处理,以下为具体要求。

- 建立学生基本信息模型。
- 对学生基本信息模型进行序列化处理。
- 通过浏览器调用序列化后的数据对象(截屏),要求用 APIView 类实现。
- 形成实验报告。

实验二

对实验一中的内容进行改进,以下为具体要求。

- 通过视图模拟从前端输入一条学生基本信息的场景。
- 对模拟数据进行验证。
- 判断模拟数据是新建数据还是更新数据,并将其保存到数据库表中。
- 通过数据库表查询上述操作中涉及的数据并截屏,证明数据已经保存。
- 形成实验报告。

part two 第二部分

第二部分将整体介绍"三酷猫"网上教育服务系统实战项目,该部分有以下特点。

- 基于安义老师亲手搭建的商业项目进行讲解,项目搭建用时两周,体现了在 Django 框架下快速搭建商业项目的优势。对于 IT 企业来说,这可以大幅降低人力成本,缩短项目开发周期。
- 采用前后端分离技术进行开发,满足主流商业开发需要,兼顾项目团队管理和分工开发要求。
- 采用商业级别的代码,为类似项目快速迭代提供了基础,同时可以利用现成模板。
- 与近几年最新、最成熟的技术保持一致。

注意,为了实现前后端分离开发,这里的前端技术框架采用 Vue.js,没有接触过 Vue.js 的读者,请先通过附录 A 进行入门,然后再阅读本部分。

"三酷猫"网上教育服务系统实战项目

第 12 章
项目整体设计及示例

本章将从项目实施的角度,整体介绍任务分工、需求获取及分析、系统设计、实战结果、前后端分离示例,既会考虑项目实际开发情况,又会考虑初学者对前后端分离技术的逐步接受程度。

12.1 任务分工

讨论"三酷猫"网上教育服务系统实战项目时,我们想到了软件项目组织管理相关内容,虽然与本书的主题——以 Django 技术为主进行开发关系不密切,但是从实战角度和项目管理角度来看,有必要对这些内容做一些交代,让读者明白成功组织项目所需的相关知识,以确保商业项目顺利开发,这对项目本身和开发者自身知识体系的塑造都是有益处的。

一个典型的 Web 项目团队中的角色如图 12.1 所示,下面我们逐个解读。

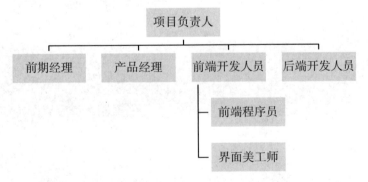

图 12.1 典型的 Web 项目团队中的角色

1. 项目负责人：可以是项目经理、技术经理的组合，也可以只是项目经理，主要职责及需要具备的能力一般有以下几点。

- 组建团队：这意味着项目负责人必须清楚一个项目中需要哪些技术人员，要将什么样水平的人员进行搭配，以及能提供多少薪酬等。
- 指导项目实施：在技术路线、框架搭建、核心业务实现上要具有方向性把握和指导能力。
- 具备良好的沟通、内部管理、成本核算、进度控制、风险管控、合同管理、需求调研、方案编写及汇报等能力。
- 具备良好的项目业务知识掌握能力，如交通、电力、生物、医疗、电商等不同领域对专业知识的要求也不同。
- 具备实地部署指挥、培训组织和管理等能力。

2. 前期经理：也称前期需求经理、前期商务需求经理、前期负责人等，主要负责跟客户打交道，通过反复调研和沟通确认项目需要实施的业务需求内容，形成项目需求书，这是项目实施的第一步，也是最为关键的步骤之一。好的需求可以提高项目实施的成功率，降低返工的风险；差的需求会增加后续的变更风险。在实际操作中，往往由项目负责人带着前期经理共同参与调研，骨干技术人员也可以提前参与了解。

3. 产品经理：将前期需求调研通过专业工具（如 Axure）快速转化为原型，为用户确认需求提供直观判断依据，在需求定型的情况下为前端开发人员、后端开发人员提供项目开发实施依据。

4. 前端开发人员：包括前端程序员、界面美工师等，共同实现前端框架及代码技术功能、前端界面美工效果。

5. 后端开发人员：主要实现后端框架开发、业务代码开发、数据模型建立、系统部署等任务。

要实现上述团队管理任务，一名合格的项目负责人至少需要 5 年以上的项目从业经验。

12.2 需求获取及分析

需求获取及分析要遵循由粗及细、层层细化、反复迭代确认的原则，对需求进行细化定型。在这个过程中，要善于区分核心需求、非核心需求，以及真需求、伪需求。

12.2.1 整体需求

项目实施的第一步从需求调研开始。不同行业的业务需求千差万别，项目经理不仅要了解相应行业的业务知识，还要了解相关的技术知识。以在线编程培训行业为例，该行业的项目经理不仅需要熟悉培训的商务运作流程，还需要关注学生、管理员等不同人群的需求。

需求调研及分析可以分原始需求的获取及整体需求的确定两个基本阶段。

1. 原始需求的获取

以"三酷猫"网上教育服务系统实战项目为例，该项目建设的目的是，为一所在线培训机构提供网上宣传、营销平台，并为有培训需求的学生提供各种帮助信息。培训的主要内容是，以 Python 语言为核心进行开发。

2. 整体需求的确定

整体需求分为访问客户需求、内部管理人员需求两部分。

（1）访问客户需求

对于访问网站的客户，我们要准确掌握其内心期望，有针对性地为其提供服务。一名优秀的项目经理在需求调研时会对访问客户需求进行判断，并提出与需求对应的功能要求，如表 12.1 所示。

表 12.1 访问客户需求及对应的功能要求

序 号	访问客户需求	对应的功能要求
1	了解有哪些培训内容	展示培训课程设置信息；展示培训活动推广信息
2	了解在哪里培训	展示培训校区信息
3	获取培训资料	展示图书、视频等商品信息；提供代码下载服务
4	获取沟通及报名渠道	展示在线咨询、培训地点等信息
5	感觉这个培训值得	展示名师信息；展示新闻信息；展示培训资料
6	其他需求	需求对应的功能要求

（2）内部管理人员需求

根据表 12.1 中的访问客户需求，网站后端也要提供同步的服务管理功能，并考虑内部管理人员自身的管理需求，如表 12.2 所示。

表 12.2 网站后端提供的服务管理功能

序号	内部管理需求	对应的功能要求
1	对内部用户进行权限管理	后端用户管理
2	校区信息管理	后端校区信息管理及前端发布
3	热点新闻信息管理	后端热点新闻信息管理及前端发布
4	教师信息管理	后端教师信息管理及前端发布
5	课程信息管理	后端课程信息管理及前端发布
6	商品信息管理	后端商品信息管理及前端发布
7	栏目访问情况统计	前端栏目访问信息统计及展示
8	操作日志管理	前端不同栏目访问情况记录
9	报名情况管理	后端报名咨询管理
10	友情链接	提供友好网站的链接地址设置功能

需要注意的是，需求要满足国家对网站建设及管理的要求，如对公众留言信息的管理要求等。同时，需求要满足网站本身运行的安全要求，主要预防各种网站漏洞，避免网站被攻击。

12.2.2 服务功能需求

通过 12.2.1 节对整体需求进行了规划，接下来可以对服务功能需求进行进一步确定。

1. 后端功能

基于表 12.2，我们可以继续细化后端服务管理模块的功能，如表 12.3 所示。

表 12.3 后端服务管理模块及其功能

序号	模块名称	主要功能
1	管理中心模块	统计教师、课程、图书、视频的发布数量
2	热点新闻管理模块	提供标题、副标题、作者、原文链接、封面、内容等的增、删、改、查功能
3	友情链接模块	为页面底栏的"友情链接"提供内容设置功能
4	日志操作模块	记录前端页面访问点击情况，为后端访问统计提供数据
5	图书管理模块	提供名称、作者、副标题、封面、购买链接、单价、折扣价、图书目录、图书详情等的增、删、改、查功能
6	视频管理模块	提供名称、作者、封面、视频地址等的增、删、改、查功能

续表

序号	模块名称	主要功能
7	校区管理模块	提供名称、简码、地址、联系人、联系电话、封面、简介等的增、删、改、查功能
8	课程设置模块	提供名称、学校、类别、开课日期、单节课时长、封面、简介等的增、删、改、查功能
9	教师管理模块	提供姓名、学位、职位、照片、简介、课程等的增、删、改、查功能
10	认证和授权模块	提供后端登录用户信息的管理功能
11	访问统计模块	提供不同栏目的访问统计功能
12	报名咨询模块	提供报名信息汇总、报名信息分类、过滤等功能

2. 前端功能

根据表 12.1，我们可以进一步确定前端管理模块及其功能，如表 12.4 所示。

表 12.4 前端管理模块及其功能

序号	模块名称	主要功能
1	首页框架模块	提供统一的导航栏、内容栏、底栏标准网页展现框架
2	校区栏目模块	提供列表式浏览不同校区信息的功能
3	热点新闻栏目模块	提供列表式浏览新闻的功能
4	教师栏目模块	提供教师照片、姓名、关键字、学位、职位等信息的展示及浏览功能
5	课程栏目模块	提供课程照片、课程名称、内容、开课日期、类别、教师等信息的展示及浏览功能
6	商品栏目模块	提供图书、视频商品相关信息的展示及浏览功能
7	报名咨询栏目模块	提供在线培训课程咨询信息的提交功能

一个列表页中仅显示 5 条列表信息，信息超过 5 条后，提供前后翻页功能。

12.3 系统设计

"三酷猫"网上教育服务系统主要通过哪些技术来实现呢？它们之间是什么样的关系呢？这里需要对技术路线及其特点进行必要的说明。

在前端技术选择上，"三酷猫"项目选择了目前流行的支持前后端分离开发的前端技术框架，这类框架有 React、AngularJS、Vue.js、Ember、Knockout、Polymer、Riot 等，都是交互式 JavaScript 前端技术框架。由于 Vue.js 的易学性、相关资料易获得，以及市场使用相对成熟，因此它被选为"三酷猫"项目的前端开发技术框架。

在后端技术选择上，Python 技术体系提供了一些比较成熟的后端技术框架，如 Django、Tornado、Flask、Twisted、Pylons、Web2Py、FastAPI 等，本书选择 Django 作为项目的后端技术框架。图 12.2 展示了"三酷猫"项目的整体技术框架，主体分为前端、后端两部分。

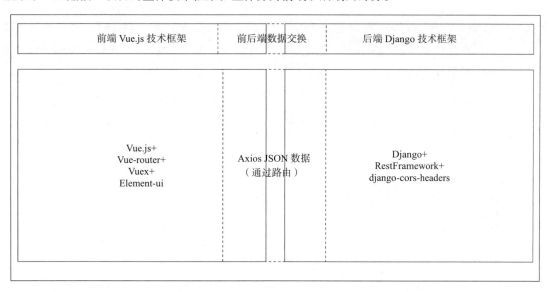

图 12.2 "三酷猫"项目的整体技术框架

1. 前端技术框架

前端技术框架主要采用 Vue.js、Vue-router、Vuex、Element-ui、Axios。

- Vue.js：前端技术框架，提供了快速实现前端交互式网页的功能，其专注于视图层（View），用于视图界面交互式展示、视图业务逻辑的处理。

- Vue-router：为 Vue.js 的主界面交互式响应获取不同的视图数据，提供路由设置和切换支持。比如，在主界面下拉菜单中选择"校区名称"时，就会在主界面对应位置显示校区的详细信息。在新建前端项目时，需要在根目录下执行 npm i vue-router -S 命令来安装 Vue-router 库，详见附录 A。

> **注意**
>
> 再次强调，对于没有接触过 Vue.js 的读者，需要先通过附录 A 学习 Vue.js 的入门知识，这样才能比较好地理解本节的内容。

- Vuex：Vue.js 通过指令监听界面元素变化的情况，状态变化时（如在输入框输入数据）会产生交互式响应，Vuex 为所有指令的监听提供了统一的状态变化管理。在需要构建一个大中型单页应用的情况下，可以考虑使用该库更好地在组件外部管理状态。

- Element-ui：为了提高前端 Web 页面的开发效率，同时也为了统一外观标准，本项目采用饿了么团队开发的 Element-ui 组件库，该组件库可以通过在项目根目录下执行 npm i element-ui -S 命令来进行安装。

- Axios：Axios 库是项目前后端数据交互的桥梁，前后端数据交互时，通过前端访问后端的 URL 参数（与后端路由地址对应），通过 HTTP 与后端进行数据交互，将后端数据返回前端，并将前端数据提交到后端。使用该库之前，必须通过 npm install axios 命令在项目根目录下安装该库。

要想知道上述库是否安装到位，可以通过项目中的 node_modules 子目录查看、验证。

2. 后端技术框架

后端技术框架主要采用 Django、Rest Framework、django-cors-headers。

- Django：本项目的后端主技术框架，为快速进行后端代码开发提供了基础条件。
- Rest Framework：为本项目后端支持前后端分离开发提供了交互数据规范化 API。
- django-cors-headers：为避免前端访问后端时因跨域访问而产生错误提供支持功能库。

另外，后端项目开发还涉及数据库的安装和使用。

3. 前后端分离实现原理

在进行前后端分离开发的情况下，前端与后端搭配实现在前端开发视图、在后端实现模型，通过监听前端界面绑定对象的变化，在后端读取数据展示视图内容，以及将数据提交到后端保存。实现这个过程的整体设计模式称为 MVVM（Model-View-ViewModel），View 主要由 Vue.js 的各种组件来实现，提供数据展示功能和各种操作界面；ViewModel 由 Vue.js 的各种绑定元素的指令及访问后端的 HTTP 传输中间件来实现，用来处理视图和后端模型数据交互问题；Model 通过后端提供业务数据。

相比于传统的 MVC 模式，MVVM 进一步将 View 图层独立出来，有利于项目组织，以及使前后端可以相对独立地开发；前端视图层和后端模型层仅通过 URL 接口就可以实现数据交互，进一步实现了"低耦合"的需求；前端视图界面和视图业务逻辑分离提升了业务逻辑代码的可复用性。

12.4 实战结果

根据前面的需求获取与分析、系统设计，读者可以先下载"三酷猫"网上教育服务系统实战项目源代码，运行该项目，对前端、后端实现效果形成初步印象。

12.4.1 项目启动环境搭建

这里假设读者手中有一台新的计算机，还没有安装任何开发运行环境。若要运行"三酷猫"项目代码（项目名称为 ThreeCoolCat），需要一步步搭建运行环境。

1. 项目运行环境要求

（1）安装 Python 3.6.x 及以上版本（详细安装过程参考 3.1 节）。

（2）安装 Django 3.x 版本（详细安装过程参考 3.4 节）。

（3）安装 Node.js（详细安装过程参考附录 A）。

（4）安装 Vue.js（详细安装过程参考附录 A）。

（5）安装 Git 客户端。

（6）安装依赖包环境记录工具 requirements.txt。

项目 ThreeCoolCat 根目录下的 requirements.txt 中记录的依赖包环境（可以在开发工具中打开该文件，查看依赖包内容）在控制终端的安装命令如下。

```
pip install -r requirements.txt
```

📖 说明

实际开发 Web 项目时，可以在搭建项目框架的同时在开发工具命令终端执行 pip freeze > requirements.txt 命令，这时便会在项目根目录下生成 requirements.txt。在开发过程中，安装外部功能包时，该文件会自动精确记录所有依赖包及其精确的版本号。在新环境下部署项目时，可以通过 pip install -r requirements.txt 命令自动安装所有依赖环境。

（7）安装 MySQL 及其驱动，设置登录用户名、密码，内容与 Django 项目的 settings.py 文件中数据库的参数设置一致。用 MySQL Workbench 工具建立数据库实例（threecoolcat），代码如下。

```
DATABASES = {
    'default': {
        #引擎名称
        'ENGINE': 'django.db.backends.mysql',
        #数据库名称
        'NAME': 'threecoolcat',
        #用户名
        'USER': 'root',
        #密码，项目代码下载完成后，一定要使用本地数据库登录密码，否则执行项目时会报错
        'PASSWORD': 'cats123.',
        #服务器地址
        'HOST': '127.0.0.1',
    }
}
```

2. 下载并配置项目

第一步：在命令提示符界面执行以下 git 命令，下载项目。下载完成，解压压缩包。

```
git clone https://github.com/threecoolcat/ThreeCoolCat.git
```

第二步：在 settings.py 配置文件中做数据库用户名、密码配置，比如上面的 DATABASES 列表配置。

第三步：在命令终端进行模型迁移，以下为具体命令。

```
python manage.py migrate
```

第四步：建立 Admin 后端超级用户，以下为具体命令。

```
python manage.py createsuperuser
```

12.4.2 前后端项目实现效果

首先，我们通过 PyCharm 打开后端项目（前端项目整合在后端项目中），在命令终端执行如下命令来启动项目。

```
python manage.py runserver
```

1. 前端实现效果

启动项目后，在浏览器的地址栏中输入 127.0.0.1:8000/#并按下回车键，前端主界面如图 12.3 所示。

图 12.3　前端主界面

🔊 **注意**

刚刚下载启动的网站项目并没有带数据，所以主界面中没有可以浏览的内容，需要通过后端操作为各个栏目添加数据才能显示如图 12.3 所示的效果。

2. 后端实现效果

启动项目后，在浏览器的地址栏中输入 127.0.0.1:8000/admin 并按下回车键，显示 Admin 后端登录界面，依次输入 12.4.1 节设置的超级用户的用户名、密码，登录后会进入如图 12.4 所示的 Admin 后端管理主界面。

该界面的左侧显示模块项选择二级列表，在左边单击一级模块名称即可展开显示二级模块名称，单击二级模块名称，例如单击"商品管理"下的"图书管理"模块，会在界面主体部分显示"图书管理"列表，可以在界面右上角圆圈处单击"+增加"按钮，添加图书相关信息。对于添加的记录，可以在列表中单击第一列（名称）中的书名记录，进入记录修改、删除界面。

该后端界面相对于 Django 的默认 Admin 界面要美观得多，而且模块的分类管理也更加人性化。这是因为我们在原有 Admin 框架的基础上进行了二次开发，使得界面更加商业化。其功能扩展见 ThreeCoolCat 项目的 vali 子目录下的内容，本书受篇幅所限不再详细介绍。

图 12.4 Admin 后端管理主界面

12.5 前后端分离示例

对于初次接触前后端分离技术的读者,这里提供了一个简单的代码示例。通过示例,读者可以直观感受前后端分离技术是怎么实现和运行的,同时为理解后续商业项目代码做好知识储备。

12.5.1 前后端项目建立

为了演示前后端分离技术,需要后端 Django+Rest Framework+ django-cors-headers 框架提供数据来源,前端通过 Vue.js 提供数据展示界面,Axios 在前端通过 HTTP 端口 API 获取后端数据。

1. 搭建后端项目

搭建后端项目可为前端提供一个最简单的 JSON 数据调用 API 接口。

为了减少书中的重复内容,这里直接基于第 11 章中的 dogs 项目进行开发,不熟悉 dogs 项目的读者可以回顾一下。

第一步:models.py 文件中提供了 PurchaseM 主表模型、PurchaseDetail 从表模型,可拿来即用。

第二步:在 first 应用的 urls.py 文件中通过 "main/" 路由调用已经过序列化的主表视图函数

PurchaseMV()，通过"detail/"路由调用已经过序列化的从表视图函数 ShowDModelSerial()。

第三步：根路由通过"/"路由转向 first 应用子路由。

通过 python mange.py runserver 命令启动该后端项目后，可以在浏览器中直接访问上述两个 API 接口。如在浏览器的地址栏中输入 http://127.0.0.1:8000/main 并按下回车键，可以调用采购主表 API，显示结果如图 12.5 所示。

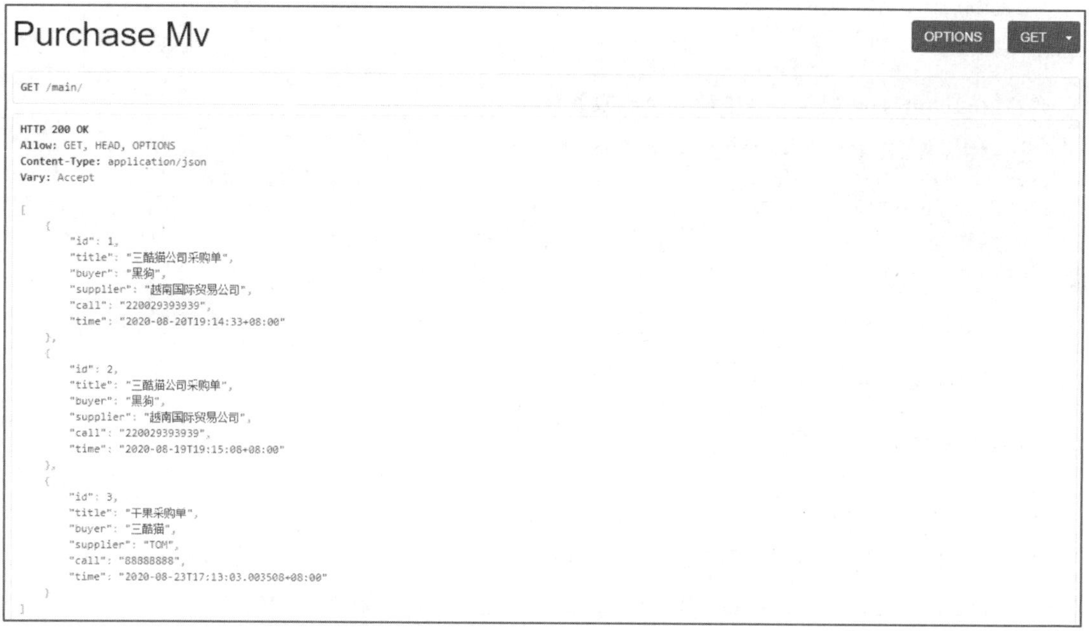

```
Purchase Mv                                              OPTIONS   GET

GET /main/

HTTP 200 OK
Allow: GET, HEAD, OPTIONS
Content-Type: application/json
Vary: Accept

[
    {
        "id": 1,
        "title": "三酷猫公司采购单",
        "buyer": "黑狗",
        "supplier": "越南国际贸易公司",
        "call": "220029393939",
        "time": "2020-08-20T19:14:33+08:00"
    },
    {
        "id": 2,
        "title": "三酷猫公司采购单",
        "buyer": "黑狗",
        "supplier": "越南国际贸易公司",
        "call": "220029393939",
        "time": "2020-08-19T19:15:08+08:00"
    },
    {
        "id": 3,
        "title": "干果采购单",
        "buyer": "三酷猫",
        "supplier": "TOM",
        "call": "88888888",
        "time": "2020-08-23T17:13:03.003508+08:00"
    }
]
```

图 12.5　调用采购主表 API 的显示结果

显示的数据是采购主表上的 3 条记录，用 JSON 格式传递和显示，每条记录包含了字段名和对应的值，这为前端的元素属性设置提供了依据。右上角提供了"GET""POST"（假设后端视图类提供了 GET 和 POST 重写方法）两种获取数据结果的方式（"POST"在图 12.5 中没有显示，其位于）"GET"下拉列表中。

该 API 的调用方式和展现的数据，也是前端开发工程师与后端开发工程师交流的技术文档的一部分。

第四步：解决前后端访问跨域问题。

在 PyCharm 的命令终端执行如下命令，安装 django-cors-headers 包。

```
pip install django-cors-headers
```

然后，在 settings.py 配置文件的 MIDDLEWARE 列表中增加跨域中间件。注意，该跨域中间件配置一定要放在 SessionMiddleware 下面。

```
'django.middleware.security.SecurityMiddleware',
'django.contrib.sessions.middleware.SessionMiddleware',
'corsheaders.middleware.CorsMiddleware',        #增加跨域中间件
```

在 settings.py 配置文件的 INSTALLED_APPS 列表中增加如下跨域应用名称。

```
'corsheaders',
```

然后在 settings.py 配置文件中设置跨域服务范围。

```
#前后端分离时，要允许跨域请求，设置跨域服务范围
CORS_ORIGIN_ALLOW_ALL = True
CORS_ALLOW_CREDENTIALS = True
CORS_ORIGIN_WHITELIST = (
    'http://localhost:8080',                    #本机调试地址
)
X_FRAME_OPTIONS = 'SAMEORIGIN'
```

2. 搭建前端项目

搭建前端项目时，要分以下几步进行。

第一步：做好准备工作。

安装 Node.js，在官方网站下载对应的安装包并安装。安装 Vue.js，安装命令为 npm install vue。安装 vue-cli3，安装命令为 npm install -g @vue/cli。上述内容详见附录 A 中的内容。

第二步：搭建 Vue.js 项目框架，在 dogs 项目根目录下执行以下命令。

```
vue create web                //在 dogs 项目根目录下创建名称为 web 的前端项目
```

执行上述命令后会提示"选择键盘上的上（↑）下（↓）箭头按钮"，可选择对应的选项，这里默认选择第一项"vue2 + babel"，直接按下回车键即可进入前端项目创建过程。在线安装一般需要几分钟，请耐心等待。

图 12.6 为通过 vue create web 命令创建前端项目的结果。若执行该命令后出现虚线椭圆中的内容，表示命令执行成功，在 dogs 项目根目录下可以看到项目名称。虚线椭圆中的内容给出了前端项目的启动方式。

图 12.6 通过 vue create web 命令创建前端项目的结果

在 web 目录下执行如下启动命令，将在浏览器中启动前端的默认界面，如图 12.7 所示。启动命令执行完成后，就可以在浏览器中访问 http://localhost:8080 了。

```
G:\dogs\web>npm run serve              //启动前端的默认界面
```

图 12.7 前端的默认界面

📢 注意

只有 vue-cli3 及以上版本才支持 vue create 命令，低于这个版本则需要通过 npm uninstall -g @vue/cli 命令卸载并重新安装 vue-cli3。可以用 vue -V 命令查看 vue-cli 的已安装版本。

第三步：安装 Axios 库。

在 web 目录下执行如下命令安装 Axios，使前后端具备数据交互环境。Axios 需要与 package.json

文件安装在一同路径下，方便该文件记录 Axios 库信息。

```
npm install axios --save
```

第四步：改造默认界面，显示业务数据。

建立前端项目后，src/components 子目录下会生成默认的 HelloWorld.vue 单文件组件（Vue.js 将扩展名为.vue 的代码文件称为"单文件组件"，单文件组件是启动界面的核心代码，包括<template>、<script>、<style>这3部分，这是一般组件的标准格式），其修改过程如下。

（1）替换模板显示代码

将 HelloWorld.vue 文件的<template>...</template>部分内容替换为如下内容。该模板内容主要用于显示从后端获取的采购主表数据、采购从表（明细表）数据。

```
<template>
  <div>
  主订单
    <ul style="list-style-type: list;">
      <li style="border:1px solid #bbb; padding:4px;display:block"
          v-for="item in mainList"     ★1
          :key="item.id">
          title:{{item.title}}, buyer: {{item.buyer}}
      </li>
    </ul>
  订单明细
    <ul>
      <li style="border:1px solid #ccc; padding:4px;display:block"
          v-for="item in detailList"    ★2
          :key="item.id">
          name:{{item.name}}, number: {{item.number}}
      </li>
    </ul>
  </div>
</template>
```

（2）替换应用程序代码

将 HelloWorld.vue 文件的<script>...</script>部分内容替换为如下内容。

```
<script>
import axios from 'axios'      //导入 Axios 库，前提是安装了 Axios 库
export default {                //导出 Vue.js 应用名称和属性，供 App.vue 使用
  name: 'HelloWorld',           //应用名称
  props: {
      msg: String               //在 App.vue 中获取"Welcome to Your Vue.js App"值
  },
```

```
    data() {
      return {
        mainList: [],        //为模板★1处提供主表数据对象
        detailList: [],      //为模板★2处提供明细表数据对象
      }
    },
    //加载方法
    created() {
      this.loadMain()        //加载主表获取数据方法loadMain()
      this.loadDetail()      //加载明细表获取数据方法loadDetail()
    },
    //方法定义
    methods: {
      loadMain() {           //通过Axios库的get()方法获取主表数据
        axios.get('http://127.0.0.1:8000/main', {}).then(resp=>{
        //main一定要与后端URL路由对应
          // console.log('main', resp)
          this.mainList = resp.data;  //将获取的数据赋值给mainList列表
        })
      },
      loadDetail() {         //通过Axios库的get()方法获取明细表数据
        axios.get('http://127.0.0.1:8000/detail', {}).then(resp=>{
        //detail一定要与后端URL路由对应
          // console.log('detail',resp)
          this.detailList = resp.data;   //将获取的数据赋值给detailList列表
        })
      }
    }
  }
</script>
```

📖 **说明**

对于 Axios 的使用，在实际商业项目中要采用"get+访问地址参数"的形式。访问地址要进行事先配置，不提倡直接指定。

（3）启动前端项目

为了从后端获取数据，要先通过命令提示符启动 dogs 后端项目。

```
G:\dogs>python manage.py runserver
```

接下来通过以下命令在 PyCharm 的命令终端启动前端项目。

```
G:\dogs\web>npm run serve                    //注意要在web目录下启动
```

然后，在浏览器中访问 http://localhost:8080 获取后端数据，执行结果如图 12.8 所示。不放心的

读者可以进入数据库核对获取的数据是否正确。对于该界面的启动运行原理，可以参考附录 A。

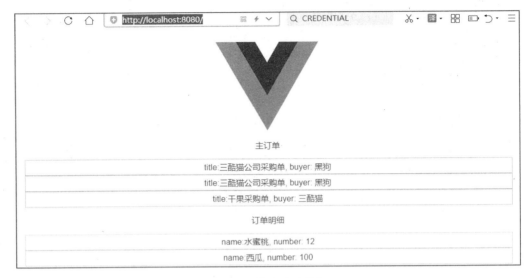

图 12.8　获取后端数据

12.5.2　让界面更加漂亮

12.5.1 节虽然实现了前后端分离项目构建，但是如图 12.7 所示的界面不太美观，无法进行商业化应用。若通过 HTML、CSS、JS 对界面一点一点地进行设计，显然很辛苦，效率也很低。为此，国内比较著名的饿了么技术团队推出了一款基于 Vue.js 2.0 的桌面端 UI[①]框架 Element-ui，为快速开发并呈现出漂亮的界面提供了大量的开源组件。

下面通过安装 Element-ui 库，并设置界面组件，实现前端界面的美化。

第一步：安装 Element-ui。

Element-ui 官方网站推荐使用 npm 进行安装，在 dogs 根目录的 web 子目录下执行如下 Element-ui 包安装命令。

```
G:\dogs\web>npm i element-ui -S
```

第二步：为采购主表、从表各选一个漂亮的列表组件。

这里涉及前端界面模板的修改、应用脚本代码的修改。

---

① UI，User Interface，用户界面，这里指 Web 网页界面。

(1) 修改模板

继续修改 HelloWorld.vue 文件中的模板。先打开 Element-ui 组件库，找到 Table 表格[①]，选择"基础表格"，在表格下（将鼠标移动到表格尾部）选择"显示代码"，这时将在线打开的"基础表格"中的代码<template>部分的制表代码复制到 HelloWorld.vue 对应的模板中（结果如下），主表的 data 接收由 mainList 获取的主表数据，调整 prop 为明细表的字段，主表的 row-click 事件关联显示明细表的 loadDetail()方法。

```
<template>
 <div>
  <el-row>
   <el-col :gutter="20">
    <el-card class="box-card">
     <div slot="header" class="clearfix">
      <span>主订单</span>
     </div>
     <div>
<el-table: data="mainList"borderstriphighlight-current-row @row-click="loadDetail">
      <el-table-column label="采购单号" prop="id" />
      <el-table-column label="采购单名称" prop="title" />
      <el-table-column label="采购员" prop="buyer" />
      <el-table-column label="供货商" prop="supplier" />
      <el-table-column label="联系电话" prop="call" />
      <el-table-column>
       <template slot-scope="scope">
<el-button size="mini"type="text"@click="loadDetail(scope.row)">查看明细</el-button>
       </template>
      </el-table-column>
     </el-table>
    </div>
   </el-card>
  </el-col>
 </el-row>
 <el-divider/>
 <el-row>
  <el-col :gutter="20">
   <el-card class="box-card" >
    <div slot="header" class="clearfix">
     <span>采购单明细:{{currentM.title}}</span>
    </div>
    <div>
     <el-table :data="detailList" border strip v-if="detailList.length > 0">
      <el-table-column label="采购单号" prop="Mid" />
      <el-table-column label="顺序号" prop="id" />
```

[①] 参见链接 13。

```
            <el-table-column label="采购水果名称" prop="name" />
            <el-table-column label="采购数量" prop="number" />
            <el-table-column label="单位" prop="unit" />
            <el-table-column label="单价" prop="price" />

        </el-table>
      </div>
     </el-card>
    </el-col>
   </el-row>
  </div>
</template>
```

对于el-table表格的详细属性用法,将刚才复制"基础表格"代码的页面下拉到底,就可以看到。

(2)修改应用程序

为主表鼠标单击事件提供调用方法,单击一条当前记录,显示主表对应的采购明细记录。

```
<script>
import axios from 'axios'
export default {
  name: 'HelloWorld',
  props: {
    msg: String

  },
  data() {
    return {
      mainList: [],
      detailList: [],
      currentM: {}          //增加当前明细记录属性
    }
  },
  //加载方法
  created() {
    this.loadMain()
    // this.loadDetail()
  },
  //方法定义
  methods: {
    loadMain() {
      axios.get('http://127.0.0.1:8000/main', {}).then(resp=>{
        // console.log('main', resp)
        this.mainList = resp.data;
      })
    },

    loadDetail(row, col, e) {          //修改获取明细的方法,其中的row、col参数用于获取明细
```

```javascript
        this.currentM = row;            //获取一条主表单击记录
        axios.get('http://127.0.0.1:8000/detail', {params: {Mid: row.id}}).then(resp=>{
//根据记录 id 获取后端明细数据
        // console.log('detail',resp)
        this.detailList = resp.data;  //获取指定 id 明细数据，并赋值给 detailList
      })
    }
  }
}
</script>
```

这里的一个主要改变是，在主表提供当前记录 id 的情况下，loadDetail()方法会获取对应的明细表中的记录。主表的"查看明细"通过@click 提供鼠标单击事件，实现了对 loadDetail()方法的调用。

修改完模板和应用程序后，在 PyCharm 命令终端输入如下命令，启动该项目。

```
G:\dogs-master\web>npm run serve
```

项目启动后，再启动 dogs 后端项目（提供后端数据），接着通过浏览器访问 http://localhost:8080，调整后的美观的界面如图 12.9 所示。

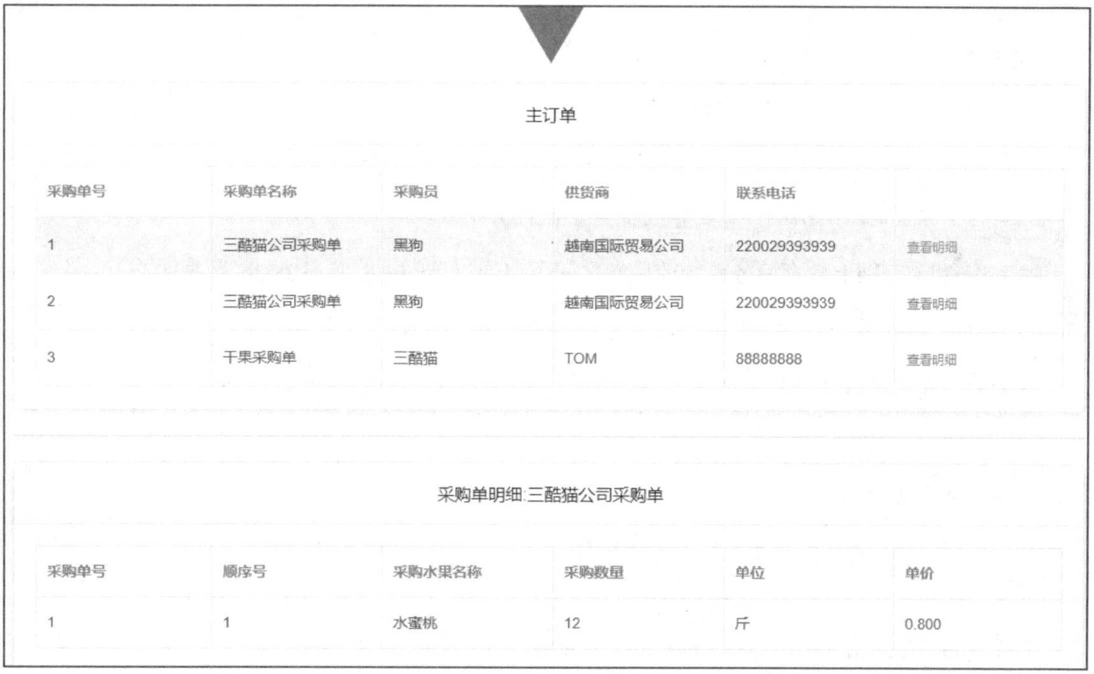

主订单					
采购单号	采购单名称	采购员	供货商	联系电话	
1	三酷猫公司采购单	黑狗	越南国际贸易公司	220029393939	查看明细
2	三酷猫公司采购单	黑狗	越南国际贸易公司	220029393939	查看明细
3	干果采购单	三酷猫	TOM	88888888	查看明细

采购单明细:三酷猫公司采购单					
采购单号	顺序号	采购水果名称	采购数量	单位	单价
1	1	水蜜桃	12	斤	0.800

图 12.9　调整后的美观的界面

12.6 习题

1. 填空题

（1）一个典型的 Web 项目团队中有（   ）、（   ）、（   ）、（   ）、（   ）等角色。

（2）需求调研及分析可以分（   ）、（   ）两个基本阶段。

（3）"三酷猫"网上教育服务系统后端主要采用（   ）技术框架，前端主要采用（   ）技术框架。

（4）前后端分离方式的整体设计模式被称为（   ），"三酷猫"网上教育服务系统的 View 主要通过（   ）的各种组件来实现。

（5）前端通过 Axios 库访问后端的（   ）地址设置，与后端的（   ）地址一一严格对应，以访问对应的数据资源。

2. 判断题

（1）项目负责人可以是项目经理、技术经理，但是同一个人不能既负责项目管理又负责项目技术开发。（   ）

（2）为了保证需求的准确性，必须将需求一次性分析到位。（   ）

（3）"三酷猫"网上教育服务系统前后端之间可以通过 Axios 库实现 JSON 数据的交互。（   ）

（4）Element-ui 组件库是饿了么技术团队开发并开源的。（   ）

（5）启动前后端分离项目要遵循"先启动后端项目，再启动前端项目"的原则。（   ）

12.7 实验

实验一

完成 ThreeCoolCat 项目开发环境下的各项安装与配置工作，以下为具体要求。

- 安装开发环境。
- 下载项目代码，恢复至项目可执行状态。

- 在后端为各栏目输入一条记录。
- 启动前端项目（截屏）。
- 形成实验报告。

实验二

改造前后端分离项目示例，以下为具体要求。

- 在学生基本信息模型的基础上增加成绩记录模型。
- 在后端展示以主从表方式输入数据的界面，并在基本信息中增加若干条平时成绩记录。
- 在前端展示学生基本信息和对应的成绩记录信息。
- 形成实验报告。

第 13 章

后端功能实现

"三酷猫"网上教育服务系统后端功能主要由 Django、Rest Framework 实现,本章主要介绍后端框架搭建、后端模块设计框架、后端模块实现这 3 部分内容。

13.1 后端框架搭建

商业级别的后端框架往往会提前搭建完成,在需要开发新项目时,可以直接将后端框架复制到新的项目目录中,并在此基础上进行完善。这样做的优势是开发速度快、风险小。

13.1.1 创建项目

这里不是从零开始通过 Django、Rest Framework 来实现相应功能的,而是直接利用现有框架功能。将"三酷猫"项目代码下载到计算机上后,可以直接用 PyCharm 打开项目后端(本机安装过程见 12.4.1 节),其目录结构如图 13.1 所示。

后端项目目录结构的设计思路如下。

```
|----files 存放图书封面、讲师照片等图片文件的目录,该目录在运行时生成
|
|----home 存放有关新闻、日志、网站统计、友情链接等的业务代码
|
|----school 存放有关学校、教师、课程、报名咨询等的业务代码
|
|----shop 存放有关图书、视频等的业务代码
|
|----static 执行命令 python manage.py collectstatic 后得到的文件,存放静态资源,用于该项目的部署
```

```
|
|----static_dev 存放后端静态资源（开发用）
|
|----templates 全局模板目录
|
|----ThreeCoolCat Django 项目配置目录
|
|----vali django-admin-theme-vali 皮肤插件，重写了默认的 Admin 模板
|
|----website vue 前端项目目录
```

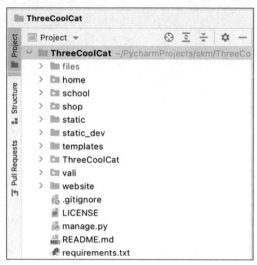

图 13.1　项目后端目录结构

13.1.2　基础配置

在后端项目的 ThreeCoolCat 配置子目录中打开 settings.py 配置文件，可以看到项目配置项内容。下面罗列了 settings.py 文件中的所有配置项，大部分基本配置参数的使用方法见 3.7 节，这里不再具体讲解，仅解释特殊的或需要额外注意的配置项内容。

1. 设置 MySQL 数据库驱动模式。

2. 获取项目当前路径（BASE_DIR）。

3. 提供安全 key 字符串，用于加密。

4. 设置 DEBUG 调试模式。

5. 设置 ALLOWED_HOSTS，以明确允许访问的域名范围。

6. 注册 App 应用，注册后才能随网站一起运行。

在 settings.py 配置文件的 INSTALLED_APPS 列表中，注册项目 App 应用如下。

```
INSTALLED_APPS = [
    'vali',                             #为 Admin 重新封装了界面的应用
    'django.contrib.admin',
    'django.contrib.auth',
    'django.contrib.contenttypes',
    'django.contrib.sessions',
    'django.contrib.messages',
    'django.contrib.staticfiles',
    'rest_framework',
    'tinymce',                          #可视化 HTML 内容编辑器，为后端内容输入提供编辑功能
    'school.apps.SchoolConfig',         #school 应用注册，作用等价于'school'
    'home.apps.HomeConfig',             #home 应用注册，作用等价于'home'
    'shop.apps.ShopConfig',             #shop 应用注册，作用等价于'shop'
    'corsheaders',                      #第三方库应用注册，解决前端跨域报错问题
]
```

'home.apps.HomeConfig'应用注册与'home'应用注册的唯一区别是，'home.apps.HomeConfig'应用在'home'应用子目录下的 apps.py 文件中提供了如下设置信息。

```
class HomeConfig(AppConfig):
    name = 'home'
    verbose_name = '内容管理'            #该应用的中文名，在 Admin 中可以直接显示
```

7. 中间件注册配置项（MIDDLEWARE）。

8. 前后端分离跨域请求配置项，详见 12.5.1 节。

9. 为封装 Admin 皮肤提供配置参数，以下为配置代码。

```
VALI_CONFIG = {
    'theme': 'blue',
    'dashboard': {'name': '管理中心', 'url': '/dashboard/'},
    'applist': {"order": "registry", "group": True},
    'font_awesome_url': 'font-awesome/4.7.0/css/font-awesome.min.css',
}
```

10. 可视化 HTML 内容编辑器外观配置项，以下为具体参数。

```
TINYMCE_DEFAULT_CONFIG = {'theme': 'silver', 'width': 600, 'height': 300,}  #颜色、宽、高
```

11. 模板配置项（TEMPLATES），在 settings.py 配置文件的 TEMPLATES 列表中配置后端项目需要使用的模板路径。

```
TEMPLATES = [
    {
```

```
        'BACKEND': 'django.template.backends.django.DjangoTemplates',
        #定义模板文件所在的路径
        'DIRS': ['templates', 'website/dist'],           #模板路径,前后端分离的部署路径

        'APP_DIRS': True,
        'OPTIONS': {
            'context_processors': [
                'django.template.context_processors.debug',
                'django.template.context_processors.request',
                'django.contrib.auth.context_processors.auth',
                'django.contrib.messages.context_processors.messages',
            ],
        },
    },
]
```

12. 在后台登录时通过以下命令验证 URL。

```
LOGIN_URL = '/admin/login'
```

13. REST_FRAMEWORK 参数配置项,以下为具体内容。

```
REST_FRAMEWORK = {
    'DEFAULT_PAGINATION_CLASS': 'rest_framework.pagination.PageNumberPagination',
    #分页引擎
    'PAGE_SIZE': 5                   #设置前端栏目,显示记录条数
}
```

14. 数据库链接参数配置项(DATABASES),具体配置内容及要求参见 12.4.1 节。

15. 用户密码验证检查配置项(AUTH_PASSWORD_VALIDATORS)。

16. 其他辅助内容配置项如下。

```
STATICFILES_DIRS = [
    os.path.join(BASE_DIR, "static_dev"),            #存放后端静态资源文件(CSS、JS、图片等)路径
    os.path.join(BASE_DIR, "website/dist/static")    #存放前端静态资源路径

]
#静态资源的路径配置
STATIC_ROOT = os.path.join(BASE_DIR, 'static')
STATIC_URL = '/static/'
#文件上传的路径配置
MEDIA_URL = '/files/'
MEDIA_ROOT = os.path.join(BASE_DIR, 'files').replace('\\', '/')

from django.contrib.admin.sites import AdminSite
AdminSite.site_title = '三酷猫课堂'             #修改站点的页面标题
AdminSite.site_header = '三酷猫课堂'            #修改站点的名称
```

13.1.3 模型定义

在 Django 技术框架下，要先建立数据模型，再通过迁移命令生成数据库表。模型的内容来源于业务需求。本项目的模型分散于各应用的 models.py 文件中，下面我们对项目模型做统一定义（模型的具体实现功能见 13.2 节）。

1. home 应用下的模型

home 应用下的模型定义及其对应生成的数据库表信息如下。

- 热点新闻模型，用类 class HotNews(Article)定义，迁移到数据库中生成 hot_news 表。
- 友情链接模型，用类 class FriendLinks(Article)定义，迁移到数据库中生成 friend_links 表。
- 操作日志模型，用类 class OperationLog(models.Model)定义，迁移到数据库中生成 operation_log 表。

2. school 应用下的模型

school 应用下的模型定义及其对应生成的数据库表信息如下。

- 校区管理模型，用类 class School(models.Model)定义，迁移到数据库中生成 school 表。
- 课程管理模型，用类 class Course(models.Model)定义，迁移到数据库中生成 course 表。
- 教师信息模型，用类 class Teacher(models.Model)定义，迁移到数据库中生成 teacher 表。
- 教师课程多对多关系模型，用类 class TeacherCourses(models.Model)定义，迁移到数据库中生成 teacher_courses 表。
- 报名咨询模型，用类 class Enroll(models.Model)定义，迁移到数据库中生成 school_enroll 表。

3. shop 应用下的模型

shop 应用下的模型定义及其对应生成的数据库表信息如下。

- 图书管理模型，用类 class Book(Item)定义，迁移到数据库中生成 book 表。
- 教学视频模型，用类 class Video(Item)定义，迁移到数据库中生成 video 表。

> **说明**
>
> models.py 文件中的抽象模型（内含 abstract = True）提供的公共字段被实例模型继承使用。上述类参数 Article、Item 都是抽象模型。

图 13.2 为通过 MySQL Workbench 工具打开的 threecoolcat 数据库中各个模型对应的数据库表。

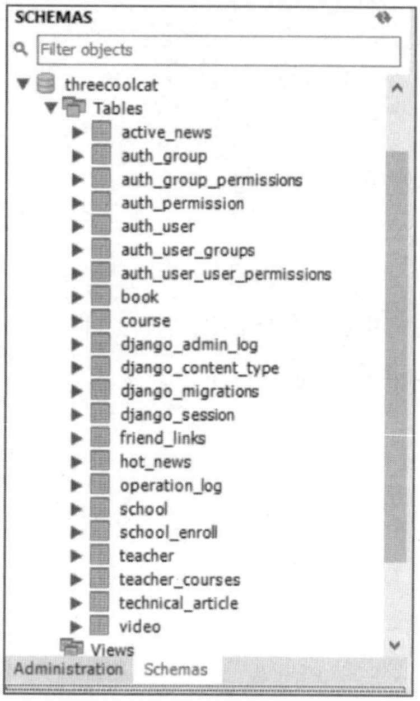

图 13.2 模型对应的数据库表

13.1.4 路由设计

"三酷猫"项目后端的路由分根路由和应用子路由两部分。要想启动后端的每个业务应用，必须设置根路由，同时每个应用调用业务逻辑视图时需要通过自身的子路由进行。本节将介绍对路由进行整体设计的方案，并重点说明路由范围，以供前后端分离开发的前端项目调用。

1. 根路由

在 ThreeCoolCat 项目配置子目录中打开 urls.py 根路由配置文件，其主要内容如下。

```
from django.contrib import admin
from django.urls import path, include
from django.conf import settings
from django.conf.urls.static import static
from django.views.generic import RedirectView
from home.views import DashbordView                      #从home应用视图导入DashbordView视图类
from django.contrib.auth.decorators import login_required

urlpatterns = [
    path('', TemplateView.as_view(template_name='index.html')), #指向前端index.html★
```

```
    #需要登录验证的视图类,要标记为 login_required
    path('dashboard/', login_required(DashboardView.as_view())),
    #提供基础信息统计视图
    path(r'tinymce/', include('tinymce.urls')),        #指向可视化HTML内容编辑器应用路由
    path('admin/', admin.site.urls),                   #指向 admin 应用路由
    path('home/', include('home.urls')),               #指向 home 应用路由
    path('shop/', include('shop.urls')),               #指向 shop 应用路由
    path('school/', include('school.urls')),           #指向 school 应用路由
]
```

在将前后端项目代码合并到一个项目根目录（这里指 ThreeCoolCat 根目录）中的情况下，要在启动项目时同时运行前端和后端，需要在根路由设置中（即★处）设置默认启动路由，让启动模板指向前端 index.html 文件（在前端的默认 public 子目录下）。

2. 应用子路由

后端 ThreeCoolCat 项目根目录下的主要业务应用为 home、school、shop，每个应用中包含若干个子路由，下面分别介绍。

（1）home 应用子路由

在 home 应用的 urls.py 文件中设置如下子路由。

```
from django.urls import path
from .views import ArticlesView, FriendLinksView, OperationLogView

urlpatterns = [
    #<str:type>传递命名参数 type 给视图,参数的类型为 str,通过视图中的 kwargs 接收
    path('api/article/<str:type>/', ArticlesView.as_view()),
    #通过/home/api/article 为前端提供新闻栏目数据
    path('api/friends/', FriendLinksView.as_view()),
    #通过/home/api/friends 为前端提供友情链接数据
    path('api/log', OperationLogView.as_view()),
    #通过/home/api/log 为前端提供栏目访问数据
]
```

<str:type>表示从前端传递过来的文章类型参数，可以是'news'（新闻）、'active'（活动）或者'tech'（技术）。

（2）school 应用子路由

在 school 应用的 urls.py 文件中设置如下子路由。

```
from django.urls import path
from .views import SchoolView, CourseView, TeacherView, EnrollView
```

```python
urlpatterns = [
    path('api/schools/', SchoolView.as_view()),
    #通过/schools/api/schools/为前端提供学校相关数据
    path('api/courses/', CourseView.as_view()),
    #通过/schools/api/courses/为前端提供课程相关数据
    path('api/teachers/', TeacherView.as_view()),
    #通过/schools/api/teachers/为前端提供教师相关数据
    path('api/enroll/', EnrollView.as_view()),
    #通过/schools/api/enroll/保存前端提交的报名咨询数据
]
```

（3）shop 应用子路由

在 shop 应用的 urls.py 文件中设置如下子路由。

```python
from django.conf.urls import url, include
from .views import BookView, VideoView

from django.conf import settings
from django.conf.urls.static import static

urlpatterns = [
    path('api/books/', BookView.as_view()),     #通过/shop/api/books/为前端提供图书相关数据
    path('api/videos/', VideoView.as_view()),   #通过/shop/api/videos/为前端提供视频相关数据
]
```

通过上述根路由和子路由获取的 URL 访问地址（上述代码中#符号后的内容），是前端通过 Axios 库的 URL 参数设置访问后端 API 时需要严格一一对应的参数。

13.1.5 自定义组件开发

对于"三酷猫"网上教育服务系统实战项目，Django 自带的日期选择组件过于简单，需要进行自定义开发。下面我们通过一个案例来介绍自定义组件开发的流程，在这个案例中，我们将实现中文风格的日期选择组件。

第一步：在 home 的 widgets.py 文件中自定义日期组件 LayDateWidget()。

以下是自定义 LayDateWidget()组件的代码。

```python
from django.forms import Widget, Media, widgets
#自定义适合中国人风格和操作习惯的日期选择组件

class LayDateWidget(widgets.TextInput):              #自定义日期类
    def __init__(self, mintime=None, attrs=None):
        super(LayDateWidget, self).__init__(attrs)
        self.mintime = mintime                       #定义原始日期属性，接收参数传递进来的日期值
```

```
            self.attrs = attrs                  #定义日期选择框的外观属性,接收参数设置值
    @property
    def media(self):
        js = ["laydate/laydate.js"]
        return Media(js=["%s" % path for path in js])

    def render(self, name, value, attrs=None, renderer=None):
        #渲染定义完的日期对象,并返回调用处
        out = super(LayDateWidget, self).render(name, value, attrs)
        out += """
<script>
var $ = django.jQuery
var v = $('#id_{name}').val();
$('#id_{name}').val(v.substr(0,10));
laydate({{
  elem: '#id_{name}',
  format: 'YYYY-MM-DD',              #提供我们习惯的日期显示格式,年-月-日
  {mintime} }});
</script>""".format(name=name, mintime="min: '" + self.mintime.strftime("%Y-%m-%d") +
"'," if self.mintime else "")
        return out
```

第二步:自定义日期表单字段。

在 school 应用子目录的 forms.py 文件中导入自定义日期组件 LayDateWidget()(在表单中又叫作小控件),并自定义日期表单字段。

```
from django import forms
import datetime                                  #导入 datetime 对象
from home.widgets import LayDateWidget           #导入自定义日期组件 LayDateWidget

class CourseForm(forms.ModelForm):               #带自定义日期字段模型的表单类
    start_date = forms.DateField(label='开课日期', required=False,
        widget=LayDateWidget(attrs={'style': 'width:120px', 'readonly': 'true'}),
        #使用自定义日期组件
        initial=datetime.date.today())           #初始化日期表单字段的值为当前日期
```

第三步:在 Admin 中使用自定义日期表单字段。

在 school 应用子目录的 admin.py 文件中使用自定义表单日期字段,以下为具体内容。

```
from django.contrib import admin
# from django.utils.safestring import mark_safe
from .models import School, Course, Teacher, Enroll
from .forms import CourseForm                    #导入自定义日期字段模型表单类
...
@admin.register(Course)
class CourseAdmin(admin.ModelAdmin):
```

```
class Media:
    js = ['js/school/course.js']          #引用js文件
form = CourseForm                         #将自定义日期表单字段赋值给form
list_display = ('name', 'school', 'category', 'start_date', 'period', 'cover_show',
'enabled', 'lbl_status', 'lbl_operation')
readonly_fields = ('cover_show',)
list_filter = ('school', 'category')
...
```

自此，我们便完成了自定义日期组件的完整代码编写流程：从组件的定义、日期表单字段定义到 Admin 后端注册使用。启动该项目，进入 Admin 后端，在"课程设置"的"+增加课程"中将看到如图 13.3 所示的自定义日期组件的效果。

图 13.3　自定义日期组件的效果

13.2　后端模块设计框架

Django 框架为后端应用功能的开发提供了相对固定的模型，本节会结合前后端分离模型的要求，通过搭建校区管理功能模块，展示一个完整的模块功能实现过程。

> 📖 **说明**
>
> 对于 ThreeCoolCat 后端项目的实现，本书会以现有的代码为主进行介绍。若读者想亲自验证代码，可以在 ThreeCoolCat 中创建新的应用，用于模拟验证，也可以新建项目进行单独验证。

13.2.1　模块设计思路

基于 Django 和 Rest Framework 的前后端分离开发方式，在模块功能实现上遵循一些基本的设计步骤，掌握这些设计步骤有利于形成项目设计思路，也有利于理解 ThreeCoolCat 后端项目中的其他功能模块。

以校区管理功能模块的实现为例,其主要设计思路如图 13.4 所示。

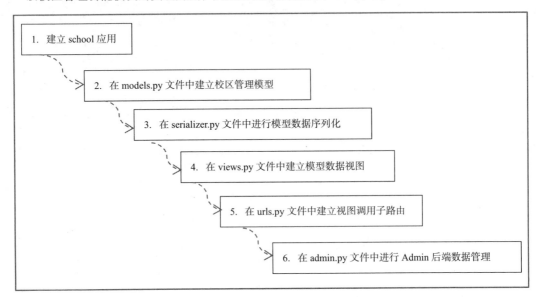

图 13.4　校区管理功能模块的主要设计思路

第一步:建立 school 应用。

这是实现校区管理功能模块的第一步,可通过 django-admin.py startapp school 命令实现。在 ThreeCoolCat 后端项目中已经建立 school 应用。

第二步:建立校区管理模型。

从 13.1.3 节模型定义相关内容可知,校区管理模型创建于 school 应用的 models.py 文件中。

第三步:模型数据序列化。

为了使前端项目以 JSON 格式访问后端校区管理数据,需要通过 Rest Framwork 序列化校区管理模型中的数据,其序列化定义在 serializer.py 文件中实现。

第四步:建立模型数据视图。

校区管理模型数据序列化过程要通过视图类(或函数)来实现,因此要在 views.py 文件中建立模型数据视图。

第五步:建立视图调用子路由。

通过在 school 应用的 urls.py 文件中建立调用校区管理数据视图子路由，为分离式前端提供访问 API。

第六步：Admin 后端数据管理。

在 school 应用的 admin.py 文件中注册校区管理模型，进入 Admin 后端，这样就可以对校区管理数据进行增、删、改、查等操作。

13.2.2 模型实现

在 school 应用的 models.py 文件中建立校区管理模型，其内容如下。

```python
from django.db import models
from tinymce.models import HTMLField         #导入HTML编辑器库
class School(models.Model):  """学校"""
    id = models.AutoField(primary_key=True)        #定义唯一自动增量数值id字段
    name = models.CharField('名称', db_column='name', null=True, blank=True, max_length=255)
    #ImageField的upload_to参数指向存放图片的子目录school（该子目录位于file目录下）
    cover = models.ImageField('封面', db_column='cover', upload_to='school', null=True, blank=True)
    #简码用于页面识别，只有主站默认为空
    short_code = models.CharField('简码', db_column='short_code', null=True, blank=True, max_length=255, default='')
    intro = HTMLField('简介', db_column='intro', null=True, blank=True)
    #为简介提供内容编辑器字段
    address = models.CharField('地址', db_column='address', null=True, blank=True, max_length=255)
    linkman = models.CharField('联系人', db_column='linkman', null=True, blank=True, max_length=255)
    phone = models.CharField('联系电话', db_column='phone', null=True, blank=True, max_length=255)
    enabled = models.BooleanField('启用', db_column='enabled', null=False, blank=False, default=True)
    order_by = models.IntegerField('排序', db_column='order_by', null=True, blank=True, default=0)

    class Meta:
        managed = True       #值为True表示该模型允许迁移命令生成数据库表，值为False表示不允许
        db_table = 'school'       #指定该模型的数据库表名
        verbose_name = '校区'      #该模型在Admin后端显示的中文名称
        verbose_name_plural = '校区管理'   #该模型在Admin后端显示的中文名称
    def __str__(self):
        return self.name
```

上述模型字段的定义细节与第 4 章中对模型的介绍一致，这里需要注意以下细节问题。

- "封面"字段，用于存放上传图片的地址，地址由两部分组成。

  - 第一部分（项目根目录下的 file 目录）由 settings.py 文件中的 MEDIA_URL = '/files/'配置指定。

  - 第二部分（file 下的 school 子目录）由 ImageField 字段的参数 upload_to='school'指定。当 Admin 的相应功能模块第一次上传图片后，在 ThreeCoolCat 后端根目录下将同步生成 files/school 子目录。

- 直接通过 HTML 编辑器库使用 intro = HTMLField()自定义字段是允许的。在执行模型迁移命令后，将在数据库对应的 school 表中生成 intro 字段，其类型为 longtext，如图 13.5 所示。图 13.6 为 HTML 编辑器（字段）在 Admin 后端显示的效果（见 13.3.6 节）。

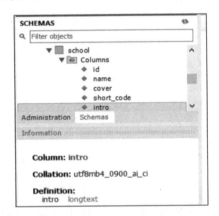

图 13.5　在 school 表中生成的 intro 字段

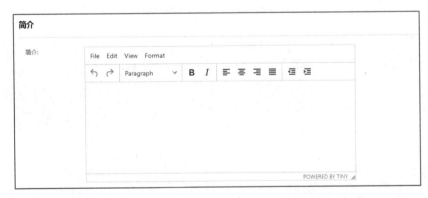

图 13.6　HTML 编辑器（字段）在 Admin 后端显示的效果

13.2.3 模型序列化

在前后端分离模型下，为了让前端程序通过 Axios 访问后端数据，必须对模型进行序列化处理。在 school 应用的 serializer.py 文件中对校区管理模型序列化的代码如下。

```python
from rest_framework import serializers
from .models import School                                #导入 School 模型

class SchoolSerializer(serializers.ModelSerializer):      #校区管理模型序列化类
    class Meta:
        model = School                                    #指定模型名
        fields = "__all__"                                #对该模型的所有字段做序列化定义
```

注意，使用上述代码的前提是，必须已经安装了 Rest Framework。

13.2.4 视图实现

校区管理模型经过序列化定义后，需要通过视图为前端提供访问处理业务功能。校区管理视图功能实现如下。

```python
from .models import School                                #导入 School 模型
from .serializer import SchoolSerializer                  #导入 School 模型序列化定义类
from home.utils import ThePager                           #导入自定义分页器
# Create your views here.
# 学校
class SchoolView(APIView):                                #定义校区管理视图类，继承自 APIView 类
    def get(self, request, *args, **kwargs):              #重写 get 方法，该方法对 GET 访问进行响应处理
        if 'id' in request.query_params:                  #如果前端请求访问的 URL 中提供了 id 参数
            teachers = School.objects.filter(id=request.query_params['id'])
            #则获取 id 值对应的数据记录
        else:
            teachers = School.objects.all()               #获取全部记录数据
        pg = ThePager()                                   #自定义分页器实例
        items = pg.paginate_queryset(teachers, request, self)
        #将获取的数据与分页器结合，生成 items
        serializer = SchoolSerializer(items, many=True)
        #对获取数据进行序列化处理，生成序列化对象
        return pg.get_paginated_response(serializer.data)   #返回序列化数据给调用者（前端）
```

SchoolView()视图类为前后端分离的前端 GET 访问提供了两种数据响应返回方式。

- 该视图类接收 URL 传递的 id 参数，根据 id 参数值从数据库表 school 中找到对应的记录，然后进行序列化，返回到浏览器页面。

- 该视图类接收前端 URL（'/school/api/teachers/'）的访问，从数据库表 school 中找到所有记录，然后进行序列化，返回到浏览器页面。

另外，要使 School 模型数据被 Admin 后端使用，并被前端请求访问，必须在 school 应用的子路由中进行调用设置。

```
from .views import SchoolView,
urlpatterns = [
    path('api/schools/', SchoolView.as_view()),
]
```

接着将根路由设置为指向 school 应用的路由，校区管理视图具备了被前端访问的条件，其模型也具备了被 Admin 后端注册的条件。

13.2.5　Admin 注册模型

为了通过 Admin 后端统一操作校区管理数据，实现数据的增加、修改、删除、查找等功能，首先需要在 school 应用的 admin.py 文件中进行模型注册。

```
from django.contrib import admin                    #导入 Admin 后端应用程序
from django.utils.html import format_html           #导入格式化 HTML 函数
from .models import School                          #导入 School 模型

@admin.register(School)                             #注册 School 模型
class SchoolAdmin(admin.ModelAdmin):                #定义模型在 Admin 后端界面的功能类
    list_display = ('name', 'address', 'linkman', 'phone', 'cover_show', 'enabled', )
    #指定列表显示字段
    search_fields = ('name', 'address', 'linkman', 'phone')   #指定表内搜索字段
    readonly_fields = ('cover_show',)
    inlines = (CourseInline, )                      #在校区管理中的"增加"页面显示课程设置列表

    def cover_show(self, obj):                      #显示图片
        #使用位置参数格式化字符串
        return format_html('<img src="{0}"width="100px"/>',obj.cover.url if obj.cover else '')
    #自定义列的显示标题
    cover_show.short_description = '封面'
    fieldsets = [                                   #在操作界面中显示以下 4 组字段
        ('基本信息', {'fields': ('name', 'short_code', 'address', 'linkman', 'phone',)}),
        ('封面', {'fields': ('cover', 'cover_show')}),
        ('简介', {'fields': ('intro', )}),
        ('管理信息', {'fields': ('enabled', 'order_by')})
    ]
```

13.2.6 后端内容实现

完成校区管理模型的 Admin 后端注册后，在 PyCharm 中启动该项目（通过命令 python manage.py runserver），在浏览器中访问 127.0.0.1:8000/admin，在显示出的 Admin 后端登录界面中输入用户名、密码（账号注册方面的内容见 12.4 节），进入后端主界面，单击"学校管理"的"校区管理"项，显示如图 13.7 所示的模型列表界面。

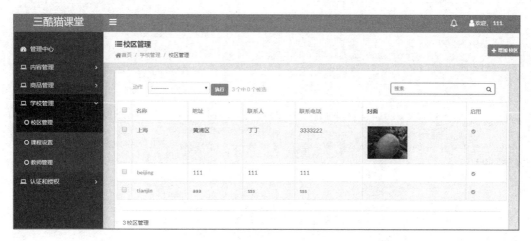

图 13.7　模型列表界面

在该界面的右边单击"+增加校区"按钮就可以进入校区管理信息新增界面，设置新的校区内容，保存设置后，新记录将显示在图 13.7 的列表中。

在图 13.7 的列表中单击"名称"列中的字段值，将进入记录修改、删除操作界面。也可以在"搜索"框中输入关键字，模糊查找记录。

13.3　后端模块实现

13.2 节比较完整地介绍了一个后端业务功能模块的实现过程，也体现了设计思路。该设计思路可用于其他业务功能模块的实现。为了避免重复，从本节开始，对于其他业务功能模块，我们仅介绍其特有的或具有一定技巧性的代码实现，不再详细介绍其他框架性内容。

13.3.1　热点新闻模块

热点新闻模块为新闻信息的编辑与发布提供了操作功能，实现过程主要涉及模型实现、视图实现、数据序列化、路由配置、Admin 注册模型、后端内容实现等。

1. 模型实现

热点新闻模型在 home 子目录下的 models.py 文件中进行定义，其内容如下。

```python
from django.db import models
from tinymce.models import HTMLField

class HotNews(Article):                          #自定义热点新闻模型类，继承自 Article 类
    """热点新闻"""
    author=models.CharField('作者',db_column='author',null=True,blank=True,default='',max_length=255)
    link_url=models.CharField('原文链接',db_column='url',null=0,blank=False,default='',max_length=255)
    subtitle=models.CharField('副标题',db_column='subtitle',null=0,blank=False,default='',max_length=255)
    cover = models.ImageField('封面', db_column='cover', upload_to='hotnews', null=True, blank=True)
    content = HTMLField('内容', db_column='content')   #HTML 字段

    class Meta:
        managed = True           #值为 True 表示该模型允许迁移命令生成数据库表，值为 False 表示不允许
        db_table = 'hot_news'                 #数据库表名
        verbose_name = '热点新闻'             #Admin 后端显示的注册模型的中文名称
        verbose_name_plural = '热点新闻管理'   #Admin 后端优先显示注册模型的中文名称，去掉 s

    def __str__(self):
        return self.title
```

其中，Article 类为抽象类，在模型迁移时其本身不生成对应的数据库表，仅作为公共字段类为其他继承类提供公共字段。Article 类的定义如下。

```python
class Article(models.Model):
    """文章"""
    id = models.AutoField(primary_key=True)
    title = models.CharField('标题', db_column='title', null=False, blank=False, default='', max_length=255)
    enabled = models.BooleanField('启用', db_column='enabled', null=False, blank=False, default=True)
    order_by = models.IntegerField('排序', db_column='order_by', null=True, blank=True, default=0)

    class Meta:
        abstract = True          #通过该属性设置类为抽象类
```

2. 视图实现

我们可以在 home 子目录下的 views.py 文件中定义如下的文章读取数据视图类。

```python
from rest_framework.views import APIView              #导入 APIView 类
from home.utils import ThePager                        #导入分页器
from .serializer import HotNewsSerializer,             #导入热点新闻模型序列化类
from django.http.response import JsonResponse          #导入 JsonResponse
#根据文章类型，返回不同的数据
class ArticlesView(APIView):                           #为前端提供文章视图类
    def get(self, request, *args, **kwargs):           #前端通过 GET 方式访问后端，触发 get 方法
        pg = ThePager()                                #定义分页器实例 pg
        if kwargs['type'] and kwargs['type'] == 'news':
        #假如前端访问的 URL 中含参数 type= 'news',
            articles = HotNews.objects.all()           #则从数据库表 hot_news 中获取所有记录
            items = pg.paginate_queryset(articles, request, self)
            #将获取的数据与分页器结合，生成 items
            serializer = HotNewsSerializer(items, many=True)  #将 items 序列化
        elif kwargs['type'] and kwargs['type'] == 'active':  #调用活动类数据并序列化
            articles = ActiveNews.objects.all()
            items = pg.paginate_queryset(articles, request, self)
            serializer = ActiveNewsSerializer(items, many=True)
        elif kwargs['type'] and kwargs['type'] == 'tech':    #调用技术文章类数据并序列化
            articles = TechnicalArticle.objects.all()
            items = pg.paginate_queryset(articles, request, self)
            serializer = TechnicalArticleSerializer(items, many=True)
        else:
            return JsonResponse({'success': 0, 'msg': 'wrong type', 'results': []})
            #返回没有传递参数的提示
        if 'id' in request.query_params:                      #若传递 id 参数
            articles = articles.filter(id=request.query_params['id'])
            #则对获取数据按 id 值进行过滤
        return pg.get_paginated_response(serializer.data)
        #以带分页器的格式将数据返回前端
```

这里通过对 kwargs['type'] 参数进行处理，实现前端 URL 动态变化访问后端数据的方法。前端传递的 id 参数作为数据库数据记录访问查找条件，通过模型方法获取不同的记录数据。

3. 数据序列化

在 home 子目录下的 serializer.py 文件中定义热点新闻模型序列化类，为视图提供序列化处理功能。

```python
class HotNewsSerializer(serializers.ModelSerializer):
```

4. 路由配置

访问 home 应用的根路由。

```
path('home/', include('home.urls')),
```

在 home 应用的 urls.py 文件中定义热点新闻视图调用子路由。

```
path('api/article/<str:type>/', ArticlesView.as_view()),
```

其中的<str:type>参数用于获取从前端访问的子路由名"news"、"active"或"tech"。由此，前端访问时的 URL 应为'home/api/article/news'、'home/api/article/active'、'home/api/article/tech'之一。

5. Admin 注册模型

在 home 应用的 admin.py 文件中注册 HotNews 模型，代码如下。

```
@admin.register(HotNews)
class HotNewsAdmin(admin.ModelAdmin):
```

6. 后端内容实现

完成上述几步就可以启动项目了，在 Admin 后端管理工具中可以看到如图 13.8 所示的热点新闻后端管理界面。

图 13.8　热点新闻后端管理界面

本项目中的活动栏目、友情链接模块的实现过程与热点新闻模块的实现过程高度类似，不再重复介绍。另外，高效率的项目开发建立在成熟模块之间的代码复用上（复制代码到新模块文件中，稍微修改一下就可以形成新的功能模块），这是一种编程技巧。

13.3.2　操作日志模块

操作日志模块用于收集前端不同栏目产生的记录内容，方便后端统计不同栏目的访问阅览情况，以调整界面内容的安排。

1. 模型实现

在 home 子目录下的 models.py 文件中定义操作日志模型，其内容如下。

```
class OperationLog(models.Model):
    id = models.AutoField(primary_key=True)
    group =models.CharField('分组',db_column='group',null=False,blank=False,default='',max_length=100)
    sub_group=models.CharField('子分组',db_column='subgroup',null=0,blank=False,default='', max_length=100)
    content=models.CharField('内容',db_column='content',null=0,blank=False,default='',max_length=255)
    create_time = models.DateTimeField('创建时间', db_column='create_time', auto_now_add=True)
    create_user=models.CharField('用户',db_column='create_user',null=0,blank=False,default='', max_length=100)
    user_agent = models.CharField('UA', db_column='user_agent', null=False, blank=False, default='', max_length=255)

    class Meta:
        managed = True
        db_table = 'operation_log'
        verbose_name = '操作日志'
        verbose_name_plural = '操作日志'

    def __str__(self):
        return self.content[:10]
```

2. 视图实现

在 home 子目录下的 views.py 文件中定义如下的操作日志读取数据视图类。

```
class OperationLogView(APIView):
    def post(self, request):                      #前端通过POST方式访问后端，触发重写的post方法
        data = request.data                        #前端请求访问提交的数据
        data['user_agent'] = request.stream.META['HTTP_USER_AGENT']
```

```python
            serializer = OperationLogSerializer(data=data)  #比较序列化后的前端提供的数据
            if serializer.is_valid():                        #序列化数据是正确的
                serializer.save()                            #将数据保存到模型（数据库表）中
                return JsonResponse({'success': 1})          #保存成功，返回1状态
            else:
                return JsonResponse({'success': 0})          #保存不成功，返回0状态

    @csrf_exempt                                             #标识一个视图可以被跨域访问
    def dispatch(self, request, *args, **kwargs):
        return super(OperationLogView, self).dispatch(request, *args, **kwargs)
```

3. 数据序列化

在 home 子目录下的 serializer.py 文件中定义操作日志模型序列化类，为视图提供序列化处理功能。

```python
class OperationLogSerializer(serializers.ModelSerializer):
```

4. 路由配置

在根路由文件中设置指向 home 应用的路由。

```python
path('home/', include('home.urls')),
```

在 home 应用子路由文件中设置如下的调用日志视图的子路由。

```python
path('api/log', OperationLogView.as_view()),
```

5. Admin 注册模型

在 home 应用的 admin.py 文件中注册 OperationLog 模型。

```python
@admin.register(OperationLog)                                      #注册 OperationLog 模型
class OperationLogAdmin(admin.ModelAdmin):                         #定义操作日志模型注册类
    list_display = ('group', 'sub_group', 'content', 'create_time')  #设置列表显示字段
    list_filter = ('group', 'sub_group')                           #设置显示过滤字段
    search_fields = ('group', 'sub_group', 'content')              #设置搜索字段

    #数据来源于页面操作，Admin 后端禁用增加按钮
    def has_add_permission(self, request):
        return False

    #数据来源于页面操作，Admin 后端禁用编辑按钮
    def has_change_permission(self, request, obj=None):
        return False

    #数据来源于页面操作，Admin 后端禁用删除按钮
    def has_delete_permission(self, request, obj=None):
        return False
```

6. 后端内容实现

完成上述几步就可以启动项目了，在 Admin 后端管理工具中可以看到如图 13.9 所示的操作日志功能界面。

图 13.9　操作日志功能界面

13.3.3　课程管理模块

课程管理模块用于设置开设课程信息，并将信息发布到前端对应的栏目上。

1. 模型实现

在 school 应用的 models.py 文件中定义课程管理模型，其内容如下。

```
class Course(models.Model):
    """"课程"""
    id = models.AutoField(primary_key=True)
    name=models.CharField('名称',db_column='name',null=False,blank=False, default='',
max_length=255)
    cover = models.ImageField('封面', db_column='cover', upload_to='course', null=True,
blank=True)
    intro = HTMLField('简介', db_column='intro', null=True, blank=True)
    period = models.CharField('单课时长', db_column='period', null=True, blank=True,
max_length=100)
    start_date = models.DateField('开课日期', db_column='start_date', null=True,
```

```python
blank=True)
    category = models.IntegerField('类别', db_column='category', null=True, blank=True,
default=1, choices=[(1, '线下课程'), (2, '线上课程')])
    status = models.BooleanField('状态', db_column='status', null=False, blank=False,
default=True)
    enabled = models.BooleanField('启用', db_column='enabled', null=False, blank=False,
default=True)
    order_by = models.IntegerField('排序', db_column='order_by', null=True, blank=True,
default=0)
    school=models.ForeignKey(verbose_name='学校', to=School, on_delete=models.DO_NOTHING,
to_field='id', null=True,blank=True)

    #建立多对多关系
    teachers = models.ManyToManyField(to='Teacher', through=TeacherCourses, )
    #Teacher 模型见教师管理模块相关内容
    class Meta:
        managed = True
        db_table = 'course'
        verbose_name = '课程'
        verbose_name_plural = '课程设置'

    def __str__(self):
        return self.name
```

课程管理模型（Course）除了能定义基本的字段，还能定义与教师管理模型（Teacher）之间的多对多关系，如一门课可以由几个老师轮流上，也可以是几门课由一个老师上，老师和课程之间是多对多关系。

2．视图实现

在 school 应用的 views.py 文件中定义课程视图类。

```python
class CourseView(APIView):
    def get(self, request, *args, **kwargs):
        #如果参数中有id, 则返回一条记录
        #否则返回全部记录
        if 'id' in request.query_params:
            courses = Course.objects.filter(id=request.query_params['id'])  #返回一条记录
        else:
            courses = Course.objects.all()                                   #返回全部记录
        if 'school' in request.query_params:                                 #如果存在school参数
            courses = courses.filter(school__exact=request.query_params['school'])
            #根据校区过滤数据
        #分页功能
        pg = ThePager()
        items = pg.paginate_queryset(courses, request, self)
        serializer = CourseSerializer(items, many=True)
```

```
            return pg.get_paginated_response(serializer.data)      #返回带分页功能的课程数据
    def post(self, request):
        print(request.user.username, ' is logined: ', request.user.is_authenticated)
        #判断用户是否登录，仅允许登录用户提交
        if request.user.is_authenticated:
            data = request.data
            course = Course.objects.get(id=data['id'])
            if course:
                course.status = data['status']
                course.save()
                return JsonResponse({"success": 1})
        else:
            return JsonResponse({"success": 0})
```

本项目实现了前端通过 GET 方式触发 CourseView 视图类的 get 方法并在前端显示指定课程的效果。同时，该视图类提供了 post 方法，当前端表单提供新课程信息时会触发该方法，保存新提交的数据（在本项目中未实现前端表单提交功能）。

3. 数据序列化

在 school 应用的 serializer.py 文件中定义课程管理模型序列化类，为视图提供序列化处理功能。

```
class CourseSerializer(serializers.ModelSerializer):
```

4. 路由配置

在根路由文件中设置指向 school 应用的路由。

```
path('school/', include('school.urls')),
```

在 school 应用子路由文件中设置如下调用课程视图的子路由。

```
path('api/courses/', CourseView.as_view()),
```

5. Admin 注册模型

在 school 应用的 admin.py 文件中对课程管理模型（Course）进行 Admin 注册。

```
from django.contrib import admin
from django.utils.html import format_html
from .models import School, Course
@admin.register(Course)
class CourseAdmin(admin.ModelAdmin):
    class Media:
        #引用 js 文件
        js = ['js/school/course.js']
    form = CourseForm
```

```python
    list_display = ('name', 'school', 'category', 'start_date', 'period', 'cover_show',
'enabled', 'lbl_status', 'lbl_operation')
    readonly_fields = ('cover_show',)
    list_filter = ('school', 'category')

    def cover_show(self, obj):
        return format_html('<img src="%s" width="100px" />' % obj.cover.url if obj.cover else '')
    #自定义列的显示标题
    cover_show.short_description = '封面'

    def lbl_status(self, obj):
        return format_html('上架' if obj.status else '下架')

    lbl_status.short_description = '上架状态'

    def lbl_operation(self, obj):
        if obj.status:
            #使用命名参数格式化字符串
            return format_html('<a href="javascript:void(0)" onclick="update({id},{status})">下架</a>', id=obj.id, status=0)
        else:
            return format_html('<a href="javascript:void(0)" onclick="update({id}, 1)">上架</a>', id=obj.id)

    lbl_operation.short_description = '操作'
    fieldsets = [
        ('基本信息', {'fields': ('name', 'school', 'category', 'start_date', 'period',)}),
        ('封面', {'fields': ('cover', 'cover_show')}),
        ('简介', {'fields': ('intro',)}),
        ('管理信息', {'fields': ('enabled', 'order_by')})
    ]
```

6. 后端内容实现

完成上述几步就可以启动项目了，在 Admin 后端管理工具中可以看到如图 13.10 所示的后端课程设置操作界面。

图 13.10　后端课程设置操作界面

13.3.4 教师管理模块

教师管理模块统一提供教师信息的增、改、删、查操作,并把信息发布到前端对应的栏目。

1. 模型实现

在 school 应用的 models.py 文件中定义教师管理模型（Teacher），其内容如下。

```
class Teacher(models.Model):                    #定义教师管理模型
    """教师表"""
    id = models.AutoField(primary_key=True)
    name = models.CharField('姓名',db_column='name',null=False,blank=False,default='',max_length=255)
    title = models.CharField('学位', db_column='title', null=False, blank=False, default='', max_length=255)
    duty = models.CharField('职位', db_column='duty', null=False, blank=False, default='', max_length=255)
    photo=models.ImageField('照片',db_column='photo',upload_to='teacherphoto',null=False, blank=False, default='')
    keyword=models.CharField('关键词',db_column='keyword',null=True,blank=True,default='', max_length=255)
    intro = HTMLField('简介', db_column='intro', null=True, blank=True)
    school = models.ForeignKey(verbose_name='学校', to=School, on_delete=models.DO_NOTHING, to_field='id', null=True,blank=True)
    enabled = models.BooleanField('启用', db_column='enabled', null=False, blank=False, default=True)
```

```python
    order_by = models.IntegerField('排序', db_column='order_by', null=True, blank=True, default=0)
    courses = models.ManyToManyField('Course', verbose_name='课程')  #定义多对多关系字段

    class Meta:
        managed = True
        db_table = 'teacher'
        verbose_name = '教师'
        verbose_name_plural = '教师管理'

    def __str__(self):
        return self.name
```

在两个模型具有多对多关系的情况下,每个模型都得用 models.ManyToManyField()指向另一个模型。

```python
class TeacherCourses(models.Model):                #教师、课程多对多关系模型
    teacher=models.ForeignKey(to='Teacher',on_delete=models.DO_NOTHING,to_field='id', db_column='teacher_id')
    course=models.ForeignKey(to='Course',on_delete=models.DO_NOTHING,to_field='id', db_column='course_id')
    class Meta:
        managed = False
        db_table = 'teacher_courses'               #教师、课程多对多关系表名
```

2. 视图实现

在 school 应用的 views.py 文件中定义教师视图类。

```python
class TeacherView(APIView):                                    #教师视图类
    def get(self, request, *args, **kwargs):                   #前端GET方式访问后端,触发重写的get方法
        if 'id' in request.query_params:                       #如果前端的URL访问请求提供了id参数
            teachers = Teacher.objects.filter(id=request.query_params['id'])
            #获取指定id值的记录
        else:
            teachers = Teacher.objects.all()                   #获取对应的数据库表teacher中的所有记录
        if 'school' in request.query_params:                   #如果前端URL访问请求中提供了school参数
            courses=teachers.filter(school__exact=request.query_params['school'])
            #过滤出指定校区的老师
        pg = ThePager()
        items = pg.paginate_queryset(teachers, request, self)
        #将获取的数据与分页器结合,生成items
        serializer = TeacherSerializer(items, many=True)       #对items进行序列化
        return pg.get_paginated_response(serializer.data)      #将序列化结果响应返回到前端
```

3. 数据序列化

在 school 应用的 serializer.py 文件中定义教师管理模型序列化类,为视图提供序列化处理功能。

```
class TeacherSerializer(serializers.ModelSerializer):
```

4. 路由配置

在根路由文件中设置指向 school 应用的路由。

```
path('school/', include('school.urls')),
```

在 school 应用子路由文件中设置如下调用教师视图的子路由。

```
path('api/teachers/', TeacherView.as_view()),
```

5. Admin 注册模型

在 school 应用的 admin.py 文件中对教师管理模型（Teacher）进行 Admin 注册。

```
@admin.register(Teacher)
class TeacherAdmin(admin.ModelAdmin):
    list_display = ('name', 'title', 'duty', 'photo_show', 'enabled', 'order_by')
    readonly_fields = ('photo_show',)
    filter_horizontal = ('courses', )
    def photo_show(self, obj):
        #采用 % 格式化字符串
        return format_html('<img src="%s" width="100px" />' % obj.photo.url if obj.photo else '')
    photo_show.short_description = '照片'    #自定义列的显示标题
    fieldsets = [
        ('基本信息', {'fields': ('name', 'title', 'duty',)}),
        ('照片', {'fields': ('photo', 'photo_show')}),
        ('简介', {'fields': ('intro',)}),
        ('课程', {'fields': ('courses',)}),    #多对多关系在界面上的展示
        ('管理信息', {'fields': ('enabled', 'order_by')}),
    ]
```

6. 后端内容实现

完成上述几步就可以启动项目了，在 Admin 后端管理工具中可以看到如图 13.11 所示的教师管理操作界面。

单击图 13.11 右上角的 "+增加教师" 按钮，进入如图 13.12 所示的教师信息增加界面，其中的 "课程" 是通过多对多关系模型建立的。

图 13.11 教师管理操作界面

图 13.12 教师信息增加界面

13.3.5　商品管理模块

商品管理模块包括图书管理模块、视频管理模块，通过 Admin 后端对图书信息、视频信息进行统一管理并发布到前端。这里以视频管理模块为例说明其实现过程。

1. 模型实现

视频管理模型的定义如下。

```
class Video(Item):                        #自定义Video模型类，继承自Item类
    """教学视频"""
    author = models.CharField('作者', db_column='author', max_length=100, null=True,
blank=True)
    video_url=models.CharField('视频地址',db_column='video_url',max_length=100,null=1,
blank=True)
    class Meta:
        managed = True
        db_table = 'video'
        verbose_name = '视频'
        verbose_name_plural = '视频管理'

    def __str__(self):
        return self.name
```

定义公共 Item 类的代码如下。

```
class Item(models.Model):
    """物品基础类"""
    id = models.AutoField(primary_key=True)
    name = models.CharField('名称', db_column='name', null=False, blank=False, default='',
max_length=255)
    cover = models.ImageField('封面', db_column='cover', upload_to='items', null=True,
blank=True)
    unit_price = models.DecimalField('单价', db_column='unit_price', null=True,
blank=False,decimal_places=2, max_digits=8)
    discount_price = models.DecimalField('折扣价', db_column='discount_price', null=True,
blank=False,decimal_places=2, max_digits=8)
    enabled = models.BooleanField('启用', db_column='enabled', null=False, blank=False,
default=True)
    order_by = models.IntegerField('排序', db_column='order_by', null=True, blank=True,
default=0)

    class Meta:
        #抽象类，不生成实体表，这里为Video类提供公共字段
        abstract = True
```

2. 视图实现

在 shop 应用的 views.py 文件中定义视频视图类。

```python
class VideoView(APIView):                    #定义供前端访问的视频视图类
    def get(self, request, *args, **kwargs):
        if 'id' in request.query_params:
            video_id = request.query_params['id']
            videos = Video.objects.filter(id=video_id)
        else:
            videos = Video.objects.all()
        pg = ThePager()
        items = pg.paginate_queryset(videos, request, self)
        serializer = VideoSerializer(items, many=True)
        return pg.get_paginated_response(serializer.data)
```

3. 数据序列化

在 shop 应用的 serializer.py 文件中定义视频管理模型序列化类，为视图提供序列化处理功能。

```python
class VideoSerializer(serializers.ModelSerializer):
```

4. 路由配置

在根路由文件中设置指向 shop 应用的路由。

```python
path('shop/', include('shop.urls')),
```

在 shop 应用子路由文件中设置如下调用视频视图的子路由。

```python
path ('api/videos/', VideoView.as_view()),
```

5. Admin 注册模型

在 shop 应用的 admin.py 文件中对视频管理模型（Video）进行 Admin 注册。

```python
@admin.register(Video)
class VideoAdmin(BaseItemAdmin):
```

6. 后端内容实现

完成上述几步后启动项目，在 Admin 后端管理工具中可以看到如图 13.13 所示的视频管理操作界面。

图 13.13　视频管理操作界面

13.3.6　网站统计模块

对统计数据进行图形化展示可以使数据展示更直观、漂亮，并能提升商业项目的水平和形象。这里采用 Chart.js 第三方开源组件来实现折线图、饼状图的绘制。项目开发时需要安装该组件，可以使用如下命令。

```
npm install chart.js --savev
```

下面我们对网站统计模块的实现过程进行逐步说明。

1．模型实现

13.3.2 节实现的操作日志模块已经在 home/admin.py 中提供了前端鼠标单击事件记录数据模型，所以可以利用 class OperationLog(models.Model)模型生成的数据库表对栏目访问记录进行统计，无须再建立其他模型。

另外，可以通过 Teacher、Course、Book、Video 模型获取网站发布内容分布情况并进行统计。

2．视图实现

在 home/models.py 文件中建立数据统计视图。该视图实现统计的过程主要分为以下三步。

第一步：通过 icons 变量为模板传递"小图标+栏目名称+发布内容数量"。

第二步：通过第一步中的"小图标+栏目名称+发布内容数量"统计单击栏目的次数，为折线图提供变量。

第三步：通过第二步中的变量，统计单击各栏目内容发布的次数，为饼状图提供变量。

具体的实现代码如下。

```python
from school.models import Teacher, Course
from shop.models import Book, Video
from django.db import connection
#首页视图，计算基础统计信息
class DashboardView(TemplateView):
    template_name = 'home/dashboard.html'        #指定该模板视图的模板，用于后端显示统计界面

    def get_context_data(self, **kwargs):         #统计教师、课程、图书、视频这4个栏目的访问数量
        context = super().get_context_data(**kwargs)
        #统计样本数据
        top_icons = [{"title": "教师",
                      "value": Teacher.objects.filter(enabled=True).count(),
                      "style": "primary",
                      "icon": "fa-users",
                      "link": "/admin/school/teacher/"},
                     {"title": "课程",
                      "value": Course.objects.filter(enabled=True, status=True).count(),
                      "style": "info",
                      "icon": "fa-thumbs-o-up",
                      "link": "/admin/school/course/"},
                     {"title": "图书",
                      "value": Book.objects.filter(enabled=True).count(),
                      "style": "warning",
                      "icon": "fa-files-o",
                      "link": "/admin/shop/book/"},
                     {"title": "视频",
                      "value": Video.objects.filter(enabled=True).count(),
                      "style": "danger",
                      "icon": "fa-star",
                      "link": "/admin/shop/video/"}]
        #将"小图标+栏目名称+发布内容数量"对象返回给页面，页面模板可以通过 icons 访问该对象
        context['icons'] = top_icons        #以变量 icons 的形式传递给模板
        dates = []
        data1 = []
        with connection.cursor() as cursor:
            #直接用SQL语句访问数据库表，获取以天为单位的各栏目记录
            cursor.execute("""select date_format(create_time, '%Y-%m-%d') date, count(id) cnt from operation_log group by date_format(create_time, '%Y-%m-%d')""")
            results = cursor.fetchall()       #从数据库中获取数据

        for r in results:
            dates.append(r[0])                #将日期放入 dates 表
            data1.append(r[1])                #将不同栏目的访问数量放入 data1 表
        charts = [{                           #定义折线图需要的数据
```

```
            "name": "linechart1", "title": "模块单击次数", "type": "Line",
            "labels": dates,              #为折线图鼠标触发显示的标签提供日期
            "datasets": [
                {
                    "label": "dataset 1",
                    "fillColor": "rgba(220,220,220,0.2)",
                    "strokeColor": "rgba(220,220,220,1)",
                    "pointColor": "rgba(220,220,220,1)",
                    "pointStrokeColor": "#fff",
                    "pointHighlightFill": "#fff",
                    "pointHighlightStroke": "rgba(220,220,220,1)",
                    "data": data1    #为折线图提供统计数据
                }
            ]
        }, {                              #定义饼状图需要的数据变量
            "name": "piechart1", "title": "网站内容发布", "type": "Pie",   #图类型为饼状图
            "datasets": [                 #从各栏目模型中获取信息发布数据,并用count()进行统计
                {"value": Course.objects.filter(enabled=True, status=True).count(),
"color": "#46BFBD", "highlight": "#5AD3D1", "label": "课程"},
                {"value": Book.objects.filter(enabled=True).count(), "color": "#77464A",
"highlight": "#7F5A5E", "label": "图书"},
                {"value": Video.objects.filter(enabled=True).count(), "color": "#F7464A",
"highlight": "#FF5A5E", "label": "视频"},
                {"value": Teacher.objects.filter(enabled=True).count(), "color": "#5A5F5E",
"highlight": "#5A5F5E", "label": "教师"},
            ]
        }]
        context['charts'] = charts       #将定义完成的折线图、饼状图数据传递给变量
        #在页面模板中,该变量用于控制用户菜单,由Admin管理的页面包含该变量
        context['has_permission'] = True
        return context                    #将视图获取的变量内容传递给模板
```

3. 统计模板

统计模块的主要实现过程分两步,具体的实现代码如下。

第一步:渲染 icons 变量对象,用"小图标+栏目名称+发布内容数量"的方式显示统计结果。

第二步:渲染 charts 变量对象,用 chart.js 组件展示折线图、饼状图。

```
{% extends "admin/base_site.html" %}
{% load i18n admin_urls static admin_modify %}
{% block branding %}
<a class="app-header__logo" href="{% url 'admin:index' %}"
style="white-space:pre">{{ site_header|default:'三酷猫课堂' }}</a>
{% endblock %}
{% block breadcrumbs %}{% endblock %}
{% block coltype %}colM{% endblock %}
```

```html
{% block content %}
<div class="row">
{% for icon in icons %}
<!-- 用"小图标+栏目名称+发布内容数量"的方式展示统计结果 -->
    <div class="col-md-6 col-lg-3">
      <div class="widget-small {{ icon.style }} coloured-icon">
<i class="icon fa {{ icon.icon|default:'fa-users' }} fa-3x"></i>
        <div class="info">
          <h4>{{ icon.title }}</h4>
            <a href="{{ icon.link }}"><p><b>{{ icon.value }}</b></p></a>
        </div>
      </div>
    </div>
{% endfor %}

</div>
<div class="row">
    <!-- 用折线图、饼状图展示统计结果 -->
    {% for chart in charts %}
    <div class="col-md-6">
      <div class="tile">
        <h3 class="tile-title">{{ chart.title }}</h3>
        <div class="embed-responsive embed-responsive-16by9">
          <canvas class="embed-responsive-item" id="{{ chart.name }}" width="504" height="284" style="width: 504px; height: 284px;"></canvas>
        </div>
      </div>
    </div>
    {% endfor %}
    </div>
{% endblock %}
{% block extrafoot %}
<!-- 引入charts组件,用于绘制统计图-->
<script type="text/javascript" src="{% static 'vali/js/plugins/chart.js' %}"></script>
    <script type="text/javascript">
    {% for chart in charts %}
        {% if chart.type == "Line" %}
           var data = {
           labels: {{ chart.labels|safe }},
           datasets: {{ chart.datasets|safe }}
             };
        var ctxl = $("#{{ chart.name }}").get(0).getContext("2d");
        var lineChart = new Chart(ctxl).Line(data);

        {% elif chart.type == "Pie" %}
           var pdata = {{ chart.datasets|safe }}
             var ctxp = $("#{{ chart.name }}").get(0).getContext("2d");
```

```
                var pieChart = new Chart(ctxp).Pie(pdata);
            {% endif %}
    {% endfor %}
    </script>
{% endblock %}
```

4. 路由配置

在根路由文件中设置指向 shop 应用的路由。

```
path('dashboard/', login_required(DashboardView.as_view())),
```

5. 后端内容实现

完成上述几步就可以启动项目了，在 Admin 后端管理工具中可以看到如图 13.14 所示的网站统计功能界面。

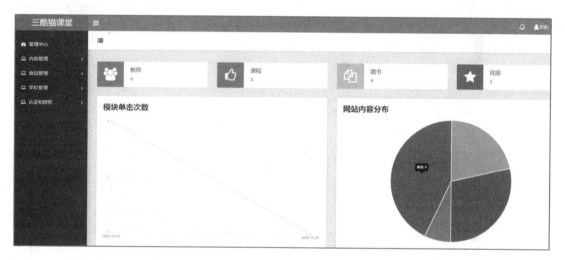

图 13.14　网站统计功能界面

13.3.7　报名咨询模块

报名咨询模块主要通过对应模型、视图等功能的实现，为前端报名咨询栏目提供数据存取等管理功能，其实现流程如下。

1. 模型实现

在 school 应用的 models.py 文件中定义报名咨询模型，其内容如下。

```
class Enroll(models.Model):           #报名咨询模型
    id = models.AutoField(primary_key=True)                              #整型自增id字段
```

```python
    school=models.ForeignKey(School,verbose_name='学校',on_delete=models.DO_NOTHING)
    #学校字段
    course=models.ForeignKey(Course,verbose_name='课程',on_delete=models.DO_NOTHING)
    #课程字段
    name = models.CharField('姓名', max_length=64)                    #姓名字段
    phone = models.CharField('手机号', max_length=20)                 #手机号字段
    content = models.CharField('内容', max_length=500, blank=True, default=True)
    #内容字段
    create_time = models.DateTimeField('创建时间', auto_now_add=True)   #创建时间字段

    def __str__(self):
        return self.name                                             #返回姓名

    class Meta:
        managed = True   #值为 True 表示该模型允许迁移命令生成数据库表, 值为 False 表示不允许
        db_table = 'school_enroll'                                   #指定表名
        verbose_name = '报名咨询'                                     #Admin 模型中文名
        verbose_name_plural = '报名咨询管理'
```

其中, school、course 字段为外键字段, 分别关联 School 表和 Course 表的 id。

2. 视图实现

前端提交报名咨询内容后, 需要通过 HTTP 传输通道将数据传递给后端对应的视图, 通过视图类 EnrollView 调用报名咨询模型的 save() 方法将数据保存到数据库表中。

```python
class EnrollView(APIView):                       #报名咨询视图类
    def post(self, request):                     #重写 post 方法, 接收前端数据, 将数据保存到数据库表中
        enroll=EnrollSerializer(data=request.data)   #对从前端获取的数据进行序列化处理
        if enroll.is_valid():                    #数据验证有效
            enroll.save()                        #将数据保存到数据库表中
            return JsonResponse({'success': 1})  #响应返回状态 1 表示操作成功
        else:
            return JsonResponse({'success': 0})  #响应返回状态 0 表示操作失败
```

3. 数据序列化

在 school 应用的 serializer.py 文件中对报名咨询模型进行序列化处理。

```python
from rest_framework import serializers
from .models import Enroll                       #导入报名咨询模型 Enroll

class EnrollSerializer(serializers.ModelSerializer):   #定义报名咨询模型序列化类
    class Meta:
        model = Enroll                           #指定报名咨询模型
        fields = '__all__'                       #指定模型的所有字段
```

4. 路由配置

在根路由文件中设置指向 school 应用的路由。

```
path('school/', include('school.urls')),
```

在 school 应用子路由文件中设置如下调用报名咨询视图的子路由。

```
path('api/enroll/', EnrollView.as_view()),
```

5. Admin 注册模型

在 school 应用的 admin.py 文件中注册报名咨询模型,以在 Admin 后端显示并使用相关操作功能。

```
@admin.register(Enroll)                              #注册报名咨询模型
class EnrollAdmin(admin.ModelAdmin):                 #模型对应ModelAdmin类的定义
    list_display = ('name', 'phone', 'school', 'course', 'create_time')
    #在Admin中显示的字段
    search_fields = ('name', 'phone')                #可检索的字段
    list_filter = ('school', 'course')               #可设置过滤条件的字段
    def has_add_permission(self, request):           #数据来源于页面操作,后端禁用新增按钮
        return False

    def has_change_permission(self, request, obj=None): #数据来源于页面操作,后端禁用编辑按钮
        return False

    def has_delete_permission(self, request, obj=None): #数据来源于页面操作,后端禁用删除按钮
        return False
```

6. 后端内容实现

完成上述几步并对数据模型进行迁移后启动项目,在 Admin 后端管理工具中可以看到如图 13.15 所示的报名咨询管理界面。

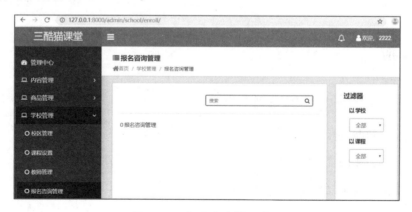

图 13.15　报名咨询管理界面

13.4 习题

1. 填空题

（1）"三酷猫"网上教育服务系统后端主要由（　　）、（　　）实现。

（2）后端框架可以直接利用的内容包括现有的（　　）、（　　）、（　　）等功能。

（3）（　　）为后端提供了可视化 HTML 内容（　　），具备多行编辑内容功能。

（4）"三酷猫"网上教育服务系统后端路由分（　　）和（　　）两部分。

（5）"三酷猫"网上教育服务系统后端应用模块开发具有统一开发思路，主要过程为建立（　　）、建立（　　）、（　　）模型、建立（　　）、建立（　　）、实现 Admin（　　）管理这 6 个步骤。

2. 判断题

（1）"三酷猫"网上教育服务系统采用前后端分离技术实现。（　　）

（2）商业级别的后端框架具备直接开发业务应用功能模块的条件。（　　）

（3）vali 是"三酷猫"网上教育服务系统新开发的 Admin 扩展功能，为后端提供了更加人性化的操作功能。（　　）

（4）前端通过 Axios 库的 URL 访问"三酷猫"网上教育服务系统后端路由地址，所以前端 URL 和后端路由地址必须一一对应才能进行分离式访问。（　　）

（5）由于后端各业务需求不一样，所以不能复制别的业务功能代码为新业务应用所用。（　　）

13.5 实验

实验一

仔细分析热点新闻模块，写出实现过程，以下为具体要求。

- 按照模块设计思路分析每个步骤实现了什么，要求写出代码并分析。
- 写出实现过程（可以是流程图，也可以是列表形式）。
- 执行"热点新闻模块"项目代码并为其增加两条内容。

- 以截图形式保存执行结果。
- 形成实验报告。

实验二

为"三酷猫"网上教育服务系统后端增加技术文章模块,以下为具体要求。

- 要求后端具备输入技术文章的功能。
- 为前端提供访问技术文章的路由。
- 要求前端只能读取该路由的数据(不能从前端写入数据,可以通过模型序列化进行约束)。
- 执行后端技术文章模块,以截图形式保存执行结果。
- 形成实验报告。

第 14 章 前端功能实现

在分离式前后端项目开发中,前端项目可以独立开发,仅需要根据后端提供的访问 API 接口(见 13.1.4 节)读取或提交 JSON 数据即可。本章内容涉及前端框架搭建、前端功能模块设计、前端功能模块实现等内容。

14.1 前端框架搭建

本节主要对"三酷猫"网上教育服务系统项目中前端框架的搭建进行整体介绍,这里我们不再从零开始搭建前端框架(从零开始搭建前端框架的内容见附录 A)。

14.1.1 创建项目

按照书中前言部分提供的源代码下载地址,下载"三酷猫"网上教育服务系统项目源代码,用 PyCharm 打开前端项目中的 website,如图 14.1 所示。

图 14.1 前端项目中的 website

该项目前端框架的核心部分是 src，其中的内容解释如下。

1. api 子目录：存放各个业务模块与后端数据交互时所需要的访问配置参数文件。

例如，api/school 子目录下的 index.js 文件代码如下，定义了"校区管理"的接口函数 getSchools，并通过该函数的 url 参数设置访问后端数据的 URL，可以通过将 method 参数设置为 get 实现 GET 方式访问。

```
import request from '@/utils/request'          //导入 request 函数（其封装了 Axios 访问请求）
/* 校区管理后台接口*/
export function getSchools(params) {
    return request({                           //通过 request 函数访问后端对应的视图数据，返回响应
        url:'/school/api/schools/',            //设置访问服务器后端业务视图的 URL 接口，这是数据交互的关键
        method: 'get' ,                        //采用 GET 方式访问，对应后端业务视图里的 get 方法
        params                                 //传递 url 参数，如 id=1
    })
}
```

初学者可以不追究 request 函数的封装内容，只需要知道它采用 Axios 库封装了访问后端数据的方法，因此 request 函数可以拿来即用。编程基础扎实的读者可以在 utils 子目录下找到 request.js 文件，该文件用于封装 Axios 访问后端的具体方法，详细功能说明可以参考 Axios 库官网文档。

注意：使用 Axios 库的前提条件是已经安装了该库（安装过程参见 12.5.1 节）。

2. assets 子目录：存放教学视频文件、饿了么 Element-ui 组件的样式文件。

3. components 子目录：存放主界面页头（mainHeader.vue）、页尾（mainBottom.vue）的显示单页组件。

4. router 子目录：存放路由配置信息文件 index.js，为主界面内容跳转提供路由服务。

5. store 子目录：存放 Vuex 库状态管理相关配置文件 index.js。

6. utils 子目录：存放 Axios 库访问后端功能的封装文件 request.js。

7. views 子目录：存放展示各业务功能模块数据的视图组件，其结构如图 14.2 所示。

图 14.2　views 子目录结构

- home 子目录：存放展示前端主界面中各业务模块数据的视图组件 index.vue（主要业务数据组件）、article.vue（热点新闻明细组件）、articleList.vue（热点新闻列表组件）。
- school 子目录：存放业务功能组件，包括 courseDetail.vue（课程明细组件）、courseList.vue（课程列表组件）、teacherDetail.vue（教师明细组件）、teacherList.vue（教师列表组件）、schoolList.vue（校区列表组件）。

- shop 子目录：存放业务功能组件，包括 bookDetail.vue（图书明细组件）、bookList.vue（图书列表组件）、videoList.vue（视频列表组件）、videoDetail.vue（视频明细组件）。
- layout 子目录：存放 index.vue（页面布局集成组件）。

除了上述 7 个子目录，src 中还有其他内容，例如，App.vue 是项目的主组件，是项目中所有网页的入口文件，负责定义的构建及页面组件的归集。

```
<template>
  <div id="app">
    <router-view/>           //将路由配置信息文件 index.js 中的相关内容渲染到<router-view/>处
  </div>
</template>
```

main.js 则主要用于实例化 Vue.js，加载一些公共组件，设置全局参数等。前端项目的 public 子目录下存放了集成网站首页的 index.html 文件。

14.1.2　配置文件

在前端项目的根目录下存在基本配置文件 vue.config.js，将该文件在 PyCharm 中打开后，需要关注如下参数设置内容。

1. 设置前端项目启动端口号，命令如下。

```
const port = 8010              //若发生端口号冲突，可以在此调整端口号
```

2. 设置部署环境下安装应用包时的路径参数。

```
module.exports = {
    publicPath: './',    //部署应用包时的基本 URL，在值为''或./时，所有的资源都会被链接为相对路径
    outputDir: 'dist',   //输出文件目录，运行 vue-cli-service build 时生成的生产环境构建文件的目录
    assetsDir: 'static', //存放静态资源文件的目录
…
}
```

14.1.3　路由文件

前端项目的路由文件 index.js 用于将准备好的路由组件注册到路由中，以实现 URL 与页面的一一对应关系。

```
import Vue from 'vue'                         //导入 Vue 对象
import Router from 'vue-router'               //导入路由库
import Layout from '@/views/layout'           //导入 src/views/layout/下的 Layout 组件
Vue.use(Router)                               //启动路由
```

```js
export const constantRoutes = [
  {
    path: '/',                           //设置 URL 路由路径
    component: Layout,                   //将 Layout 指向的组件返回给 component
    children: [                          //嵌套路由，又称子路由
      {
        path: '',                        //设置 URL 路由路径
        title: '首页',                    //在主界面上显示模块标题
        icon: '',                        //设置小图标地址和名称，在主界面上显示小图标
        name: 'home',                    //URL 对应的名字
        component: () => import('@/views/home'),  //将 src/view/home 下的组件返回 component
        hidden: false,
        meta: {
          // active: 'login',
        }
      },
      {
        path: 'hotNewList',
        title: '新闻列表',
        icon: '',
        name: 'hotNewList',
        component: () => import('@/views/home/hotNewList'),
        hidden: false,
        meta: {
        }
      },
      {
        path: 'hotNewDetail',
        title: '新闻详情',
        icon: '',
        name: 'hotNewDetail',
        component: () => import('@/views/home/hotNewDetail'),
        hidden: true,
        meta: {
        }
      },
      {
        path: 'courseList',
        title: '课程列表',
        icon: '',
        name: 'courseList',
        component: () => import('@/views/school/courseList'),
        hidden: false,
        meta: {
        }
      },
      {
        path: 'courseDetail',
```

```js
      title: '课程详情',
      icon: '',
      name: 'courseDetail',
      component: () => import('@/views/school/courseDetail'),
      hidden: true,
      meta: {
      }
    },
    {
      path: 'teacherList',
      title: '教师列表',
      icon: '',
      name: 'teacherList',
      component: () => import('@/views/school/teacherList'),
      hidden: false,
      meta: {
      }
    },
    {
      path: 'teacherDetail',
      title: '教师详情',
      icon: '',
      name: 'teacherDetail',
      component: () => import('@/views/school/teacherDetail'),
      hidden: true,
      meta: {
      }
    },
    {
      path: 'bookList',
      title: '图书列表',
      icon: '',
      name: 'bookList',
      component: () => import('@/views/shop/bookList'),
      hidden: false,
      meta: {
      }
    },
    {
      path: 'bookDetail',
      title: '图书详情',
      icon: '',
      name: 'bookDetail',
      component: () => import('@/views/shop/bookDetail'),
      hidden: true,
      meta: {
      }
    },
```

```
    ]
  },
  ]
export default new Router({
  // mode: 'history',
  routes: constantRoutes
})
```

14.2 前端功能模块设计

在搭建好前端框架的基础上，我们可以遵循前端功能模块设计思路一步步实现相关业务，构建完整的前端功能模块架构体系。

14.2.1 模块设计思路

这里以在前端展示 school 后端业务数据为例，说明前端功能模块的设计思路，如图 14.3 所示。

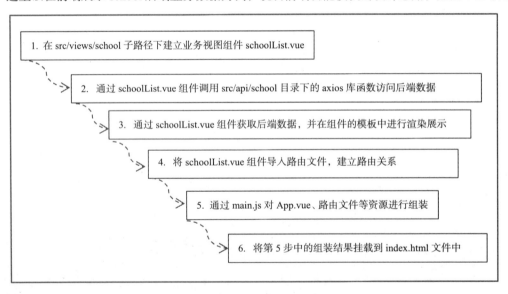

图 14.3　前端功能模块的设计思路

1. 在前端项目的 src/views/school 子路径下建立业务视图组件，例如"校区栏目"中展示校区信息的 schoolList.vue 组件。

2. 通过业务组件（如 schoolList.vue）调用 src/api/school 目录下的 axios 库函数访问后端数据。

3. 通过业务组件（如 schoolList.vue）获取后端数据，并在组件的模板中对数据进行渲染展示。

4. 在前端项目的 src/router 目录下建立路由文件 index.js，将业务组件（如 schoolList.vue）导入路由文件，建立路由关系。

5. 通过项目的入口文件 main.js 对 App.vue、路由文件（index.js）等资源进行组装。

6. 将第 5 步中的组装结果挂载到 index.html 文件中，最后通过该文件在浏览器中展示网站首页。index.html 文件位于前端 public 子目录下。

14.2.2　首页框架设计

为了统一显示风格，设计前端首页框架时采用了典型的三段式布局：导航栏、页面内容、底栏，如图 14.4 所示。

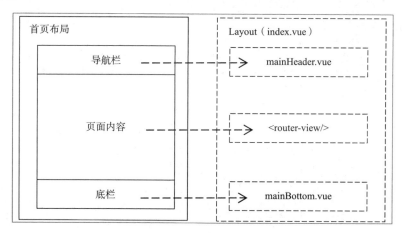

图 14.4　三段式布局

1. 导航栏

在前端 src/components 子目录下定义导航栏代码文件 mainHeader.vue，其主要功能是为网页上的内容提供下拉菜单以选择不同栏目，同时提供网站名称、后端登录入口。在 PyCharm 中打开该文件，其主要内容如下。

（1）模板部分

导航栏模板部分的代码实现如下，其中的主要部分是 Element_ui 的 el-menu 菜单组件，其功能是为下拉菜单提供外观界面和元素相关属性。el-menu 菜单组件的 route 属性指向了路由文件中的配置项，具体绑定了路由文件提供的 path 参数。[1]

```
<template>
    <div class="mainHeader">
        <el-row type="flex" justify="center">
            <!-- <div style="flex:1"/> -->
            <div style="width:1080px;display:flex;justify-content:space-around">
                <div class="title">
                    <!-- 网站首页的名称 -->
                    <span>三酷猫教育</span>
                </div>
                <el-menu :default-active="$route.path"
                    mode="horizontal"
                    background-color="#fff"
                    router
                    style="padding-left:40px"
                    >
                    <!-- 校区的两组下拉菜单 -->
                    <el-menu-item index="/" :route="{path: '/'}">首页</el-menu-item>
                    <el-submenu index="">
                        <template slot="title">{{ activeSchoolName }}</template>
                        <el-menu-item v-for="school in schoolList" :key="school.id" @click="handleChangeSchool(school)">{{ school.name}}</el-menu-item>
                        <router-link to="/schoolList"><el-menu-item>
                            更多...</el-menu-item></router-link>
                    </el-submenu>
                    <el-menu-item index="/teacherList" :route="{path: '/teacherList'}">
                        名师风采</el-menu-item>
                    <el-menu-item index="/courseList" :route="{path: '/courseList'}">
                        课程设置</el-menu-item>
                    <!-- route 属性指向路由文件中的配置项 -->
                    <el-menu-item index="/bookList" :route="{path: '/bookList'}">
                        精品图书</el-menu-item>
                    <el-submenu index="articleList">
                        <template slot="title">更多内容</template>
                        <el-menu-item index="articleList" :
<!-- 通过路由设置为访问后端 URL 提供 type 参数 -->
route="{path: '/articleList', query: {type: 'news'}}">新闻</el-menu-item>
                        <el-menu-item index="articleList" :
route="{path: '/articleList', query: {type: 'active'}}">活动</el-menu-item>
                        <!-- <el-menu-item index="articleList" :route="{path: '/articleList', query: {type: 'tech'}}">技术文章</el-menu-item> -->
                    </el-submenu>
                </el-menu>
                <div style="">
```

---

[1] 菜单组件 el-menu 的使用方法参见链接 14。

```html
                <div><a style="color:#17BA7A" href="/dashboard/">登录</a></div>
            </div>
        </div>
    </el-row>
</div>
</template>
```

（2）应用脚本部分

应用脚本用来为上面的模板提供渲染的变量对象，其代码如下。

```
<script>
import {getSchools} from '@/api/school'
//从 src/api/school 的 index.js 文件导入 getSchools 函数
import { mapGetters } from 'vuex'
//在组件中引入 mapGetters，将 vuex 中的数据映射到组件的计算属性中
export default {
  name: 'mainHeader',
  data() {
    return {
        activeMenu: 'home',       //默认校区
        schoolList: [],           //存放从后端获取的校区信息
        activeSchoolName: ''      //存放在首页显示的、当前校区的名称
    }
  },
  //过滤器
  filter: {},
  //计算属性
  computed: {
    ...mapGetters([
        'activeSchoolId',         //激活的校区组件 id
    ]),
  },
  //模板编译挂载之后
  created() {
    getSchools().then(res=>{
        this.schoolList = res.results;    //将后端获取的数据赋值给 schoolList 属性
        this.loadSchoolById(this.activeSchoolId)
    })
  },
  mounted() {

  },
  //事件方法
  methods: {
    //切换当前学校
    handleChangeSchool(val) {
        this.$store.dispatch('changeSchool', val.id).then(()=>{
```

```
                this.loadSchoolById(val.id)
                this.$router.replace('/')
            })
        },
        loadSchoolById(schoolId) {
            for (var idx in this.schoolList) {
                if (this.schoolList[idx].id == schoolId) {
                    this.activeSchoolName = this.schoolList[idx].name  #指定选择的校区名称
                    return;
                }
            }
        }
    }
}
</script>
```

导航栏的实现效果如图 14.5 所示,单击一级下拉菜单可以显示二级菜单,通过单击相应的选项可以在页面中间位置显示对应栏目的内容。

图 14.5 导航栏的实现效果

2. 页面内容

页面内容功能的实现,包括路由设置、模板实现、应用脚本实现等。

(1) 路由设置

前端 src/router 目录下的路由文件 index.js 中存在 home 路由,调用 home 下的 index.vue 组件,代码如下:

```
children: [
    {
        path: '',
        name: 'home',
        component: () => import('@/views/home'),
        meta: {
            title: '首页',
```

```
        }
    },
```

经过以上设置，即可在 index.vue 文件中提供展示页面内容的功能，其中模板和应用脚本部分的实现代码分别如下。

（2）模板实现

模板的功能包括校区信息显示、推荐课程信息显示、教师信息显示、图书信息显示、视频信息显示等，具体实现代码如下。

```
<template>
    <div>
        <el-row type="flex" justify="center" class="grid-row school">
            <el-col class="grid-block">
                <div style="padding:0 20px">
                    <img :src="school.cover" width="300px" height="320px" />
                </div>
                <!-- 校区信息部分 -->
                <div style="flex:1">
                    <div style="color:#eee;font-size:18px;line-height:32px;padding:10px">学校名称：{{school.name}}</div>
                    <div style="color:#eee;font-size:18px;line-height:32px;padding:10px;"><div class="intro" v-html="school.intro"/> </div>
                    <div style="color:#eee;font-size:14px;line-height:24px;padding:10px">学校地址：{{school.address}}</div>
                    <div style="color:#eee;font-size:14px;line-height:24px;padding:10px">联系人：{{school.linkman}}</div>
                    <div style="color:#eee;font-size:14px;line-height:24px;padding:10px">联系电话：{{school.phone}}</div>
                </div>
            </el-col>
        </el-row>
        <el-row type="flex" justify="center" class="grid-row even">

            <el-col class="grid-block">
                <!-- 推荐课程部分 -->
                <el-divider>推荐课程</el-divider>
                <div v-for="course in courseList" :key="course.id" class="grid-content grid-book" @click="log('首页', '课程模块', '点击:' + course.name)">
                    <div style="line-height:160px">
                        <router-link :to="{path: '/courseDetail', query: {courseId: course.id}}">
                            <img :src="getCoverUrl(course.cover)" :alt="course.name" width="100px"/>
                        </router-link>
                    </div>
```

```html
                        <div>
                            <div style="font-size:12px">《{{course.name}}》</div>
                                <div class="course-intro" v-html="course.intro"></div>
                        </div>
                    </div>
                    <div class="grid-content grid-book" style="font-size:20px;
line-height:160px;
text-align:center;color:#666" @click="log('首页', '课程模块', '点击:更多')">
                        <router-link to="/CourseList">更多</router-link>
                    </div>
                </el-col>
            </el-row>
            <el-row type="flex" justify="center" class="grid-row even">

                <el-col class="grid-block">
                    <!-- 教师部分 -->
                    <el-divider>名师风采</el-divider>
                    <div v-for="teacher in teacherList" :key="teacher.id" class="grid-content
grid-book" @click="log('首页', '教师模块', '点击:' + teacher.name)">
                        <div style="line-height:160px">
                            <router-link :to="{path: '/teacherDetail', query: {teacherId:
teacher.id}}">
                                <img :src="teacher.photo" :alt="teacher.name" height="160px" />
                            </router-link>
                        </div>
                        <div>
                            <div style="font-size:12px">{{teacher.name}}</div>
                        </div>
                    </div>
                    <div class="grid-content grid-book" style="font-size:20px;
line-height:160px;
text-align:center;color:#666" @click="log('首页', '教师模块', '点击:更多')">
                        <router-link to="/teacherList">更多</router-link>
                    </div>
                </el-col>
            </el-row>
            <el-row type="flex" justify="center" class="grid-row odd" >

                <el-col class="grid-block">
                    <el-divider class="odd">精品图书</el-divider>
                    <div v-for="book in bookList" :key="book.id" class="grid-content grid-book"
@click="log('首页', '图书模块', '点击:' + book.name)">
                        <div style="line-height:160px">
                            <!-- 图书模块信息 -->
                            <router-link :to="{path: '/bookDetail', query: {bookId: book.id}}">
                                <img :src="getCoverUrl(book.cover)" :alt="book.name" width="100px" />
                            </router-link>
```

```html
                </div>
                <div>
                    <div style="font-size:12px">《{{book.name}}》</div>
                    <div style="font-size:12px">{{book.author?book.author:'无名'}} 著</div>
                    <div style="font-size:12px">{{book.sub_title}} </div>
                </div>
            </div>

            <div class="grid-content grid-book" style="font-size:14px;line-height:160px;text-align:center;color:#666" @click="log('首页', '图书模块', '点击:更多')">
                <router-link to="/bookList">更多</router-link>
            </div>
        </el-col>
    </el-row>
    <el-row type="flex" justify="center" class="grid-row even">

        <el-col class="grid-block">
            <el-divider>线上视频</el-divider>
            <div v-for="video in videoList" :key="video.id" class="grid-content grid-book" @click="log('首页', '视频模块', '点击:' + video.name)">
                <div style="line-height:160px">
                    <!-- 视频详情 -->
                    <router-link :to="{path: '/videoDetail', query: {id: video.id}}">
<img :src="getCoverUrl(video.cover)" :alt="video.name" width="100px" />
                    </router-link>
                </div>
                <div>
                    <div style="font-size:12px">{{video.name}}</div>
                </div>
            </div>

            <div class="grid-content grid-book" style="font-size:20px;line-height:160px;text-align:center;color:#666" @click="log('首页', '视频模块', '点击:更多')">
                <router-link to="/videoList">更多</router-link>
            </div>
        </el-col>
    </el-row>

    </div>
</template>
```

（3）应用脚本实现

应用脚本部分的功能主要是获取校区、图书、课程、教师、视频数据，实现代码如下。

```js
<script>
import {log} from '@/api/home'                    #导入操作日志记录函数 log
import { getBooks, getVideos } from '@/api/shop'  #导入图书数据获取函数 getBooks 和
                                                   #视频数据获取函数 getVideos
import {getSchools,getCourses,getTeachers} from '@/api/school'
#导入校区、课程、教师数据获取函数
import { mapGetters } from 'vuex'                 #导入 vuex 库的状态管理函数 mapGetters
export default {
    data() {
        return {
            schoolId: null,            #校区 id 记录属性
            school: {},                #校区信息列表属性
            bookList: [],              #图书信息列表属性
            courseList: [],            #课程信息列表属性
            teacherList: [],           #教师信息列表属性
            videoList: [],             #视频信息列表属性
        }
    },
    created() {                        #页面内容生成时，同步调用数据渲染
        this.getSchools()
        this.getBookList()
        this.getCourseList()
        this.getTeacherList()
        this.getVideoList()
    },
    computed: {
        ...mapGetters([
            'activeSchoolId'
        ])
    },
    watch: {
        activeSchoolId(v) {
            //切换学校以后，切换对应的课程和教师
            this.getSchools()
            this.getCourseList()
            this.getTeacherList()
        }
    },
    methods: {
        getSchools() {
            getSchools({page: 1, size: 1, id: this.activeSchoolId}).then(res=>{
                this.school = res.results[0]
            })
        },
```

```
        getBookList() {
            /**
             * 当前页面最多展示 5 条数据,最后一条是"更多",用于跳转至图书列表页面
             */
            getBooks({page: 1, size: 5}).then(res=>{
                this.bookList = res.results
            })
        },
        getCourseList() {
            /**
             * 当前页面最多展示 5 条数据,最后一条是"更多",用于跳转至教师列表页面
             */
            getCourses({page: 1, size: 5, school: this.activeSchoolId}).then(res=>{
                this.courseList = res.results
            })
        },
        getTeacherList() {
            /**
             * 当前页面最多展示 5 条数据,最后一条是"更多",用于跳转至视频列表页面
             */
            getTeachers({page: 1, size: 5, school: this.activeSchoolId}).then(res=>{
                this.teacherList = res.results
            })
        },
        getVideoList() {
            /**
             * 当前页面最多展示 5 条数据,最后一条是"更多",用于跳转至课程列表页面
             */
            getVideos({page: 1, size: 5}).then(res=>{
                this.videoList = res.results
            })
        },
        getCoverUrl(url) {
            return process.env.VUE_APP_BASE_API + url
        },
        log(group, sub_group, content) {
            log({
                group: group,
                sub_group: sub_group,
                content: content
            })
        }
    }
}
</script>
```

页面内容的实现效果如图 14.6 所示。

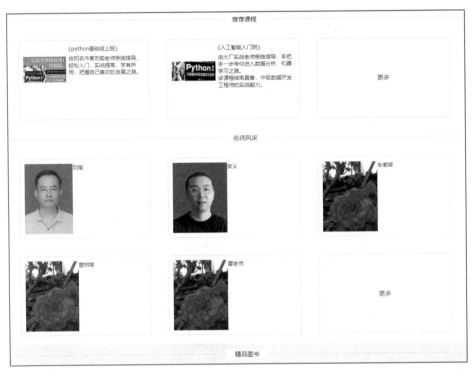

图 14.6　页面内容的实现效果

3. 底栏

底栏统一提供了网页底部相关信息，包括友情链接、服务协议、合作沟通、关于我们、首页二维码、联系方式、ICP备案信息等，其模板和应用脚本部分的实现代码分别如下。

（1）模板部分

底栏模板的功能主要是展示友情链接、网站所有单位联系方式等基本信息，实现如下。

```
<template>
  <div class="mainBottom">
    <div style="width:1080px">
      <el-row>
        <el-col :span="6">
          <!-- 通过绑定 friendLink 列表，循环获取友情链接信息 -->
          <div style="margin-top: 10px">友情链接</div>
          <div v-for="item in friendLinks" :key="item.id" style="margin-top: 10px">
            <a :href="item.url" style="color:#fff" target="_blank">{{ item.title }}</a></div>
```

```
                </el-col>
                <el-col :span="6">
                    <div style="margin-top: 10px">服务协议</div>
                    <div style="margin-top: 10px">合作沟通</div>
                    <div style="margin-top: 10px">关于我们</div>
                </el-col>
                <el-col :span="6">
                    <div style="margin-top: 10px">首页</div>
                    <div style="background-color:#ccc;width:130px;height:130px;
margin-top:10px">
                        <img src="static/ThreeCoolCat.png" width="130px" height="130px"/>
                    </div>
                </el-col>
                <el-col :span="6">
                    <div style="margin-top: 10px">咨询热线</div>
                    <div style="margin-top: 10px">
                        1xxx-xxxx-xxxx
                    </div>
                    <div style="margin-top: 10px">联系邮箱</div>
                    <div style="margin-top: 10px">
                        xxxxx@xxxx.xxx
                    </div>
                    <div style="margin-top: 10px">公司地址</div>
                    <div style="margin-top: 10px">
                        北京市XX区XX路XX号
                    </div>
                </el-col>
            </el-row>
            <el-row type="flex" justify="center">
                <div style="margin-top:20px">ICP备案信息</div>
            </el-row>
        </div>
    </div>
</template>
```

（2）应用脚本部分

应用脚本为模板提供渲染变量对象，使底栏实现对 friendLinks 列表的绑定和渲染，代码如下。

```
<script>
import {friendLinks} from '@/api/home'
export default {
    data() {
        return {
            friendLinks: []                    //友情链接列表属性
        }
    },
    mounted() {
        this.getFriendLinks()
```

```
    },
    methods: {
        getFriendLinks() {                              //定义友情链接方法
            friendLinks().then(res=>{                   //从后端得到友情链接数据
                this.friendLinks = res.results;         //将获取的数据赋值给friendLinks列表
            })
        }
    }
}
</script>
```

底栏的实现效果如图 14.7 所示。

图 14.7　底栏的实现效果

4．页面布局集成

前面的导航栏、页面内容、底栏三部分需要通过页面布局集成为一个完整的网站首页。前端页面布局集成由 views/layout/ 目录下的 index.vue 组件完成，其模板和应用脚本部分代码如下。

（1）模板部分

页面布局集成的模板功能实现如下。

```
<template>
<el-container style="position:relative">
 <!-- 1. 导航栏组件 -->
 <el-header height="62px">
   <main-header/>
 </el-header>
 <el-main>
   <el-row type="flex" justify="center" v-if="$route.path != '/'">
     <el-col style="width:1080px">
       <!-- 2. 面包屑组件，展示当前页面位置 -->
       <el-breadcrumb separator="/" style="padding: 10px;">
           <el-breadcrumb-item :to="{ path: '/' }">首页</el-breadcrumb-item>
           <el-breadcrumb-item >{{ $route.meta.title }}</el-breadcrumb-item>
       </el-breadcrumb>
     </el-col>
```

```html
    </el-row>
    <router-view></router-view>
    <!-- 3. 网页底部组件 -->
    <main-bottom/>
   </el-main>
 </el-container>
</template>
<script>
```

（2）应用脚本部分

页面布局集成的应用脚本功能实现如下。

```javascript
import mainHeader from '@/components/mainHeader'
//导入导航栏组件,mainHeader 等价于 main-header
import mainBottom from '@/components/mainBottom'
//导入底栏组件,mainBottom 等价于 main-bottom

export default {
  name: 'Layout',
  components: {mainHeader,mainBottom},      //注册子组件,供模板映射渲染使用
  props: { },
  data () {
    return {

    }
  },
   filter: {},   //过滤器
//计算属性
watch: {       //监听属性
       },
  created () { //组件创建属性绑定,DOM 未生成
 },
 mounted () {   //模板编译挂载之后
 },
 beforeUpdate () {}, //组件更新前
 updated () {        //组件更新后
 },
 beforeDestroy () {}, //组件销毁前
 destroyed () {},     //组件销毁后
 methods: {           //事件方法
  }
}
</script>
```

14.3 前端功能模块实现

前端项目的功能模块包括校区栏目、热点新闻栏目、教师栏目、课程栏目、商品栏目（图书、视频）、前端访问记录、报名咨询栏目，本节我们将分别介绍这些模块的实现过程。

14.3.1 校区栏目

校区栏目主要用于在首页为访问者提供校区信息选择功能，方便使用者了解不同校区的基本信息，这些基本信息获取自对后端指定路由下的视图的访问。校区前端访问后端的路由地址为 /schools/api/schools/，这里的路由设计思路详见 13.1.4 节，后端视图实现见 13.2.4 节。

校区栏目的实现内容包括建立校区栏目组件、提供后端访问函数、为前端组件切换提供路由设置、模块集成实现等。

1. 建立校区栏目组件（schoolList.vue）

在前端项目 views 子目录下的 school 子目录下建立 schoolList.vue 组件可用于展示校区信息。该文件中包含了基本的三段式内容：为模板提供信息的应用脚本<script>、展示校区栏目信息的模板<template>、为模板提供外观样式的<style>。

应用脚本部分的功能是指定校区数据的获取，并为模板提供渲染变量。

```
<script>
import {getSchools} from '@/api/school'
//从 src/api/school 目录中导入 getSchools 函数，用于获取后端数据
export default {
    data() {
        return {
            schoolList: [],          //把获取的后端数据装入该列表，方便模板渲染使用
            currentPage: 1,          //记录当前页面号，默认为第 1 页
            total: 0,                //统计数据记录总条数
            pageSize: 5              //一个栏目页面显示 5 条记录
        }
    },
    created() {
        this.getSchools()            //在页面生成时自动加载该方法，用于在栏目中显示数据
    },
    methods: {
        getSchools() {                           //定义 getSchools()方法
            getSchools({page: this.currentPage, size: this.pageSize}).then(res=>{
                this.schoolList = res.results//将 getSchools 函数获取的记录保存到 schoolList 中
                this.total = res.count       //统计记录的总数并将该数值保存到 total 中
```

```
        })
    },
    handleSizeChange(v) {              //为点击切换页数提供改变事件的方法
        this.pageSize = v;
        this.currentPage = 1;
        this.getSchools()
    },
    handleCurrentChange(v) {           //为点击切换当前页提供改变事件的方法
        this.currentPage = v;
        this.getSchools()
    }
  }
}
```

这里必须熟悉模板中饿了么表格组件的点击事件的使用。

模板主要用于将应用脚本的变量渲染成可以展示的组件界面,代码如下。

```
<template>
  <div>
    <el-row v-for="school in schoolList" :key="school.id"
        type="flex" class="grid-row school" justify="center">
      <el-col class="grid-block">
        <div style="padding:0 20px">
          <img :src="school.cover" width="300px" height="320px" />
        </div>
        <div style="flex:1">
          <div style="color:#333;font-size:20px;line-height:32px;padding:10px">
            学校名称: {{school.name}}</div>
          <div style="color:#333;font-size:20px;
              line-height:32px;padding:10px;">
            <div class="intro" v-html="school.intro"/> </div>
          <div style="color:#333;font-size:16px;line-height:24px;padding:10px">
            学校地址: {{school.address}}</div>
          <div style="color:#333;font-size:16px;line-height:24px;padding:10px">
            联系人: {{school.linkman}}</div>
          <div style="color:#333;font-size:16px;line-height:24px;padding:10px">
            联系电话: {{school.phone}}</div>
        </div>
      </el-col>
    </el-row>
    <el-row type="flex" class="grid-row" justify="center">

        <el-pagination
        @size-change="handleSizeChange"
        @current-change="handleCurrentChange"
        :current-page="currentPage"
        :page-sizes="[5, 10, 20, 50]"
        :page-size="pageSize"
```

```
                layout="total, sizes, prev, pager, next, jumper"
                :total="total">
            </el-pagination>
        </el-row>
    </div>
</template>
```

模板代码下面的<style>代码用于为模板提供固定格式的外观界面风格,其代码功能非常简单,这里不再单独介绍。

2. 提供后端访问函数

在前端 src/api/school 子目录下,index.js 从后端获取校区栏目数据,同时提供访问函数 getSchools(params),代码实现如下。

```
import request from '@/utils/request'        //导入 request 函数
/**
 * 校区栏目后台接口
 */
export function getSchools(params) {
    return request({                          //用 request 函数获取后端数据,返回获取的数据
        url: '/school/api/schools/',          //访问后端 URL 地址,要与后端路由严格对应
        method: 'get',                        //采用 GET 请求访问后端数据
        params                                //传递 url 访问参数,如 id=1
    })
}
```

3. 为前端组件切换提供路由设置

在前端 src/router 子目录下面,index.js 提供了路由设置内容,具体如下。

```
import Vue from 'vue'
import Router from 'vue-router'
import Layout from '@/views/layout'
Vue.use(Router)

export const constantRoutes = [
  {
    path: '/',
    component: Layout,                                //提供网页头部、尾部统一界面组件
    children: [                                       //提供在首页展示的栏目内容
      {
        path: '',
        title: '首页',
        icon: '',
        name: 'home',
        component: () => import('@/views/home'),      //导入 index.vue 组件
```

```
    },
    {
      path: 'schoolList',                              //主界面跳转路由子路径
      title: '校区栏目信息',
      icon: '',
      name: 'schoolList',
      component: () => import('@/views/school/schoolList'),
      //读入schoolList.vue组件并赋值,以映射到模板中的<router-view>标签
      hidden: false,
    },
    ...
    ]
  },
]
export default new Router({
  // mode: 'history',
  routes: constantRoutes
})
```

4. 模块集成

根组件集成 App.vue 组件,以及与路由相关的组件,代码如下。

```
<template>
  <div id="app">
    <router-view/>              //路由映射到对应组件
  </div>
</template>

<script>
export default {
  name: 'App'                   //App 实例对象
}
</script>
```

其中,App 实例对象由 main.js 提供,<router-view/>由 main.js 加载的路由对象提供,main.js 中的代码如下。

```
import Vue from 'vue'                        //导入vue库(可以在node_modules子目录中找到)
import store from './store'                  //导入store库
import App from './App'                      //导入App.vue组件
import axios from 'axios'                    //导入axios库(可以在node_modules子目录中找到)
import Element from 'element-ui'             //导入element-ui库(可以在node_modules子目录中找到)
import 'element-ui/lib/theme-chalk/index.css'  //导入与element-ui库相关的CSS文件
import '@/assets/style/css/element_ui.less'    //导入与element-ui库相关的CSS文件
```

```
Vue.use(Element, {                      //启动 Element 组件
  size: 'small',
})
Vue.prototype.$http = axios             //设置 HTTP 代理为 axios
Vue.config.productionTip = false
import router from './router'           //导入路由对象
/* eslint-disable no-new */

new Vue({
  el: '#app',
  router,                               //通过 Vue 实例,共享可调用的 router 对象
  store,                                //通过 Vue 实例,共享可调用的 store 对象
  render: h => h(App)                   //渲染 App 组件
})
```

将 main.js 组装的结果通过 App 实例挂载到 public 子目录下的 index.html 前端启动文件中。

5. 实现效果

执行项目后,校区栏目的实现效果如图 14.8 所示,可以通过下拉菜单切换不同校区,并以列表的形式显示校区信息。

图 14.8 校区栏目的实现效果

14.3.2 热点新闻栏目

培训机构根据培训活动需要，会通过热点新闻栏目为访问者提供培训活动热点信息。具体信息如开课信息、学生毕业信息、名师讲座信息、课题研究成果信息等。该栏目通过导航栏中"更多内容"的二级子菜单"新闻"项，提供列表式的新闻信息浏览功能。下面我们将介绍该栏目的实现过程。

1. 建立热点新闻栏目组件（articleList.vue）

在前端 src/views/home 目录下的 articleList.vue 组件提供的首页下拉菜单中，依次选取"更多内容""新闻"选项，显示列表内容，该组件的实现主要包括模板、应用脚本部分的实现。

应用脚本部分代码主要实现热点新闻数据的获取，并为模板提供渲染变量。

```
<script>
import { getArticles } from '@/api/home'        //导入获取新闻内容的 getArticles 函数
export default {
    data() {
        return {
            activeMenu: this.$route.query.type,  //单击菜单的路由名
            articleList: [],                      //新闻标题信息列表
            currentPage: 1,                       //当前页
            pageSize: 5,                          //每页显示5条记录
            total: 0                              //记录获取的新闻标题总数
        }
    },
    created() {
        this.getArticles()
    },
    watch: {                                      //监听函数，监听到下拉菜单路由数据变化，执行函数体内容
        '$route.query.type' (v) {
            this.activeMenu = v;  //v为切换部分的路由参数，可以是 news、active、tech 三者之一
            this.getArticles()                    //获取对应的后端文章标题数据
        }
    },
    methods: {
        getArticles() {                           //定义获取新闻数据的方法 getArticles()
            console.log(this.activeMenu)
            getArticles(this.activeMenu, {page: this.currentPage, size: this.pageSize}).then(res=>{
                this.articleList = res.results;   //获取对应文章标题
                this.total = res.count;           //统计获取记录的总数
            })
        },
        handleClick(type) {                       //定义单击下拉菜单事件对应的方法
```

```
            //使用代码方式切换路由
            this.activeMenu = type
            this.$router.push({path: 'articleList', query: {type}})
        },
        handleSizeChange(v) {         //定义设置列表一页显示数量的鼠标单击事件的方法
            this.pageSize = v;        //v为页面最大显示记录条数
            this.currentPage = 1;
            this.getArticles()
        },
        handleCurrentChange(v) {      //定义切换当前列表页的鼠标单击事件的方法
            this.currentPage = v;     //v为切换数字
            this.getArticles()
        }
    }
}
</script>
```

模板部分主要用于将应用脚本的变量渲染成可以展示的组件界面。这里实现详细新闻内容，其代码如下：

```
<template>
    <div>
        <el-row type="flex" justify="center" style="min-height: 500px">
            <el-col style="width:1080px">
                <el-row>
                    <el-col :span="6">
                        <el-menu :default-active="activeMenu" style="min-height:500px">
                            <!-- 为页面左侧的菜单项绑定单击事件 -->
                            <el-menu-item index="news" @click="handleClick('news')">
新闻</el-menu-item>
                            <el-menu-item index="active" @click="handleClick('active')">
活动</el-menu-item>
                            <!-- <el-menu-item index="tech" @click="handleClick('tech')">
技术文章</el-menu-item> -->
                        </el-menu>
                    </el-col>
                    <el-col :span="18">
                        <div v-if="articleList.length > 0">
                            <!-- 新闻列表，可单击标题进入新闻详情 -->
                            <div v-for="article in articleList" :key="article.id"
style="padding:10px">
                                <router-link :to="{path: '/article', query: {id: article.id,
type: activeMenu}}">{{article.title}}</router-link>
                            </div>
                        </div>
                        <div v-else style="padding:10px">
                            暂无
                        </div>
```

```html
                </el-col>
            </el-row>
            </el-col>
        </el-row>
        <el-row type="flex" class="grid-row" justify="center">

            <el-pagination
            @size-change="handleSizeChange"        //绑定列表一页显示数量的鼠标单击事件的方法
            @current-change="handleCurrentChange"  //绑定切换当前列表页的鼠标单击事件的方法
            :current-page="currentPage"
            :page-sizes="[5, 10, 20, 50]"
            :page-size="pageSize"
            layout="total, sizes, prev, pager, next, jumper"
            :total="total">
            </el-pagination>

        </el-row>
    </div>
</template>
```

2. 提供后端访问函数

应用程序 import { getArticles } from '@/api/home' 中的 getArticles 函数通过 src/api/home 下的 index.js 定义，用于访问后端，获取对应的数据。

3. 为前端组件切换提供路由设置

在 src/router 目录下的 index.js 文件中定义与新闻栏目相关的路由。

```
{
    path: 'articleList',                           //新闻标题列表跳转路由
    name: 'articleList',
    component: () => import('@/views/home/articleList'),
    meta: {
        title: '文章列表',
    }
},
{
    path: 'article',                               //新闻标题对应的详细内容跳转路由
    name: 'article',
    component: () => import('@/views/home/article'),
    meta: {
        title: '文章详情',
    }
},
```

4. 模块集成

参见 14.3.1 节中的介绍，这里不再赘述。

5. 实现效果

执行项目后，热点新闻栏目的实现效果如图 14.9 所示，可以通过菜单切换不同文章，并以列表的形式显示文章信息。

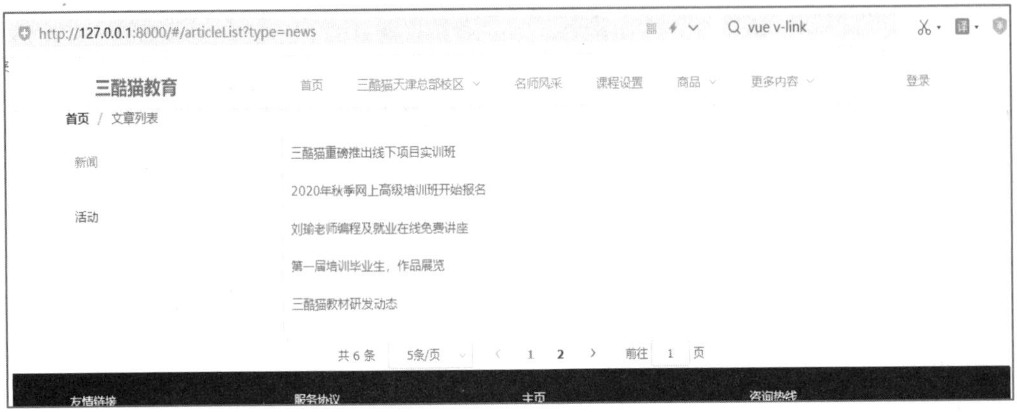

图 14.9　热点新闻栏目的实现效果

14.3.3　教师栏目

通过导航栏中的"名师风采"菜单项，可以以列表形式显示教师栏目信息。该栏目的实现过程如下。

1. 建立教师栏目组件（teacherList.vue）

在 teacherList.vue 文件里，通过应用脚本代码实现教师数据的获取，并为模板提供渲染变量，其代码如下。

```
<script>
import { getTeachers} from '@/api/school'     //导入getTeachers函数，用于获取后端教师数据
export default {
    data() {
        return {
            teacherList: [],           //记录教师数据的列表属性
            currentPage: 1,            //记录栏目列表当前页的数字（默认值1）
            total: 0,                  //记录获取数据的总数
            pageSize: 5                //记录列表一页显示的记录条数（默认值5）
        }
```

```
    },
    created() {
        this.getTeachers()              //页面建立时，获取后端教师数据
    },
    filters: {

    },
    methods: {                          //定义getTeachers()方法，用于获取数据
        getTeachers() {
            getTeachers({page: this.currentPage, size: this.pageSize}).then(res=>{
                this.teacherList = res.results;  //将获取的教师数据赋值给teacherList
                this.total = res.count          //将获取的教师数据的总条数赋值给total
            })
        },
        handleSizeChange(v) {           //定义重新设置列表一页显示记录条数的方法
            this.pageSize = v;
            this.currentPage = 1;
            this.getTeachers()
        },
        handleCurrentChange(v) {        //定义对列表内容进行翻页的方法
            this.currentPage = v;
            this.getTeachers()
        }
    }
}
</script>
```

模板部分主要将应用脚本的变量渲染成可以展示的组件界面，代码如下。

```
<template>
    <div>
        <el-row v-for="teacher in teacherList" :key="teacher.id" type="flex" class="grid-row course" justify="center">
            <el-col class="grid-block">
                <div style="padding:20px 20px">
                    <!-- 使用路由组件，为教师头像提供超级链接，单击头像可进入详情页面 -->
                    <router-link :to="{path: '/teacherDetail', query: {id: teacher.id}}">
                        <img :src="teacher.photo" width="200px" height="200px" />
                    </router-link>
                </div>
                <div style="flex:1">
                    <router-link :to="{path: '/teacherDetail', query: {id: teacher.id}}">
                        <div class="title">姓名：{{teacher.name}}</div>
                    </router-link>
                    <div class="content">关键词：{{teacher.keyword || '无'}}</div>
                    <div class="content">学位：{{teacher.title}}</div>
                    <div class="content">职位：{{teacher.duty}}</div>
                </div>
            </el-col>
```

```html
        </el-row>
        <el-row type="flex" class="grid-row" justify="center">

            <el-pagination
            @size-change="handleSizeChange"
            @current-change="handleCurrentChange"
            :current-page="currentPage"
            :page-sizes="[5, 10, 20, 50]"
            :page-size="pageSize"
            layout="total, sizes, prev, pager, next, jumper"
            :total="total">
            </el-pagination>

        </el-row>
    </div>
</template>
```

2. 提供后端访问函数

应用程序 import { getTeachers} from '@/api/school'中的 getTeachers 函数通过 src/api/school 目录下的 index.js 文件定义，用于访问后端，获取对应的数据。

3. 为前端组件切换提供路由设置

在 src/router 目录的 index.js 文件中定义与教师栏目相关的路由。

```
{
    path: 'teacherList',                  //跳转到教师栏目的路由路径
    name: 'teacherList',
    component: () => import('@/views/school/teacherList'), //注册 teacherList.vue 组件
    meta: {
      title: '教师列表',
    }

},
{
    path: 'teacherDetail',                //跳转到教师详细信息栏目的路由路径
    name: 'teacherDetail',
    component: () => import('@/views/school/teacherDetail'),
    //注册 teacherDetail.vue 组件
    meta: {
      title: '教师详情',
    }
},
```

4. 模块集成

参见 14.3.1 节中的介绍，这里不再赘述。

5. 实现效果

执行项目后，教师栏目的实现效果如图 14.10 所示，该栏目中可以显示教师基本信息，并能切换到教师详细信息。

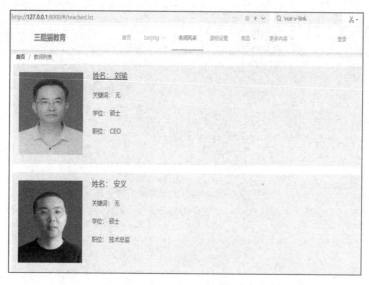

图 14.10　教师栏目的实现效果

14.3.4　课程栏目

课程栏目为网站访问者提供了开设课程信息，可以通过导航栏中的"课程设置"菜单项，以列表形式显示课程设置内容。该栏目的实现过程如下。

1. 建立课程栏目组件（courseList.vue）

在 courseList.vue 文件里，应用脚本代码主要用于实现课程数据的获取，并为模板提供渲染变量，其代码实现如下。

```
<script>
import { getCourses } from '@/api/school'     //导入 getCourses 函数，用于获取后端课程数据
export default {
    data() {
        return {
```

```
            courseList: [],            //记录课程数据列表属性
            currentPage: 1,            //记录当前页号(默认为1)
            total: 0,                  //记录获取的课程数据的总条数
            pageSize: 5                //记录列表一页的显示条数(默认5条)
        }
    },
    created() {                        //在生成网页时同步获取课程数据
        this.getCourses()
    },
    filters: {                         //对获取数据提供线上课程、线下课程过滤功能
        categroyLabel(v) {
            if (v === 1) {
                return '线下课程'
            }else {
                return '线上课程'
            }
        },
        teachersLabel(v) {
            return v.map(item=>{return item.name}).join(',')
        }
    },
    methods: {
        getCourses() {                 //定义获取课程数据的方法 getCourses()
            getCourses({page: this.currentPage, size: this.pageSize}).then(res=>{
                this.courseList = res.results;    //将获取的数据赋值给 courseList 属性
                this.total = res.count            //将获取的数据记录总数赋值给 total 属性
            })
        },
        handleSizeChange(v) {          //定义设置列表显示条数的方法
            this.pageSize = v;
            this.currentPage = 1;
            this.getCourses()
        },
        handleCurrentChange(v) {       //定义列表翻页方法
            this.currentPage = v;
            this.getCourses()
        }
    }
}
</script>
```

模板部分用于将应用脚本的变量渲染成可以展示的组件界面,代码如下。

```
<template>
    <div>
        <el-row v-for="course in courseList" :key="course.id" type="flex" class="grid-row course" justify="center">
            <el-col class="grid-block">
                <div style="padding:20px 20px">
```

```html
                <img :src="course.cover" width="300px" height="320px" />
            </div>
            <div style="flex:1">
                <router-link :to="{path: '/courseDetail', query: {id: course.id}}">
                    <div class="title">课程名称：{{course.name}}</div>
                </router-link>
                <div class="title"><div class="intro" v-html="course.intro"/> </div>
                <div class="content">开课日期：{{course.start_date || '待定'}}</div>
                <div class="content">类别：{{course.category | categroyLabel }}</div>
                <div class="content">教师：{{course.teachers | teachersLabel}}</div>
            </div>
        </el-col>
    </el-row>
    <el-row type="flex" class="grid-row" justify="center">

        <el-pagination
        @size-change="handleSizeChange"
        @current-change="handleCurrentChange"
        :current-page="currentPage"
        :page-sizes="[5, 10, 20, 50]"
        :page-size="pageSize"
        layout="total, sizes, prev, pager, next, jumper"
        :total="total">
        </el-pagination>

    </el-row>
  </div>
</template>
```

2. 提供后端访问函数

应用程序 import { getCourses} from '@/api/school'中的 getCourses 函数通过 src/api/ school 目录下的 index.js 文件定义，用于访问后端，获取对应的数据。

3. 为前端组件切换提供路由设置

在 src/router 目录的 index.js 文件中定义与课程栏目相关的路由。

```
{
    path: 'courseList',                    //跳转到课程栏目的路由路径
    name: 'courseList',
    component: () => import('@/views/school/courseList'),
    meta: {
      title: '课程列表',
    }
},
{
    path: 'courseDetail',                  //跳转到课程详细信息栏目的路由路径
```

```
        name: 'courseDetail',
        component: () => import('@/views/school/courseDetail'),
        meta: {
          title: '课程详情',
        }
    },
```

4. 模块集成

参见 14.3.1 节中的介绍，这里不再赘述。

5. 实现效果

执行项目后，课程栏目的实现效果如图 14.11 所示，可以显示课程基本信息，并可以切换到课程详细信息。

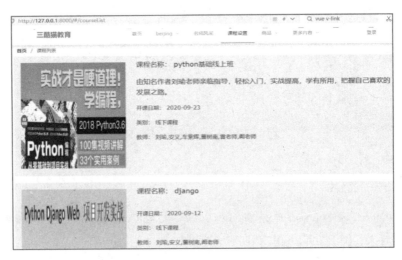

图 14.11　课程栏目的实现效果

14.3.5　商品栏目

前端为访问者提供了图书、视频两类商品，本节以视频栏目为例说明其实现过程。商品栏目位于导航栏"商品"菜单的二级下拉菜单中，选择该栏目后将以列表形式显示对应栏目信息。该栏目的实现过程如下。

1. 建立视频栏目组件（VideoList.vue）

在 VideoList.vue 文件里，应用脚本部分主要用于实现视频数据的获取，并为模板提供渲染变量，其代码实现如下。

```html
<script>
import { getVideos } from '@/api/shop'      //导入getVideos函数，用于从后端获取视频数据
export default {
    data() {
        return {
            videoList: [],                    //记录视频数据的列表属性
            currentPage: 1,                   //记录栏目当前页号（默认值为1）
            total: 0,                         //记录获取数据的条数
            pageSize: 5                       //记录栏目列表一页显示的条数（默认为5条）
        }
    },
    created() {                               //网页生成时，获取后端视频数据
        this.getVideos()
    },
    methods: {
        getVideos() {                         //定义视频数据获取方法getVideos()
            getVideos({page: this.currentPage, size: this.pageSize}).then(res=>{
                this.videoList = res.results;  //将获取到的数据赋值给videoList属性
                this.total = res.count         //将获取到的数据条数赋值给total属性
            })
        },
        handleSizeChange(v) {                 //定义设置栏目列表一页显示最大条数的方法
            this.pageSize = v;
            this.currentPage = 1;
            this.getVideos()
        },
        handleCurrentChange(v) {              //定义栏目列表翻页方法
            this.currentPage = v;
            this.getVideos()
        }
    }
}
</script>
```

模板部分主要用于将应用脚本的变量渲染成可以展示的组件界面，代码如下。

```html
<template>
    <div>
        <el-row v-for="video in videoList" :key="video.id" type="flex" class="grid-row course" justify="center">
            <el-col class="grid-block">
                <div style="padding:20px 20px">
                    <img :src="video.cover" width="160px" height="200px" />
                </div>
                <div style="flex:1">
                    <router-link :to="{path: '/videoDetail', query: {id: video.id}}">
                        <div class="title">视频名称：《{{video.name}}》</div>
```

```html
                    </router-link>
                    <div class="content">作者：{{video.author}}</div>
                </div>
            </el-col>
        </el-row>
        <el-row type="flex" class="grid-row" justify="center">

            <el-pagination
            @size-change="handleSizeChange"
            @current-change="handleCurrentChange"
            :current-page="currentPage"
            :page-sizes="[5, 10, 20, 50]"
            :page-size="pageSize"
            layout="total, sizes, prev, pager, next, jumper"
            :total="total">
            </el-pagination>

        </el-row>
    </div>
</template>
```

2. 提供后端访问函数

应用程序 import { getVideos } from '@/api/shop' 中的 getVideos 函数通过 src/api/shop 目录下的 index.js 文件定义，用于访问后端，获取对应的数据。

3. 为前端组件切换提供路由设置

在 src/router 目录下的 index.js 文件中定义与视频栏目相关的路由。

```js
{
    path: 'videoList',                    //跳转到视频栏目的路由路径
    name: 'videoList',
    component: () => import('@/views/shop/videoList'),
    meta: {
        title: '视频列表',
    }
},
{
    path: 'videoDetail',                  //跳转到视频详细信息栏目的路由路径
    name: 'videoDetail',
    component: () => import('@/views/shop/videoDetail'),
    meta: {
        title: '视频详情',
    }
},
```

4. 模块集成

参见 14.3.1 节中的介绍，这里不再赘述。

5. 实现效果

执行项目后，视频栏目的实现效果如图 14.12 所示，可以显示视频基本信息，并可以切换到视频详细信息。

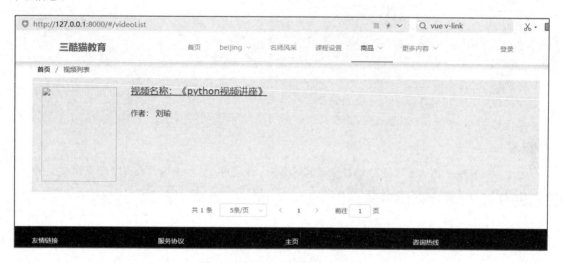

图 14.12　视频栏目的实现效果

14.3.6　前端访问记录

我们在 13.3.2 节完成了操作日志模块的编写，其日志数据来自访问者对网页栏目的点击记录。在首页的 index.vue 组件中，对不同栏目的列表绑定鼠标单击事件对应的 log()方法，当用鼠标单击栏目记录时，单击的相关内容也将被记录。

在 index.vue 模板中添加 log()方法，用于记录"首页""课程模块""单击：课程名"等信息。

```
<div v-for="course in courseList" :key="course.id" class="grid-content grid-book"
@click="log('首页', '课程模块', '单击: ' + course.name)">
```

在应用程序的 methods 中定义 log()方法，代码如下。

```
import {log} from '@/api/home':            //导入 log 函数，将单击内容发送到后端
…
log(group, sub_group, content) {
        log({
            group: group,
```

```
            sub_group: sub_group,
            content: content
        })
    }
```

在后端访问 src/api/home/index.js 文件并在其中定义 log 函数。

```
/**
 * 操作日志
 */
export function log(data) {
    return request({
        url: '/home/api/log',          //访问后端的 URL 路由
        method: 'post',                //采用 POST 方式发送请求访问，触发后端 post 方法，保存数据
        data,
        headers: {'X-CSRFtoken': Cookie.get('csrftoken')}    //防止 CSRF 攻击
    })
}
```

◁» **注意**

这是本项目唯一通过前端向后端提交数据的案例。通过 POST 方法提交数据必须考虑安全问题，防止 CSRF 攻击是基本的安全要求。

14.3.7 报名咨询栏目

在本项目中，我们在前端首页右侧为需要报名的网站访问者提供报名咨询栏目，其功能实现过程如下。

1. 建立报名咨询栏目组件（enroll.vue）

在 website/src/components 目录下建立前端报名操作界面组件 enroll.vue，其中的模板代码、应用脚本代码、样式代码分别如下。

模板主要为报名登记输入及内容提交提供操作界面，代码如下。

```
<template>
    <div>
        <div v-if="visible" class="pane fixed-pane">
            <el-row type="flex" justify="space-between" style="padding-right: 4px;
padding-bottom:14px;border-bottom:1px solid #eeeeee">
                <div>我要报名</div>
                <div @click="visible = false" style="cursor:pointer" > x </div>
            </el-row>
            <el-form ref="form" :model="form" :rules="rules">
                <el-form-item label="学校" prop="school">
```

```html
                        <!-- 显示学校下拉框 -->
                        <el-select v-model="form.school" @change="getCourses()">
                            <el-option v-for="item in schools" :key="item.id" :label="item.name" :value="item.id" />
                        </el-select>
                    </el-form-item>
                    <el-form-item label="课程" prop="course">
                        <!-- 显示课程下拉框 -->
                        <el-select v-model="form.course">
                            <el-option v-for="item in courses" :key="item.id" :label="item.name" :value="item.id" />
                        </el-select>
                    </el-form-item>
                    <el-form-item label="姓名" prop="name">
                        <el-input v-model="form.name" />
                    </el-form-item>
                    <el-form-item label="手机号" prop="phone">
                        <el-input v-model="form.phone" />
                    </el-form-item>
                    <el-form-item label="咨询内容">
                        <el-input v-model="form.content" type="textarea" />
                    </el-form-item>
                    <el-form-item style="text-align: center">
                        <!-- 单击按钮提交表单上填写的内容 -->
                        <el-button type="success" @click="submit" style="width: 120px;">提交申请</el-button>
                    </el-form-item>
                </el-form>
            </div>
            <div v-else class="pane closed-pane" style="cursor:pointer" @click="visible = true;">
                我要报名
            </div>
        </div>
</template>
```

应用脚本部分用于为模板提供渲染的变量、方法。

```
<script>
import { getSchools, getCourses, enroll } from '@/api/school'
//导入 getSchools、getCourses、enroll 函数
//右侧固定的报名页面
export default {
    name: 'enroll',
    data() {
        return {
            form: {
                name: '',          //记录报名者的姓名
```

```
                phone: '',          //记录报名者的电话
                course: '',         //记录课程名称
                school: '',         //记录校区名称
                content: ''         //记录咨询内容
            },
            visible: true,          //记录栏目缩小、展开状态

            schools: [],            //存储从后端获取的校区数据
            courses: [],            //存储从后端获取的课程数据
            rules: {                //检查报名输入内容,不能为空
                'school': [{required: true, trigger: 'change', message: '学校不能为空'}],
                'course': [{required: true, trigger: 'change', message: '课程不能为空'}],
                'name': [{required: true, trigger: 'blur', message: '姓名不能为空'}],
                'phone': [{required: true, trigger: 'blur', message: '手机号不能为空'}],
            }
        }
    },
    created() {                     //组件在页面加载时调用getSchools()方法
        this.getSchools()
    },
    methods: {
        submit() {                  //定义报名提交方法
            //表单校验
            this.$refs.form.validate((success)=>{
                if (success) {
                    enroll(this.form).then(resp=>{
                        if (resp.success === 1) {
                            this.$alert('添加报名咨询信息成功,请等待老师联系您!')
                        }
                    })
                }
            })
        },
        getCourses() {              //从后端获取课程数据,存储到属性courses列表中
            getCourses({school: this.form.school}).then(resp=>{
                this.courses = resp.results
                this.form.course = ''
            })
        },
        getSchools() {              //从后端获取校区数据,存储到属性schools列表中
            getSchools().then(resp=>{
                this.schools = resp.results
                this.form.school = this.schools[0].id
                this.getCourses()
            })
        }
    }
}
```

```
</script>
```

样式主要实现报名咨询栏目，在首页右边显示，代码如下。

```css
<style lang="less" scoped>
.pane {
    background-color: #ebfdec;
    padding: 16px;
}
.fixed-pane {
    position: fixed;
    right: 0px;
    top: 100px;
    width: 200px;
    height: 500px;
}
.closed-pane {
    position: fixed;
    right: 0px;
    top: 100px;
    width: 20px;
    height: 60px;
    cursor: pointer;
}
</style>
```

2. 提供后端访问函数

在 website/src/api/school 目录下的 index.js 文件中增加后端访问函数 enroll。

```js
/**
 * 报名接口*/
export function enroll(data) {
    return request({
        headers: {'X-CSRFtoken': Cookie.get('csrftoken')},
        //由于是提交数据，因此必须防止 CSRF 攻击
        url: '/school/api/enroll/',           //后端接口地址
        method: 'post',                        //数据提交方法
        data
    })
}
```

3. 在主界面上添加报名组件

在 website/src/views/layout 目录的 index.vue 组件中增加报名子组件。

```
<template>
….
<enroll />                            <!--报名子组件映射展示位置-->
```

```
</template>
<script>
….
import enroll from '@/components/enroll'          //导入enroll子组件
export default {
  name: 'Layout',
  components: {mainHeader,mainBottom, enroll},    //将enroll子组件集成到Layout上
  props: { },
  data () {
    return {
        }
  },
…
}
</script>
```

4. 实现效果

执行项目后，报名咨询栏目的实现效果如图14.13所示。

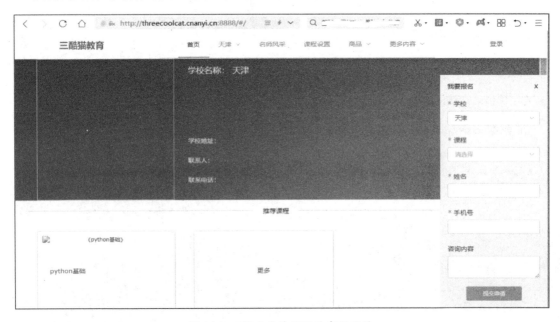

图14.13　报名咨询栏目的实现效果

在图14.13界面的右侧依次选择学校、课程，输入姓名、手机号、咨询内容，单击"提交申请"按钮，后端就可以接收到相关咨询信息。

14.4 习题

1. 填空题

（1）用 Vue.js 开发的前端项目的核心部分子目录是（　　）。

（2）用于前后端数据交互的（　　）库通过设置的（　　）访问后端对应的 API 接口地址。

（3）（　　）子目录用于存放各业务功能模块的数据视图组件。

（4）用 Vue.js 实现前端栏目功能也具有统一的设计思路，包括（　　）实现、axios（　　）数据、（　　）设置、组件集成渲染等。

（5）前端首页设计采用了典型的三段式布局：（　　）、（　　）、（　　）。

2. 判断题

（1）在前后端分离模式下，前端项目可以独立开发。（　　）

（2）Vue.js 通过路由设置及跳转，局部更新或切换显示内容。（　　）

（3）本书中项目的导航栏提供了网站名称、下拉菜单、后端登录入口。（　　）

（4）Element-ui 是国人开发的界面操作组件，提供了更加美观、实用的界面功能。（　　）

（5）前端主要从后端获取数据。（　　）

14.5 实验

实验一

基于当前的前端报名咨询栏目，完善报名功能，以下为具体要求。

- 在脚本中完善提交功能（enroll_h5.vue）。
- 对于提交的数据，要求能区分是 PC 机提交的还是手机（HTML5）提交的。
- 提交两条咨询报名记录，在后端界面展示（截屏）。
- 形成实验报告。

实验二

在首页增加"技术文章"栏目,以下为具体要求。

- 在第 13 章实验二的基础上利用现有后端功能实现。
- 在前端增加技术文章下拉菜单选项。
- 分别实现技术文章标题显示和详细信息显示功能。
- 形成实验报告。

第 15 章

安全功能及措施

网站安全是任何网站开发者和管理者都不能忽略的问题。特别是涉及资金交易的网站,更需要严格对待,防止信息泄露给网站使用人员,带来各种损失。

最严重的漏洞可以入侵数据库系统,获取相关数据,因此负责网站建设的公司不得不频繁升级技术来堵漏。虽然这些漏洞是第三方主动发现的,并没有造成严重影响,但是安全漏洞带来的隐患还是会让人提心吊胆。

一名合格的 Web 程序员在 Web 项目的建设过程中必须充分考虑网站的安全问题。

15.1 网站防攻击设计

本节我们将介绍一些常用的网站防攻击技术。

15.1.1 防 XSS 攻击

XSS[①](Cross Site Scripting,跨站点脚本)攻击是 Web 中最常见的攻击方式之一,它通过在网页输入控件、访问 URL 等处注入可,被浏览器或服务器端成功执行的代码(如 JavaScrpit 脚本代码),执行形成有效的攻击。

XSS 攻击的危害包括盗取各种账号、篡改企业数据、盗取有价值资料、非法转账、网站挂马、控制受害者计算机(黑客术语称为"肉鸡")、攻击其他计算机等。

---

① 为了避免与 CSS 缩写重复,第一个字母改用 X。

XSS 攻击的类型主要有 3 种：客户端界面注入型攻击、客户端 URL 反射式攻击、服务器端存储型攻击，下面我们分别介绍。

1. 客户端界面注入型攻击

比如，我们在 QQ、微信、微博、短信等对话框中无意单击了一条 URL 链接，如果这条链接的地址中含有 JavaScript 恶意可执行代码，这些代码便会被下载到你的电脑、手机端并被执行，被执行的恶意代码可以在你的终端执行各种恶意操作，如窃取 Cookie 信息、查看终端存储文件、删除文件等。为了防止这种攻击，需要用户避免随意单击不明来源的信息。

2. 客户端 URL 反射式攻击

通过服务器端脚本来生成浏览器端页面时，若生成的浏览器端页面包含未经过验证的数据（含 JavaScrpit 恶意可执行代码），用户在浏览器端执行单击操作后，恶意代码就会在浏览器端被执行，要么窃取用户计算机上的信息，要么窃取服务器端的敏感信息，危害很大。为了防止这种攻击，需要程序员主动通过技术进行预防。

3. 服务器端存储型攻击

当恶意代码被注入服务器端并在服务器端运行时，会产生服务器端存储型攻击。这种攻击将导致服务器端本身出现安全问题，并给访问网站的所有用户带来潜在的被攻击危险。

预防以上 3 种攻击的措施就是不让恶意注入的代码被执行，具体方法有以下两种。

方法一：在视图中对所有提交到服务器端的数据进行检查，拒绝非法入侵访问，如过滤敏感 <script> 标签内容，对 ">" "<" ";" "'" 等字符进行过滤。

```
def get(self, request, *args, **kwargs):
    if 'name' in request.query_params:
        value= request.query_params['name']
        if '<' in value:                          #过滤敏感字符
            return JsonResponse({"Refuse": 0})    #拒绝访问
        teachers = Teacher.objects.filter(id=request.query_params['name'])
        …
```

方法二：Django 会默认启动 XSS 攻击模板保护功能，只有通过 safe 过滤器（见 6.2.4 节）和 mark_safe 函数转义字符处理才能让 JavaScript 代码被执行。

15.1.2 防 SQL 攻击

如果在网页界面访问后端数据库系统时直接利用 SQL 语句进行访问，则会存在遭遇 SQL 攻击的可能性。比如,访问后端数据库系统的 SQL 语句为 select * from users where name='{0}' and password='{1}' ".format(name,pwd),则在登录界面的用户输入框中输入' or 1=1 #(#为 Python 中的注释符号)时会导致 SQL 语句变成 select * from users where name='' or 1=1。

上述 SQL 语句在数据库中执行时会暴露出所有的用户信息。

在 ORM 方式下,Django 对单引号提供了转义保护,不存在 SQL 攻击问题,在使用 extra ()和 rawsql 时应该谨慎!

15.1.3 防 CSRF 攻击

CSRF(Cross-site Request Forgery),跨站请求伪造,也称作 One Click Attack、Session Riding,可以通过窃取浏览器用户访问其他网站的 Cookie 信息进而去访问该网站,实现攻击者希望的操作,如银行账号的窃取、虚拟游戏币的转账、电商平台购物等。

1. CSRF 攻击原理

为什么正常网站会遭遇 CSRF 攻击呢?图 15.1 为 CSRF 攻击原理。

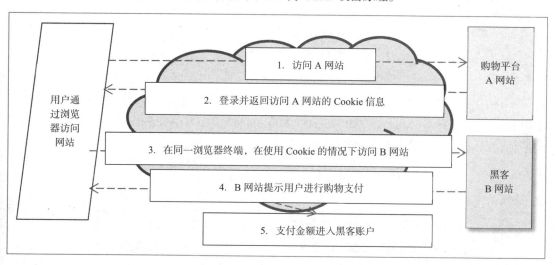

图 15.1 CSRF 攻击原理

第一步:用户通过浏览器访问 A 网站。

第二步:用户在打开的 A 网站网页上登录自己的账号进行网上购物,A 网站为用户访问的浏览器返回 Cookie 授信信息。

第三步：用户在浏览 A 网站信息的过程中单击 B 网站的链接，或者单击突然跳出的页面，进入 B 网站；用户在访问 B 网站的同时为 B 网站提供浏览器 Cookie 信息（这时的浏览器 Cookie 信息是 A 网站身份授信信息）。

第四步：B 网站获取含 A 网站授信信息的 Cookie 内容，通过事先仿制的 A 网站支付界面提示，要求用户单击支付确认按钮。

第五步：用户稀里糊涂地进行了支付确认，B 网站仿制网页就将支付金额打入了黑客自有的银行账户，完成了对用户资金的窃取。

CSRF 攻击的核心是获取有价值的浏览器端用户 Cookie 信息，然后利用正确的用户 Cookie 信息和用户确认，套取支付资金。

2. Web 预防技术

Django 为预防 CSRF 攻击提供了如下技术。

技术一：在 form 中添加 CSRF 授信认证。

```
<form action="" method="post">
    {% csrf_token %}
    <p>用户名：<input type="text" name="name"></p>
    <p>密码：<input type="text" name="password"></p>
    <p><input type="submit"></p>
</form>
```

当浏览器端的用户输入用户名、密码后，{% csrf_token %}会自动产生一个随机的身份认证安全散列码，如 "8J4z1wiUEXt0gJSN59dLMnktrXFW0hv7m4d40Mtl37D7vJZfrxLir9L3jSTDjtG8"，该散列码可以供 Django 进行安全机制验证，只有通过验证才能调用相应的应用视图，进行后台业务操作处理。

◁» 注意

{% csrf_token %}是表单提交 POST 请求前预防 CSRF 攻击的标准安全预防配置代码！

除了 Django 模板（含表单），Vue.js 的模板中若存在 POST 表单提交操作，也可以采用该技术预防 CSRF 攻击。（参见 14.3.6 节及 14.3.7 节）

技术二：在后端配置防止 CSRF 攻击的中间件。

当将表单 POST 方法提交的数据传递给网站服务器端时，需要通过防止 CSRF 攻击的中间件进行身份验证，验证通过才能访问视图。中间件在后端 settings.py 文件的 MIDDLEWARE 列表中的配置如下。

```
MIDDLEWARE = [
    'django.middleware.security.SecurityMiddleware',
    'django.contrib.sessions.middleware.SessionMiddleware',
    'django.middleware.common.CommonMiddleware',
    'django.middleware.csrf.CsrfViewMiddleware',
    'django.contrib.auth.middleware.AuthenticationMiddleware',
    ...
]
```

这里的 CsrfViewMiddleware 中间件实现了对前端提交身份信息进行验证的功能。注意，由于 MIDDLEWARE 列表中的中间件有执行顺序要求，主要依赖从上到下的顺序执行，因此该中间件应该配置在 CommonMiddleware 与 AuthenticationMiddleware 之间。

该配置方法属于全局生效方法，对所有 URL 访问都进行检查，另外一种可以在视图文件中进行设置，对需要的视图访问进行身份验证，属于局部生效方法，在视图文件中的使用方法如下。

```
from django.views.decorators.csrf import csrf_protect
@csrf_protect                     #对访问login视图函数的URL数据进行强制CSRF身份验证
def login(request):
    if request.method=="POST":
        name=request.POST.get("username")
        psd=request.POST.get("userpsd")
        …
```

在前端表单 POST 方法提交数据方式不多的情况下，使用局部生效方法可以提高网站的运行访问效率，使用全局生效方法可以确保所有的 POST 访问都被检查和验证。

15.1.4　防点击劫持攻击

Clickjacking 的中文名称为点击劫持，当用户访问一个恶意网站时，点击包含劫持攻击功能的按钮可以控制访问者浏览器的所有链接，如银行转账链接，访问者点击该按钮进行银行转账操作时会将钱自动打入黑客提供的账户中，使资金被窃取。

Django 为该攻击漏洞提供了保护中间件 XFrameOptionsMiddleware，其在 settings.py 文件的 MIDDLEWARE 列表中配置如下。

```
MIDDLEWARE = [
    ...
    'django.contrib.messages.middleware.MessageMiddleware',
    'django.middleware.clickjacking.XFrameOptionsMiddleware',
    #放在MessageMiddleware后面
    ...
]
```

15.1.5 防 Host 头攻击

Host 指网站所在服务器的域名（或 IP 地址+端口号）。在 Django 项目中，一般会依赖 HTTP Host Header 来使网站识别域名，而 Header 很容易被黑客篡改利用。如"三酷猫"网上教育服务系统经常会碰到类似/school/api/teachers/的 URL，其完整的访问地址为 http://127.0.0.1:8000/school/api/teachers/，或 http://sankumao.com.cn/school/api/teachers/。

这里的"sankumao.com.cn"或"127.0.0.1:8000"就是域名，黑客可以利用 Host Header 漏洞，通过缓存污染和密码重置来篡改域名，将上述访问地址改为 http://sankumao1.com.cn/school/api/teachers/。

这里的"sankumao1.com.cn"域名指向黑客自己的网站。当用户访问恶意网站时，Cookie 等信息就会被泄露，因此黑客可以进一步操作，以达到攻击目的。

针对这种攻击的预防措施有以下两种。

第一种：在 settings.py 文件中做访问域名限制，并关掉 DEBUG 调试状态。在部署环境下，强烈建议不要进行 ALLOWED_HOSTS=['*']这样的配置。

```
ALLOWED_HOSTS = ['sankumao.com.cn ', '127.0.0.1']
DEBUG = False
```

第二种：在部署环境下需要对如下 Web 服务器软件进行配置。

- Nginx：修改 nginx.conf 文件，在 server 中指定一个 server_name 名单，添加检测。
- Apache：修改 http.conf 文件，指定 ServerName 并开启 UseCanonicalName 选项。
- Tomcat：修改 server.xml 文件，配置 Host 的 name 属性。
- IIS：下载指定的重写模块工具，安装并配置。

15.2 数据加密

当前后端进行交互的数据非常重要时，如银行账户的登录用户名、密码，对数据加密就显得尤为重要。

15.2.1 为什么需要对数据加密

在黑客眼里，只要有安全漏洞，就可以攻击。前后端传输的数据在没有加密的情况下是可以被截取的。如果截取的是银行账户信息,就会给用户造成损失。这样的问题是需要避免的。

在前端通过表单提交数据时,会通过 HTTP 以报文形式将数据传输给后端,图 15.2 展示了数据传输及被截取的过程。

当黑客通过专用数据截取工具或在服务器端注入恶意代码获取数据后,这些传输的数据如果非常重要,就会给用户带来损失。产生损失的前提是黑客拿到的数据是可以被阅读的,那么通过将传输的数据加密成不可破解、不可阅读的数据,就可以保证数据的安全,避免产生损失。这就是对数据进行加密的理由。

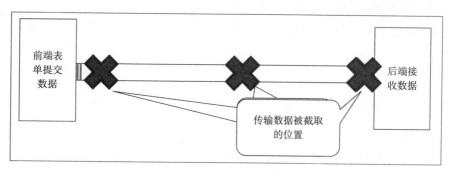

图 15.2 数据传输及被截取的过程

如今的信息安全领域中有各种各样的加密算法,这些算法凝聚了计算机科学家们的智慧。从宏观上看,这些加密算法可以归结为 3 类:哈希算法、对称加密算法、非对称加密算法。[1]

- 哈希算法(Hash Algorithm):又称散列算法,其主要实现思路是将一个数据转为一个标志,这个标志和对应数据的每一个字节都有十分紧密的关系,且很难通过标志逆向找到规律。
- 对称加密算法(Symmetric Encryption Algorithm):主要实现思路是将明文和密钥(Key)通过加密算法变为复杂的内容输出,然后发送给接收者,接收者需要利用加密时的密钥再通过解密算法将接收的内容解密。这是早期的一种简单加密算法。
- 非对称加密算法(Asymmetric Cryptographic Algorithm):需要用到公钥、私钥两种不同的密钥,公钥用于加密,私钥用于解密,使用这种算法大大增加了安全性,是目前更为主流的加密算法。

---

[1] 赵建超,龚茜茹. 计算机实用信息安全技术. 北京:中国青年出版社,2016:98-99.

15.2.2 前后端分离数据加密案例

AES（Advanced Encryption Standard，高级加密标准）是一种对称加密算法。利用 AES 加密算法可以实现对前后端传输数据的加密和解密。本节将在 dogs 项目的基础上对该算法进行演示。

第一步：下载 dogs 项目，在 PyCharm 工具中打开该项目。

第二步：在 PyCharm 命令终端执行安装 crypto 库的命令。

```
pip install crypto
```

然后安装 pycryptodome 库。

```
pip install pycryptodome
```

> **注意**
> 在 Linux 操作系统中只需要执行 pip install pycrypto 命令。在网速过慢无法正常下载的情况下，可通过执行 pip --default-timeout=1000 install -U pycryptodome 命令进行安装。

第三步：在 dogs 的 first 应用的 views.py 文件中增加解密函数 aes_decode 和解密响应回复视图函数 req_decrypt。在前端请求访问 req_decrypt 时，该函数会调用 aes_decode 解密函数并将解密结果返回前端。

```
import base64                              #Python自带的、用来解码的base64编码，常用于小型数据的传输
from Crypto.Cipher import AES              #导入AES加密器
from Crypto import Random
from binascii import b2a_hex, a2b_hex
from django.views.decorators.csrf import csrf_exempt
#对称加密，案例中的密钥必须为16个字符，如果密钥不足16个字符，需要自行补齐
AES_KEY = '1234567890123456'

def aes_decode(data, key):                 #解密方法
    try:
        aes = AES.new(str.encode(key), AES.MODE_ECB)  #初始化加密器

d_text=aes.decrypt(base64.decodebytes(bytes(data,encoding='utf8'))).decode("utf8")
#解密
        d_text = decrypted_text[:-ord(decrypted_text[-1])]   #去除多余补位
    except Exception as e:
        print(e)
        pass
    return d_text                          #返回解密结果


@csrf_exempt                               #标识一个视图函数可以被跨域访问
def req_decrypt(request):                  #解密响应回复视图函数
```

```
        data = request.POST['data']              #获取加密数据
        decrypted = aes_decode(data, AES_KEY)    #调用解密方法解密data
        print('解密后：',decrypted)               #输出解密后的内容（在PyCharm命令终端显示）
        return HttpResponse(decrypted)           #返回解密后的数据
```

第四步：设置后端访问路由。

在根路由文件 urls.py 中设置根路由。

```
path('',include('first.urls')),
```

在 first 应用的 urls.py 文件中设置子路由。

```
path('decode/',req_decrypt),
```

第五步：在 Web 前端的 src/components 子目录下的 HelloWorld.vue 文件中增加输入明文、对明文进行加密、将加密内容发送到后端的相关代码，具体实现如下。

（1）应用脚本代码

应用脚本部分主要为模板提供加密方法，通过单击按钮来调用加密单击方法，将加密内容发送给后端方法。

```
<script>
import qs from 'qs'                     //qs 提供 stringify()方法用于将 JavaScript 值转换为 JSON 字符串
import axios from 'axios'               //导入 axios 库
import CryptoJS from 'crypto-js'        //导入加密 CryptoJS 对象
export default {
  name: 'HelloWorld',
  props: {
    msg: String

  },
  data() {
    return {
      activeName: 'first',
      key: '1234567890123456',   //密钥必须是 16 个字符，如果密钥不足 16 个字符，请自行补齐
      text: '这是一段需要加密的文本，需要在服务器上解密才能查看'
      encryptedText: '',         //加密后的内容
      mainList: [],
      detailList: [],
      currentM: {},
    }
  },
...
  //方法定义
  methods: {
    clickEncrypt(){              //为模板中的加密按钮提供单击事件方法
      this.encryptedText = this.encrypt(this.text, this.key)  //加密并赋值
```

```
    },
    clickSendToServer() {        //将加密后的内容发送给后端
      this.clickEncrypt()
      axios.post('http://127.0.0.1:8000/decode/',qs.stringify({data:
         this.encryptedText})).then(resp=>{
        console.log(resp)
        this.$alert(resp.data);
      })
    },

    ...
    //定义加密方法
    encrypt(word, keyStr){
      keyStr = keyStr ? keyStr : this.key;
      var key = CryptoJS.enc.Utf8.parse(keyStr);    //Latin1 w8m31+Yy/Nw6thPsMpO5fg==
      var srcs = CryptoJS.enc.Utf8.parse(word);
      var encrypted = CryptoJS.AES.encrypt(srcs, key, {mode:CryptoJS.mode.ECB,padding:
CryptoJS.pad.Pkcs7});
      return encrypted.toString();
    },

  }
}
</script>
```

（2）模板代码

模板通过界面组件实现对明文加密、显示加密结果、发送加密结果给后端的功能，代码如下。

```
<el-tab-pane label="AES 加密演示" name="second">
      <el-row>
        <el-col :span="4">
          密钥
        </el-col>
        <el-col :span="10">
          <el-input v-model="key" readonly/>
        </el-col>
      </el-row>
      <el-row>
        <el-col :span="4">内容</el-col>
        <el-col :span="10">
          <!-- 输入框，需要加密的明文 -->
          <el-input v-model="text" />

        </el-col>
        <el-col :span="4">
          <!-- 执行加密动作的按钮 -->
          <el-button @click="clickEncrypt">加密</el-button>
        </el-col>
```

```
      </el-row>
      <el-row>
        <el-col :span="4">密文</el-col>
        <el-col :span="10">
          <el-input v-model="encryptedText" />
        </el-col>
        <el-col :span="4">
          <!-- 提交数据到服务器的按钮 -->
          <el-button @click="clickSendToServer">发送到服务器</el-button>
        </el-col>
      </el-row>
    </el-tab-pane>
</el-tabs>
```

（3）启动项目，测试加解密过程

在 PyCharm 的命令终端输入 python manage.py runserver，启动项目。在图 15.3 所示的加解密演示界面上单击"加密"按钮，在密文输入框中显示加密结果，然后单击"发送到服务器"按钮，将加密内容发送到后端。

图 15.3　加解密演示界面

后端接收到加密内容后进行解密，在 PyCharm 命令终端输出解密后的内容，如图 15.4 所示。

图 15.4　解密后的内容

显然，AEC 加密方法不是很安全，因为它需要靠项目前端、后端的固定密钥 Key 进行加解密，一旦该 Key 泄露，加密内容就很容易被破解。

目前，银行网站、卖票网站、电商平台在注册登录方式上除了会采用随机图片验证码，还会采用提供手机短信验证码的方法，这是一种无法被黑客截取敏感信息的安全预防攻击的方法。另外，指纹识别、人脸识别、手势识别等高级验证方法也被用于身份数据安全预防。

15.3 文件上传安全处理

通过文件上传功能传递恶意代码是黑客常用的攻击手段之一，对此，可以通过以下方法对上传文件进行安全处理。

1. 在文件上传组件代码中对上传内容进行限制。比如，仅用 ImageField 上传图片并用 PIL 库来验证，对 FileField 做上传文件类型限制。

2. 上传存储文件的地址一定不能指向网站运行目录或子目录。设置独立上传地址可以确保上传的文件被保存到一个无法执行的目录中。

3. 用 filetype 库获得文件类型，具体实现如下。

先在命令提示符中安装 filetype 库。

```
pip install filetype
```

然后，调用 filetype 的 guess 函数判断上传文件的类型。

```
import filetype
def Check():
    flag= filetype.guess(r'g:\tj.jpg')
    if flag is None:
        print('没有这个文件!')
    elif flag.extension=='jpg':
        print('扩展名为：',flag.extension)
Check()
```

filetype 库支持的检查文件类型包括以下几类。

- 图片类型（Image）：jpg、jpx、png、gif、webp、cr2、tif、bmp、jxr、psd、ico、heic。
- 视频类型（Video）：mp4、m4v、mkv、webm、mov、avi、wmv、mpg、flv。
- 音频类型（Audio）：mid、mp3、m4a、ogg、flac、wav、amr。

- 存档类型（Archive）：epub、zip、tar、rar、gz、bz2、7z、xz、pdf、exe、swf、rtf、eot、ps、sqlite、nes、crx、cab、deb 、ar、Z、lz。
- 字体类型（Font）：woff、woff2 、ttf、otf。

15.4 其他安全措施

网络安全问题层出不穷，除了上述常见的程序员必须关注的安全问题，这里给出其他加强安全措施的建议。

1. 对代码、数据库进行安全备份。服务器硬盘出现故障时，如果没有对数据库或项目代码进行备份，可能会产生灾难性的后果。

2. 加强对服务器端操作系统、网络本身的防护。比如，利用专用安全监控软件增加必要的DDoS攻击防护，关闭操作系统端存在漏洞风险的端口，等等。

3. 采用 HTTPS 替代 HTTP。

4. 将应用系统与数据库系统分开部署。

> **说明**
>
> 部分安全措施相关内容超出了软件工程师的职责范畴，属于网络安全工程师的职责范畴，但是项目经理必须熟知。

15.5 习题

1. 填空题

（1）XSS（　　　）是一种黑客使用的攻击网站漏洞的方法。

（2）要预防 SQL 攻击，必须对登录界面提供（　　　）保护。

（3）XFrameOptionsMiddleware 主要提供（　　　）漏洞保护。

（4）要防止 Host 头攻击，Django 项目必须做访问（　　　）限制，并关掉（　　　）调试状态。

（5）数据加密算法可以分为（　　　）算法、（　　　）算法、（　　　）算法。

2. 判断题

（1）网站安全主要由网络安全技术人员负责，程序员主要完成业务功能开发，无须关注安全问题。（　　）

（2）小王在微信里不小心查看了一张陌生人发来的图片，导致自己的电脑变成了被人控制的"肉鸡"，该攻击方式称为 CSRF。（　　）

（3）对数据加密不能防止数据被截取。（　　）

（4）非对称加密算法需要用到公钥、私钥两种不同的密钥。（　　）

（5）上传文件时要对存放地址进行攻击预防，主要是为了避免上传文件被解释执行。（　　）

15.6　实验

实验一

分析 Django 可以通过配置项提供哪些安全保护措施。

- 给出至少 5 种漏洞及预防措施。
- 给出预防代码。
- 形成实验报告。

实验二

用非对称加密算法实现前后端分离情况下的数据加解密，以下为具体要求。

- 基于 dogs 项目实现。
- 前端传递加密数据。
- 后端解密显示数据（可以通过 print() 输出）。
- 形成实验报告。

第 16 章
测试及部署

在商业环境下,最流行的服务器端操作系统是 Linux、Windows,在这两大类操作系统下安装部署 Django 项目是本章主要介绍的内容。只有在生成环境下正确部署所开发的项目,这些项目才能被公网上的访问者使用。

这里继续以"三酷猫"网上教育服务系统为例进行测试及部署演示。

16.1 项目测试

任何项目在正式生产部署前,都必须经过严格测试,尽量避免项目在开发过程中产生错误。本节我们将介绍与项目测试相关的内容。

16.1.1 测试基础

Python 为项目测试提供了自动化测试库——单元测试框架 Unittest,其支持将测试样例进行集中处理,并提供完整的测试运行报告。

Unittest 工具的核心是测试用例,通过继承基类 TestCase 创建测试用例可实现相应的测试功能。TestCase 类提供的主要测试方法如表 16.1 所示。

表 16.1 TestCase 类提供的主要测试方法

序号	测试方法	检查方式	说　明
1	assertEqual(a, b)	a == b	检查 a 与 b 是否相等,不相等则给出出错信息

续表

序号	测试方法	检查方式	说明
2	assertNotEqual(a, b)	a != b	检查 a 与 b 是否不相等，相等则给出出错信息
3	assertTrue(x)	bool(x) is True	判断条件是否成立，不成立则给出出错信息
4	assertFalse(x)	bool(x) is False	判断条件是否不成立，成立则给出出错信息
5	assertIs(a, b)	a is b	测试 a 与 b 是否是同一个对象，不是则给出出错信息
6	assertIsNot(a, b)	a is not b	测试 a 与 b 是否不是同一个对象，是则给出出错信息
7	assertIsNone(x)	x is None	测试 x 是否为 None，不为 None 则给出错信息
8	assertIsNotNone(x)	x is not None	测试 x 是否不为 None，为 None 则给出错信息
9	assertIn(a, b)	a in b	测试 a 是否在 b 成员中，不在则给出出错信息
10	assertNotIn(a, b)	a not in b	测试 a 是否不在 b 成员中，在则给出出错信息
11	assertIsInstance(a, b)	isinstance(a, b)	测试 a 是否是 b 对象的实例，不是则给出出错信息
12	assertNotIsInstance(a, b)	not isinstance(a, b)	测试 a 是否不是 b 对象的实例，是则给出出错信息

下面我们来看【案例 16.1】，该案例通过编写自定义测试类 Tests 实现测试方法。

【案例 16.1】 基本测试功能演示（test1.py）

我们先通过以下代码演示基本的测试功能。

```
import unittest                                    #导入 Python 自带的 unittest 测试库
class Tests(unittest.TestCase):                    #自定义测试类 Tests，继承自 TestCase 类

    def test_upper(self):                          #自定义测试方法，用于调用 assertEqual()方法
        self.assertEqual('foo'.upper(), 'FOO')

    def test_isupper(self):                        #自定义测试方法
        self.assertTrue('FOO'.isupper())
        self.assertFalse('Foo'.isupper())

    def test_inupper(self):                        #自定义测试方法
        self.assertIn('m','my love')
        self.assertIn('sweet','my love')           #将要出错的行

if __name__ == '__main__':
    unittest.main()                                #通过 main 函数加载自定义测试类中的测试方法并执行
```

【案例 16.1】通过加载 test_upper(self)、test_isupper(self)、test_inupper(self)这 3 个自定义方法连续测试相关内容，最后执行结果的测试报告如下。

```
================ RESTART: G:/2020 图书计划/图书配套源代码/test1.py ================
F..
```

```
======================================================================
FAIL: test_inupper (__main__.Tests)
----------------------------------------------------------------------
Traceback (most recent call last):
  File "G:/2020图书计划/图书配套源代码/test1.py", line 14, in test_inupper
    self.assertIn('sweet','my love')
AssertionError: 'sweet' not found in 'my love'

----------------------------------------------------------------------
Ran 3 tests in 0.007s

FAILED (failures=1)
```

测试报告的倒数第二行指出了 3 个测试方法所用的时间为 0.007s，最后一行指出了其中一个测试的出错原因。中间两条虚线之间指出了具体出错的问题及出错所在代码行（line 14）。

16.1.2　测试用例

在 12.5 节中，我们实现了 dogs 项目通过前后端分离方式调用采购记录并显示这些信息，在 15.2.2 节中，我们又实现了前后端数据传输加密功能，下面我们就通过编写测试用例来实现对上述两个功能的测试。

第一步：在 dogs 项目的 first 应用下建立 tests.py 测试文件，其内容如下。

```
from django.test import TestCase                    #导入测试类 TestCase
from .views import aes_encode, aes_decode          #导入视图文件中定义的加密函数和解密函数
import json                                         #导入 Python 中内置的 json 对象
# Create your tests here.

# 测试类，继承自 TestCase
class TestFirst(TestCase):
    def setUp(self):
        pass

    #自定义测试方法，方法名以 test_ 开头
    def test_aes(self):                             #测试加密、解密方法
        key = '1111111111111111'                    #提供加密、解密 Key
        text = 'to be aes'                          #提供明文
        cipher = aes_encode(text, key)              #对明文加密
        # print('cipher', cipher)
        data = aes_decode(cipher, key)              #对加密后的内容进行解密
        # print('data', data)
        self.assertEqual(text, data, '加密解密失败')  #测试明文和解密后的内容是否一致

    def test_GetMsg(self):                          #测试接口方法
        response = self.client.get('/msg/')         #模拟前端访问后端
```

```
        #接口访问状态
        self.assertEqual(response.status_code, 200, '接口返回错误')
        #返回状态等于200，说明返回正常
        text = response.content                         #返回内容
        #接口返回数据不为空
        self.assertIsNotNone(text, '数据为空')          #判断返回数据是否为空，为空则给出出错提示
        js = json.loads(text)                           #将JSON数据转为字典数据，若转换失败则返回None
        #接口数据可转换为JSON数据
        self.assertIsNotNone(js, '转换成JSON数据失败')  #如果js值为None，则给出出错提示
```

第二步：在dogs项目的first应用的views.py文件中定义加密、解密函数（aes_encode、aes_decode），其中的内容如下。

```
import base64
from Crypto.Cipher import AES
from Crypto import Random
from binascii import b2a_hex, a2b_hex
from django.views.decorators.csrf import csrf_exempt
#对称加密，密钥和Vue端的相同。例子中的密钥必须为16个字符，如果密钥不足16个字符，请自行补齐
AES_KEY = '1234567890123456'

def add_to_16(text):
    if len(text.encode('utf-8')) % 16:
        add = 16 - (len(text.encode('utf-8')) % 16)
    else:
        add = 0
    text = text + ('\0' * add)
    return text.encode('utf-8')

def aes_encode(data, key):                              #加密方法
    try:
        aes = AES.new(str.encode(key), AES.MODE_ECB)    #初始化加密器
        cipher_text = aes.encrypt(add_to_16(data))
    except Exception as e:
        pass
    return base64.encodebytes(cipher_text).decode("utf8")

def aes_decode(data, key):                              #解密方法
    try:
        aes = AES.new(str.encode(key), AES.MODE_ECB)    #初始化加密器
        decrypted_text = aes.decrypt(base64.decodebytes(bytes(data,
encoding='utf8'))).decode("utf8")                       #解密
        decrypted_text = decrypted_text.rstrip('\0')    #去除多余补位
    except Exception as e:
        print(e)
        pass
    return decrypted_text
```

第三步：生成测试报告。

测试用例编写完成后，可以在 PyCharm 里用内置的 test 命令对 dogs 项目进行测试。

```
G:\dogs>python manage.py test
```

等待几分钟，得到如下测试报告。

```
Creating test database for alias 'default'...
System check identified no issues (0 silenced).
[OrderedDict([('author', '三酷猫'), ('title', '采购水果任务'), ('content', '采购 1000 斤海南
椰子')]), OrderedDict([('author', '三酷猫'), ('title', '采购
水果任务'), ('content', '采购 1000 斤新疆苹果')])]
..
----------------------------------------------------------------------
Ran 2 tests in 1.354s
OK
Destroying test database for alias 'default'...
```

上述测试报告分为 4 部分，具体如下。

- 在内存中建立虚拟数据库，为测试用例提供数据（见测试报告第一行）。
- 执行测试用例，给出详细测试信息（从测试报告的第二行到虚线处）。
- 测试结果汇总，如"Ran 2 tests in 1.354s"表示测试所用的总时间，"OK"代表所有测试用例通过（从虚线处到倒数第二行）。
- 销毁虚拟数据库，释放内存（测试报告中的最后一行）。

建立测试用例的优势是，可以反复对项目功能进行测试，以验证代码逻辑的正确性。这在经常需要修改代码的项目中尤其有用。

16.2 项目部署前置准备工作

"三酷猫"网上教育服务系统开发并测试完成后，需要为部署做一些前置准备工作。本节我们将介绍与项目部署相关的前置准备工作。

16.2.1 前端代码打包

用 PyCharm 打开项目 ThreeCoolCat，在 website 目录下执行如下命令。

```
G:\ThreeCoolCat\website\npm run build
```

该命令用于 Vue.js 前端项目的打包，进而生成网站可运行的打包文件。执行该命令后会在 G:\ThreeCoolCat\website\dist 目录下生成安装包，其中包含 static 子目录和 index.html 文件，index.html 为网站入口文件。static 子目录下的文件将被复制到后端 static 子目录下，为网站前端执行提供静态文件支持。

16.2.2 安装部署项检查

在项目被正式部署到生产环境（尤其是互联网环境）之前，需要对项目配置做一个严格检查，使之在安全性能上更加可靠。Django 的配置项都位于 settings.py 配置文件内，其对应的检查命令及其使用方法如下。

1. 配置检查命令及检查项

Django 为项目的安全配置提供了自动检查配置命令（python manage.py check --deploy），执行后将产生一份配置问题报告。该命令主要检查的配置项如下。

（1）关键配置项

关键配置项包括以下内容。

- SECRET_KEY：安全 Key 随机密码必须产生（项目建立时自动产生），该密码不能被项目之外的人获取，否则项目在运行时容易被攻击。可以在配置文件中用如下方式替代原先的密码产生方式，这样更加安全。

```
import os
SECRET_KEY = os.environ['SECRET_KEY']
```

- DEBUG：在生产环境中永远不要将它设置为 True，不然与下面的配置项相关的很多敏感信息将被泄露。

（2）特定环境配置项

特定环境配置项包括以下内容。

- ALLOWED_HOSTS：用于设置访问该网站允许的域名范围。强烈建议不要在生产部署环境下使用"*"通配符，否则会增大遭遇 CSRF 攻击的概率。除了在 ALLOWED_HOSTS=[]中指定允许访问的域名，还可以在 Web 服务器端支持软件上进行主机验证配置，对于错误主机的请求返回静态错误提醒页，如在 Nginx 上设置一个默认主机，若产生域名出错访问，则需要通过如下配置返回 444。

```
server {
    listen 80 default_server;
    return 444;
}
```

- DATABASES：生产环境下的数据库访问配置信息是非常重要的，是不允许泄露的，因此在正式部署前，必须将 DATABASES 配置列表中的参数设置成正式运行环境下的参数。
- STATIC_ROOT 和 STATIC_URL：在正式部署前，必须使用 STATIC_ROOT 和 STATIC_URL 指定生产环境下的静态文件路径，在后端使用 python manage.py collectstatic 建立正式静态资源子路径时，可以将开发环境下的静态资源复制到生产环境下的静态资源子路径。

```
STATICFILES_DIRS = [                         #开发环境下的后端和前端静态资源子路径
    os.path.join(BASE_DIR, "static_dev"),
    os.path.join(BASE_DIR, "website/dist/static")
]

#正式生产环境下的静态资源子路径配置
STATIC_ROOT = os.path.join(BASE_DIR, 'static')
STATIC_URL = '/static/'
```

- MEDIA_ROOT 和 MEDIA_URL：用户上传的图片、视频等媒体文件是不可信的，要确保这些文件不被 Web 服务器解释并执行，需要用如下方法指定上传媒体文件的固定子路径。

```
#文件上传子路径配置
MEDIA_URL = '/files/'
MEDIA_ROOT = os.path.join(BASE_DIR, 'files').replace('\\', '/')
```

（3）Cookie 安全配置项

加强 Cookie 传输安全机制的代码如下。

```
SESSION_COOKIE_SECURE = True        #用 HTTPS 方式传输 Cookie 信息，以提高信息的安全性
CSRF_COOKIE_SECURE = True           #启用 CSRF 防攻击 Cookie 传输方式
```

◁ 注意

上述两个 Cookie 传输安全机制在 settings.py 文件中启动的前提是启动了 HTTPS，否则启动项目时无法正常访问网站。

（4）性能优化配置项

性能优化配置项包括以下内容。

- CONN_MAX_AGE：主要为了在大并发访问网站时为数据库链接提供在线复用功能，避免频繁地直接与数据库建立链接。

- TEMPLATES：使用模板时会先渲染编译代码，启用缓存的模板可以无须重复编译，通常能极大地提升性能。

上述改善性能的方法在实际使用中需要通过实际运行结果判断其效果，其实还有更方便的设置方式可以替代上述方法，在这里不再进行详细介绍。

2. 配置检查命令执行示例

了解了主要检查配置项，可以在 PyCharm 的命令终端执行如下检查命令，对配置项进行检查。

```
G:\ThreeCoolCat>python manage.py check --deploy
```

执行结果如下。

```
System check identified some issues:

WARNINGS:
?: (security.W004) You have not set a value for the SECURE_HSTS_SECONDS setting. If your entire site is served only over SSL, you may want to consider setting a value and enabling HTTP St
rict Transport Security. Be sure to read the documentation first; enabling HSTS carelessly can cause serious, irreversible problems.
?: (security.W008) Your SECURE_SSL_REDIRECT setting is not set to True. Unless your site should be available over both SSL and non-SSL connections, you may want to either set this setting
 True or configure a load balancer or reverse-proxy server to redirect all connections to HTTPS.
?: (security.W012) SESSION_COOKIE_SECURE is not set to True. Using a secure-only session cookie makes it more difficult for network traffic sniffers to hijack user sessions.
?: (security.W016) You have 'django.middleware.csrf.CsrfViewMiddleware' in your MIDDLEWARE, but you have not set CSRF_COOKIE_SECURE to True. Using a secure-only CSRF cookie makes it more
difficult for network traffic sniffers to steal the CSRF token.
?: (security.W018) You should not have DEBUG set to True in deployment.
System check identified 5 issues (0 silenced).
```

上述配置问题报告提醒我们，潜在配置警告有 5 处，这里试着解决后三项警告内容，在 settings.py 文件中进行如下设置。

```
DEBUG=False
SESSION_COOKIE_SECURE=True    #前提是需要启动HTTPS访问协议，否则启动项目时会报错
CSRF_COOKIE_SECURE=True
```

继续执行 python manage.py check –deploy 命令，若给出的出错报告中仅剩 2 条未处理的警告信息，则说明已经处理过的配置项设置成功。

16.2.3 后端建立静态资源目录

完成前端打包、后端配置检查后，要在后端建立生产环境下的静态资源目录，具体步骤如下。

第一步：用如下命令生产后端静态资源目录。

```
G:\ThreeCoolCat> python manage.py collectstatic
```

第二步：手动将 Vue.js 前端 website\dist 子目录下的 css、fonts、js 子目录（如图 16.1 所示）复制到 G:\ThreeCoolCat\static 目录下。

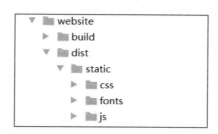

图 16.1 前端 website\dist 子目录下的子目录

第三步：在 IIS 环境下启动网站时，为了避免显示内容空白问题，需要在根 static、files 子目录下分别增加 web.config 配置文件并在文件中增加如下配置，提供生产环境下的静态资源访问支持。

```xml
<?xml version="1.0" encoding="UTF-8"?>
<configuration>
  <system.webServer>
    <directoryBrowse enabled="true" />
    <!-- this configuration overrides the FastCGI handler to let IIS serve the static files -->
    <handlers>
    <remove name="DjangoFastCGI" />
    </handlers>
  </system.webServer>
</configuration>
```

这里需要注意：web.config 配置文件仅在 Windows 的 IIS 环境下需要，在 Linux 下请忽略该步骤。

16.3 在 Windows 下部署

本书在 Windows 下的部署清单如下。

- 操作系统版本：Windows 10

- IIS 版本：6.0 及以上（实际部署测试版本为 IIS10）
- Python 版本：3.6.x 及以上（实际部署测试版本为 Python 3.8.5）
- Django 版本：2.0 及以上（实际部署测试版本为 Django 3.0.7）
- Vue.js 版本：2.0 及以上（实际部署测试版本为@vue/cli 4.5.4）
- "三酷猫"网上教育服务系统

部署清单准备齐全后，就可以进入部署安装阶段，这里重点介绍 IIS 的安装及配置。

16.3.1 安装 IIS

IIS（Internet Information Services）是由微软开发的、专门为 Windows 下的网站部署及运行提供服务的支撑软件。在 Windows 10 下安装 IIS 的步骤如下。

第一步：在 Windows 10 的"开始"菜单中选择"Windows 系统"，在展开的菜单中选择"控制面板"，如图 16.2 所示。

图 16.2 从"开始"菜单中找到"控制面板"

第二步：选择"控制面板"中的"程序"，进入如图 16.3 所示的程序界面，单击"启用或关闭 Windows 功能"。

图 16.3　程序界面

第三步：在启用或关闭 Windows 功能界面中选择"Internet Information Services"选项，然后选择"万维网服务"子选项，将其下的"应用程序开发功能"子选项中的"ASP""CGI""ISAPI 扩展""ISAPI 筛选器"打勾，如图 16.4 所示。这里需要注意：必须安装 ASP、CGI、ISAPI 扩展、ISAPI 筛选器模块，否则网站后续无法配置或正常启动。

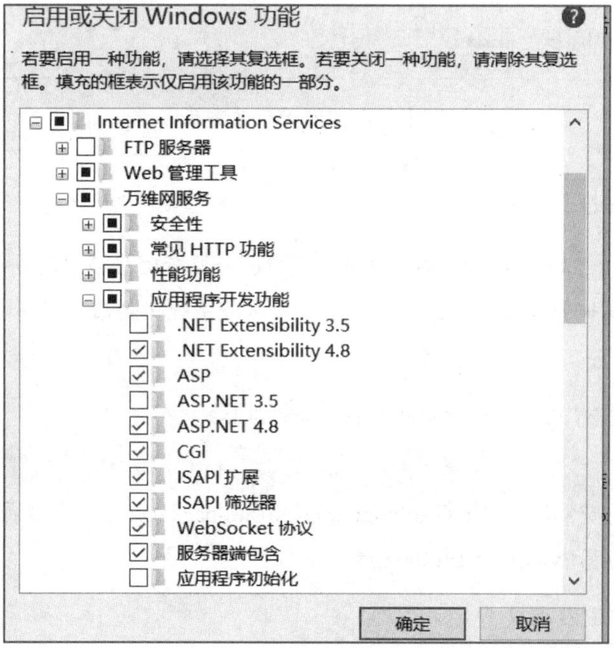

图 16.4　选择 IIS 安装过程

单击"确定"按钮，开始安装 IIS（会提示"需要几分钟，请耐心等待"）。IIS 安装完成后，在 Windows 系统的"开始"菜单的"Wndows 管理工具"中可以找到"Internet Information Services（IIS）管理器"选项，选择该选项可以看到如图 16.5 所示的 IIS 启动主界面。

图 16.5　IIS 启动主界面

16.3.2　配置 Web 站点

在已经安装 IIS、Python，且"三酷猫"网上教育服务系统已经被复制到正确部署目录下的情况下，可以通过 IIS 配置网站实现"三酷猫"网上教育服务系统在网站部署环境下的运行。Web 站点配置步骤如下。

第一步：在命令提示符中安装 wfastcgi 库，命令如下。

```
C:\Users\111>pip install wfastcgi
```

然后，在 Python 的安装目录（如"G:\Python383\Lib\site-packages"）下可以看到已经安装的 wfastcgi 库。wfastcgi 库用来实现 Python 与 IIS 的连接。

第二步：在 IIS 中配置项目站点。

首先在如图 16.6 所示的 IIS 添加网站界面的左边列表的"网站"上单击鼠标右键，在弹出的菜单中选择"添加网站…"。

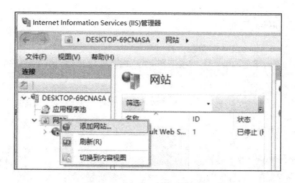

图 16.6 IIS 添加网站

然后,在弹出的界面中设置网站名称、物理路径、端口 3 个参数,如图 16.7 所示。

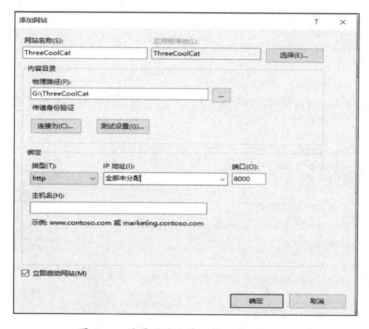

图 16.7 设置网站名称、物理路径、端口

- 网站名称:在网站名称输入框中输入"ThreeCoolCat"。

- 物理路径:单击"…"按钮,在弹出的菜单中选择 ThreeCoolCat 项目的部署路径。

- 端口:在端口输入框中将默认的 80 端口改为 8000,这样做是为了避免 80 端口冲突,因为 80 端口往往会被其他应用程序所占用。

网站添加成功后,在 IIS 主界面将看到新添加的网站列表项,通过鼠标左键双击该列表项,进入如图 16.8 所示的 ThreeCoolCat 主页。

图 16.8　ThreeCoolCat 主页

在 ThreeCoolCat 主页通过鼠标左键双击"处理程序映射",进入如图 16.9 所示的处理程序映射界面。

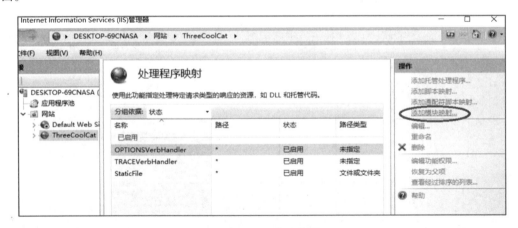

图 16.9　处理程序映射界面

在处理程序映射界面的右侧单击"添加模块映射…"(图 16.9 中用椭圆圈出的部分),在弹出的添加模块映射界面设置如下参数,如图 16.10 所示。

- 请求路径:*。
- 模块:FastCgiModule。

- 可执行文件：G:\Python383\python.exe|G:\Python383\lib\site-packages\wfastcgi.py，确保是 python 安装路径并已经安装 wfastcgi 库，两个文件路径之间用"|"隔开。
- 名称：ThreeCoolCat。
- 请求限制…：取消勾选"仅当请求映射至以下内容时才调用处理程序"复选框，单击"确认"按钮，之后根据提示添加模块映射。

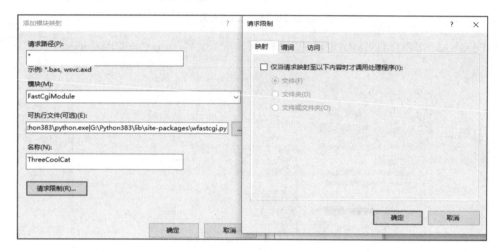

图 16.10　添加模块映射界面

这里需要注意：若在图 16.10 中找不到 FastCgiModule，则需要在安装 IIS 时勾选"CGI"选项，见图 16.4。添加模块映射成功后，在 IIS 主界面可以看到"FastCGI 设置"图标，如图 16.11 所示。

图 16.11　FastCGI 设置图标

用鼠标左键双击"FastCGI 设置"图标，进入"FastCGI 设置界面"（如图 16.12 所示），在"完整路径"列表中双击 Python 列表项记录，进入"完整路径"子界面，在"环境变量"的"（集合）"处双击鼠标左键，唤出"集合编辑器"，单击"添加"按钮，在"杂项"中依次设置如下环境变量参数。

- WSGI_HANDLER：其值为 django.core.wsgi.get_wsgi_application()。
- PYTHONPATH：其值为网站根路径 G:\ThreeCoolCat。
- DJANGO_SETTINGS_MODULE：其值为网站配置文件 ThreeCoolCat.settings。

图 16.12　FastCGI 设置界面

第三步：访问网站。

在浏览器的地址栏中输入 http://127.0.0.1:8000 并按下回车键，此时可以看到网站内容。

16.4　在 Linux 下部署

Linux 操作系统是一种支持多用户、多线程、多 CPU 的开源操作系统，其开发思想基于 Minix 和 UNIX，目前市面上有上百种不同的发行版，如 CentOS、Ubuntu、Debian、Red Hat 等。这里选择 CentOS7 版本作为安装部署操作系统，部署清单如下。

- 安装 Python 3.8.6

- 安装应用系统及依赖包

- 安装 mariaDB（MySQL 数据库的分支）

- 安装 Gunicorn

- 安装 Nginx

在确认部署清单后就可以进入 Linux 下的安装部署过程，主要内容涉及 Python 安装、应用系统安装、Nginx 安装及配置。

16.4.1 安装 Python

目前 Linux 操作系统默认安装的 Python 基本都是 2.x 版本的，而现在的 Django 已经不支持此版本的 Python 了，必须重新安装 Python 3.x 版本。这里假设通过 Windows 10 远程访问 CentOS 服务器。其安装过程分为如下几步。

第一步：登录 Linux。

在 Windows 10 的命令提示符中输入 scp，进入远程访问终端，如图 16.13 所示。

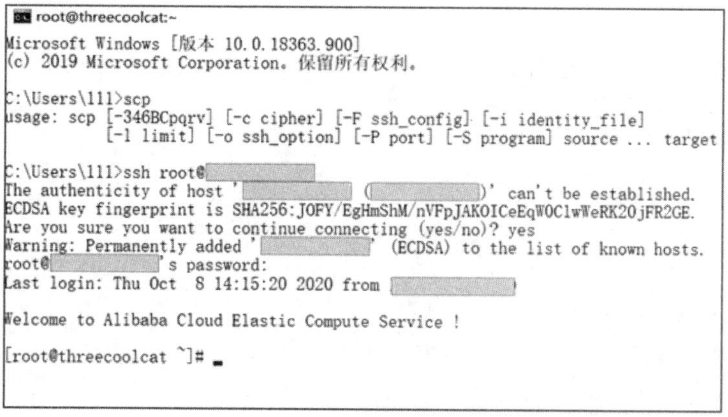

图 16.13　远程访问终端

在终端输入远程访问命令 ssh root@XX.XX.XXX.XXX（X 为服务器 IP 地址），然后输入 root 账号对应的登录密码，按下回车键，进入 CentOS 服务器。

第二步：安装必要的运行支持环境。

Python 在 CentOS 操作系统中顺利安装的前提是已经安装了相关的运行支持环境，相关运行支持环境的安装命令如下。

```
yum install libffi-devel openssl-devel unzip gcc epel-release -y
```

其中 libffi-devel 为 yum 出错命令补丁，openssl-devel 为 ssl[①]支持，unzip 提供扩展名为 tgz 的文件解压缩支持，gcc 为编程语言提供编译器支持（如 Java、C、Go、C++、Python 等），epel-release 为操作系统提供额外的软件包。

第三步：下载 Python 安装包（命令如下），下载结果如图 16.14 所示。

```
wget https://www.python.org/ftp/python/3.8.6/Python-3.8.6.tgz
```

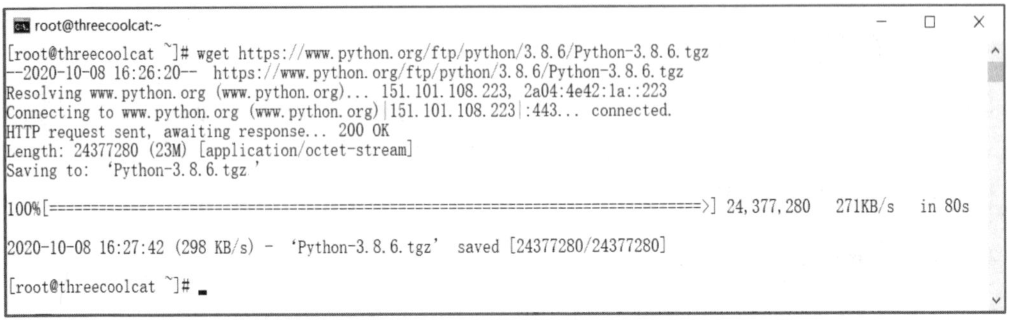

```
root@threecoolcat:~
[root@threecoolcat ~]# wget https://www.python.org/ftp/python/3.8.6/Python-3.8.6.tgz
--2020-10-08 16:26:20--  https://www.python.org/ftp/python/3.8.6/Python-3.8.6.tgz
Resolving www.python.org (www.python.org)... 151.101.108.223, 2a04:4e42:1a::223
Connecting to www.python.org (www.python.org)|151.101.108.223|:443... connected.
HTTP request sent, awaiting response... 200 OK
Length: 24377280 (23M) [application/octet-stream]
Saving to: 'Python-3.8.6.tgz'

100%[=============================================================================>] 24,377,280  271KB/s  in 80s

2020-10-08 16:27:42 (298 KB/s) - 'Python-3.8.6.tgz' saved [24377280/24377280]

[root@threecoolcat ~]#
```

图 16.14　下载 Python 安装包结果

第四步：解压 Python 安装包并集成 ssl（命令如下），结果如图 16.15 所示。

```
cd Python-3.8.6
./configure -with-ssl
```

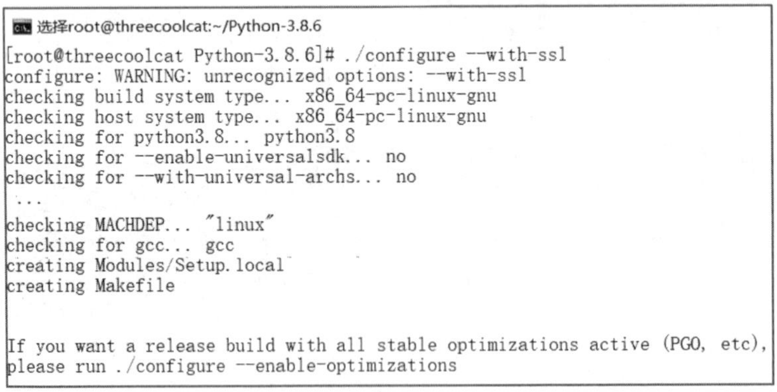

```
选择root@threecoolcat:~/Python-3.8.6
[root@threecoolcat Python-3.8.6]# ./configure --with-ssl
configure: WARNING: unrecognized options: --with-ssl
checking build system type... x86_64-pc-linux-gnu
checking host system type... x86_64-pc-linux-gnu
checking for python3.8... python3.8
checking for --enable-universalsdk... no
checking for --with-universal-archs... no
...
checking MACHDEP... "linux"
checking for gcc... gcc
creating Modules/Setup.local
creating Makefile


If you want a release build with all stable optimizations active (PGO, etc),
please run ./configure --enable-optimizations
```

图 16.15　解压 Python 安装包并集成 ssl 的结果

① ssl，secure sockets layer，安全套接字协议，用于加密传输。

然后安装 Python，如图 16.16 所示。

```
root@threecoolcat:~/Python-3.8.6
[root@threecoolcat Python-3.8.6]# sudo make
[root@threecoolcat Python-3.8.6]# sudo make install
```

图 16.16　安装 Python

安装完成后，通过 Python 3 命令启动如图 16.17 所示的 Python 安装成功界面，出现该界面也意味着 Python 3.8.6 安装成功。

```
root@threecoolcat:~/Python-3.8.6
[root@threecoolcat Python-3.8.6]# python3
Python 3.8.6 (default, Oct  8 2020, 17:18:08)
[GCC 4.8.5 20150623 (Red Hat 4.8.5-36)] on linux
Type "help", "copyright", "credits" or "license" for more information.
>>>
```

图 16.17　Python 安装成功界面

16.4.2　安装应用系统

安装应用系统包括安装 ThreeCoolCat 项目、安装数据库系统，以及完成相关配置。

1. 安装 ThreeCoolCat 项目

首先，用 wget 命令（如下）下载 ThreeCoolCat 项目，如图 16.18 所示。

```
wget https://github.com/threecoolcat/ThreeCoolCat/archive/threecoolcat.zip
```

```
root@threecoolcat:~

[root@threecoolcat ~]# wget https://github.com/threecoolcat/ThreeCoolCat/archive/threecoolcat.zip
--2020-10-17 18:12:15--  https://github.com/threecoolcat/ThreeCoolCat/archive/threecoolcat.zip
Resolving github.com (github.com)... 192.30.255.113
Connecting to github.com (github.com)|192.30.255.113|:443... connected.
HTTP request sent, awaiting response... 302 Found
Location: https://codeload.github.com/threecoolcat/ThreeCoolCat/zip/threecoolcat [following]
--2020-10-17 18:12:17--  https://codeload.github.com/threecoolcat/ThreeCoolCat/zip/threecoolcat
Resolving codeload.github.com (codeload.github.com)... 192.30.255.120
Connecting to codeload.github.com (codeload.github.com)|192.30.255.120|:443... connected.
HTTP request sent, awaiting response... 200 OK
Length: unspecified [application/zip]
Saving to: 'threecoolcat.zip.1'

    [                         <=>                                   ] 175,829      14.8KB/s
```

图 16.18　下载 ThreeCoolCat 项目

然后，解压 threecoolcat.zip，命令如下。

```
unzip threecoolcat.zip
```

最后，通过以下命令安装项目依赖包。

```
cd ThreeCoolCat-threecoolcat
pip3 install -r requirements.txt
```

ThreeCoolCat 项目安装完成后，可以进入数据库系统安装阶段。

2. 安装数据库系统

这里为了安装过程相对简单，选择 MySQL 的分支产品 mariaDB 作为示例。

首先，在线安装 mariaDB 数据库系统。

```
yum install mariadb-server -y
```

接着，启动 mariaDB 服务。

```
systemctl start mariadb
```

创建基础数据库 threecoolcat，数据库的字符集必须为 utf8。

```
mysql -e 'create database if not exists threecoolcat character set utf8;'
```

最后，通过以下命令将项目模型迁移到数据库。

```
python3 manage.py migrate
```

完成数据库系统安装后，可以进行应用系统运行的相关配置。

3. 完成相关配置

应用系统运行的相关配置包括创建应用系统使用的登录管理员账号、安装 gunicorn 运行环境。

首先，创建管理员账号。

```
python3 manage.py createsuperuser
```

然后，收集静态资源文件以供部署。

```
python3 manage.py collectstatic
```

接着，安装 gunicorn。

```
sudo pip3 install gunicorn
```

最后，gunicorn 以后台运行方式（-D）启动 Django 应用系统。

```
gunicorn -D ThreeCoolCat.wsgi
```

完成应用系统的安装和配置，可以使应用系统在服务器上具备基本的运行和使用条件。

16.4.3　安装及配置 Nginx

Nginx 是一款轻量级的、高性能的 HTTP 和反向代理 Web 服务器软件，为浏览器端访问提供了通信功能支持，其可以在 Linux 操作系统上编译运行，该软件由俄罗斯工程师开发并开源。安装及部署 Nginx 的过程如下。

首先，安装 Nginx。

```
yum install nginx -y
```

然后，将服务文件放到 Nginx 的配置目录下。

```
cp threecoolcat.conf /etc/nginx/conf.d
```

接着，修改 Nginx 配置文件，保证静态资源可用。

```
sed -i 's/user nginx/user root/g' /etc/nginx/nginx.conf
```

通过如下命令启动 Nginx。

```
systemctl start nginx
```

最后，在远程浏览器中访问已部署项目。在浏览器地址栏中访问 http://XX.XX.XXX.XXX:8888/#，如图 16.19 所示。访问前请先确保服务器上的防火墙开放了 8888 端口。

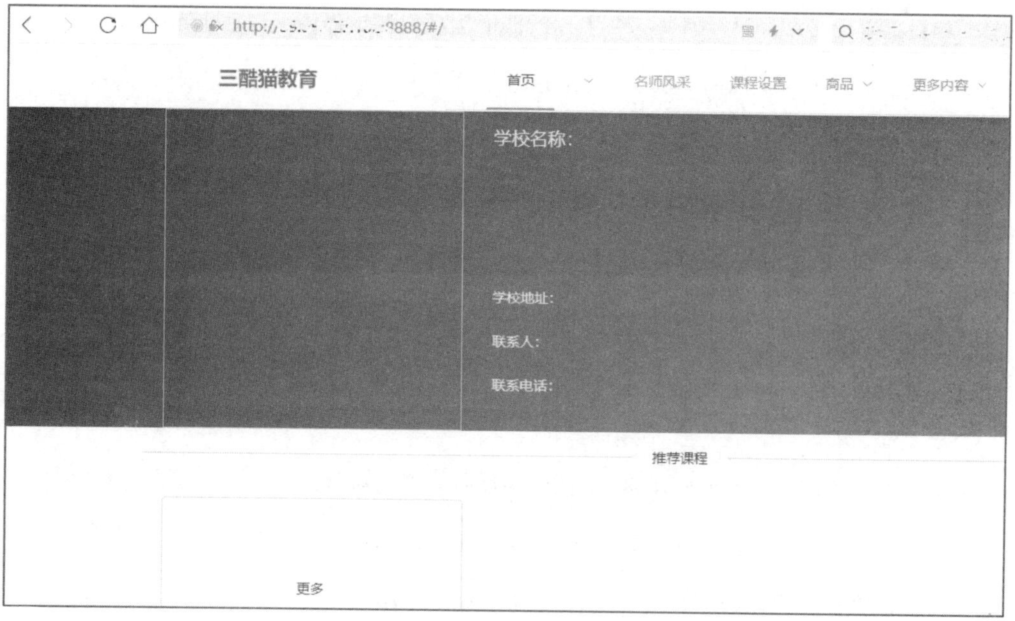

图 16.19　在远程浏览器中访问已部署项目

16.5 对域名等的支持

完成操作系统下的项目部署后，通过 IP 地址访问网站只是临时措施。真正想进行公网网站访问，还得向域名管理部门申请域名。

为了保证每个网站的域名是唯一的，需要统一向域名管理机构注册并备档。对于不同性质的网站，申请域名的方式略有区别。比如，企业网站域名可以直接在网上找域名代理网站购买，并找当地通信部门（如天津市通信管理局）备档；而政府网站域名则需要向当地域名行政主管部门申请，再找通信部门备档开通域名服务。

域名申请并开通后，需要在机房进行域名映射、防火墙配置等操作，即利用域名访问一个生产环境下的网站。

16.6 习题

1．填空题

（1）项目部署前必须经过严格（   ），Python 为项目测试提供了自动化测试库（   ）。

（2）Unittest 工具的核心是（   ），通过继承基类（   ）创建测试用例来实现。

（3）Django 为项目部署前的检查提供了自动检查命令（   ）。

（4）（   ）库用来实现 Python 与 IIS 的连接。

（5）Linux 操作系统默认安装的是 Python（   ）版本，需要升级安装（   ）版本的 Python。

2．判断题

（1）测试内容分 5 部分，包括测试数据、建立虚拟数据库、执行测试用例、测试结果汇总、销毁虚拟数据库。（   ）

（2）settings.py 文件中的 SECRET_KEY 值不能轻易被别人知道，主要是为了预防安全漏洞。（   ）

（3）在生产环境下设置 DEBUG=True, ALLOWED_HOSTS=['*']主要为了增强安全配置。（   ）

（4）IIS 是 Windows 操作系统下唯一的服务器端软件，用于运行网站。（   ）

（5）Linux 操作系统是一种支持多用户、多线程、多 CPU 的开源操作系统，其开发思想基于 Minix

和 UNIX。（ ）

16.7 实验

实验一

为 mice 项目编写测试用例，以下为具体要求。

- 为 mice 项目编写 5 个不同的测试用例。
- 执行测试用例。
- 给出测试报告并解释说明。
- 形成实验报告。

实验二

在 Windows 环境下部署 dogs 项目，以下为具体要求。

- 列出部署清单。
- 给出部署过程（含截屏）。
- 给出项目配置参数（项目本身）。
- 执行部署网站（含截屏）。
- 形成实验报告。

附录 A
Vue.js 使用介绍

在前面的内容中，我们多次提到 Vue.js。这里我们将对 Vue.js 的使用进行介绍，但仅限于入门层次，主要目的是为本书项目调试提供方便。要想了解关于 Vue.js 的详细知识，可以参考其他资料。

A.1 初识 Vue.js

Vue.js（Vue 英文发音为[vju:]），可以简称为 Vue，是一套用于构建用户界面的渐进式 JavaScript 框架。它只关注视图层，通过标准化 API 实现响应数据的前后端互动，为界面提供丰富的视图组件功能。

Vue.js 使用 JavaScript 语言开发，作者是来自上海的尤雨溪，目前已经推出 3.0 版本，这是一个开源项目，简单易学。Vue.js 是目前流行的商业级的前端应用框架，"三酷猫"网上教育服务系统项目采用了该技术。学习 Vue.js 的前提是熟悉 HTML、CSS、JavaScript 方面的知识。

◀» 注意

Vue.js 不支持 IE8 及以下版本，但它支持所有兼容 ECMAScript5 的浏览器。[①]

A.1.1 安装 Vue.js

Vue.js 的安装方式有 3 种：下载安装、通过 CDN[②]安装、通过 npm[③]安装。前两种适合初学者快

---

① 支持 ECMAScript 5 的浏览器清单详见链接——。
② CDN 的全称为 Content Delivery Network（内容分发网络），是在部署在各地的边缘服务器基础上构建的智能虚拟网络，通过智能调度使用户就近获取所需内容。
③ npm（Node Package Manager）是 Node.js 的包管理工具，用来安装各种 Node.js 的扩展包。

速建立 Vue.js 运行环境，使用非常简单；npm 适合在搭建正式商业项目时使用，本书中的"三酷猫"网上教育服务系统采用该方式建立 Vue.js 开发环境。

1. 下载安装 Vue.js

在 Vue.js 官方网站下载安装文件，将其存放到需要调用的 HTML 文件同路径下，然后在 HTML 文件中调用 Vue.js 应用程序。

【案例 A.1】 在 HTML 文件中直接调用 vue.js 文件（完整代码见 testVue1.html）

在 testVue1.html 文件中直接调用 vue.js，代码如下。

```html
<!DOCTYPE html>
<html>
<head>
<meta charset="utf-8">
<title>Vue 测试实例 –下载安装使用)</title>
<script src="./vue.js"></script>
</head>
<body>
<div id="app">              #将 Vue.js 应用程序 App 挂载到 HTML 文档元素的 id 属性上进行调用
  <p>{{ message }}</p>
</div>

<script>
new Vue({                   #Vue.js 应用程序，放在<script></script>内
  el: '#app',
  data: {
    message: 'Hello Vue.js!'
  }
})
</script>
</body>
</html>
```

上述代码分两部分，第一部分是 HTML 网页 DOM 对象内容，第二部分是 Vue.js 应用程序。后者被前者调用，实现动态交互功能，此后进行的 Vue.js 开发都遵循该设计思路。本案例要求读者能在自己的计算机浏览器上正确执行这部分代码，体验 Vue.js 编程环境的优势，具体功能实现等相关知识会在后面介绍。

2. 通过 CDN 安装 Vue.js

如果是出于学习或制作项目原型的目的，可以在 HTML 文件中进行如下引用。

```html
<script src="https://cdn.jsdelivr.net/npm/vue/dist/vue.js"></script>
```

可以将【案例 A.1】中 testVue1.html 文件的<script src="./vue.js"></script>替换为上述 CDN 方式。

3. 通过 npm 安装 Vue.js

对于正式的商业项目，主推通过 npm 来安装 Vue.js。主要是前端 Web 程序需要适应不同种类、不同版本的浏览器环境，通过 npm 安装 Vue.js 可以提供完整的开发运行包环境，并提供商业运行环境打包服务。

npm 是随 Node.js[①]一起安装的包管理工具，若计算机中已经安装了 Node.js，则可以直接使用该工具，否则需要先安装 Node.js。在 Windows 环境下，Node.js 的安装过程如下。

第一步：下载安装包。

如下载 Windows 10 下的 node-v12.18.3-x64.msi 安装包，通过鼠标左键双击该安装包，根据提示逐步选择（一般默认方式下）即可完成本地安装。然后，在命令提示符中输入 node –v 命令，若能成功显示版本号，则意味着 Node.js 安装成功，如图 A.1 所示。

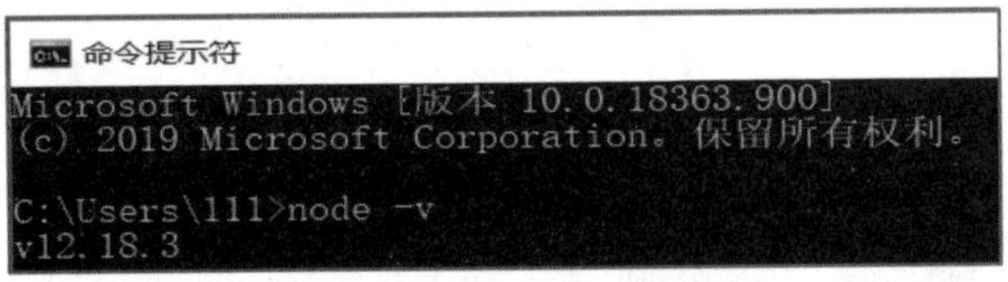

图 A.1　Node.js 安装成功

第二步：通过 npm 安装 Vue.js，执行 npm install vue 命令，开始在线安装，如图 A.2 所示。

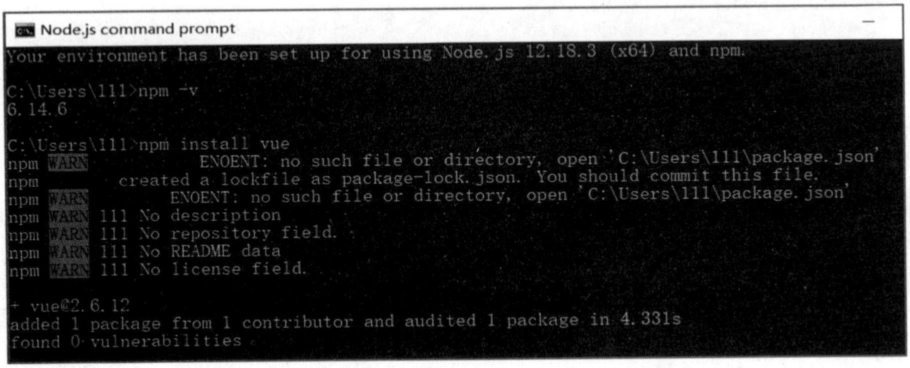

图 A.2　通过 npm 安装 Vue.js

第三步：安装 vue-cli（搭建 Vue.js 项目的脚手架工具）。

---

① Node.js 为前端 Web 开发提供 JavaScript 运行环境。

对于商业级前端项目，可以通过 vue-cli 工具搭建项目框架，并为项目提供运行测试环境，读者可以专注于业务代码的开发，开发完成后，可以利用该工具实现项目部署包的生成，为生产部署提供方便。在命令提示符中执行如下命令，以全局方式安装 vue-cli。

```
npm install --global @vue/cli
```

A.1.2 用 vue-cli 构建项目

用 vue-cli 工具可以快速构建 Vue.js 项目框架，具体步骤如下。

第一步：建立存放项目的根目录，如在 G 盘根路径下建立 study_vuecli 目录。

第二步：在 study_vuecli 目录下建立前端项目框架。

建立前端项目框架的命令格式为"vue create 项目名称"（项目名称中不能使用大写字母）。

在命令提示符中输入并执行 G:\study_vuecli>vue create oneweb 命令，建立基于 Vue.js 的 oneweb 框架，如图 A.3 所示。

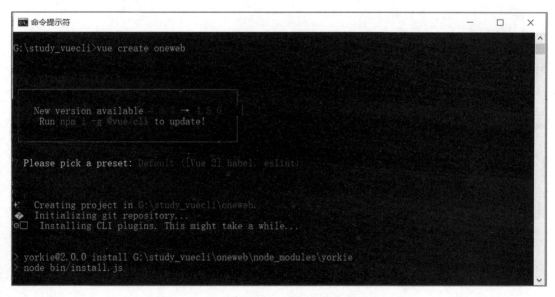

图 A.3　建立基于 Vue.js 的 oneweb 框架

图 A.3 中的命令开始执行时需要回答一个问题，如图 A.4 所示，其意思及回答解释是：在图 A.4 中通过键盘的上、下键选择 vue 2、vue 3，或者 Manually select features，此处选择稳定版本 Vue 2，按下回车键即可开始安装，安装过程需要等待一些时间。

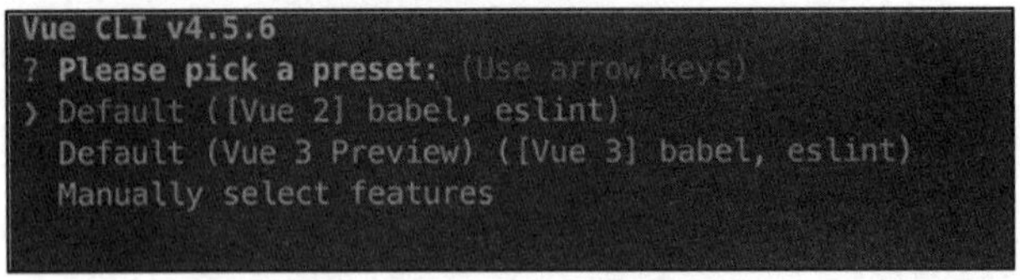

Vue CLI v4.5.6
? Please pick a preset: (Use arrow keys)
› Default ([Vue 2] babel, eslint)
Default (Vue 3 Preview) ([Vue 3] babel, eslint)
Manually select features

图 A.4　选择 Vue.js 版本

图 A.5 为前端项目 oneweb 创建成功的提示界面，同时也给出了启动前端项目的命令，在 oneweb 目录下执行如下命令，即可以启动前端项目。

```
G:\study_vuecli\oneweb\npm run serve
```

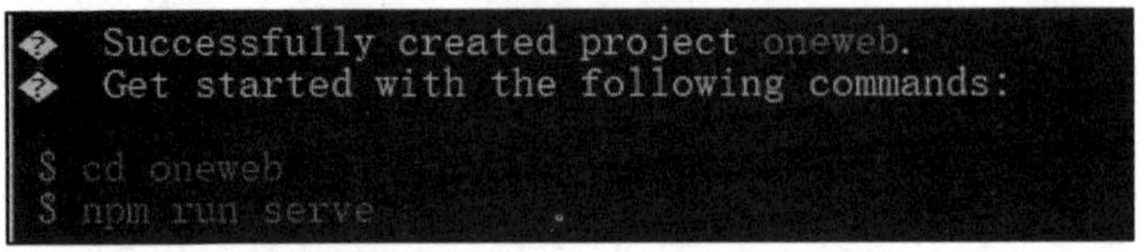

Successfully created project oneweb.
Get started with the following commands:
$ cd oneweb
$ npm run serve

图 A.5　oneweb 创建成功的提示界面

第三步：用开发工具打开项目。

理论上，能打开文本的编写工具（如 VS Code、PyCharm、Windows 中自带的“笔记本”等）都可以打开 Vue.js 项目文件。这里选择在 PyCharm 中打开 oneweb 项目，其中的文件图 A.6 所示。

Project
study_vuecli G:\study_vuecli
oneweb
node_modules
public
src
assets
components
HelloWorld.vue
App.vue
main.js
.gitignore
babel.config.js
package.json
package-lock.json
README.md
External Libraries
Scratches and Consoles

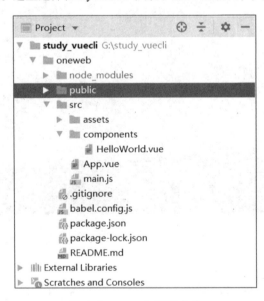

图 A.6　oneweb 项目文件

下面是对图 A.6 中的项目文件的说明。

（1）src 目录

src 目录中包括 assets、components 子目录和 App.vue、main.js 文件。该目录是前端开发者主要使用的，存放了前端开发业务代码。

- assets：资源存放目录，存放共用的 CSS、图片、JS 等静态资源文件，这里的资源通过 Webpack 构建。

- components：组件目录，存放前端业务代码文件，一个页面由一个或多个组件组成，一个前端项目由不同的页面组成。项目创建时会自动产生 HelloWorld.vue 组件。

- App.vue：前端 Vue.js 项目的根组件，集成了其他所有组件。打开该文件，可以看到前端组件的设计标准为三段式，模板<template>、应用程序脚本<script>、样式<style>。这里导入了根应用 App。

- main.js：对应 App.vue 文件创建的 Vue.js 实例 App，为 JavaScript 入口文件。

（2）node_modules 目录

该目录用于存放通过 npm create 命令创建项目时所在线加载的项目依赖包；加载内容由 package.json 文件定义的依赖包信息指定，可以在此文件中增减依赖包信息，然后通过 npm install 命令重新下载需要的依赖包。初学者可以采用默认安装方式。

（3）public 目录

用来存放 index.html 及项目中用到的一些静态资源文件，index.html 为首页入口文件。

（4）package.json 文件

npm 包的配置文件，定义了项目的 npm 脚本、依赖包等信息。

第四步：启动项目。

在 PyCharm 终端执行 npm run serve 命令并按下回车键，启动 Vue.js 项目，过程如图 A.7 所示。

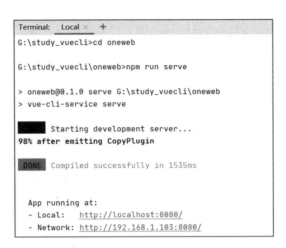

图 A.7 启动 Vue.js 项目

启动成功后,可以在图 A.7 界面单击 http://localhost:8080 链接,通过浏览器查看启动界面,然后在此框架基础上进行前端项目开发。

A.1.3 HelloWorld 实现原理

前端默认的 HelloWorld 启动界面如图 A.8 所示。

图 A.8 前端默认的 HelloWorld 启动界面

作为初学者，需要了解该界面的实现原理，该界面主要由相关 Vue.js 组件文件组成，其实现过程如下。

1. HelloWorld.vue

该组件主体分为模板<template>、应用程序脚本<script>、样式<style>三部分。

- 模板<template>：提供了图 A.8 界面中{{ msg }}渲染后的欢迎词、链接内容。
- 应用程序脚本<script>：提供了导出的组件名称、msg 属性（通过 App.vue 获取数据）。
- 样式<style>：为界面提供颜色、间隔等外观设置。

2. App.vue

App.vue 组件为 HelloWorld.vue 提供显示数据，代码如下。

```
<template>
  <div id="app">                                      <!-- ① -->
    <img alt="Vue logo" src="./assets/logo.png">      <!-- ② -->
    <HelloWorld msg="Welcome to Your Vue.js App"/>    <!-- ③ -->
  </div>
</template>
```

- ①处为<div>元素 id 提供应用程序挂载，建立与应用程序之间的关联。
- ②处为启动界面提供了绿色下箭头的图标，该图片存放于./assets 子目录下。
- ③处，应用程序 App 为 HelloWorld 组件提供 msg 属性值 "Welcome to Your Vue.js App"。

App.vue 组件的脚本代码实现如下。

```
<script>
import HelloWorld from './components/HelloWorld.vue'    //导入 HelloWorld 组件

export default {                                        //默认导出内容
  name: 'App',                                          //为 main.js 提供组件名称
  components: {
    HelloWorld                                          //调用 HelloWorld 组件，显示链接等内容
  }
}
</script>
```

这里看到了 import、export 关键字，特别是 import 非常类似于 Python 的模块导入关键字。仔细查看网上的相关资料，才明白 Vue.js 中的 import、export 关键字是 JavaScript 语言基于 ECMAScript 6.0 标准定义的模块导入、导出关键字。

注意：若看不懂组件的内容，请先阅读模板语法、组件等基础知识。

3. main.js

JS 入口文件 main.js 中的内容如下。

```
import Vue from 'vue'                        //导入 Vue 库
import App from './App.vue'                  //导入 App 组件
Vue.config.productionTip = false             //在商业生产模式运行下，禁止生产消息提示
new Vue({                                    //建立 Vue 应用程序实例
  render: h => h(App),                       //渲染 App 组件，是 ES6(ECMAScript 6.0)的写法
}).$mount('#app')                            //在没有 el 属性时，手动延迟应用挂载
```

显然，main.js 集成了 App.vue，App.vue 集成了 HelloWorld.vue，最后展现为图 A.8 所示的界面。

A.2 页面模板语法

通过 Vue.js 前端框架实现 Web 页面内容的交互操作时，需要了解插值、指令、缩写等相关语法。

A.2.1 插值

插值方法为界面交互式的数据展现、按钮等事件的触发响应提供了支持。插值分文本插值、原始 HTML 插值、属性（Attribute）插值、使用 JavaScript 表达式插值。

1. 文本插值

要让变化的文本数据展现在 Web 界面上，最常用的方法是使用双大括号（Mustache）。如 HelloWorld.vue 组件中的{{ msg }}可用于为界面提供欢迎词，该欢迎词内容可以随着应用程序而动态变化（所谓的交互式响应）。

2. 原始 HTML 插值

输入什么文本数据就显示什么，但是想输入 HTML 代码和数据，并在网页界面上体现效果，则需要用到 v-html 指令（指令的详细内容可参考附录 A.2.2 节）。

【案例 A.2】 原始 HTML 插值输出（完整代码见 EnterValue.html）

在 HTML 脚本里原样输出 HTML 内容，其代码实现如下。

```
<div id="app">
    <p>{{ msg }}</p>                    ①
    <p v-html="msg_html"></p>           ②
```

```
</div>

<script>
new Vue({
  el: '#app',
  data: {
    msg: '<h3>文本插值方式</h3>',              //msg 属性
    msg_html:'<h3>html 插值方式</h3>'          //msg_html 属性
  }
})
</script>
```

使用文本插值和 HTML 插值的主要区别在于①、②两处的不同，①处采用双大括号绑定变量，输入什么输出什么，原样输出；②处采用 v-html 指令绑定 msg_html 变量，当该变量中存在 HTML 格式元素时，则要按照 HTML 方式输出结果。【案例 A.2】用<h3>标签方式输出黑体风格的标题内容，如图 A.9 所示。

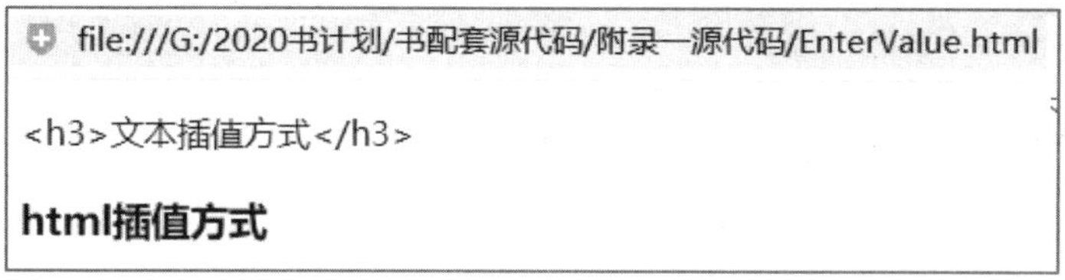

图 A.9　原始 HTML 插值输出结果

3. 属性（Attribute）插值

对 HTML 的元素属性进行插值，不能使用双大括号语法，需要通过 v-bind 指令进行绑定。如想控制按钮在界面上是否可用，可以用 v-bind 指令绑定<button>的 disabled 属性值来实现。

【案例 A.3】　控制按钮的显示（完整代码见 ShowButton.html）

在 HTML 脚本里显示控制按钮，其代码实现如下。

```
<div id="app">
    <button v-bind:disabled="isShow">不能用（单击不会动）</button>
    <button v-bind:disabled="noShow">能用（单击会动）</button>
</div>

<script>
new Vue({
  el: '#app',
  data: {
    isShow: true,
    noShow:false
```

```
    }
})
```

上述代码的执行结果如图 A.10 所示，单击左边按钮不会响应，单击右边按钮可以正常响应。

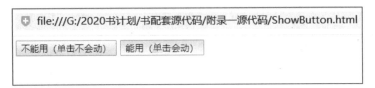

图 A.10　控制按钮显示结果

📖 说明

v-bind:disabled 是带参数的 v-bind 指令，允许指定一个参数（中间用冒号间隔），这个参数是元素的属性，这里指向 disabled 属性。

4. 使用 JavaScript 表达式插值

Vue.js 在提供插值绑定的同时，提供了对绑定变量的完整的 JavaScript 表达式支持。

【案例 A.4】 使用 JavaScript 表达式插值（完整代码见 Expression.html）

在 HTML 脚本里通过绑定 JavaScript，将值插入 HTML 脚本中。

```
<div id="app">
    最简单的加法：{{count+9}}<br>
    逻辑判断：{{ flag ? '真的' : '假的' }}<br>
</div>

<script>
new Vue({
  el: '#app',
  data: {
    flag: true,
    count :1
  }
})
</script>
```

上述代码在文本插入双大括号内提供了加法逻辑判断表达式的使用方法，代码执行结果如图 A.11 所示。

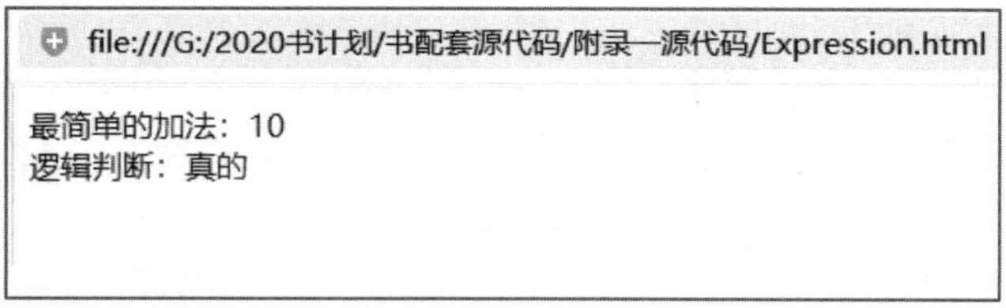

> file:///G:/2020书计划/书配套源代码/附录—源代码/Expression.html
>
> 最简单的加法：10
> 逻辑判断：真的

图 A.11　使用 JavaScript 表达式插值的执行结果

A.2.2　指令

Vue.js 的指令在 HTML 的 DOM 元素中，以特殊属性形式绑定 Vue.js 应用程序提供的属性、方法。当绑定的表达式值发生改变时，其响应结果会体现在 DOM 上。Vue.js 的指令格式为"前缀 v-指令名称"。

1. Vue.js 的指令

完整的 Vue.js 指令清单如表 A.1 所示。

表 A.1　Vue.js 指令清单

编号	指令	作用
1	v-text	更新 HTML 元素的文本内容，等价于双大括号带文本变量的用法
2	v-html	对输入的 HTML 脚本数据输出对应的 HTML 结果
3	v-show	根据表达式值为 true 或 false 切换元素 CSS 的 display 属性
4	v-if	根据表达式值决定元素是否在 DOM 上渲染，并决定元素是否可用
5	v-else	v-else 是搭配 v-if 使用的，用于判断当前元素是否被渲染，必须紧跟在 v-if 或 v-else-if 所处元素后面的元素标签内，否则不起作用
6	v-else-if	前一元素必须有 v-if 或 v-else-if，用于判断分支条件，决定当前元素是否被渲染
7	v-for	用 v-for 指令根据遍历数组来进行渲染
8	v-on	绑定事件监听器（如鼠标、键盘事件），事件类型由参数指定
9	v-bind	动态绑定一个或多个 HTML 对象属性。没有属性参数时可以绑定到一个包含键值对的对象。常用于动态绑定 class、style 或 href 等
10	v-model	用于在表单上创建双向数据绑定，多指输入内容组件数据绑定
11	v-slot	提供具名插槽或需要接收 prop 的插槽
12	v-pre	跳过指定元素和它包含的子元素编译过程（忽略该元素的执行）
13	v-cloak	内存读取展现界面时，该命令会保持在界面元素上，直到关联的实例对象都被读到内存中后，再进行编译渲染

续表

编号	指令	作用
14	v-once	只渲染一次元素和组件,在重新渲染时,元素、组件及其所有的子节点将被视为静态内容跳过,可以用于优化、更新性能

附录 A.2.1 节已经介绍了 v-bind、v-html 指令的使用方法,这里继续介绍部分指令的使用。

1. 条件判断语句案例

在 HTML 里可以通过条件判断语句的绑定,实现条件判断功能,代码如下。

【案例 A.5】 使用条件判断语句确定显示内容(完整代码见 if.html)

```
<div id="app">
    <div v-if="flag===1">
                <h1>大号三酷猫!!!</h1>
    </div>
    <div v-else-if="flag===2">          ← <div>元素之间不
        <h2>二号三酷猫!!!</h2>              能有其他元素,必
    </div>                                 须紧跟
    <div v-else-if="flag===3">
        <h3>三号三酷猫!!!</h3>
    </div>
    <div v-else>
        <h4>小号三酷猫!!!</h4>
    </div>
</div>

<script>
new Vue({
  el: '#app',
  data: {
        flag: 4                   //flag 属性控制 if 条件逻辑判断语句的走向
  }
})
</script>
```

在上述代码中,if 类指令条件表达式为 true 的元素被 DOM 渲染,并展现在界面上,其他元素不做任何处理。这个案例中的 v-else 指令满足 flag=4 的条件,因此该<div>标签会在前端启动时被编译,并在界面上展示元素数据,其他<div>标签不被编译,也不生成网页代码。

2. 循环语句案例

具有 Python 语言基础的读者从刚才的条件判断语句自然会想到循环语句。确实,Vue.js 在前端

Web 界面处理时也提供了循环处理渲染指令 v-for，可以将多记录数据循环展示在界面上。

【案例 A.6】 循环显示列表内容（完整代码见 for.html）

在 HTML 脚本里嵌入循环语句，实现循环处理功能，其主要代码实现如下。

```
<div id="app">
  作者：{{ author }}
  <ol>
    <li v-for="book in books">
      {{ book.name }}
    </li>
  </ol>
</div>
<script>
new Vue({
  el: '#app',
  data: {
    author:'刘瑜',
    books: [
      { name: '《Python 编程从零基础到项目实战》' },
      { name: '《Python 编程从数据分析到机器学习实践》' },
      { name: '《算法之美——Python 语言实现》' },
      { name: '《NoSQL 数据库入门与实践》' },
      { name: '《战神——软件项目管理深度实战》' },
    ]
  }
})
```

在浏览器里执行上述代码对应的文件，结果如图 A.12 所示。

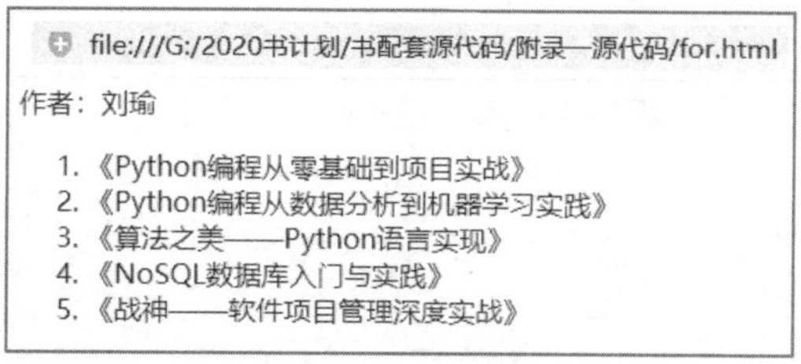

```
file:///G:/2020书计划/书配套代码/附录—源代码/for.html
作者：刘瑜
  1.《Python编程从零基础到项目实战》
  2.《Python编程从数据分析到机器学习实践》
  3.《算法之美——Python语言实现》
  4.《NoSQL数据库入门与实践》
  5.《战神——软件项目管理深度实战》
```

图 A.12 循环显示列表内容

3. 表单双向数据绑定语句案例

在 HTML 代码上通过表单双向数据绑定语句，实现在表单中输入数据并展示数据，代码如下。

【案例 A.7】 表单输入数据并展示（完整代码见 forminput.html）

```
<div id="app">
```

```
请输入内容
<input v-model="showtext" value="ThreeCoolCats">
<p>输入内容到我这里: {{ showtext }}</p>
</div>
<script>
new Vue({
  el: '#app',
  data: {
      showtext: '三酷猫',
   }
})
```

执行完整代码，结果如图 A.13 所示，通过应用程序将"三酷猫"值绑定到<input>上后，直接在其上继续输入"Cool!"，下面就会同步显示"三酷猫，Cool!"，体现了 v-model 指令数据双向绑定的效果。

图 A.13 表单输入数据界面

4. 监听 DOM 事件语句案例

鼠标、键盘等对 Web 界面指定元素的操作（如鼠标的单击按钮事件、键盘的输入事件等）需要后端提供触发事件才能进行。Vue.js 为此提供了 v-on 指令，通过对元素属性进行绑定，调用应用程序中的属性或方法，以响应事件处理。

【案例 A.8】 监听按钮的单击事件（完整代码见 event.html）

```
<div id="app">
  <button v-on:click="Add">累加器</button>
  <p>当前单击次数: {{ counter }} </p>
</div>

<script>
new Vue({
  el: '#app',
  data: {
    counter: 0
  },
  methods:{                          //methods 键代表开始定义方法
     Add: function(event){           //固定定义格式
       return this.counter+=1}       //return 为方法返回值关键字，其后返回对属性 counter 的累加结果
```

> 通过 v-on 指令监听 click 属性事件，当鼠标产生单击事件时，调用 Add 方法，使 counter 属性值加 1，counter 属性值的变化会引起双大括号内的变量重新渲染。

```
    }
})
</script>
```

执行代码,结果如图 A.14 所示。在其上单击"累加器"按钮,每单击一次,下面的次数就会增加 1。

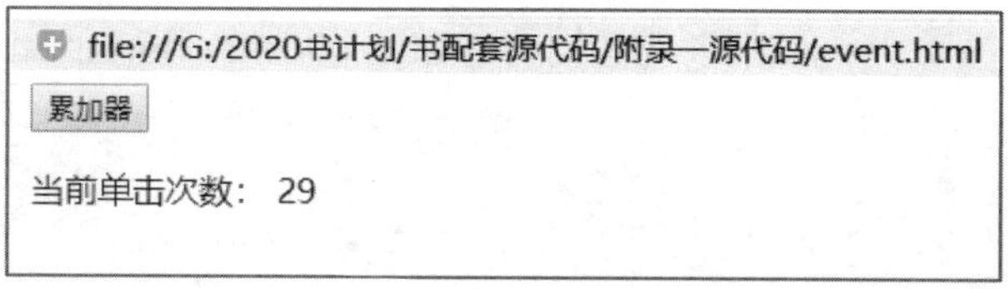

图 A.14 监听按钮单击事件

A.2.3 指令缩写

Vue.js 为最常用的 v-bind、v-on 指令提供了缩写方式,以方便代码的编写。

绑定元素的属性值 v-bind 指令,缩写为一个空格。

```
<a v-bind:href="url">...</a>      //完整的绑定指令
<a :href="url">...</a>            //缩写后的绑定方式
```

注意,缩写时 a 和:之间必须空一格。

监听事件指令 v-on 的缩写为@。

```
<button v-on:click="counter += 1">加 1</button>  //完整的监听事件指令绑定方式
<button @click="counter += 1">加 1</button>      //缩写后的监听事件指令绑定方式
```

注意,缩写时@与 click 之间没有冒号。

上述两个指令的使用案例代码见本书附赠代码文件:oder_alias.html。

A.3 组件

现代编程语言为了提高代码的复用度,减少重复劳动,提出了面向对象编程的思想。其中一个涉及的元素就是组件(Component),通过组件对代码进行封装可以供其他程序共享调用。在 Vue.js 技术下,组件就是可以复用的 Vue.js 对象实例,且带有一个名字。组件是 Vue.js 最强大的功能之一。

A.3.1 全局组件

Vue.js 定义的应用程序都能使用的组件称为全局组件。注册一个全局组件的格式如下。我们在【案例 A.9】中通过自定义一个 Vue.js 组件，实现该组件的挂载使用。

```
Vue.component(Name, content)          //Name 为组件名称，content 为组件功能代码
```

【案例 A.9】 自定义 Vue.js 组件（完整代码见 ShowComponent.html）

```
<div id="app">
    <mytitle></mytitle>
</div>
<script>
 Vue.component('mytitle', {    //注册全局组件，mytitle 为组件名，组件名必须为小写
    data: function () {
//与 Vue.js 中的 data 不同，这里的 data 后面必须加：function ()，表示 data 是一个函数
      return {
        count: 0           //属性必须通过 return 返回
    }},
   template: '<h3>自定义组件，显示内容!{{ count }}</h3>'  //组件自带模板
})
new Vue({                //创建 Vue 根实例
  el: '#app'
})
</script>
```

【案例 A.9】在应用程序中自定义了名为 mytitle 的全局组件，然后通过 app 挂载到元素<div>的 id 属性上，以类似自定义元素方式<mytitle></mytitle>使用组件。

执行该案例代码，显示结果如图 A.15 所示。

图 A.15　自定义组件调用及显示

自定义组件内部属性对象具有独立性，而且自定义组件可以被重复调用，对【案例 A.9】中的代码进行如下改进。

```
<div id="app">
    <mytitle></mytitle>
    </br>
    <mytitle></mytitle>
</div>
```

重新执行代码，如图 A.16 所示，会显示两个组件内容，而且组件之间的属性等互不干扰（即调用时组件 1 的 count 值发生变化不会影响到调用的组件 2）。

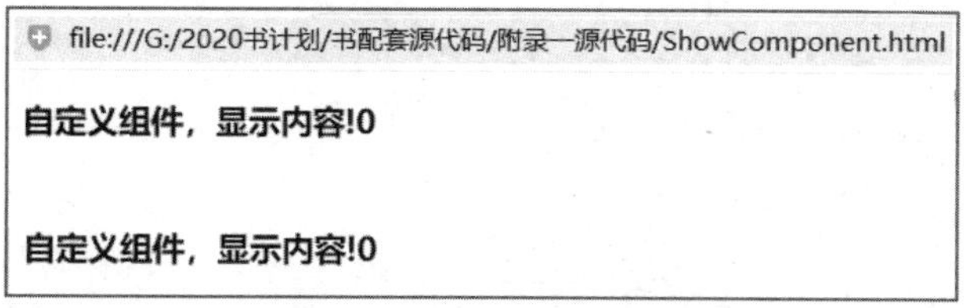

图 A.16 复用自定义组件

A.3.2 局部组件

若自定义组件在 Vue.js 实例中进行注册后仅能被该实例使用，则这样的组件称为局部组件。完整代码请参考本书附赠代码文件：localcomponent.html。

```
<div id="app">
    <local></local>
</div>

<script>
new Vue({
  el: '#app',
  components: {
    'local': {
        template:'<h3>局部使用</h3>'
}}
})
</script>
```

A.3.3 props 属性

以【案例 A.9】为例，虽然我们定义了一个全局组件，但是以希望向组件中传递一些数据，Vue.js 为此提供了 props 属性，我们在此基础上实现【案例 A.10】。

【案例 A.10】 为自定义组件传递数据（完整代码见 ShowComponentProp.html）

```
<div id="app">
    <mytitle title=' 第一个调用内容：'></mytitle>
    </br>
    <mytitle title=' 第二个调用内容：'></mytitle>
</div>

<script>
```

```
Vue.component('mytitle', {              //注册全局组件，mytitle 为组件名
    props: ['title'],                   //增加可调用的自定义属性
    data: function () {
        return {
            count: 0
        }},
    template: '<h3>{{ title }}自定义组件，显示内容!{{ count }} </h3>'
})

new Vue({                               //创建 Vue 根实例
    el: '#app'
})
</script>
```

【案例 A.10】与【案例 A.9】相比增加了 props 属性，其列表内可以增加需要的自定义属性，以传递数据给组件。在组件内置模板中使用自定义属性，如{{ title }}，在调用的元素中为自定义属性赋值，如<mytitle title='第一个调用内容：'>。

A.4 路由

Vue.js 路由可以实现多视图的单页面 Web 应用（Single Page Web Application，SPA），允许通过不同的 URL 访问不同的内容，无须跳转到其他页面。路由功能实现需要借助官网推荐的 vue-router 库。

A.4.1 简单的路由案例

这里利用 vue-route 库实现在首页面切换 URL 以显示不同内容，可以通过 CDN 或 npm 配置路由运行环境。

这里先利用 CDN 实现路由功能的使用，如下。【案例 A.11】实现了简单的路由功能。

```
<script src="https://unpkg.com/vue-router/dist/vue-router.js"></script>
```

【案例 A.11】 简单路由功能的实现（完整代码见 singlerouter.html）

```
<!doctype html>
<html lang="en">
  <head>
    <meta charset="utf-8">
    <title>Routing Example App</title>
    <script src="https://unpkg.com/vue/dist/vue.js"></script>
```

```html
    <script src="https://unpkg.com/vue-router/dist/vue-router.js"></script>
  </head>
  <body>
    <div id="app">
      <ul>
       <li>
         <v-link href="/">Home</v-link>
         <v-link href="/about">About</v-link>
       </li>
      </ul>
    </div>
      <script>
        const NotFound = { template: '<p>Page not found</p>' }
        const Home = { template: '<p>home page</p>' }
        const About = { template: '<p>about page</p>' }
        const routes = {
            '/': Home,              //'/'路由，指向 Home 模板
            '/about': About         //'/about'路由，指向 About 模板
        }

new Vue({
  el: '#app',
  data: {
    currentRoute:'/'              //window.location.pathname，提供当前路由地址
  },
  computed: {       //计算属性，在依赖属性 currentRoute 的值变化时，才重新渲染调用下面的函数
    ViewComponent () {
      return routes[this.currentRoute] || NotFound
      //有当前路由值时返回当前路由值，否则返回 NotFound
    }
  },
  render (h) { return h(this.ViewComponent) }    //渲染并返回路由值
}))
    </script>
  </body>
</html>
```

注释：
- 路由链接绑定，提供路由切换功能
- 路由设置

【案例 A.11】将路由设置、应用程序调用、界面展示都放在一个代码页面上了，不符合代码轻耦合的设计原则。

A.4.2 模块化路由的使用

显然，【案例 A.11】仅供简单学习和理解使用，在实际工作中多采用 npm 方式配置路由运行环境，并进行模块化路由处理。

1. npm 安装

在附录 A.1.2 节生成的 oneweb 项目的基础上,执行如下路由库安装命令。

```
npm i vue-router -S                           //在 oneweb 下安装路由库
```

要确保该命令安装路径与 package.json 文件路径相同,否则会提示出错信息。安装成功后,在"node_modules"目录下将可以看到"vue-router"。

2. 模块化路由实现案例

所谓模块化路由,是指将路由的实现分为视图组件、路由注册、路由启动三部分,并在各自文件中实现,类似分块搭积木,体现了"低耦合"的设计思路,可以避免上一节提到的问题。

下面我们利用 oneweb 项目继续演示路由的使用。

(1)设计两个路由切换视图组件

为主界面切换 home、hello 两个链接显示对应视图内容提供 home.vue、hello.vue 组件。

在 src 的 components 下先分别建立 home、hello 子目录,然后再分别建立 home.vue、hello.vue 组件,其在项目中的结构如图 A.17 所示。

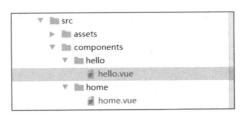

图 A.17 建立路由切换视图组件

在 home.vue 组件中实现如下的视图功能。

```
<template>
   <div>
      <h3>展示 home 组件数据:</h3>         组件在主界面上显示的
      <p>{{msg}}</p>                        模板
   </div>
</template>
<script>
   export default {
      data () {                              组件的应用程序
         return {
            msg: "供切换的 home 组件"
         }
```

```
        }
    }
</script>
```

这里的 export default 部分是应用脚本，可以为导入组件关键字（import）提供导出对象。

> 📖 **说明**
>
> export 用来导出 Vue.js 组件对象，这个对象是 Vue.js 实例的选项对象，以便于在其他地方可以使用 import 导入。而 new Vue() 相当于一个构造函数，在入口文件 main.js 中构造根组件时，如果根组件还包含其他子组件，则 Vue.js 会通过导入的选项对象构造其对应的实例，最终形成一棵组件树。

在 hello.vue 组件中实现如下视图功能。

```
<template>
    <div>
        <h3>hello 组件展示的内容：</h3>
        <p>{{msg}}</p>
        <p>{{name}}</p>
    </div>
</template>
<script>
    export default {
        data () {
            return {
                msg: 'Hello!',
                name:'三酷猫'
            }
        }
    }
</script>
```

（2）定义主组件 HelloWorld.vue

在 src 的 component 子目录下将默认生成的单页面主组件 HelloWorld.vue 内容改成如下样式。

```
<template>
  <div id="app">
    <header>
    <h1>单页面组件展示子组件过程</h1>
    <!-- router-link 定义鼠标单击后跳转到对应路径下 -->
      <router-link to="/home">Home 视图数据链接</router-link>
      <router-link to="/hello">Hello 视图数据链接</router-link>
    </header>
    <!-- Vue 路由将对应的组件内容渲染到 router-view 中 -->
    <router-view></router-view>
  </div>
```

```
</template>

<script>
export default {

}
</script>
```

Vue-router 库定义了两个标签<router-link>、<router-view>，分别用来实现单击链接和组件的渲染显示功能。

上述代码中的<router-link to="/home">标签用 to 指向/home 路由跳转地址，该地址由下面的路由文件提供；<router-view>标签通过路由文件渲染，显示 home.vue 或 hello.vue 组件内容。

HelloWorld.vue 组件在 App.vue 里被导入使用。

（3）建立路由文件

在 src 的 components 子目录下建立 router 子目录，并在其中建立 index.js 路由文件。

```
import Vue from "vue";
import VueRouter from "vue-router";
import home from "../home/home.vue";          //导入 home 组件
import hello from "../hello/hello.vue";        //导入 hello 组件

Vue.use(VueRouter);                  //启动路由

const routes = [
    {
        path:"/home",          //为 HellWorld.vue 单页面组件提供 home 组件跳转链接路径
        component: home        //将 home 组件对象赋给 component 对象，以映射到<router-view>标签
    },
    {
        path: "/hello",
        component: hello
    },
    {                          //为了显示首页面（至少要渲染一个带数据的组件），
                               //将默认的/路径重定向到/home，否则显示空白
        path: '/',             //默认首页面启动路径
        redirect: '/home'      //重定向到 home 组件子路径
    }
]

var router = new VueRouter({         //创建 router 来管理路由，接收 routes 参数
    routes
})
export default router;
```

（4）将路由注入根实例中

在 main.js 文件中导入 index.js 文件的路由对象 router。

```
import Vue from 'vue'
import App from './App.vue'

Vue.config.productionTip = false
import router from "./components/router/index.js"   //导入路由文件

new Vue({
  router,                          //在 Vue 根实例中注册路由
  render: h => h(App),
}).$mount('#app')
```

（5）建立 App.vue 文件

在 App.vue 文件中导入 HelloWorld.vue 组件，实现所有单页面组件的集成。

```
<template>
  <div id="app">
    <img alt="Vue logo" src="./assets/logo.png">
    <HelloWorld msg="Welcome to Your Vue.js App"/>
  </div>
</template>

<script>
import HelloWorld from './components/HelloWorld.vue'   //导入组件
export default {
  name: 'App',
  components: {
    HelloWorld
  }
}
</script>
```

（6）启动路由项目

在 oneweb 项目的命令终端执行如下命令。

```
G:\study_vuecli\oneweb>npm run serve
```

执行结果如图 A.18 所示，在界面上单击 "Home 视图数据链接" 或 "Hello 视图数据链接" 就会交互式地在下面显示组件对应的数据内容。

注意

这种单页面内的视图切换不能通过 HTML 超链接等方式替代,否则跳转调用组件功能不会被执行。

图 A.18 模块式路由实现单页面组件切换

附录 B
Jinja2 过滤器

Django Jinja2 模板引擎过滤器使用清单如表 B.1 所示。

表 B.1 Django Jinja2 模板引擎过滤器使用清单

序号	过滤器	功能说明	使用举例
1	abs(x, /)	取变量 x 的绝对值	{{x|abs}}
2	attr(obj, name)	取对象变量的属性值	{{obj|attr("name")}}等价于{{objec.name}}
3	batch(value, linecount, fill_with=None)	返回给定项数的列表，fill_with 用于指定项数不够时的填充值	{{value|batch(3, 'OK') }}，其返回值为嵌套列表，内部的列表含有 3 个元素
4	capitalize(s)	将字符串第一个字符转为大写，其他为小写	{{s| capitalize }}
5	center(value, width=80)	在给定字段宽度范围内，使变量居中	{{value| center(30) }}
6	default(value, default_value='', boolean=False)	在变量未传递的情况下，给定一个默认值；若将第二参数设置为 True，则强制给变量指定一个默认值	{{ value|default('0',True) }}
7	dictsort(value, case_sensitive=False, by='key', reverse=False)	对字典变量按照键或值进行排序。case_sensitive=False 不区分大小写，by 值为'key' 或'value'，reverse 用来设置排序方向	{{value|dictsort }}，按键排序，不区分大小写；{{value|dictsort(True, 'value') }}，按值排序，区分大小写

续表

序号	过滤器	功能说明	使用举例
8	escape(s)	对变量传递的 HTML 代码进行安全转义	{{s| escape }}
9	filesizeformat(value, binary=False)	格式化可阅读的文件大小，默认为十进制前缀	{{value|filesizeformat }}
10	first(seq)	获取变量传递的第一个元素，如字符串、列表	{{seq| first }}
11	float(value, default=0.0)	将变量转换为浮点数，如果转换失败，返回 0.0，可以设置 default 为其他值	{{value| float(1) }}
12	forceescape(value)	对变量传递的 HTML 内容进行安全转义，会进行两次安全转义	{{ value |forceescape }}
13	format(value, *args, **kwargs)	提供打印输出格式	{{ "%s, %s!"|format(value1, value2) }}
14	groupby(value, attribute)	对对象指定的属性进行分组	{{value|groupby("attribute ") }}
15	indent(s, width=4, first=False, blank=False, indentfirst=None)	复制字符串，每行用 4 个空格缩进，默认情况下第一行和空行不缩进	{{ s	indent }}
16	int(value, default=0, base=10)	转换变量值为整型，转换失败则提供 default 指定值，用 base 指定进制，10 指的是十进制	{{ value	int(-1) }}
17	join(value, d='', attribute=None)	通过 d 指定的分割符号将序列类型的变量值中的元素连接成字符串	{{ value	join(', ') }}
18	last(seq)	返回序列类型变量的最后一个元素	{{ seq	last }}
19	length(obj, /)	返回变量对象的长度	{{ obj	length }}
20	list(value)	将字符串等变量值转为列表形式	{{ value	list }}
21	lower(s)	将变量值转为小写	{{ s| lower}}

续表

序号	过滤器	功能说明	使用举例
22	map(*args, **kwargs)	在序列对象中查找合适的结果	{{ users|map(attribute='username')|join(', ') }}
23	max(value, case_sensitive=False, attribute=None)	在序列对象中返回最大的元素	{{ value| max }}
24	min(value, case_sensitive=False, attribute=None)	在序列对象中返回最小的元素	{{ value| min }}
25	pprint(value, verbose=False)	对变量值进行打印输出，用于代码调试	{{ value|pprint }}
26	random(seq)	从序列对象中随机获取一个元素	{{ seq| random }}
27	reject(*args, **kwargs)	测试序列对象成功，则拒绝该测试对象，obj 为测试对象的元素	{{ seq| reject ('obj') }}
28	rejectattr(*args, **kwargs)	测试序列对象成功，则拒绝该测试对象，obj 为测试对象的属性	{{ seq| rejectattr ('obj') }}
29	replace(s, old, new, count=None)	替换字符串变量的一部分值，old 为变量中需要替换的字符串，new 为替换值，count 指定替换的个数	{{ "I am from Tom.My Name isTom ."|replace ("Tom" "China",1) }}
30	reverse(value)	反转对象或返回一个迭代器	{{ value | random }}
31	round(value, precision=0, method='common')	将变量传递的数字四舍五入到给定的精度。第一个参数指定精度（默认为 0），第二个参数为舍入方法（'common', 'ceil', 'floor'）	{{ value | round }}
32	safe(value)	设置值默认是安全的，去掉了 HTML 代码转义功能	{{ value | safe }}
33	select(*args, **kwargs)	通过对每个对象进行应用测试来过滤对象序列，并且只选择测试成功的对象	{{ value | select }}如 {{cats.number|select("odd", 9)}}
34	selectattr(*args, **kwargs)	通过对每个对象进行应用测试来过滤对象序列，并且只选择测试成功的对象	{{objs| selectattr(obj)}}如 {{ cats|selectattr("number") }}

续表

序号	过滤器	功能说明	使用举例
35	slice(value, slices, fill_with=None)	切片，返回 n 个列表，由 slices 指定将变量传递的对象元素均分为 n 份，最后不足的用 fill_width 指定的对象进行填充	{{ value | slice(n) }}如 {{['天津','上海','北京','重庆']|slice(3, '!')}}，返回['天津','上海']、['北京','! ']、['重庆','! ']
36	sort(value, reverse=False, case_sensitive=False, attribute=None)	对可迭代对象排序，revers 指定是否进行反向排序，case_sensitive 指定是否进行区分大小写的排序	{{ value | sort }}
37	string(object)	将变量值转换成一个字符串	{{ value | string }}
38	striptags(value)	接收一个字符串，剥离 SGML/XML 标签，并且将多个空白字符转换成一个空格	{{ value | striptags }}
39	sum(iterable, attribute=None, start=0)	求序列对象元素和，attribute 指定对象中的属性，若列表为空，则返回 start 指定的值	{{ value | sum }}
40	title(s)	将接收到的字符串转换成标题形式，即每个单词的首字母大写	{{ s |title }}
41	tojson(value, indent=None)	将 HTML 等带结构的代码转义为 JSON 格式，以安全地使用 <script>标签，indent 指定缩进字符	{{ value |tojson }}
42	trim(value, chars=None)	去掉字符串开始和末尾多余的空白字符	{{ value |trim }}
43	truncate(s, length=255, killwords=False, end='...', leeway=None)	截断接收到的字符串，截取前 length 个字符，如果字符串比 length 长，则将截断后的部分用 end 指定的字符串代替	{{s| truncate(10) }}
44	unique(value, case_sensitive=False, attribute=None)	从迭代变量中获取的元素都是唯一的新迭代对象	{{value| unique }}如 {{ ['foo', 'bar', 'foobar', 'FooBar']|unique|list }}返回['foo', 'bar', 'foobar']

续表

序号	过滤器	功能说明	使用举例
45	upper(s)	将变量值为英文的字符串都转为大写字母	{{s| upper }}
46	urlencode(value)	在 URL 路径或查询中采用 UTF-8 标准引用数据	{{value| urlencode }}
47	urlize(value, trim_url_limit=None, nofollow=False, target=None, rel=None)	将纯文本中的 URL 转换为可访问的链接	{{value| urlize}}
48	wordcount(s)	统计变量传递过来的字符中的单词数	{{s| wordcount }}
49	wordwrap(s, width=79, break_long_words=True, wrapstring=None, break_on_hyphens=True)	返回 width 个经过包装的、指定宽度的字符，也就是说每读取 width 个字符就会换行	{{s| wordwrap (20)}}
50	xmlattr(d,autospace=True)	通过变量接收一个字典，创建一个 SGML/XML 属性列表	{{d| xmlattr }}

附录 C

ModelAdmin 属性清单

ModelAdmin 属性只能在应用的 admin.py 文件中被使用，具体如表 C.1 所示。

表 C.1 ModelAdmin 属性清单

编号	属性	功能说明	使用举例
1	actions	用于提供统一更改后端所有带 Action 下拉列表网页操作功能的自定义列表的对象函数。定义时必须带 modeladmin、request、queryset 这 3 个参数	def make_published(modeladmin, request, queryset): 　　queryset.update(status='p') make_published.short_description = "更新表", 在 admin.py 的注册类中增加 actions = [make_published]
2	actions_on_top	默认值为 True，将 Action 下拉框放在列表上面（默认状态）	actions_on_top=True
3	actions_on_bottom	默认值为 False，若值为 True，则会在列表下方显示 Action 下拉框	actions_on_bottom=True
4	actions_selection_counter	是否在 Action 下拉框右侧显示列表中选中的记录数量，默认值为 True	actions_selection_counter=True
5	date_hierarchy	根据指定的日期字段，在 Action 下拉框的上面建立一个日期导航栏	date_hierarchy= 'dateFieldName'

续表

编号	属性	功能说明	使用举例
6	empty_value_display	指定列表中空值字段的显示方式，默认显示'-'，可以指定自己喜欢的显示值。	empty_value_display='空值'
7	exclude	不显示指定的字段	exclude=(' NoShowFieldName',)
8	fields	指定模型在"添加"和"编辑"页面上需要显示的字段	Fields=(' Field1', ' Field2', ' Field3')
9	fieldsets	根据字段对页面进行分组显示，fieldsets 是一个二元元组的列表	Fieldsets=['分类 1',{'fileds'(' Field1', ' Field2',)}), ('分类 2',{'classes':('collapse'), 'fileds'(' Field1', ' Field2',)}),]
10	filter_horizontal	为 ManyToManyField 字段显示提供水平扩展功能	filter_horizontal=['ManyToManyField1']
11	filter_vertical	为 ManyToManyField 字段显示提供垂直扩展功能	filter_vertical=['ManyToManyField1']
12	form	用于提供自定义表单行为，替换 ModelAdmin 动态生成的添加/修改页的表单行为，主要用于表单字段值验证	略

13	formfield_overrides	通过重新在模型字段中指定小控件，统一替代原先的默认控件	formfield_overrides = {
			models.TextField: {'widget': Textarea(attrs={'rows': 2, 'cols': 20})},
			}

14	inlines	ModelA 和 ModelB 是一对多关系，在 ModelA 中内联 ModelB,将其内容添加到 ModelA 中进行动态编辑	class ModelB(admin.TabularInline):
			    model = ModelB
			    extra = 1
			class ModelA(admin.ModelAdmin):
			    inlines = [ModelAdminB]

15	list_display	指定列表中需要显示的字段，['__str__',]表示显示所有字段	list_display=[' F1', ' F2', ' F3']
16	list_display_links	为字段提供链接功能，控制是否将 list_display 中的字段链接到编辑页面	list_display_links=[' F2',]

续表

编号	属性	功能说明	使用举例
17	list_editable	指定是否允许在列表页面上对模型的字段进行直接编辑	list_editable=['F1',]
18	list_filter	激活列表页面过滤器，显示列表页面右侧栏中的过滤器	list_filter=[' F1',]
19	list_max_show_all	控制"Show all"链接功能显示的列表界面，默认值为200	list_max_show_all=100
20	list_per_page	设置列表每页显示多少条记录，默认值为100，若超过设置值，则Django会进行自动分页	list_per_page=10
21	list_select_related	设置该参数可以使Django通过select_related()在列表页面上检索对象列表，这样可以节省数据库访问时间	list_select_related=True
22	ordering	设置默认排序字段	ordering = ['-F1']
23	paginator	指定用于分页的分页器	略
24	prepopulated_fields	设置预填充字段，添加页面，在某字段填入值后，自动将值填充到指定字段	prepopulated_fields = {"F1": ("F2", "F3",)}
25	preserve_filters	在创建、编辑或删除对象后在列表视图上保留过滤器，默认值为True	preserve_filters=False
26	radio_fields	使外键或choice字段的显示工具由下拉框变成单选框	radio_fields = {"F1": admin.HORIZONTAL}
27	autocomplete_fields	改变ForeignKey或ManyToManyField字段的下拉选择方式，并实现自动补全	autocomplete_fields = ['F1']
28	raw_id_fields	自动补全外键或多对多字段内容，并设置显示其id	raw_id_fields = ['F2']
29	readonly_fields	指定不可编辑的字段	readonly_fields=['F1', 'F2']
30	save_as	在表单上启用"另存为"功能（默认值为False）	save_as=True

续表

编号	属性	功能说明	使用举例
31	save_as_continue	表示单击保存为新的记录后,是否跳转到修改界面。默认值为 True,若值为 False 则跳转到列表页面	save_as_continue=False
32	save_on_top	默认值为 False,此时只在列表下面有一系列保存按钮;值为 True 时,列表的顶部也会提供同样的一系列保存按钮	save_on_top=True
33	search_fields	启用搜索框	search_fields=['F1',]
34	show_full_result_count	用于设置过滤后的记录总数量,默认值为 True,自动执行数据库表 count 操作,数据量大时会影响运行性能	show_full_result_count=False
35	sortable_by	只让其元组内的字段参与排序,其余字段将不可进行排序	sortable_by = ('F1', 'F2',)
36	view_on_site	控制是否显示"在站点上查看"按钮,默认值 True	view_on_site=False

附录 D

ModelAdmin 方法清单

ModelAdmin 方法只能在应用的 admin.py 文件中被使用，具体如表 D.1 所示。

表 D.1 ModelAdmin 方法清单

编号	方法	功能说明
1	save_model(request, obj, form, change)	Admin 界面用户保存（Save）模型实例时的触发行为。参数 request 为 HttpRequest 实例，obj 为 model 实例，form 为 ModelForm 实例，change 为 bool 值，其值具体为 True 还是 False 取决于 model 实例是新增的还是修改的；重写该方法，可以在保存过程中增加一些业务处理内容
2	delete_model(request, obj)	Admin 界面用户删除模型实例时的方法，重写此方法可进行删除前或删除后的操作
3	delete_queryset(request, queryset)	Admin 界面用户删除表单集合的方法
4	save_formset(request, form, formset, change)	Admin 界面用户保存表单集合的方法
5	get_ordering(request)	通过指定排序字段重新对列表记录进行排序
6	get_search_results(request, queryset, search_term)	可定制查询结果
7	save_related(request, form, formsets, change)	存在关联关系模型时的保存行为（注意父对象已经保存）
8	get_autocomplete_fields(request)	返回列表或元组的字段名称，该字段名称将与自动完成小控件（an autocomplete widget）一起显示

续表

编号	方 法	功能说明
9	get_readonly_fields(request, obj=None)	以列表或元组形式返回只读的字段名称
10	get_prepopulated_fields(request, obj=None)	以字典形式返回一个正在编辑的字段对象（obj）
11	get_list_display(request)	以列表或元组形式返回字段名称，该名称将显示在更改列表视图中
12	get_list_display_links(request, list_display)	以列表或元组形式返回其中包含将在变更列表中显示为链接的字段
13	get_exclude(request, obj=None)	返回 exclude 属性设置的字段列表
14	get_fields(request, obj=None)	返回 fields 属性设置的字段列表
15	get_fieldsets(request, obj=None)	返回一个二元列表
16	get_list_filter(request)	返回 list_filter 属性设置的字段列表
17	get_list_select_related(request)	返回 list_display_link 属性设置的列表或布尔值
18	get_search_fields(request)	返回 search_fields 属性设置的值
19	get_sortable_by(request)	返回 sortable_by 属性设置的字段名集合
20	get_inline_instances(request, obj=None)	返回 InlineModelAdmin 对象的列表或元组
21	get_inlines(request, obj)	返回 inlines 迭代对象
22	get_urls()	返回 ModelAdmin 的可用 urls
23	get_form(request, obj=None, **kwargs)	返回 add 和 change view 使用的 ModelForm
24	get_formsets_with_inlines(request, obj=None)	生成(FormSet, InlineModelAdmin)对，用于 Admin 添加和更改视图
25	formfield_for_foreignkey(db_field, request, **kwargs)	允许覆盖外键字段的默认 formfield
26	formfield_for_manytomany(db_field, request, **kwargs)	与 formfield_for_foreignkey 方法一样，可以重写 formfield_for_manytomany 方法以更改多对多字段的默认表单字段
27	formfield_for_choice_field(db_field, request, **kwargs)	与 formfield_for_foreignkey 和 formfield_for_manytomany 方法一样，可以重写 formfield_for_choice_field 方法，以更改已声明选项的字段的默认表单字段
28	get_changelist(request, **kwargs)	返回要用于列表的 Changelist 类。默认情况下，使用 django.contrib.admin.views.main.ChangeList。通过继承此类，可以更改列表的行为

续表

编号	方　法	功能说明
29	get_changelist_form(request, **kwargs)	返回一个 ModelForm 类，用于更改列表页上的"表单集"
30	get_changelist_formset(request, **kwargs)	如果使用 list_editable，则返回用于 changelist 页面上的 ModelFormSet 类
31	lookup_allowed(lookup, value)	通过 URL 传递的查询值对 changelist 网页的内容进行过滤
32	has_view_permission(request, obj=None)	如果允许查看 obj，则返回 True，否则应返回 False；如果 obj 为 None，则应返回 True 或 False 以指示是否允许查看此类型的对象
33	has_add_permission(request)	是否具有添加数据的权限；如果允许添加对象，则应返回 True，否则应返回 False
34	has_change_permission(request, obj=None)	是否具有 change 权限；如果允许编辑 obj，则应返回 True，否则应返回 False；如果 obj 为 None，则应返回 True 或 False 以指示通常是否允许编辑此类型的对象
35	has_delete_permission(request, obj=None)	是否具有 delete 权限；如果允许删除 obj，则应返回 True，否则应返回 False。如果 obj 为 None，则应返回 True 或 False 以指示通常是否允许删除此类型的对象
36	has_module_permission(request)	如果允许在管理页上显示模块并访问模块，则应返回 True，否则返回 False，默认情况下使用 User.has_module_perms()；虽然设置为 True 后不显示该模块，但是通过 URL 依然可以访问
37	get_queryset(request)	modelAdmin 上的 get_queryset 方法返回所有模型实例的查询集，该模型实例可以由管理站点编辑
38	message_user(request, message, level=messages.INFO, extra_tags='', fail_silently=False)	使用 django.contrib.messages 向 Django 后端用户发送信息
39	get_paginator(request, queryset, per_page, orphans=0, allow_empty_first_page=True)	返回一个分页实例

续表

编号	方法	功能说明
40	response_add(request, obj, post_url_continue=None)	决定 add_view()的 HttpResponse，response_add 在提交管理表单后，以及创建、保存对象和所有相关实例之后调用；可以重写它，以在创建对象后更改默认行为
41	response_change(request, obj)	决定 change_view()的 HttpResponse，model 被修改后运行
42	response_delete(request, obj_display, obj_id)	决定 delete_view()的 HttpResponse，model 被删除后运行
43	get_changeform_initial_data(request)	默认情况下，字段从 GET 参数中给出初始值。例如，?name=initial_value 将名称字段的初始值设置为 initial_value
44	get_deleted_objects(objs, request)	一个钩子，用于定制 delete_view()和"删除选定"操作的删除过程

附录 E

赠送代码使用清单

本书配套的所有源代码都可以在 QQ 学习群中获取，或在 GitHub 上下载，详见本书前言。

1. 普通案例代码

序号	章 名	案 例	代码文件
1	第 1 章	动手制作一个静态网页	1_1StaticWP.html
		动态网页实现	1_2Active Page.py
2	第 2 章	测试 HTML 标签命令功能	2_1testHTML.html
		内部 CSS 的使用	2_2testCSS1.html
		HTML 调用外部 CSS 文件	2_3DoFirstCss.html
		通过 CSS 设置纯色背景	2_4CSS_property.html
		通过 CSS 将背景图片设置在固定位置且不重复	2_5CSS_backImage.html
		通过 CSS 建立网站	2_6ThreeCoolCats.html
		第一个内嵌 JS 代码的网页	2_7firstJS.html
		调用 JS 代码改变界面内容和格式	2_8doJS1.html
		调用外部 JS 文件的网页	2_9dooutJS.html、DoJS.js
		含有自定义函数的 JS 网页	2_10FunctionJS.html
		含有自定义对象的 JS 网页	2_11fishJS.html
		用鼠标单击按钮触发 onclick 事件	2_12onclick.html
		按下键盘上的按键触发 onkeydown 事件	2_13onkeydown.html
		页面加载完成后触发 onload 事件	2_14onload.html

续表

序号	章 名	案 例	代码文件
2	第 2 章	内嵌 JS、CSS 的网站	2_15SeaGoods.html
3	第 3 章	PyCharm 中的简单代码	test.py
		连接 MySQL 数据库，建立数据库实例和表，插入一条记录	ConnMySQL.py
4	第 16 章	基本测试功能演示	test1.py
5	附录 A	在 HTML 文件中直接调用 vue.js 文件	testVue1.html
		原始 HTML 插值输出	EnterValue.html
		控制按钮的显示	ShowButton.html
		使用 JavaScript 表达式插值	Expression.html
		使用条件判断语句确定显示内容	if.html
		循环显示列表内容	for.html
		表单输入数据并展示	forminput.html
		监听按钮的单击事件	event.html
		自定义 Vue.js 组件	ShowComponent.html
		自定义局部组件	localcomponent.html
		为自定组件传递数据	ShowComponentProp.html
		简单路由功能的实现	singlerouter.html

2. HelloThreeCoolCats 项目代码

序 号	章 名	节 名
1	第 3 章	3.5 建立第一个项目
2	第 4 章	4.1.2 创建模型
		4.2 字段操作
		4.3 模型扩展功能
3	第 5 章	5.1 URL 路由
		5.2 视图函数
		5.3 视图类
		5.4 视图与数据库事务
4	第 6 章	6.1 初识模板
		6.2 Django 默认模板引擎
		6.3 Jinja2 模板引擎

续表

序 号	章 名	节 名
5	第 7 章	7.1 初识表单
		7.2 Form 表单
		7.3 模型表单
6	第 8 章	8.1 深入理解 Admin
		8.2 ModelAdmin
		8.3 AdminSite 模板
7	第 9 章	9.1 初识用户认证
		9.2 用户对象
		9.3 权限与认证
8	第 10 章	10.2 会话
		10.3 日志

3. mice 项目代码

序 号	章 名	节 名
1	第 9 章	9.4 视图中认证用户
2	第 10 章	10.1 Ajax
		10.4 缓存
		10.5 分页

4. dogs 项目代码

序 号	章 名	节 名
1	第 11 章	11.1 前后端分离
		11.2 安装及配置
		11.3 序列化器
		11.4 验证和保存
2	第 12 章	12.5 前后端分离示例
3	第 15 章	15.2 数据加密
4	第 16 章	16.1.2 测试用例

5. oneweb 项目代码

序　号	章　　名	节　　名
1	附录 A	A.1 初识 Vue.js
2	附录 A	A.2 页面模板语法
3	附录 A	A.3 组件
4	附录 A	A.4 路由

6. 商业项目 ThreeCoolCat 代码

序　号	章　　名	节　　名
1	第 12 章	12.1 任务分工
		12.2 需求获取及分析
		12.3 系统设计
		12.4 实战结果
2	第 13 章	13.1 后端框架搭建
		13.2 后端模块设计框架
		13.3 后端模块实现
3	第 14 章	14.1 前端框架搭建
		14.2 前端功能模块设计
		14.3 前端功能模块实现
4	第 16 章	16.2 项目部署前置准备工作
		16.3 在 Windows 下部署
		16.4 在 Linux 下部署

7. 实验代码

本书所有实验的实现代码见附赠的《Python Django Web 从入门到项目实战练习实验手册》，该文件为电子文件，请在 QQ 学习群的共享文件夹中获取。

附录 F

前后端项目常用命令汇总

这里收集了全书项目需要用到的一些常用命令,方便读者快速浏览使用。

1. mange.py 命令

在 Django 项目的 mange.py 文件所在的目录下,执行 mange.py 命令。

(1) manage.py 命令帮助查询。

```
manage.py help
```

(2) 新建应用(其中 app_name 为应用名)。

```
python manage.py startapp app_name
```

(3) 创建模型迁移文件(示例见 4.1.2 节)。

```
python manage.py makemigrations
```

(4) 执行模型迁移命令(示例见 4.1.2 节)。

```
python manage.py migrate
```

(5) 在开发环境下启动项目。

```
python manage.py runserver
```

启动后可以通过浏览器访问网站。可以在该命令最后增加端口号,避免端口冲突问题的发生,也可以指定 IP 地址,如 python manage.py runserver 0.0.0.0:8888,方便其他计算机访问。示例见 3.5.1 节。

(6) 清空数据库表记录。

```
python manage.py flush
```

此命令会询问是 yes 还是 no，选择 yes 会将数据全部清空掉，只留下空表。

（7）Admin 登录注册超级管理员账号。

```
python manage.py createsuperuser
```

根据提示输入用户名、密码（密码输入过程中光标不动），最后按"y"按钮完成设置，示例见 3.6 节。

（8）修改 Admin 账号密码（其中 username 为已经注册的用户名）。

```
python manage.py changepassword username
```

（9）导入导出数据。

```
python manage.py dumpdata appname > appname.json    #导出数据
python manage.py loaddata appname.json              #导入数据
```

其中，appname 为需要导出的应用名，appname.json 为从数据库表中导出的数据文件。

（10）Django 项目交互式环境命令（示例见 4.4 节）。

```
python manage.py shell
```

（11）提供访问数据库的命令提示终端。

```
python manage.py dbshell
```

（12）Django 测试命令（示例见 16.1.2 节）。

```
python manage.py test
```

（13）Django 项目安全性、性能检查（示例见书 16.2.2 节内容）。

```
python manage.py check --deploy
```

（14）将开发环境下的静态资源收集到部署环境的静态路径下（示例见 16.2.2 节）。

```
python manage.py collectstatic
```

2. admin.py 命令

（1）新建一个 Django 项目命令（其中，project_name 为项目名称，示例见 3.5.1 节）。

```
django-admin.py startproject project_name
```

（2）新建应用（App）（用法同 python manage.py startapp app_name，示例见 4.1.2 节）。

```
django-admin.py startapp app_name
```

（3）查看 Django 版本号。

```
django-admin --version
```

3. npm 命令

npm 英文全称为（node package manager），使用 npm 命令的前提是必须安装 Node.js。

（1）安装第三方库命令。

```
npm install ModuleName
```

其中，ModuleName 为第三方库名称，如 axios，示例见 12.3 节。

（2）启动 Vue.js 前端项目（示例见 12.5.1 节）。

```
npm run serve
```

（3）Vue.js 打包项目命令（示例见 16.2.1 节）。

```
npm run build
```

（4）查看前端项目安装了哪些第三方库。

```
npm list
```

（5）卸载安装的第三方库。

```
npm uninstall ModuleName              #或 npm remove ModuleName
```

（6）在线查看第三方库的最新版本。

```
npm view ModuleName version
```

（7）查看第三方库的详细信息。

```
npm info ModuleName
```

（8）执行 Vue.js 前端项目。

```
npm run dev
```

一个 Vue.js 前端项目，采用 npm run dev 和 npm run serve 哪个命令启动的关键是看 package.json 中的脚本设置。若设置如下，则采用 npm run serve 命令启动。

```
"scripts": {
   "serve": "vue-cli-service serve",
   "build": "vue-cli-service build",
   "lint": "vue-cli-service lint"
},
```

（9）查看 npm 版本。

```
npm -v
```

后记

辛苦了一年,我们终于合著完成了本书。在这期间,我经历了一个亿的信息化项目的曲折收尾过程,安义老师则经历了一个 40 多人团队项目的启动。于是两位老师只能见缝插针,利用一切可以利用的碎片时间,迎难而上,日夜奋战。

北京城的咖啡馆、天津海河边的宾馆,都留下了我们热烈讨论、紧张敲字的身影。更重要的是,这是一本基础和实战兼顾的书。在仔细安排基础知识的同时,为了方便读者理解,安义老师对"三酷猫"网上教育服务系统商业代码进行了持续优化,通过了 Windows、Linux 下的持续测试。记得在 Windows 下进行部署测试时,碰到了一个疑难问题,我们在咖啡馆里整整测试了一个上午,几个小时过去了,一点进展都没有,差一点放弃,最后总算测试成功。但是,付出这样的代价是值得的,可以为读者更好地吸收知识节省很多时间,避免掉进坑里爬不出来。

经历了西天取经般的"九九八十一难","送走了夕阳,迎来了朝阳",在 2020 年的深秋,我们终于取得了成果。愿读者在本书中学到更多的实战知识。

另外,我们结合自身实际带项目团队的经验,对学完本书的读者可以达到的技术水平进行了预估。

- 在商业框架基础上,根据项目经理的安排,可以独立实现模块内容开发的,则达到了中级 Web 程序员的水平。
- 在商业框架基础上,可以带领团队独立完成中小规模项目的需求分析、技术开发的,则达到 Web 高级程序员的水平。
- 可以进行 Web 商业框架研究、组件开发、大型项目开发和管理的,则达到了 Web 资深程序员的水平。

不同级别的程序员可对应着不同的工资水平哦!

认真学习完本书的读者,应当具备中级 Web 程序员的水平,但是,学无止境,本书只能给出核心知识,至于其他相关的知识,需要读者在深度和广度上继续拓展。

2021 年年初

刘瑜于天津

振聋发聩 撼世经典

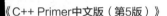

《C++ Primer中文版（第5版）》

【美】Stanley B. Lippman　Josee
Lajoie　Barbara E. Moo 著
王刚 杨巨峰 译

◎久负盛名的C++经典教程，将C++11
新特性真正融入各章节
◎多位深孚重望的大师组合堪称绝无仅有
◎顶级畅销书最佳学习伴侣
◎精解全题 多重思路 细致剖析 即学即用

《程序员修炼之道：通向务实的最高境界（第2版）》

【美】David Thomas，Andrew Hunt 著
云风 译
ISBN 978-7-121-38435-6
2020年4月出版
定价：89.00元

◎《从小工到专家》重磅新版，开发新兵走向卓越领袖
◎屹立20年影响力大作，雄踞"全球程序员读物"顶端

《架构整洁之道》

【美】Robert C. Martin 著
孙宇聪 译
ISBN 978-7-121-34796-2
2018年9月出版
定价：99.00元

◎纵横中外几十年Clean系列决战架构之巅
◎代码巨匠Bob大叔封山之作再续传奇神话
◎熔举世热门架构于一炉
◎揭通用黄金法则以真言

《编码：隐匿在计算机软硬件背后的语言》

【美】Charles Petzold 著
左飞 薛佟佟 译
ISBN 978-7-121-18118-4
2012年10月出版
定价：59.00元

◎畅销20年，永不过时的计算机科学经典之作
◎大师智慧，剖析计算机运行奥妙
◎用最简单的语言讲述最专业的知识

传世经典书丛